全国测绘地理信息类职业教育规划教材
职业技能应用实践配套教材

GIS技术与应用

主　编　李建辉
副主编　赵雨琪　崔耀辉
　　　　郑红亮　李应真
主　审　曾晨曦

本书立体化资源

黄河水利出版社
·郑州·

内 容 提 要

本书共分8个单元,主要内容包括:GIS技术认知、GIS数据表达、GIS数据获取、GIS数据处理、GIS数据管理、GIS数据分析、GIS数据可视化、GIS技术应用。本书内容丰富实用,技能针对性强,资源配置合理,配有课件、视频、动画、实训数据,便于教师教学和学生学习。

本书可作为高职高专院校测绘地理信息技术、工程测量技术、摄影测量与遥感技术、测绘工程技术、地籍测绘与土地管理、导航与位置服务等专业的教材,还可作为测绘地理信息类其他专业及相关工程技术人员的参考书。

图书在版编目(CIP)数据

GIS技术与应用/李建辉主编.—郑州:黄河水利出版社,2023.9

ISBN 978-7-5509-3661-4

Ⅰ.①G… Ⅱ.①李… Ⅲ.①地理信息系统-高等职业教育-教材 Ⅳ.①P208.2

中国国家版本馆CIP数据核字(2023)第147538号

策划编辑:陶金志 电话:0371-66025355 E-mail:273261852@qq.com

责任编辑	李晓红	责任校对	郑佩佩
封面设计	黄瑞宁	责任监制	常红昕
出版发行	黄河水利出版社		
	地址:河南省郑州市顺河路49号 邮政编码:450003		
	网址:www.yrcp.com E-mail:hhslcbs@126.com		
	发行部电话:0371-66020550		
承印单位	河南承创印务有限公司		
开　　本	787 mm×1 092 mm 1/16		
印　　张	18.25		
字　　数	430千字		
版次印次	2023年9月第1版	印次:2023年9月第1次印刷	
定　　价	46.00元		

前　言

党的二十大报告为新一代信息技术产业指明未来发展方向,明确指出要以推动高质量发展为主题,构建新一代信息技术产业新的增长引擎。地理信息产业属国家战略性新兴产业,在国家“一带一路”倡议,黄河流域生态保护和高质量发展等国家战略的推动下,地理信息产业成为国民经济发展新的增长点,市场潜力巨大,产业发展前景广阔,事业转型升级和产业迅猛发展对技术技能人才的需求激增,迫切需要更多的技术技能人才提供支撑,对测绘地理信息类专业教材需求逐年增加。本书是作者在多年从事有关地理信息教学经验与实践的基础上编写而成的,力求吸收地理信息的新技术、新方法等最新成果,使教材在科学性、系统性、实用性、简洁性、易读性等方面有所突破。

地理信息系统(geographic information system,GIS)是专门用于采集、存储、管理、分析和表达空间数据的信息系统。在日常生活中,GIS 潜移默化地改变着人们的生活方式,它已延伸至人们生活的各个方面,并给人们带来便利:电子地图、卫星导航、智慧城市,以及许多人们津津乐道的手机定位,这些眼下最时尚的新事物,其核心正是 GIS 技术。

在新形势发展背景下,测绘地理信息类专业人才的培养,不但要有深厚的理论基础,更要具备过硬的实践技能。本书对接“测绘地理信息数据获取与处理”1+X 职业技能等级证书,校企双元开发,融入 GIS 新技术,注重专业实践教学,强化实践技能训练,坚持“价值引领、人格塑造、能力培养、知识传授”四位一体人才培养要求,致力于把学生培养成德才兼备、视野开拓、懂知识、能力强的高素质技术技能创新人才。本书以学生为中心,构建教与学的新型关系,积极开展教学内容重构,以 GIS 数据为主体,以 GIS 产品生产流程为主线,进行教学情境设计,遵循认知和学习规律,按照从简单到复杂、从基础到应用的过程组织编写教材内容,按照岗位职业能力的培养要求,筛选知识点与技能点。本书具有如下特色:

(1)依据行业需求和产业发展,确定教学目标。

本书以工作过程为导向,深入分析职业岗位工作所必需的知识、能力和素质,据此确定所要达到的知识目标、技能目标和思政目标。①知识目标:使学生掌握 GIS 相关的概念、原理和方法,熟悉 GIS 应用于资源、城市、交通、水利、环境等行业,以及人工智能 GIS 技术、大数据 GIS 技术、BIM+GIS 技术、新一代三维 GIS 技术、云 GIS 技术等前沿实践案例。强调学习的前沿性、时代性和创新性。②技能目标:使学生具备 GIS 数据表达、获取、处理、管理、分析、可视化、应用的基本技能,达到解决地理空间问题的综合能力。强调学习的实战性、高阶性和挑战度。③思政目标:培养学生国家认同、家国情怀及社会责任感和使命感,培养学生爱岗敬业的职业精神和奉献精神,以及团队协作和勇于创新的精神。

(2)对接职业岗位与工作过程,重构教材内容。

本书对接地理信息采集员、地理信息处理员、地理信息应用作业员职业岗位,以 GIS 数据为载体,基于 GIS 产品生产的工作过程,将教材内容重构为 GIS 技术认知、GIS 数据表达、GIS 数据获取、GIS 数据处理、GIS 数据管理、GIS 数据分析、GIS 数据可视化、GIS 技术应用 8 个学习单元,包括 32 个知识型学习任务和 8 个职业技能应用实践(包括 23 个技能训练),学生通过理论与技能的深入学习,可实现快速理解 GIS 基础理论、掌握 GIS 基本技能的目标。教材内容融入了产业成就、国家版图、数据安全、质量标准、乡村振兴、文化自信、工匠精神、红色精神、创新精神等思政元素,落实习近平新时代中国特色社会主义思想进教材,培养学生胸怀祖国、服务人民的爱国精神,勇攀高峰、敢为人先的创新精神,追求真理、严谨治学的求实精神,淡泊名利、潜心研究的奉献精神。

(3)适应信息技术与混合教学,开发特色资源。

本书配套精美的 PPT 教学课件、视频、动画等教学资源,只需用移动设备扫描书中的二维码,即可观看相关的资源。资源设计精美、随扫随学,使学生在自学中享受过程;素材丰富、资源立体,使教师备课中不断创新,为适应信息技术发展与开展线上线下混合式教学提供了新的教学思路。同时,职业技能应用实践配套了练习数据,地理信息应用能力测试配套了考核测验题目,以方便学生进行技能训练和强化学习成效。

本书由李建辉担任主编,由赵雨琪、崔耀辉、郑红亮、李应真担任副主编,由自然资源部人力资源开发中心曾晨曦担任主审。具体编写分工如下:黄河水利职业技术学院李建辉编写单元 1、单元 2 和单元 6,黄河水利职业技术学院赵雨琪编写单元 4 和单元 5,黄河水利职业技术学院崔耀辉编写单元 3 和单元 7 的 7.1 节,湖南省自然资源事务中心李应真编写单元 7 的 7.2 节至 7.5 节,中铁十二局集团第七工程有限公司郑红亮编写单元 8。全书由李建辉负责统稿、定稿,并对部分内容进行补充和修改。

本书在编写过程中参阅了大量资料,参考和借鉴了有关书籍、论文、图片及网络资源,正文后仅列出了主要参考文献,在此一并对这些作者致以衷心的感谢。

由于作者水平有限,虽然编写时力求紧跟技术发展,但 GIS 理论精妙、应用广泛,书中难免存在不足和疏漏之处,敬请读者批评指正。

编　者

2023 年 7 月

目　录

单元 1　GIS 技术认知

【单元概述】

人类活动最核心的任务是了解人们赖以生存的环境及状态,认知这些环境发生、演变及发展变化的特征和规律,利用计算机及信息技术手段,来实现对这些现象或事物状态和特征描述的社会需求,催生了 GIS 技术。21 世纪以来,人类社会已全面进入信息时代,表现为信息技术突飞猛进,信息产业空前发展,信息资源爆炸式扩展。融入信息技术的 GIS 技术的发展及应用引起了政府各职能部门,以及社会各界的广泛关注。因此,深入学习 GIS 的基本概念,全面认识 GIS 的组成、功能及类型,把握其发展趋势具有重要意义。本单元主要讲授 GIS 的概念、组成、功能、类型与发展。

【学习目标】

(1)知识目标:①掌握 GIS 的基本概念、组成和功能;②理解 GIS 的类型划分;③了解 GIS 的国内外发展情况及未来发展前景。

(2)技能目标:①能进行 GIS 软件的基本操作;②能利用 GIS 软件进行空间数据加载、显示与浏览等操作。

(3)思政目标:①了解我国 GIS 发展历程与产业成就,提升学生的民族自豪感,强化道路自信;②了解 GIS 技术发展的国情,引导学生认识和把握新时代特征,从个人出发做好 GIS 学业规划和职业发展定位。

1.1　GIS 的概念

【导入】

当前,信息技术革命越来越迅速地改变着人类生活和社会的各个层面,而作为全球信息化浪潮的一个重要组成部分,GIS 日益受到各界的普遍关注,并在多个领域得到广泛的应用,为了更好地学习 GIS 相关知识,首先要明确 GIS 的基本概念。

1.1.1　GIS 的起源

20 世纪 60 年代初,加拿大政府计划调查整个国家的森林资源,为此需要利用航空影像制作森林覆盖地图,并在地图上进行面积量算。但因为人工完成这项任务的工作量巨大,所以地理学家汤姆林森(Tomlinson)博士(见图 1-1)提出把常规地图变成数字地图形式,并由计算机来进行处理和统计,这一方案得到政府认可并加以实施,由此建立了世界上第一个地理信息系统——加拿大地理信息系统(Canada geographic information system, CGIS)。在此之前,对资源的管理都是在具有基础地理信息的地图上,用透明图层(薄膜)

进行人工叠加来获得数据并进行分析的,这种方式非常耗时且低效。CGIS 将加拿大的道路、土地利用、居民地、水系、地形、影像底图等信息按照图层(见图 1-2)进行组织,Tomlinson 博士把常规地图变成数字地图形式存入计算机,并用计算机及相关输入/输出设备,实现地图量算与分析的技术系统和过程,用“地理信息系统”这一术语来概括,建立了世界上第一个实用的地理信息系统,因此他被称为“地理信息系统之父”。随着技术的进步、社会需求的增加、有关组织机构的建立,地理信息系统很快呈“星火燎原”之势在全世界迅速发展起来。

图 1-1　地理学家 Tomlinson 博士

图 1-2　以图层方式组织数据

1.1.2　GIS 相关术语

与地理信息系统直接相关的术语主要包括信息、地理信息、空间信息、地理空间信息数据、地理数据、空间数据、地理空间数据等,在地理信息系统相关领域,往往会混用地理信息、空间信息、地理空间信息,以及地理数据、空间数据、地理空间数据等术语,但这些术语在技术范畴内所表示的实际含义并无本质区别。

1.1.2.1　数据与信息

数据是未加工的原始资料,指对某一事件、事物、现象进行定性、定量描述的原始资料,包括文字、数字、符号、语言、图形、图像及它们能转换成的形式。数据是用来载荷信息的物理符号,数据本身并没有意义。

信息是用数字、文字、符号、语言、图形、图像等介质或载体,表示事件事物、现象等的内容、数量或特征,向人们(或系统)提供关于现实世界新的事实和知识,作为生产、管理、经营、分析和决策的依据。

信息具有客观性、适用性、可传输性和共享性等特征。①客观性:任何信息都是与客观事实紧密相关的,这是信息的正确性和精确度的保证。②适用性:信息是为特定的对象服务的,同时也为服务对象提供生产、建设、经营、管理、分析和决策的有用信息。③可传输性:信息可在信息发送者和信息接收者之间传输。④共享性:同一信息可传输给多个用户,为多个用户所共享,而本身并无损失。

数据和信息密不可分,信息来自于数据,数据是信息的载体。数据是未加工的原始资料,文字、数字、符号、语言、图形和图像等都是数据。数据是对客观对象的表示,信息则是数据内涵的意义,是数据的内容和解释,只有理解了数据的含义,对数据做出了解释,才能提取出数据中所包含的信息。例如,从测量数据中可以提取出目标和物体的形状、大小及位置等信息,从遥感卫星图像数据中可以提取出各种地物类型及其相关属性,从实地调查数据中可提取出各专题的属性信息。信息处理的实质是对数据进行处理,从而获得有用的信息。

1.1.2.2 信息系统

信息系统是由相互作用和相互依赖的若干组成部分结合而成的,是具有特定功能的有机整体。对计算机而言,系统是为实现某种特定的功能,由必要的人员、设备和方法或程序按一定的方式组织起来进行工作的集合体。

信息系统是加工和处理信息的系统(见图1-3),可以对信息进行采集、处理、传输、管理、检索、分析等,也可以为决策过程提供有用的信息。从计算机科学的角度看,信息系统由计算机硬件、软件、数据和用户四大部分组成,具有采集、管理、分析、表达四大功能。更简单地说,信息系统是基于数据库的问答系统(见图1-4)。

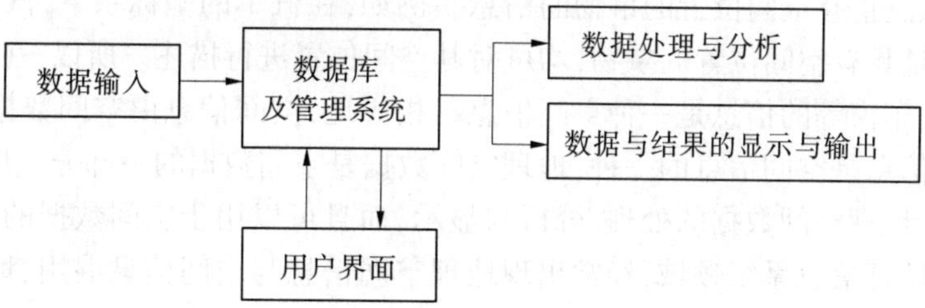

图1-3　信息系统

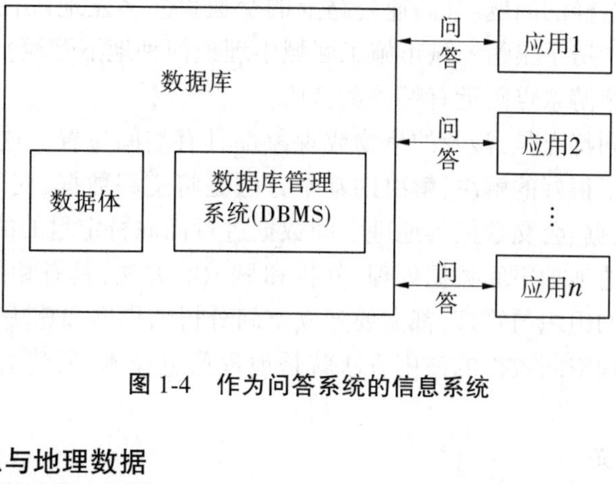

图1-4　作为问答系统的信息系统

1.1.2.3 地理信息与地理数据

地理信息是指与地理位置有关的事物的信息,描述了事物的空间位置、空间形态、属性特征、相互联系和变化规律等。地理信息具体包括位置、形态、关系、结构、行为、认知、属性等方面的信息。

简单来说,地理信息是指具有空间位置的事物的各种信息。大到世界各大洲、各国家,小到一幢房屋、一棵树,由于它们含有空间位置信息(如可用经纬度表示),故都属于地理信息的范畴;而图书资料、财务报表等方面的信息,由于通常不含空间位置信息,就不属于地理信息。据有关资料统计,人类所使用的各种信息中,地理信息约占所有信息的80%。因此,地理信息在日常生活、国民经济和国防建设中具有重要的作用。

地理信息由地理数据来具体表达。地理数据是具有空间位置的自然、社会、人文、经济等方面的数据,可以是图形、图像、文本、表格、数字、声音等形式。因此,地图数据、遥感数据、全球导航卫星系统(global navigation satellite system,GNSS)数据等测绘数据都属于地理数据。

1.1.2.4　地理空间信息与地理空间数据

为了强调地理信息的空间特征(如空间位置和空间形态),地理信息又称为地理空间信息。相应地,地理数据又称为地理空间数据。在地理信息系统领域,地理空间信息和地理空间数据是使用较为频繁的术语。

1.1.2.5　空间信息与空间数据

空间信息泛指有空间位置的事物的信息。例如,在汽车的坐标系下,汽车的发动机、座椅、车窗等是具有空间位置的事物,均可对其空间位置进行描述。所以,在汽车设计中,发动机、座椅、车窗等的信息是一种空间信息。相应地,空间信息由空间数据进行具体描述,地理空间信息是空间信息的一种,地理空间数据是空间数据的一部分。地理信息技术不仅可以用于地理空间数据的处理、分析与显示,而且可以用于空间数据的处理、分析与显示,所以在地理信息系统领域,经常出现地理空间信息与空间信息混用、地理空间数据与空间数据混用的情况。

1.1.3　什么是 GIS

在生活中会有这样的问题:某高速公路上的交通事故多发地段在哪里?某小学十分钟步行距离内有多少房子出售?城市施工区域中埋设何种地下管线?从火车站到某大学如何换乘公交车?旅游景点附近有哪些美食店?

这些问题的相同特点是,涉及的事物或现象都具有空间位置。这些问题已经在不同的信息系统中得到了很好的解决,解决的基本方法是将道路数据、交通事故数据、单位地址数据、房屋出售数据、公交数据等地理空间数据进行面向特定目的的处理、分析和显示。这些针对不同问题的地理空间数据处理、分析和显示的方法,具有相同的技术特点:都需要对数据进行统一的组织与管理,都需要建立空间分析的模型和算法,都需要进行可视化显示等。这种对地理空间数据的使用方法就是地理信息技术,所建立的信息系统称为地理信息系统。

1.1.3.1　GIS 的定义

地理信息系统至今没有一个全球公认的唯一定义,不同领域的专家给出的定义是不同的,但都是对同一个事物不同侧面的理解和描述。目前,对 GIS 的认识主要有三种不同的角度。

(1)地图的角度。主要来自于测绘领域,认为 GIS 是地图显示、处理与使用的信息系统,每个数据集被看作不同类型的地图、图层、要素等。

(2)数据库的角度。主要来自于计算机领域,认为 GIS 就是地理空间数据组织、管理和操作的计算机系统,强调系统体系结构、海量数据存取、高效数据访问、高性能空间计算等的重要性。

(3)空间分析的角度。主要来自地理学领域,认为 GIS 就是基于地理空间数据对地理现象进行分析和模拟的信息系统,强调地理空间数据应用是 GIS 的本质。

随着地理信息系统在不同领域的广泛应用,出现了城市规划信息系统、地籍管理信息系统、土地利用信息系统、交通管理信息系统、电子导航信息系统、地图生产信息系统等,不同的使用者对地理信息系统有着不同的理解。综上给出 GIS 的一般定义:GIS 是用地理空间数据对现实地理世界进行抽象和描述的技术方法,是采集、存储、管理、分析和表达地理空间数据的信息系统。

简单来说,地理信息系统是处理地理空间数据的技术。"数据"意味着需要应用计算机技术进行数据的存储、管理和计算;"地理"意味着数据是描述地理现象的;"空间"意味着数据所表示的事物具有空间位置和空间形态等特征;"处理"是指需要对数据进行获取、管理、查询、分析、可视化等操作。

1.1.3.2　GIS 的内涵

通过上述地理信息系统的定义可得出 GIS 的基本内涵如下:

(1)GIS 的物理外壳是计算机化的技术系统,它由若干个相互关联的子系统构成,如数据采集子系统、数据管理子系统、数据处理和分析子系统、图像处理子系统、数据产品输出子系统等,这些子系统的结构及其优劣程度直接影响着 GIS 的硬件平台的功能和效率、数据处理的方式和产品输出的类型。

(2)GIS 的操作对象是空间数据,即点、线、面、体这类有空间位置和空间形态特征并且能够很好地表达地理实体和地理现象的基本元素。空间数据最根本的特点是每一个数据都按统一的地理坐标进行编码,实现对其定位、定性和定量的描述,这是 GIS 区别于其他类型信息系统的根本标志,也是其技术难点所在。

(3)GIS 的技术优势在于它的数据综合、模拟与分析评价能力,可以得到常规方法或普通信息系统难以得到的重要信息,实现地理空间过程演化的模拟和预测。

(4)GIS 与测绘学和地理学有着密切的关系。大地测量、工程测量、矿山测量、地籍测量、航空摄影测量和遥感技术为 GIS 中的空间实体提供各种不同比例尺和精度的定位数;电子测速仪、全球定位技术、解析或数字摄影测量工作站、遥感图像处理系统等现代测绘技术的使用,可直接、快速和自动地获取空间目标的数字信息产品,为 GIS 提供丰富和更为实时的信息源,并促使 GIS 向更高层次发展。地理学是 GIS 的理论依托。有的学者断言:地理信息系统和信息地理学是地理科学第二次革命的主要工具和手段。如果说 GIS 的兴起和发展是地理科学信息革命的一把钥匙,那么信息地理学的兴起和发展将是打开地理科学信息革命的一扇大门,必将为地理科学的发展和提高开辟一个崭新的天地。GIS 被誉为地理学的第三代语言——用数字形式来描述空间实体。

1.1.3.3　GIS 的演进

目前,GIS 的概念在不断地发展和演进。地理信息系统在面向部门的专业应用不断拓展的同时,已开始向社会化、大众化应用发展,GIS 从传统意义上的地理信息系统拓展为地理信息科学(geographic information science)和地理信息服务(geographic information service)等多个方面。

美国科学院院士 Michael Goodchild 于 1992 年提出了地理信息科学的概念和科学体系。地理信息科学是关于 GIS 的发展、使用和应用的理论,是信息时代的地理学,是关于地理信息的本质特征与运动规律的一门科学。地理信息科学的提出和理论创建来自两个方面:一是技术与应用的驱动,这是一条从实践到认识、从感性到理论的发展路线;二是学科融合与地理综合思潮的逻辑扩展,这是一条理论演绎的发展路线。在地理信息科学的发展过程中,两者相互交织、相互促进,共同推进地理学思想的发展、范式的演变和地理信息科学的产生和发展。地理信息科学本质上是在两者的推动下地理学思想演变的结果,是新的技术平台、观察视点和认识模式下地理学的新范式,是信息时代的地理学。相对于地理信息系统,地理信息科学更侧重于基础理论。

地理信息服务主要由网络 GIS 和移动 GIS 来实现,早期李德仁院士(见图 1-5)提出以"4A"为代表的 GIS 服务,即实现随时(anytime)、随地(anywhere)为所有的人(anybody)和事(anything)提供实时 GIS 服务。近几年来,随着空间信息网格、云计算等技术的发展,GIS 服务的发展更加深入。空间信息格网和云计算以一种新的结构、方法和技术来管理、访问、分析、整合分布的空间数据,利用各种资源提供服务。例如,海量空间数据的存储、管理,高性能空间信息处理,异构空间资源共享等。

图 1-5　李德仁院士(中国科学院院士,中国工程院院士)

地理信息服务是指遵循服务体系的架构和标准,采用网络服务技术,基于地理信息互操作的标准和规范,在网络环境下提供地理信息系统的数据、分析、可视化等功能的服务。地理信息服务是网络环境下一组与空间信息相关的软件功能实体,该软件功能实体通过接口封装功能。狭义的地理信息服务是指遵循 Web 服务体系架构和标准,利用网络服务技术在网络环境下提供 GIS 数据、分析、可视化等功能的服务和应用。广义的地理信息服务是指提供与地理空间信息有关的一切服务。相对于地理信息系统、地理信息科学,地理信息服务强调面向服务的架构,以及为用户提供各种服务(数据服务、功能服务、应用服务等)。

1.1.3.4 GIS与相关系统的区别与联系

计算机制图、计算机辅助设计、数据库管理系统、遥感图像处理技术奠定了地理信息系统的技术基础。地理信息系统是这些学科的综合,它与这些学科和系统之间既有联系又有区别,这里将它们逐一加以比较,以突出地理信息系统的特点。

1. GIS与数字制图系统的区别与联系

数字制图是地理信息系统的主要技术基础,它涉及GIS中的空间数据采集、表示、处理可视化甚至空间数据的管理。无论是在国外,还是在国内,GIS早期的技术都主要反映在数字制图方面。不同的数字制图系统(或称为机助制图系统),在概念和功能上有很大的差异。数字制图系统涵盖了从大比例尺的数字测图系统、电子平板,到小比例尺的地图编辑出版系统、专题图的桌面制图系统、电子地图制作系统及地图数据库系统。它们的功能主要强调空间数据的处理、显示与表达,有些数字制图系统还包含空间查询功能。

地理信息系统和数字制图系统的主要区别在于空间分析方面。一个功能完善的地理信息系统可以包含数字制图系统的所有功能,此外它还应具有丰富的空间分析功能。要建立一个GIS应用系统,需要对多层的图形数据和属性数据进行深层次的空间分析,以提供对规划、管理和决策有用的信息。

2. GIS与CAD的区别与联系

计算机辅助设计(computer aided design,CAD)是计算机技术用于机械、建筑、工程和产品设计的系统,它主要用于范围广泛的各种产品和工程的图形。CAD主要用来代替或辅助工程师们进行各种设计工作,也可以与计算机辅助制造(computer aided manufacturing,CAM)系统共同用于产品加工中做实时控制。GIS与CAD系统的共同特点是二者都有坐标参考系统,都能描述和处理图形数据及其空间关系,也都能处理非图形属性数据。它们的主要区别是,CAD处理的多为规则几何图形及其组合,图形功能极强,属性功能相对较弱。而GIS处理的多为地理空间的自然目标和人工目标,图形关系复杂,需要有丰富的符号库和属性库。GIS需要有较强的空间分析功能,图形与属性的相互操作十分频繁,且多具有专业化的特征。此外,CAD一般仅在单幅图上操作,海量数据的图库管理能力比GIS要弱。

但是CAD具有极强的图形处理能力,也可以设计丰富的符号和连接属性,许多用户都把它作为数字制图系统使用。有些软件公司为了充分利用CAD图形处理的优点,在CAD基础之上,进一步开发出地理信息系统。例如,Intergraph公司开发了基于MicroStation的MGE,ESRI公司与Autodesk公司合作推出了ARC-CAD。Autodesk公司自身又推出了基于AutoCAD的地理信息系统软件(或者说地图数据库管理软件)AutodeskMap。

3. GIS与数据库管理系统的区别与联系

数据库管理系统一般指商用的关系数据库管理系统,如Oracle、SyBase、SOL Server、Informix Foxpro等。它们不仅是一般事务管理系统,如银行系统、财务系统、商业管理系统、订票系统等系统的基础软件,而且通常是地理信息系统中属性数据管理的基础软件,甚至有些 GIS 的图形数据也交给关系数据库管理系统管理。而关系数据库管理系统也在向空间数据管理方面扩展,如 Oracle、Informix、Ingres 等都增加了管理空间数据的功能,许多 GIS 中的图形数据和属性数据全部由商用关系数据库管理系统管理。近年来还出现了非关系数据库(如 MongoDB)统一管理图形数据、属性数据的系统,如吉奥公司的 GeoSmarter。

但是数据库管理系统和地理信息系统之间还存在着区别。地理信息系统除需要功能强大的空间数据管理功能外,还需要具有图形数据采集、空间数据可视化和空间分析等功能,所以 GIS 在硬件和软件方面均比一般事务数据库更加复杂,在功能上也比后者要多很多。例如,电话查号台可看作一个事务数据库系统,它只能回答用户所查询的电话号码,而一个用于通信的地理信息系统除了可查询电话号码,还可以提供所有电话用户的地理分布、电话空间分布密度、公共电话的位置与分布、新装用户距离最近的电信局等信息。

4. GIS 与遥感图像处理系统的区别与联系

遥感图像处理系统是专门用于对遥感图像数据进行处理与分析的软件,主要强调对遥感栅格数据的几何处理、灰度处理和专题信息提取。遥感数据是地理信息系统的重要数据源。遥感数据经过遥感图像处理系统处理之后,或是进入 GIS 系统作为背景影像,或是与经过分类的专题信息系统一起协同进行 GIS 与遥感的集成分析。

一般来说,遥感图像处理系统还不能直接用作地理信息系统。然而,许多遥感图像处理系统的制图功能也较强,可以设计丰富的符号和注记,并可进行图幅整饰,生产精美的专题地图。有些基于栅格的 GIS 除了能进行遥感图像处理,还具有空间叠置分析等 GIS 空间分析功能。但是这种系统一般缺少实体的空间关系描述,难以进行某一实体的属性查询和空间关系查询以及网络分析等功能。当前遥感图像处理系统和地理信息系统的发展趋势是两者的进一步集成,甚至研究开发出在同一用户界面内进行图像和图形处理,以及矢量、栅格影像和 DEM 数据的整体结合的存储方式。

1.2　GIS 的组成

【导入】

GIS 功能的实现需要一定的环境支持,GIS 运行环境包括计算机硬件系统、软件系统、空间数据、应用模型和应用人员五大部分。其中,计算机硬件系统和软件系统为 GIS 建设提供了运行环境;空间数据反映了 GIS 的地理内容;应用模型为 GIS 应用提供解决方案;应用人员是系统建设中的关键和能动性因素,直接影响和协调其他几个组成部分。

1.2.1　硬件系统

二维码 1　硬件系统

计算机硬件是计算机系统中的实际物理装置的总称,是 GIS 的物理外壳。它可以是电子的、电的、磁的、机械的、光的原件或装置。系统的规模、精度、速度、功能、形式、使用方法甚至软件都与硬件有极大的关系,受硬件指标的支持或制约。

GIS 的硬件系统主要包括输入设备、处理设备、存储设备和输出设备四部分，如图 1-6 所示。某些情况下可能还需要一些与网络相关的硬件设备。其中，处理设备、存储设备和输出设备与一般信息系统并无差别，但由于 GIS 处理的是空间数据，其数据输入设备除了常规的设备，还包括空间数据采集的专用设备，如全球导航卫星系统（GNSS）、全站仪、数字摄影测量仪等，如图 1-7 所示。

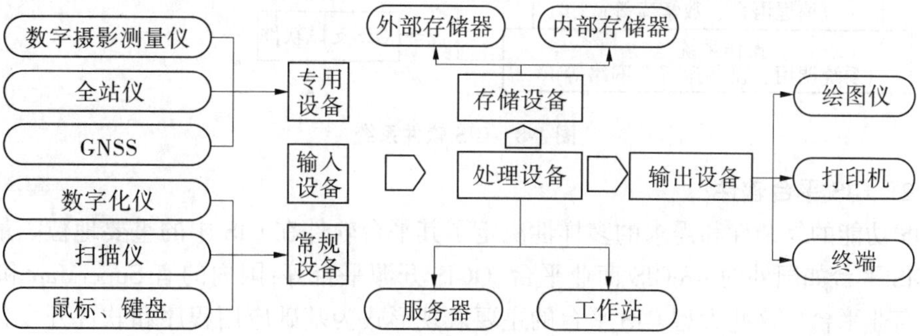

图 1-6 GIS 硬件组成

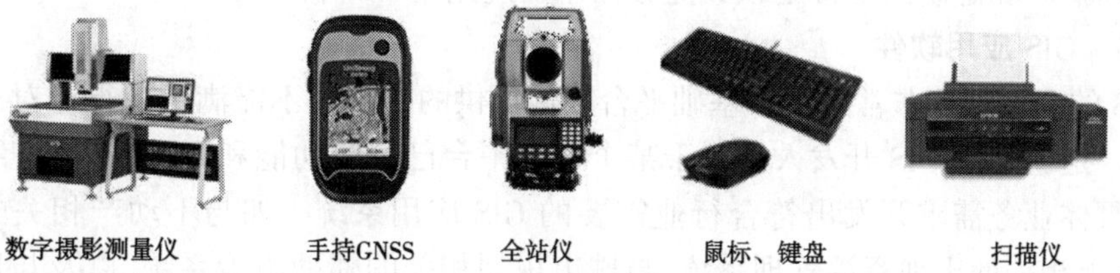

图 1-7 GIS 空间数据采集输入设备

1.2.2 软件系统

二维码 2 软件系统

软件系统是指 GIS 运行所必需的各种程序，通常包括 GIS 支撑软件、GIS 平台软件和 CIS 应用软件三类，如图 1-8 所示。其中，GIS 支撑软件是指 GIS 运行所必需的各种软件环境，如操作系统、数据库管理系统、图形处理系统等。GIS 平台软件包括 GIS 功能所必需的各种处理软件和扩展开发包。GIS 应用软件一般是在 GIS 平台软件的基础上，通过二次开发所形成的具体的应用软件，一般是面向应用部门的。

1.2.2.1 GIS 支撑软件

任何 GIS 软件都需要一个基础的运行环境。小到各种移动终端的 GIS Apps；大到 PC 端的各类 GIS 平台，都离不开操作系统的支持。空间数据的存储和管理也通常使用发展成熟的大型数据库管理系统。例如，常用的操作系统包括移动端的安卓、iOS，PC 端的 Windows、Linux 和 OS 等；GIS 数据的存储管理通常也需要依赖于大型的企业级数据库，GIS 常用的数据库系统有 Oracle、Microsoft SQL Server 和 PostSQL 等。此外，可能还需要一些用于支撑 GIS 运行的其他支撑软件。

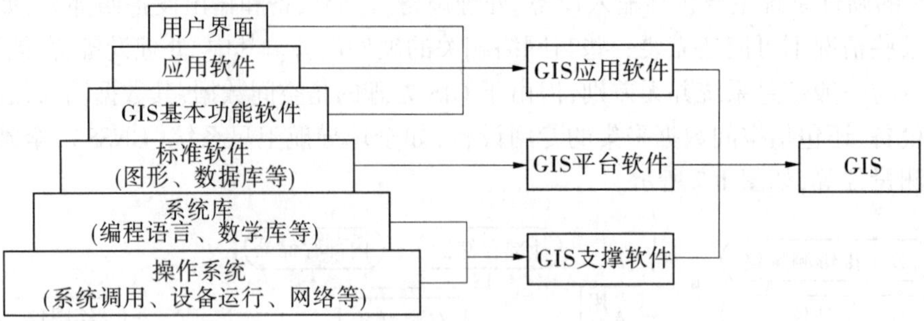

图 1-8　GIS 软件系统

1.2.2.2　GIS 平台软件

GIS 功能的复杂性和需求的多样性决定了其平台软件在 GIS 中的重要地位。最为典型的 GIS 平台如国外的 ArcGIS 商业平台、QGIS 开源平台等;国内的有 SuperMap 和 MapGIS 等商业平台。这些大型 GIS 平台的主要表现形式为基础应用程序和软件开发包。这些 GIS 平台都必须运行或部署在支撑软件之上,主要用于完成各种 GIS 任务,其中软件开发包可以扩展和定制满足特定领域业务需求的应用型 GIS 软件。

1.2.2.3　GIS 应用软件

GIS 的应用行业非常广泛。基础平台软件提供的功能并不能满足各行业对 GIS 的业务需求。这就需要 GIS 开发人员基于某个 GIS 平台已有的功能和开放的接口,结合某个行业的具体业务需求开发出符合行业需要的 GIS 应用系统。如与不动产相关的审批系统、与国土相关的土地资源管理系统、与城市规划相关的辅助决策系统,以及与地名相关的地名管理与信息化服务系统等。

1.2.3　空间数据

二维码 3　空间数据

数据是 GIS 的核心内容,有人将它称为 GIS 的“血液”。地理空间数据是指以地球表面空间位置为参照的自然、社会和人文景观数据,可以是图形、图像、文件、表格和数字等(见图 1-9),由系统的建立者通过数字化仪、扫描仪、键盘或其他通信系统输入,GIS 是系统程序作用的对象,是 GIS 所表达的现实世界经过模型抽象的实质性内容。不同用途的 GIS,其地理空间数据的来源、种类和精度也各不相同。地理空间数据主要包括带有空间位置信息的数据、与空间位置相关的属性数据及用于描述数据关系和特性的数据等内容。地理空间数据基本上都包括三种互相联系的数据类型:

(1)某个已知坐标系中的位置。即几何坐标,标识地理实体和地理现象在某个已知坐标系(如大地坐标系、直角坐标系、极坐标系、自定义坐标系)中的空间位置,可以是经纬度、平面直角坐标、极坐标,也可以是矩阵的行、列数等。

(2)实体间的空间相关性。即拓扑关系,表示点、线、面、实体之间的空间联系,如网络节点与网络线之间的枢纽关系,边界线与面实体间的构成关系,面实体与岛或内部点的包含关系等。空间拓扑关系对于地理空间数据的编码、录入、格式转换、存储管理、查询检索和模型分析都有重要意义,是地理信息系统的特色之一。

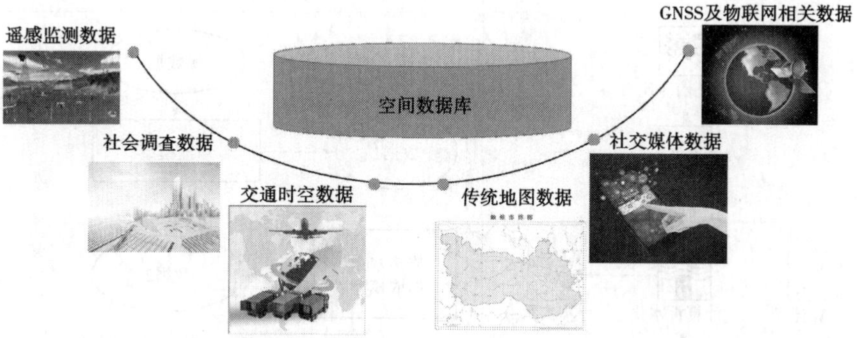

图 1-9　GIS 数据

(3)与几何位置无关的属性。即常说的非几何属性或简称属性,是与地理实体和地理现象相联系的地理变量或地理意义。属性分为定性和定量的两种,前者包括名称、类型、特性等,后者包括数量和等级。定性描述的属性如岩石类型、土壤种类、土地利用类型、行政区划等,定量的属性如面积、长度、土地等级、人口数量、降水量、河流长度、水土流失量等。非几何属性一般是经过抽象的概念,通过分类、命名、量算、统计得到的。任何地理实体和地理现象至少有一个属性,而地理信息系统的分析、检索和表示主要是通过属性的操作运算实现的。因此,属性的分类系统、量算指标对系统的功能有较大的影响。

地理信息系统特殊的空间数据模型决定了地理信息系统特殊的空间数据结构和特殊的数据编码,也决定了地理信息系统具有特殊的空间数据管理方法和系统空间数据分析功能,成为地理学研究和资源管理的重要工具。

1.2.4　应用模型

二维码 4　应用模型

GIS 的应用模型是根据具体的应用目标和问题,以 GIS 已有的操作和方法为基础,构建能够表达或模拟特定现象的计算机模型。尽管 GIS 提供了用于数据采集处理分析和可视化的一系列基础性功能,而与不同行业相结合的具体问题往往是复杂的,这些复杂的问题必须通过构建特定的应用模型进行模拟。GIS 作为一门应用型学科,强大的空间分析功能支撑着其强大的发展潜力及其在相关行业广泛的应用。而以空间分析为核心并与特定问题相结合的应用模型,正是其价值的具体表现形式。因此,应用模型是 GIS 的重要组成部分。GIS 应用模型的实现不依赖软件,相同功能的模型可以在不同的 GIS 软件中实现。图 1-10 为基于不同 GIS 软件平台的河网提取模型。

1.2.5　应用人员

二维码 5　应用人员

人是 GIS 中的重要构成因素。地理信息系统从其设计、建立、运行和维护的整个生命周期都离不开人的作用。仅有系统的软硬件、数据和模型构不成完整的地理信息系统,需要人进行系统的组织、管理、维护和数据更新、系统扩充完善、应用程序开发,并灵活采用地理分析模型提取多种信息,为研究和决策服务。具体可以将 GIS 的应用人员分为科

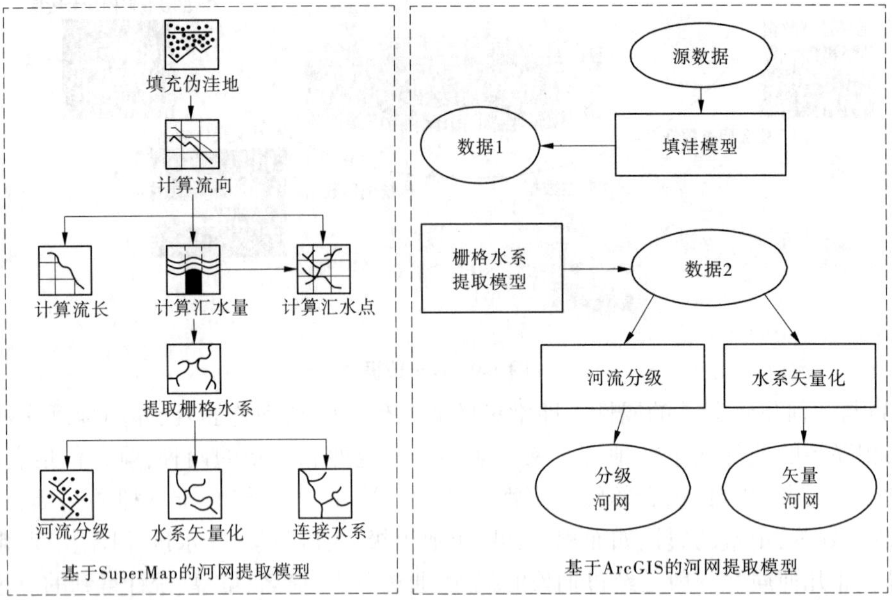

图 1-10　基于不同 GIS 软件平台的河网提取模型

学研究人员、项目管理人员、软件设计人员、系统开发人员、数据维护人员和普通用户六类,如图 1-11 所示。

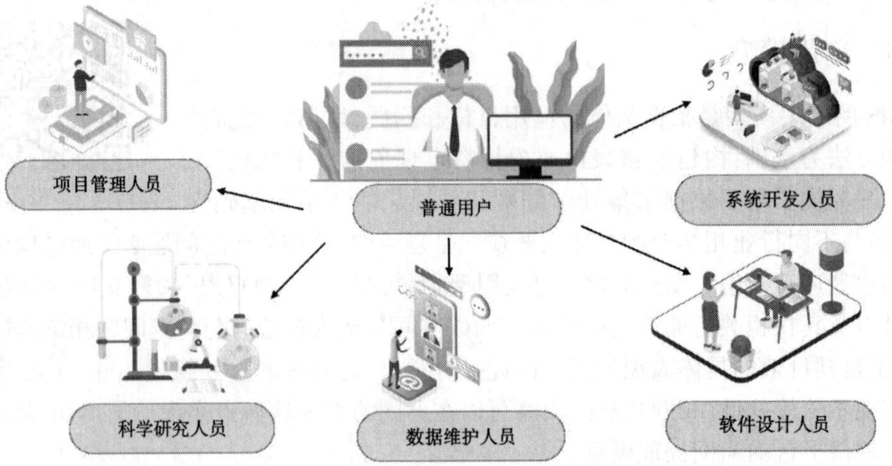

图 1-11　GIS 的应用人员

1.3　GIS 的功能

【导入】

GIS 在不同应用领域中发挥着不同作用,不同应用领域中的 GIS 有着不同的功能,以满足不同的应用需要。但 GIS 的基本功能是一样的,即地理空间数据表达、获取、处理、管理、分析与可视化六个主要功能。不同文献对GIS基本功能的分类可能会略有不同,利用数据采集、数据输入、数据处理、数据检索、数据存储、数据输出等不同的术语进行表达,但其实质内容是一致的。

1.3.1　地理空间数据表达

地理空间数据表达是将物理世界的地理实体、地理现象在计算机内进行数字化表达,表达成GIS系统可以处理的地理对象。地理空间数据表达最关键的一步就是建立地理参考系统,即将地球球面上的地理实体和地理现象投影到地图平面。具体的表达方式包括矢量数据表达、栅格数据表达、空间对象关系表达、数字高程模型表达等。

1.3.2　地理空间数据获取

空间数据是GIS的"血液",建立地理信息系统,首先要获取数据。空间数据获取是建立空间信息系统的基础工作。只有进行持续的空间数据获取,才能实现空间数据库的不断更新,才能充分发挥空间信息系统的实际应用效能。

空间数据获取的概念是随着GIS的进步而发展起来的。最早是指为建立GIS地理数据库而使用的地图数据采集方法,主要指纸质地图的数字化,即将纸质地图数字化为由点、线、面及其属性构成的矢量地图数据和以规则格网方式描述的数字高程模型(DEM)数据。随着地理信息技术的发展,地理数据库包含了越来越多种类的空间数据遥感影像数据、野外测量数据、卫星导航定位数据,以及各种多媒体专题数据等,成为空间数据获取的主要内容。近年来,基于互联网和物联网的空间数据获取手段不断发展,空间数据获取的内容也随之扩展。随着空间信息探测和应用技术的发展,空间数据获取的内容必将更加丰富多样。

随着相关技术的快速发展,空间数据获取方法已发生很大变化:遥感影像成为空间数据的主要数据源,卫星、航空飞机、无人机等成为空间数据的主要获取平台;大比例尺矢量地图数据的生成与更新以摄影测量方法为主,基于纸质地图的矢量地图生成方法已很少使用;GPS、北斗等卫星定位数据已广泛应用;与位置相关的文本、图片、视频、音频等数据,即位置标签或兴趣点(point of interest,POI)数据的数据量急剧增加;基于互联网的空间数据获取方法成为研究热点;基于物联网的空间数据获取与监测技术成为重要研究内容;室内导航位置数据的获取技术正在向实用化转型;空间数据的标准化和数据共享问题越来越突出;空间数据可信度的分析评价方法亦需要向实用化方向发展。总之,传统的空间数据获取开始转向时空大数据获取。

不同类型的空间数据获取需要用到不同的设备、软件和方法。例如,文本数据通常用人机交互的方式通过键盘录入,或者将文本资料扫描后用字符识别软件录入;矢量地图数据的获取,通常是将纸质地图扫描成图像后,以人机交互方式进行采集,或利用矢量数据自动追踪软件进行半自动化输入;栅格地图数据和影像数据的采集,当原始影像不是数据形式时,通常采用扫描仪扫描成图像数据的方式输入;DEM数据通常由摄影测量系统生成,或通过对地图等高线数据的内插生成。

为了获取各种信息系统中已有的空间数据,GIS需要有数据转换装载功能,能够根据数据转换标准把其他系统的空间数据集转换到当前的 GIS 系统中，或者通过直接访问其他系统的数据库来获取数据。

为了将不同类型空间数据装入 GIS 地理空间数据库，通常需要进行数据处理。GIS 的数据处理主要包括图形和文本数据编辑、图幅拼接、几何纠正、拓扑关系生成、标准化处理、其他处理等，即完成 GIS 的空间数据在装入 GIS 地理空间数据库前的各种工作。地理空间数据获取功能如图 1-12 所示。

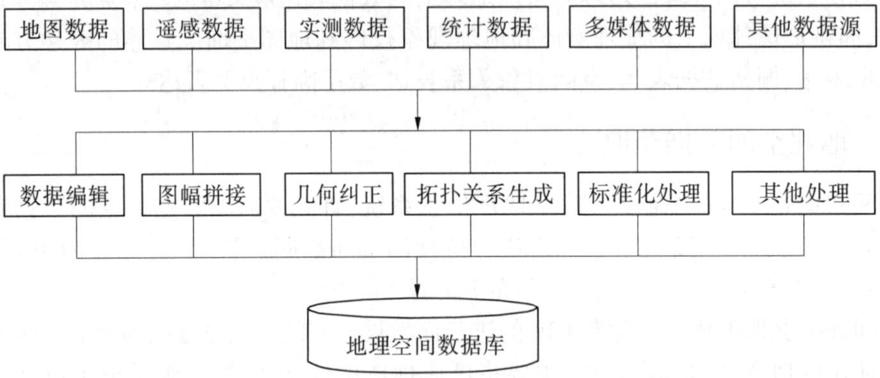

图 1-12 地理空间数据获取功能

1.3.3 地理空间数据处理

地理空间数据处理是指对来源、尺度、结构和格式不同的地理空间数据进行处理，从而为后期的地理空间数据管理、空间分析和可视化表达服务，具体包括几何变换、拓扑关系建立、矢量数据错误编辑、图幅拼接与接边、矢量栅格数据转换等。

1.3.4 地理空间数据管理

GIS 涉及多种类型的空间数据，有矢量数据、栅格数据、DEM 数据、统计数据、多媒体数据、关系数据等，而且数据量巨大。GIS 空间数据管理的主要任务就是建立、维护、使用地理空间数据库。

地理空间数据的组织方法是实现 GIS 空间数据管理的基础。GIS 空间数据通常按矢量和栅格两种基本空间数据模型进行数据存储和数据组织。为了高效地管理和应用空间数据，通常还需要分图层进行数据的细化组织，并构建高效的空间数据索引。

地理空间数据的管理方式是构建地理空间数据库和实现地理空间数据高效访问的具体手段。GIS 地理空间数据主要以纯文件型、文件-关系型、全关系型、对象-关系型和纯对象型进行管理。

地理空间数据库可以认为是存储在计算机物理存储介质上的 GIS 空间数据体，而地理空间数据库管理系统是实现其空间数据管理功能的软件系统。GIS 地理空间数据库管理系统应具有空间数据建库功能，包括数据装载、数据库初始化、数据入库检查等；数据导入导出功能，包括多种格式地理空间数据的导入、根据组合条件查询导出数据等；数据更新功能,包括整体或局部的有条件数据更新、数据检查更新等;数据检索功能,包括按照时间、空间、属性等条件进行精确、模糊、组合查询等;安全保密功能,包括用户与权限管理、身份认证和日志管理等;数据备份与恢复功能,包括各种数据备份和恢复功能等。

1.3.5　地理空间数据分析

1.3.5.1　空间查询

空间查询也称为空间数据查询,是指根据给定的查询条件,从GIS地理空间数据库中找出符合条件的空间数据并显示和提交给用户的一种操作。空间查询是GIS用户最常使用的功能,大部分GIS应用问题都可以通过空间查询来解决。空间查询的效能在很大程度上决定了GIS的应用水平。对用户来说,空间查询通常包括图文查询、文图查询和统计查询。

1. 图文查询

在二维或三维可视化地理环境背景下进行查询操作,实现对地理目标或目标集相关属性特征信息的查询,包括目标的表格信息、文本信息、图像信息、音视频信息等。查询方式包括点查询、矩形查询、圆形查询、多边形查询等。

2. 文图查询

以地理目标的名称、类型、关系等特征为查询条件,查询出符合条件的地理目标或目标集的地理空间位置和空间分布特征等信息,并在二维或三维可视化地理环境中以图形方式显示出来。查询方式包括单项查询、组合查询、模糊查询、精确查询等。

3. 统计查询

选定需要统计的地理目标或目标集,对其数量、类型、空间分布等需要统计的属性特征和空间特征数据进行统计计算,结果通常以统计图形、统计报表和统计专题图等方式显示。

1.3.5.2　空间分析

空间分析也称为空间数据分析,是指根据GIS空间数据中地理目标的时空信息计算并生成相关派生结果的技术。空间分析是GIS的核心功能,其技术方法在不断发展,空间数据挖掘、可视化分析等已成为新的空间分析术语。

从应用角度看,GIS空间分析包括基本空间分析和专业空间分析两个部分。基本空间分析即GIS的通用空间分析功能,主要包括空间量算、叠置分析、缓冲区分析、空间统计分析、路径分析、地形分析等;专业空间分析是指GIS应用于某一具体专业领域时,为解决专业问题而建立的各种专业空间分析模型,如交通流量分析、城市用地现状分析、选址分析、城市地价分析等。

1.3.6　地理空间数据可视化

地理空间数据可视化是指运用地图学、计算机图形学和图像处理技术,将GIS空间数据用图形、图像、图表、文字、表格、视频等可视化形式进行显示和交互处理的理论、方法和技术。简单地说,地理空间数据可视化就是指针对空间数据的可视化表达。

从技术角度看,地理空间数据可视化就是对空间数据的空间特征、时间特征和属性特征的可视化。因此,地理空间数据可视化的基本内容就是对地理实体(点、线、面、体)与空间关系的静态和动态的可视化。

地理空间数据可视化的主要形式是地图(包括电子地图、动画地图、影像地图、三维地图等)、多媒体(包括文本、表格、声音、图像、图形、动画、视频等)、虚拟地理环境等。地图是地理空间数据可视化的最主要方式,地图数据可视化技术是最主要的空间数据可视化技术。

在进行地理空间数据可视化表达时,GIS 可提供方便的可视化操作功能,如无级缩放、漫游、图层控制、符号修改、图文标注等;同时,应能在可视化环境中进行图形量算、目标查询、空间分析等操作,并能对查询和分析的结果进行可视化表达。

地理空间数据可视化的结果既可以输出为数据文件(或数据库),存储在光盘、硬盘等介质上,也可以直接输出在纸张、胶片等介质上,如打印输出为纸质地图。将地理空间数据输出为纸质地图往往是 GIS 的必备功能。

1.4 GIS 的类型

【导入】

GIS 发展迅速,应用广泛,GIS 的类型划分也无一定之规。一般地,可根据 GIS 的功能、数据结构、数据维度、软件开发模式和支撑环境进行类型划分。

1.4.1 按 GIS 的功能分类

按 GIS 的功能可将地理信息系统分为以下几类:

(1)全国性的综合系统。以一个国家为其研究和分析对象的系统,如日本的“国土信息系统”、加拿大的“国家地理信息系统”等,都是按全国统一标准存储包括自然地理和社会经济要素在内的全面信息,为全国提供咨询服务。这类系统的特点是数据量极其庞大、数据格式多样,需要高性能的硬件设备以及数据库软件来支持。服务的用户规模极大,需要良好的网络条件和网络功能设计来保障用户的正常使用。一般情况下,此类系统都由政府组织建设。

(2)区域性的信息系统。以某个地区为其研究和分析对象的系统,如美国加利福尼亚州信息系统、黄河流域信息系统等。这类系统的特点是为固定区域对象服务带有明显的地域特征,是当地重要的信息服务源。

(3)专题性的信息系统。以某个专业、问题或对象为主要内容的系统,也是发展最多、最为普通的系统,如许多城市建立的城市公交服务系统、城市旅游地理信息系统以及地下管网管理信息系统等。这类系统为某一专题行业服务,常常能够提供专题图以及相关报表的服务。

1.4.2 按数据结构分类

地理空间信息的表达方式即地理空间数据的数据结构,有基于多边形的矢量型和基于格网的栅格型,因此按数据结构可将地理信息系统分为基于矢量型的地理信息系统和基于栅格型的地理信息系统。一般来说,栅格型地理信息系统的数据发布更为简单,但数据量大、速度慢,且因为栅格数据难以提供拓扑关系,因此栅格型地理信息系统的功能也受到一些限制。而矢量型地理信息系统的数据发布难度更大,因为矢量数据比栅格数据结构更为复杂,但它的优点在于数据量小、发布速度快,能够提供拓扑关系,因此能够提供的服务功能更多,且矢量数据的视觉效果不会因为用户放大图片而质量下滑,用户体验的效果更好。

1.4.3 按数据维度分类

按照数据维度,地理信息系统可以分为二维地理信息系统和三维地理信息系统。三维地理信息系统能够直接以三维的形式表达地理要素的平面位置和高程信息;而二维地理信息系统对于地理要素的高程信息只能采取隐式表达,即存储地理要素的高程信息,但不能直接以三维图形的形式对其进行直观表达。近年来,随着研究的不断深入和设备、技术的不断进步,带有时间维度的四维地理信息系统也迅猛发展,成为地理信息系统研究的热点。

1.4.4 按软件开发模式和支撑环境分类

按照地理信息系统软件的开发模式和支撑环境分类,地理信息系统可分为以下几种:

(1)地理信息系统基础平台。这是一种能够提供全面和基础的地理信息系统功能的软件,它不受地理信息系统应用领域的限制,为用户提供数据采集、数据存储、数据编辑、数据查询、数据统计以及基本的空间分析功能。如常见的ArcGIS、MapInfo、SuperMap、MapGIS、GeoStar等软件产品都属于地理信息系统基础平台。

(2)独立开发的地理信息系统。这种系统指的是不依赖于任何地理信息开发组件,完全从底层进行开发的系统。它可以不受地理信息系统开发组件的功能约束按照用户需求自由定义各种功能和风格。但开发难度大,系统稳定性和可靠性难以控制,需要极为优秀的理论储备和专业人才才能进行此类地理信息系统的开发。

(3)利用地理信息系统组件进行二次开发的地理信息系统。这是目前常见的一种地理信息系统,它利用第三方组件,在可视化集成开发环境(如Visual C++、Visual C#)中进行开发。地理信息系统组件常见的有ArcObject、MapX、SuperMap Object等,它们提供了地理信息系统常用的类,并且设计了这些常用类的功能函数,用户在开发过程中根据需求将相关的类实例化即可快速地开发出所需要的地理信息系统。利用地理信息系统组件,可以方便快速地开发出包括桌面型地理信息系统、网络型地理信息系统和嵌入型地理信息系统在内的多种形式的地理信息系统软件。这类地理信息系统软件是目前数量最大、应用最为广泛的一类地理信息系统软件,是地理信息系统技术在各行业应用的重要体现。总体上,GIS的类型划分如图1-13所示。

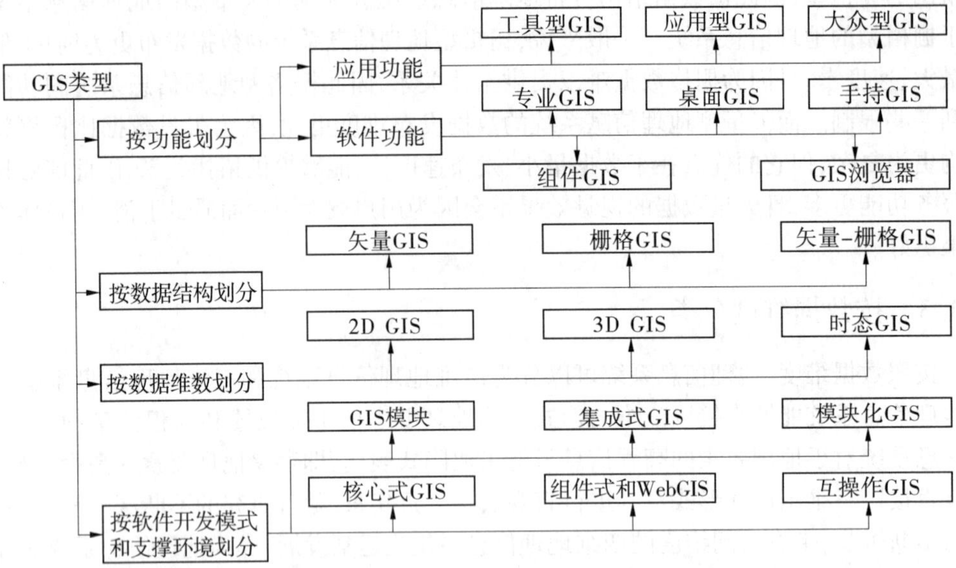

图 1-13　GIS 的类型划分

1.5　GIS 的发展

【导入】

GIS 经过 60 多年的发展，已从简单的空间数据存储、计算和绘图，到现在的空间数据复杂分析与计算、过程建模、现象模拟，成为一个新兴的产业和学科——地理信息产业和地理信息科学，从而为自然资源管理、环境监测、交通运输、经济建设、城市规划、行政管理、工程设计和规划、管理决策等行业和部门提供了分析问题的全新方法和崭新的知识视野，它的深刻影响正在进一步深入到我们的日常工作和生活。GIS 的发展，以技术发展为导引，以应用需求为驱动。

1.5.1　国际上 GIS 的发展

国际上 GIS 的发展可以归纳为以下五个阶段。

1.5.1.1　20 世纪 50~60 年代的 GIS 开拓期

20 世纪 50 年代，由于计算机技术的发展与应用，测绘工作者和地理工作者逐渐产生利用计算机汇总各种来源的数据，借助计算机处理和分析这些数据，最后通过计算机输出一系列结果，作为决策过程的有用信息。20 世纪 50 年代后期（1956 年），奥地利测绘部门首先利用电子计算机建立了地籍数据库，以后许多国家的土地测绘部门相继发展了土地信息系统。20 世纪 60 年代，加拿大地理学家 Tomlinson 提出利用计算机处理和分析大量的土地利用地图数据，建议并组织加拿大土地调查局建立了加拿大地理信息系统，成为世界上第一个运行型地理信息系统，该系统于 1972 年全面投入运行与使用，用于自然资源的管理和规划,具有专题地图叠加、面积量算等功能。稍后,美国哈佛大学研制出SYMAP系统软件,马里兰大学研制了MANS软件。

这个时期国际GIS发展的特点是:尽管当时的计算机水平不高,但GIS中机助制图能力较强,能够实现地图的手扶跟踪数字化以及地图数据的拓扑编辑和分幅数据拼接等功能。早期的GIS大多数是基于格网系统,因而发展了许多基于栅格的操作方法。这个时期,专家兴趣以及政府需求的推动起着积极引导作用,多数工作仅限于政府和大学范畴,国际交往比较少。

1.5.1.2　20世纪70年代的GIS巩固发展期

进入20世纪70年代以后,计算机技术的迅速发展,推出的大容量存取设备——磁盘,为空间数据的录入、存储、检索和输出提供了强有力的手段。用户屏幕和图形、图像卡的发展,更增强了人机对话和高质量的图形显示功能,促使GIS朝着实用方向迅速发展。一些发达国家先后建立了各种专业的土地信息系统和地理信息系统。与此同时,一些商业公司开始活跃起来,软件在市场上受到欢迎。据统计,20世纪70年代有300多个应用系统投入使用。期间,许多大学和研究机构开始重视GIS软件设计和研究。美国地质调查所于1980年出版的《空间数据处理计算机软件》报告,总结了1979年以前世界各国空间信息系统的发展概况。这个时期,GIS专业人才逐步增加,一些大学开始提供GIS培训,一些商业性的咨询服务公司开始从事GIS工作。

这个时期国际GIS发展的特点是:技术发展没有新的突破,系统应用与技术开发多限于某几个机构,专家影响减弱,政府影响增强。

1.5.1.3　20世纪80年代的GIS普及和推广应用期

20世纪80年代是GIS普及和推广应用的阶段。随着计算机技术的发展,推出了图形工作站和微机等性价比大为提高的新一代计算机,为GIS的普及和推广应用提供了硬件基础,计算机网络的建立,使地理信息的传输时效得到了极大提高。GIS基础软件和应用软件的发展,使得GIS应用从解决基础设施的管理和规划(如道路、输电线)转向更为复杂的区域开发,如土地利用、城市化、人口规划与布置等。许多工业国家将土地信息系统作为有关部门的必备工具,投入日常运转。与卫星遥感技术相结合,GIS开始用于解决全球性问题,例如全球沙漠化、全球可居住区的评价、厄尔尼诺现象及酸雨、核扩散及核废料,以及全球气候与环境的变化监测等。20世纪80年代中期,GIS软件的研制与开发也取得了很大成绩,仅1989年市场上有报价的软件就达70多个,并且涌现出一些有代表性的GIS软件,如ArcInfo、TIGRIS、MGE、SICAD/Open、Genamap、System 9、MapInfo等,它们可在工作站或微机上运行。随着GIS研究的进一步深化,Marble等拟订了空间数据处理计算机软件说明的标准格式,并提出了地理信息系统今后的发展应着重研究空间数据处理的算法、数据结构和数据库管理系统等三个方面的内容。

这个时期国际GIS发展的特点是:GIS开始注重空间决策支持分析;GIS的应用领域迅速扩大,从资源管理、环境规划到应急反应,从商业区域划分到政治选举分区等。

1.5.1.4　20世纪90年代逐渐步入网络GIS时代

进入20世纪90年代,随着微机和Windows的迅速发展,以及图形工作站性价比的进一步提高,计算机在全世界迅速普及。一些基于Windows的桌面GIS如MapInfo、

ArcView、GeoMedia 等软件以其界面友好、易学好用的独特风格，将 GIS 带入到各行各业。因特网的发展，特别是 20 世纪 90 年代万维网的发展，为地理信息系统在因特网上运行提供了必要的技术条件，各软件厂商争相研究出基于万维网的地理信息系统软件。比较典型的软件有：Autodesk 公司的 Map Guide，ESRI 公司的 MapObject IMS，Intergraph 公司的 GeoMedia Web Map，MapInfo 公司的 MapInfo Proserver，武大吉奥信息工程公司的国产 WebGIS 软件 GeoSurf，以及 MapGIS 和 SuperMap 推出的国产 WebGIS 软件等。随着建设"信息高速公路""国家空间数据基础设施""数字地球"计划的提出，GIS 技术作为一种全球、国家、地区和局部区域信息化、数字化的核心空间信息技术之一，其发展和利用已被许多国家列入国民经济发展规划中。

尽管 GIS 有着广泛的应用潜力，但是在这一时期它的应用仅仅在少数领域比较成熟，如地图制图与数据发行、自然资源管理与评价、地籍管理、城市与区域规划以及美国、加拿大等国的人口普查等，GIS 在许多其他领域的应用才刚刚起步，包括商务应用、市政基础设施管理、公共卫生及安全、油气与其他矿产资源的勘测、交通管理、房地产开发与销售等。多数 GIS 应用是在各级政府部门实现的，据美国联邦数字制图协调委员会的调查，早在 1990 年美国联邦政府已有 62 个机构使用 GIS，其中 18 个已用于常规业。

这个时期国际 GIS 发展的特点是：GIS 逐步进入网络 GIS 时代，设计和开发在因特网上运行的 GIS 成为这个时期的主要趋势。

1.5.1.5　21 世纪的 GIS 逐步进入大众化应用时代

20 世纪之前的 GIS 主要在政府和公共事业等部门应用。随着计算机软、硬件技术的高速发展，特别是 Internet 和移动通信技术的发展，GIS 由专业应用系统发展到社会化的、面向大众的信息服务系统。2005 年谷歌公司发布的 Google Map 和 Google Earth 系统，以及 2011 年我国发布的天地图系统等，迅速将地理信息的应用与服务普及到大众。移动通信的发展，又将 GIS 发展为移动地理信息系统。移动 GIS（电子地图）与卫星导航技术结合构成的位置服务系统已经成为智能手机的必备软件，成为普通大众几乎每天必用的工具。

1.5.2　我国 GIS 的发展

我国地理信息系统起步稍晚，但发展势头相当迅猛，大体上可分为四个阶段。

1.5.2.1　20 世纪 70 年代的起步阶段

20 世纪 70 年代初期，我国开始推广电子计算机在测量、制图和遥感领域中的应用。随着全世界遥感技术的发展，我国在 1974 年开始引进美国地球资源卫星图像（Landsat），开展了遥感图像处理和解译工作。1976 年召开了第一次遥感技术规划会议，形成了遥感技术试验和应用蓬勃发展的新局面，先后开展了京津唐地区红外遥感试验、新疆哈密地区航空遥感试验、天津渤海湾地区的环境遥感研究、天津地区的农业土地资源遥感清查工作。这一时期，国家测绘局系统开展了一系列航空摄影测量和地形测图，为建立地理信息系统数据库打下了坚实的基础。同时，解析和数字测图、机助制图、数字高程模型的研究和使用也同步进行，1977 年诞生了第一张由计算机输出的全要素地图，1978 年国家计划委员会在黄山召开了全国第一届数据库学术讨论会。所有这些都为 GIS 的研制和应用提供了技术上的准备。

1.5.2.2　20 世纪 80 年代的试验阶段

进入 20 世纪 80 年代之后，我国执行“六五”计划、“七五”计划，国民经济全面发展，很快对“信息革命”做出热烈响应。在大力开展遥感应用的同时，GIS 也全面进入试验阶段。在典型试验中主要研究数据规范和标准、空间数据库建设、数据处理和分析算法及应用软件的开发等。以农业为对象，研究有关质量评价和动态分析预报的模式与软件，并用于水库淹没损失、水资源估算、土地资源清查、环境质量评价与人口趋势分析等多项专题的试验研究。在专题试验和应用方面，在全国大地测量和数字地面模型建立的基础上，建成了全国 1:100 万地图数据库系统和全国土地信息系统、1:400 万全国资源和环境信息系统及 1:250 万水土保持信息系统，并开展了黄土高原信息系统以及洪水灾情预报与分析系统等专题研究试验。同时，用于辅助城市规划的各种小型信息系统，在城市建设和规划部门也获得了认可。在学术交流和人才培养方面取得大的发展。在国内召开了多次关于 GIS 的国际学术讨论会。1985 年，中国科学院建立了“资源与环境信息系统国家重点实验室”。1988 年，武汉测绘科技大学设置了信息工程专业，开始培养 GIS 的本科人才，成为全国第一个培养 GIS 本科人才的学校。1990 年，武汉测绘科技大学建立了“测绘遥感信息工程国家重点实验室”。与此同时，我国许多大学开设了 GIS 方面的课程和不同层次的讲习班，已培养出了一批从事 GIS 研究与应用的硕士和博士。

1.5.2.3　20 世纪 90 年代的全面发展阶段

20 世纪 80 年代末至 90 年代，我国的 GIS 进入全面发展阶段。国家测绘局在全国范围内布局数字化测绘信息产业；1:100 万地图数据库已公开发售，1:25 万地图数据库已完成建库并开始了全国 1:5万地图数据库的生产与建库工作，各省测绘局建立了省级 1:1万基础地图数据库。数字摄影测量和遥感应用从典型试验逐步走向系统运行，保证了 GIS 可以源源不断地获取地形和专题信息。进入 20 世纪 90 年代，沿海、沿江经济开发区的发展，土地的有偿使用和外资的引进，有力地促进了城市地理信息系统的发展，用于城市规划、土地管理、交通、电力及各种基础设施管理的城市信息系统在我国许多城市相继建立。

在基础研究和软件开发方面，国家科技部在“九五”科技攻关计划中，将“遥感、地理信息系统和全球定位系统的综合应用”列入国家“九五”重中之重科技攻关项目，支持开发我国自主版权的地理信息系统基础软件。“十五”“十一五”期间国家 863 计划继续支持武汉大学吉奥公司、中国地质大学（武汉）中地公司、中国科学院地理所超图公司研发地理信息系统基础软件。经过十多年的努力，中国地理信息系统基础软件与国外的差距迅速缩小，涌现出若干能参与市场竞争的地理信息系统软件，如 GeoStar、MapGIS、SuperMap 等。

1.5.2.4　21 世纪向着集成化、产业化和社会化方向迈进

进入 21 世纪，我国的 GIS 在国际舞台占有重要地位，国内有 200 多所高校开设了 GIS 专业，形成了从专科、本科，到硕士、博士、博士后完整的人才培养体系。我国 21 世纪的 GIS 正朝着集成化、产业化和社会化的发展方向迈进。

（1）GIS 已经成为一门综合性技术。GIS 已经和计算机、通信等技术一样，成为信息技术（IT）的重要组成部分；GIS 不但与全球导航卫星系统（GNSS）和遥感（RS）相结合，构

成“3S”集成系统，而且与 CAD、多媒体、通信、因特网、办公自动化、虚拟现实等多种技术相结合。GIS 为用户提供了地球表层及其附近的空间和非空间数据获取、处理、分析、表示和传输的重要技术手段，为数字地球的建立及其应用提供了可靠的技术保障。

（2）GIS 产业化的发展势头强劲，我国一些大的 IT 公司（如百度、阿里巴巴、腾讯、华为等）都将 GIS 作为一个重要发展方向，推出了自己的电子地图与导航集成的位置服务系统。GIS 是一项面向 21 世纪信息时代，关系到国家综合竞争实力的高新技术，GIS 及其产业化的发展日益受到各国的普遍关注。2014 年 1 月，国务院办公厅发布了《国务院办公厅关于促进地理信息产业发展的意见》（国办〔2014〕2 号），将地理信息产业定位为战略性新兴产业。2014 年 7 月，国家发展和改革委员会与国家测绘地理信息局联合印发了《国家地理信息产业发展规划（2014—2020 年）》（发改地区〔2014〕1654 号）。国家高度重视测绘地理信息产业发展，国家发展和改革委员会、自然资源部及多省（市）相继出台中长期规划、培育扶持、融合应用等系列政策，规划、指导、支持地理产业发展。据《中国地理信息产业发展报告（2022）》分析，截至 2021 年末，测绘地理信息专业从业人员达 398 万人，同比增长 18. 5%，新增登记市场主体 3. 58 万家。上市企业数量不断增加，截至 2022 年 6 月，地理信息相关上市企业数量达 67 家。营收和利润增长较好，产业引领作用显著，2021 年我国地理信息产业产值达 7 524 亿元，同比增长 9. 2%，近 5 年复合增长率达 11. 5%，近 10 年复合增长率达 17. 5%，如图 1-14 所示。

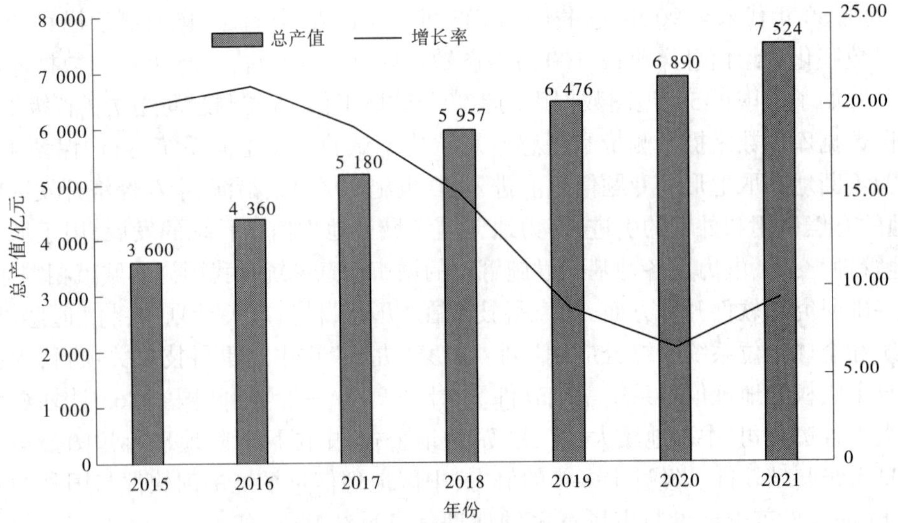

图 1-14　2015—2021 年中国测绘地理信息产业总产值及增长率

（3）随着 GIS 的蓬勃发展，GIS 越来越融入人们生活的方方面面，在人们的生活中扮演着越来越重要的角色，对人们的服务范围也越来越广。人们衣食住行的各个方面几乎都离不开 GIS。GIS 在面向部门的专业应用不断拓展的同时，已开始向社会化、大众化应用发展。GIS 从以前只能由专业性的专家掌握，逐步发展到普通大众也能使用的人人 GIS 时代。同时，GIS 的应用领域也由以前传统的自然资源监测、城市规划、土地管理等逐步发展到历史、文学、社会学等人文社会科学领域。

1.5.3　GIS 的未来发展

创新是 GIS 技术发展的原动力。GIS 技术的发展目标是实现在任何时间、任何地点、任何人和任何事物都能在网络体系中顺畅通信。在通信基础上,GIS 能够在天上、地面、水中等不同平台进行多种方式的数据采集、处理、传递和更新,如机载干涉合成孔径雷达(InSAR)测量系统、车载移动地图制图系统、水下地图成图系统、可佩戴移动地图制图系统等。

在技术发展方面,云 GIS 是重要的发展方向。云计算是由处于网络节点的计算机分工协作、共同计算,以低成本实现强大的计算能力,从而为终端设备按需提供共享资源、软件和信息。可以预见,云 GIS 平台可以高度集成更丰富的空间数据与更复杂的计算功能,能够极大地提高 GIS 的应用效率。

GIS 技术与物联网的发展也关系密切。物联网是将各种信息传感设备和物理资源结合在一起,并连接到互联网形成巨大的网络体系。物联网 GIS 对城市基础设施与部件状况、能源供给状况、交通状况、环境状况等动态监测,并根据实时采集的数据,进行即时的智能化分析,达到辅助决策的服务作用。正所谓:今天的地球正在逐步具有"电子皮肤"的感应功效,而人们能够随时"把脉"。

"大数据"是当前信息技术的时代词汇,用于描述和定义信息爆炸时代产生的海量数据并命名与之相关的技术发展和创新。大数据具有数据量大、类型繁多、价值密度低等特征,决策者需要使用强有力的数据分析工具,才能从大数据中提取有价值的信息。例如,某公司根据 2023 年春节时的旅客定位信息,绘制出城市间的人口迁移路线图就是大数据技术在 GIS 领域的典型应用案例。

数据共享和融合技术的发展。GIS 是数据密集型的信息系统。未来,GIS 数据的共享和融合将成为 GIS 发展的主要方向,以实现各领域数据的交互和共享。它需要通过标准化的数据格式和网络协议来实现不同数据源的互操作性和数据共享。此外,GIS 运用空间数据分析和挖掘技术,结合传感器和卫星遥感数据,打破传统 GIS 的数据瓶颈,实现多源数据的融合与利用,为政府和企业决策提供新的手段。

3D 可视化技术的运用。2D GIS 模型无法完整描述真实的地理世界,不能使 GIS 的应用更具有真实感。未来,GIS 将进一步实现地理信息的三维可视化,利用三维模型来描述地球地貌、城市建筑,进一步真实展现自然与人文景观,实现更加生动、互动、可视化的地理信息展示和分析。

GIS 与人工智能、机器学习的融合发展。未来,GIS 与人工智能、机器学习等前沿技术的融合发展是其一个很重要的趋势。GIS 和 AI、机器学习等领域的交叉,不仅有利于更深层次、更准确地分析地理数据,也将为决策提供更广阔的空间视角、更渐进的方案。

GIS 在工程应用方面的发展同样举不胜举,未来城市将更具智能化特征,因此 GIS 在智慧城市建设中将得到广泛应用。随着物联网和大数据技术的发展,GIS 将整合人口、交通、气象、照明等多种城市要素数据,为智慧城市提供精准决策支持和数据驱动服务。利用 GIS,城市可以进行空气质量监测、垃圾分类、公交车流等城市流通分析等,通过人员定位等技术,可以在城市中高效地实现紧急事件的管理处理。总之,GIS 将在智慧城市建设的各个环节起到关键性的作用。图 1-15 为基于 SuperMap 的智慧城市时空大数据平台。未来的 GIS 将会融入人类生活工作的方方面面,给人们带来更加优质和便捷的服务。

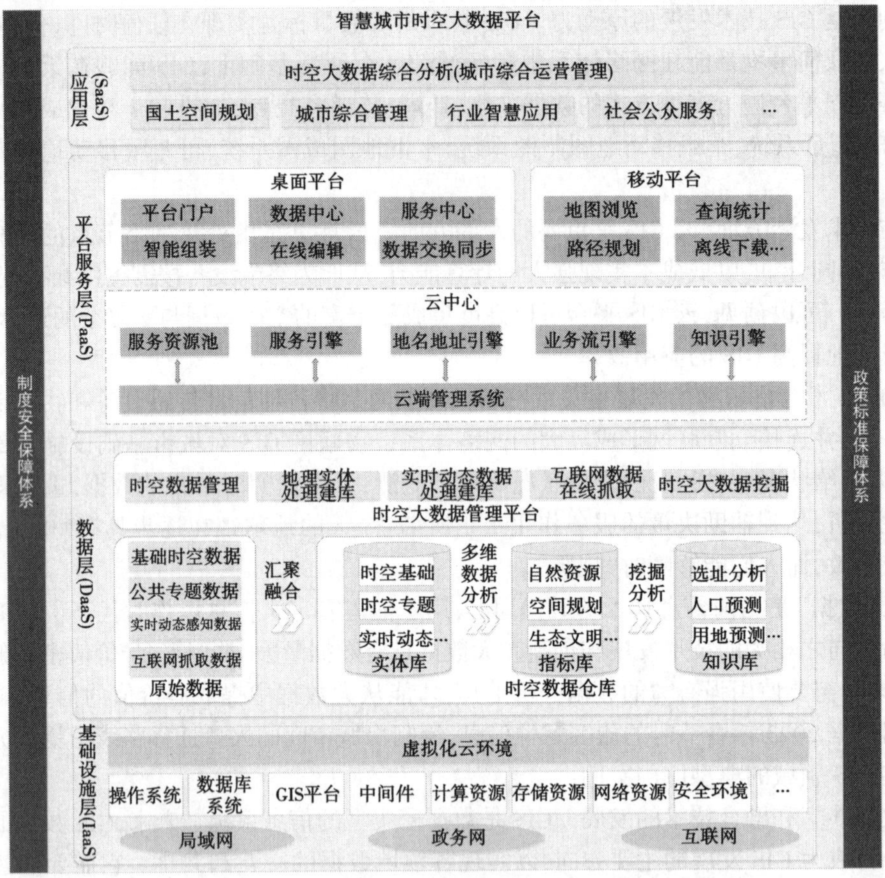

图 1-15　基于 SuperMap 的智慧城市时空大数据平台

综上所述,GIS 作为一项涉及多个领域的技术,其发展前景是光明的。未来,GIS 将会与其他新型技术融合发展,创造出更多的可能性,为各行业提供更为精准、全面、可感知的地理信息。

知识延伸 1:地理信息系统从哪里来?

1.“地理信息系统”源于“地图”又超越了“地图”

此处,“地图”指经典(纸介质)的模拟地图(系列地图、地图集)。经典的地图是一种模拟的非计算机化的地理信息系统,它承载了几乎所有测绘地理信息元素,只不过它是以地图图形的形式存储、管理、传输、量算、分析和利用地理空间信息。实际上,地理信息系统中的许多量算分析功能都是经典(传统)地图上用简单工具量算(距离、坡度等)和分析功能的拓展和延伸,只不过经典地图上量算分析的结果精度相对低、速度慢、时间长。单幅地图是一个简单的非计算机化的地理信息系统,系列地图是一个相对低级的非计算机化的综合性地理信息系统,地图集是一个相对高级的非计算机化的普通、专题或综合性地理信息系统。所以说,“地理信息系统”源于“地图”又超越了“地图”是有道理的。

2.“地理信息系统”源于“机助地图制图”又超越了“机助地图制图”

计算机地图制图取代手工地图制图,在地图制图技术上是一个里程碑式的事件。计算机地图制图,又称“机助地图制图”(Computer-aidid Cartography,Computer-assisecd Cartograhy,CAC),指用计算机及外围设备和相应软件进行地图信息的采集、存储、处理、管理、显示、绘图和制版的技术与方法。“机助地图制图”也称“自动化地图制图(Automatic Cartography)”,指“利用计算机和输入、输出设备及自动制图软件,对地图信息进行数字化、数据处理、图形输出而获得地图产品的技术”。“计算机地图制图”或“机助地图制图”获得的直接产品是“数字地图”,而“数字地图”符号化又可通过制版印刷获得经典(传统)的纸介质地图。显然,数字地图成为了“地理信息系统”操作的对象,当然还要增加地形分析和空间分析功能才能成为真正意义上的“地理信息系统”。所以,“地理信息系统”源于“机助地图制图”又超越了“机助地图制图”是合乎逻辑的。

3.“地理信息系统”源于“地图数据库”又超越了“地图数据库”

“地图数据库”比起“数字地图”又前进了一步。地图数据库(cartographic database),指“计算机存储的各种数字地图(矢量或栅格)数据及其管理软件的集合,是地图信息系统的核心支撑”。地图信息系统(cartographic information system,CIS),指“以研究地图信息的获取、传递、转换、存储和分析利用等为主要目标的信息系统”。作为地理信息系统核心支撑的地理信息数据库(geographic information database),指计算机存储的地理系统诸要素(现象)的数量、质量、分布特征、相互联系和变化规律的数据及其管理软件的集合;大数据、云计算、人工智能时代,支撑地理信息系统高效运行的是基于分布式数据存储系统的大数据中心和空间数据仓库系统。显然,“地理信息数据库”的内容要比“地图数据库”的内容丰富得多,更接近反映地理系统,更便于分析地理系统的规律;分布式数据存储系统和空间数据仓库系统,无论其数据规模、多样性和易于数据分析、挖掘和知识发现都超出了一般地理信息数据库。所以说,“地理信息系统”源于“地图数据库”又超越了“地图数据库”是符合发展规律的。

——摘自王家耀《关于地理信息系统未来发展的思考》

知识延伸2:这十年,中国地理信息产业气势如虹、盛世腾飞

历史的画卷,在砥砺前行中铺展;时代的华章,在接续奋斗里书写。10年来,中国地理信息人以敢教日月换新天的昂扬斗志披荆斩棘,以咬定青山不放松的顽强执着奋勇前行,托举出一个气势如虹的产业。产业规模持续壮大,技术水平飞速跃升,应用服务广泛深入,产业基础日益坚实,自主创新成果丰硕,国际影响显著增强……一个个厚重的关键词,一份份耀眼的成绩单,浓缩了中国地理信息产业的万千气象,记录着地理信息人极不平凡的奋斗历程,谱写出产业10年腾飞的华彩篇章。

1.产业加速转型升级,阔步迈入高质量发展新阶段

立足新发展阶段、贯彻新发展理念、构建新发展格局,我国地理信息产业不断增强生存力、竞争力、发展力、持续力。10年来,我国地理信息产业规模实现跨越式发展,产业结构持续优化,应用领域广泛深入,产业加速转型升级,阔步迈入高质量发展新阶段。

(1)地理信息产业产值持续攀升,从业单位数量持续增长。

我国地理信息产业总产值从2011年的1 500亿元增长到2021年的7 524亿元,近10年复合增长率为17.5%。2021年,我国地理信息总产值再创新高,同比增长9.2%。我国地理信息企业数量从2011年的2万余家增加到2021年的16.4万家,数量翻了四番,复合增长率达23.4%。从业人员数量从10年前的不足40万人,至2021年超过398万人,2021年同比增长18.5%,产业吸纳就业人员作用明显。

(2)地理信息企业实力和竞争力显著增强。

一大批领军企业脱颖而出,龙头企业加快发展壮大。中国地理信息产业协会发布的地理信息产业百强企业榜单告诉我们:2016年,百强企业入围门槛是6 043万元;2022年,已达1.51亿元,门槛提高了1.5倍。2016年,百强企业营收总额231.5亿元;2022年,增长到525.8亿元,数据翻了一番。近年来,地理信息上市企业从30余家增加到近70家,新三板挂牌企业达到了130余家。

(3)地理信息中小企业创新活跃、活力满满。

迄今为止,4 922家国家级专精特新"小巨人"企业中,91家地理信息企业榜上有名;1 984家国家重点"小巨人"企业中,地理信息企业有48家;更有众多地理信息企业上榜省市级"专精特新"中小企业。中国地理信息产业协会发布的100家"2022地理信息产业最具活力中小企业"榜单,地理信息业务营收总额同比增长18.5%;净利润总额同比增长19.3%;整体净利润率达13.5%。越来越多的地理信息中小企业深耕于细分市场,创新能力、专业化水平不断提升。

(4)民营经济成为产业主力军,多个细分领域表现突出。

地理信息产业百强企业榜单中,民营企业占比超65%;最具活力中小企业榜单、最具成长性企业榜单中,民营企业占比超80%;地理信息上市挂牌企业中,民营企业占比超85%。民营企业成为产业发展的主力军。地理信息系统软件、导航定位芯片与板卡、遥感软件、测绘仪器装备、导航软件、互联网地图等领域,民营企业表现突出,基本占据了主导位置。

2.科技创新能力显著提升,成果助力经济社会发展

从量的积累迈向质的飞跃、从点的突破迈向系统能力提升。10年来,地理信息技术不断融合创新,关键核心技术实现重大突破,自主创新成果层出不穷,国产化水平迈上新台阶,科技成果助力经济社会发展。

(1)地理信息技术体系在多方面发生变革,与新技术深度融合发展。

"空天地海"一体化高精度实时地理信息数据采集能力逐步提高,激光点云技术和倾斜摄影测量技术等各种便捷化新型测量技术日趋成熟,高精度、高效率、自动化、海量数据信息的数据采集作业方法广泛应用。大数据、云计算、人工智能等新技术实现地理信息智能化处理水平不断提升,分析处理能力不断增强,地理信息价值得到更深程度的挖掘,地理信息数据处理已由劳动密集型转向技术密集型。地理信息技术与大数据、云计算、5G、人工智能、数字孪生、物联网、虚拟现实等新技术深度融合,相互赋能,智能化、泛在化、普适化的特征越来越明显。GIS基础平台软件已发展出二三维一体化GIS、大数据GIS、云中台GIS、人工智能GIS、AR GIS、视频GIS等技术体系。

(2)自主创新能力不断突破,关键核心技术实现突破。

我国地理信息企业在地理信息系统平台软件、地理信息处理软件、全数字摄影测量系统、遥感图像处理系统、测绘类三维建模软件等多个细分领域自主软件产品基本实现布局,在部分空白领域取得突破。北斗卫星导航定位芯片成功研制,天文大地网整体平差计算、全数字化自动测图、高分辨率立体测图卫星测绘等核心与关键技术被攻克,全数字摄影测量工作站、机载雷达测图系统、大规模集群化遥感数据处理系统、倾斜相机、无人机航摄等一大批核心技术装备实现自主研发。部分装备性能指标优于国外同类产品。我国自主研制的车载激光建模测量系统达到国际先进水平。

(3)重大科研成果竞相涌现,国产化水平迈上新台阶。

产学研各界合作不断加强,涌现出一批又一批科研创新成果,获得国家科技奖等各类表彰。在2020年度国家科学技术进步奖中,有6项地理信息科技成果获奖;在全国各省级的2020年度科学技术奖中,共有76个地理信息相关项目获奖。在第23届中国专利奖共958项获奖项目中,地理信息相关获奖项目共30项,专利水平不断提高,高价值专利拥有量不断增加。2万余家测绘资质单位使用的自主软件比例,地理信息处理软件、全数字摄影测量系统超过90%,地理信息系统平台软件、遥感图像处理系统、导航地图编辑系统超过80%。我国测绘装备自主水平不断跨越发展。2020珠穆朗玛峰高程测量,首次以国产仪器为主力担当峰顶测量任务,首次在珠穆朗玛峰高程测量中应用北斗系统的数据并以北斗数据为主。"十三五"期间自然资源部门测绘地理信息装备台(套)国产化率由75%提高到81%。我国国产的电子测距仪、电子经纬仪、光学水准仪、数字水准仪、常规全站仪等常规测绘装备的技术性能先进,生产体系完善,产品系列齐全,生产能力世界第一,国内市场占有已经完全替代进口,并在国际市场占有80%的份额。

(4)地理信息应用领域广泛深入,全面助力经济社会发展。

地理信息产业已成为数字经济的重要组成部分和核心产业之一,对经济社会发展、生态文明建设、国防安全都发挥着重要作用,已经成为我国数字经济新的增长极。从跨界融合到社会化服务,地理信息成果应用不断深入扩展,各行各业充分受益于地理信息的发展红利,已成为中国产业变革、经济转型的澎湃动力之一。地理信息技术创新孕育出大量新业态、新模式。在万亿级的网络经济、共享经济、数字经济的快速发展背后,有基于位置服务的重要支持。地理信息及其技术,使城市更智慧,使人们生活更美好便捷。

3.产业基础日益坚实,产业发展动能持续增强

地理信息产业基础更加坚实,发展动能持续增强。10年来,北斗系统大规模应用打破国外长期垄断,全国卫星导航定位基准服务系统已经全面建成,国产高分辨率影像数据获取实现零的突破,地理信息教育蓬勃发展,为产业不断输出发展动力。

(1)北斗三号全球卫星导航系统建成开通,系统运行连续稳定,性能不断提升。

2020年,北斗三号全球卫星导航系统建成开通。目前,北斗系统在全球一半以上国家和地区推广使用。北斗规模应用进入市场化、产业化、国际化发展的关键阶段,打破了国外系统的长期垄断。定位导航授时服务、全球短报文通信服务、国际搜救服务、星基增强服务、地基增强服务、精密单点定位服务、区域短报文通信服务七种服务全面推进。全国卫星导航定位基准服务系统已经全面建成,实现向全社会提供厘米级实时的导航定位服务。截至2021年末,我国已建成卫星导航定位基准站超过25 000座。

(2)我国国产卫星遥感数据获取能力显著提高,国产高分辨率影像数据获取实现了零的突破。

10 年前,高分辨率影像需要采购国外卫星。目前,仅自然资源部作为牵头主用户的国产在轨卫星就达到了 25 颗。我们实现了对全部陆地国土 2 m 分辨率影像季度全覆盖,亚米分辨率影像年度全覆盖。截至 2022 年 6 月,我国民用遥感卫星在轨工作卫星数量超过 200 颗。其中,商业遥感卫星超过 150 颗,发展势头强劲。遥感卫星地面系统进一步完善,基本具备卫星遥感数据全球接收、快速处理与业务化服务能力。

(3)公共服务平台资源更加丰富,功能服务不断增强。截至 2022 年 7 月底,国家地理信息公共服务平台天地图的日均地图访问量超过 8.14 亿次,累计注册开发用户超过 80.79 万个,支撑应用超过 73.18 万个,应用范围涵盖自然资源、生态环境、公共安全、科研教育、交通运输等领域,有力推进了政府地理信息资源共享,提升了地理信息应用效能。

(4)商业化位置服务平台发展迅速,海量数据助力海量应用。以百度地图、高德地图、腾讯位置、华为地图等为主的企业位置服务开放平台,拥有海量国内外地理信息数据和强大的服务功能,为各行业开发的海量移动应用及互联网应用提供强大支撑,互联网地图日均位置服务请求次数最高达 1 300 亿次,日覆盖用户数超过 10 亿人次,全球兴趣点(POI)总数最高达 2.6 亿、覆盖超过 200 个国家和地区,开发者超过 230 万,服务超过 60 多万移动应用,地图展示与搜索支持 70 多种语言,全球路网覆盖超过 7 000 万 km。

(5)地理信息教育蓬勃发展,人才培养不断加强。截至 2022 年 4 月,全国具有地理信息科学本科专业的高校共 194 所,拥有地理信息相关专业硕士和博士点的院校 120 余所;具有测绘工程本科专业的普通高校共 161 所,拥有测绘相关专业硕士和博士点的院校 80 余所;具有遥感科学与技术本科专业的普通高校共 61 所;具有地理空间信息工程、导航工程、地理国情监测、地球信息科学与技术等本科专业的高校 30 余所。全国开设测绘地理信息相关专业的高职高专院校近 300 所。测绘地理信息相关专业就业率在全国居各学科前列。地理信息相关专业社会认知度显著提高,人才培养不断加强,为产业源源不断输出技术人才。

4. 国际市场不断拓展,产业国际影响力显著提升

耕耘神州,放眼全球。10 年来,地理信息产业在时代坐标中校准前进方向,在广阔天地腾跃纵横,不断走向世界舞台,发出地理信息强音。

(1)“一带一路”倡议和“走出去”战略,为我国地理信息企业开拓国际市场提供了良好的机遇。

近年来,我国测绘地理信息技术水平和服务能力上显著提升,体现“中国智造”水平的测绘地理信息软件和硬件装备已进军国际市场,出口多个国家,并初步打开发达国家市场,出口产品受到国际认可。无人机航空摄影系统、卫星导航定位系统、测绘仪器装备、地理信息平台软件等产品步入国际先进行列。国产测绘无人机在性能、精度和应用范围方面已经远超进口产品,不仅完全满足国内需求,而且大量出口国际市场。

(2)地理信息企业积极对外合作,开拓国际市场,在境外市场的多元布局,取得了较好成绩。

北斗星通、四维图新、合众思壮等地理信息企业成功收购国外公司,超图软件、中海

达、华测导航等地理信息企业在数十个国家设立了分支机构,在近百个国家发展了代理商和合作伙伴,产品技术服务于一百多个国家和地区的用户。越来越多的中国地理信息企业大力推行海外经营管理本地化策略,实现采购、物流、销售及全球技术服务的本地化,构建核心产品在全球研发、生产与营销的完整体系,在国际市场不断打响中国品牌。

(3)政产学研各界积极参与国际事务,形成合力助力产业迈向国际大舞台,不断提升国际影响力。

我国成功举办了首届联合国世界地理信息大会、第21届国际摄影测量与遥感大会、第20届国际地图制图大会、国际大地测量协会2021年科学大会等一系列重要国际会议。越来越多的中国专家在GEO(地球观测组织)、FIG(国际测量师联合会)、ISPRS(国际摄影测量和遥感学会)、IAG(国际大地测量协会)、ICA(国际制图协会)、IUGG(国际大地测量和地球物理联合会)等地理信息领域国际组织和机构中担任要职。联合国全球地理信息知识与创新中心落户德清地理信息小镇。与联合国共同实施"中国及其他发展中国家地理信息管理能力开发"项目。我国专家主导编制的多项地理信息国际标准发布。

来源:中国地理信息产业协会

1.6　职业技能应用实践

【导入】

本单元职业技能应用实践主要包括两个内容:一是讲述ArcGIS的组成与功能,进一步加深对GIS的认识;二是讲述ArcMap的认识与使用,熟悉其对地理空间数据的操作方法。

1.6.1　ArcGIS 组成与功能

1.6.1.1　实践概述

基于ArcGIS软件开展职业技能应用实践,必须熟悉该软件的基本组成与功能,了解ArcMap、ArcCatalog、ArcToolbox、ArcGIS Desktop帮助等组成,以及ArcGIS软件在数据获取、数据操作、数据集成、数据分析及产品输出等方面的功能。

1.6.1.2　实践目的

(1)熟悉ArcGIS的主要组成部分,能熟练打开不同的应用模块。

(2)能通过打开各类工具条、工具箱或菜单,认识ArcGIS的基本功能。

1.6.1.3　实践数据

职业技能应用实践数据如表1-1所示,数据存放在"data1.6.1"文件夹中。

表1-1　职业技能应用实践数据

数据	格式	坐标系	说明
GreenvalleyDB.mdb	个人地理数据库	Unknown	用于ArcGIS功能的演示
WorldData.gdb	文件地理数据库	Unknown	用于ArcGIS功能的演示

1.6.1.4 实践方法

(1)使用【开始】工具,启动 ArcMap 软件或 ArcCatalog 软件。

(2)使用【自定义】菜单,打开标准工具条。

(3)使用【标准工具】,打开 ArcToolbox 工具箱。

(4)使用【自定义】菜单,打开编辑器工具条。

(5)使用【ArcToolbox】工具,打开数据管理工具。

(6)打开【ArcCatalog】软件,查看个人地理数据库与文件地理数据库内容。

(7)使用【ArcToolbox】工具,打开空间分析工具。

(8)使用【文件】菜单,导出地图。

ArcGIS 工具名称及位置见表 1-2。

表 1-2 工具名称及位置

工具名称		工具位置
Start	开始	【开始】→【ArcGIS】→【ArcMap】/【ArcCatalog】
Standard	标准工具	【菜单】→【自定义】→【工具条】→【标准工具】
ArcToolbox	工具箱	【标准工具条】→【ArcToolbox】
ArcGIS Desktop Help	ArcGIS Desktop 帮助	【菜单】→【帮助】→【ArcGIS Desktop 帮助】
Editor	编辑器	【菜单】→【自定义】→【工具条】→【编辑器】
Data Management Tools	数据管理工具	【ArcToolbox】→【转换工具】→【数据管理工具】
Personal Geodatabase/ File Geodatabase	个人地理数据库/ 文件地理数据库	【ArcCatalog】→【目录树】→ 【个人地理数据库】/【文件地理数据库】
Analysis Tools 等	分析工具等	【ArcToolbox】→【Analysis Tools】等
Export Map	导出地图	【菜单】→【文件】→【导出地图】

1.6.1.5 实践过程

第一步,认识 ArcGIS 的主要组成。

点击 Windows 的【开始】,打开系统的程序列表(所有程序),找到 ArcGIS 并打开其列表,了解 ArcGIS 程序列表中的主要组成部分,认识 ArcGIS 桌面软件的构成;然后分别打开 ArcMap、ArcCatalog,点击菜单【自定义】→【工具条】→【标准工具】,打开标准工具条,单击 ArcMap 或 ArcCatalog 标准工具条中的“ArcToolbox”按钮,可以打开 ArcToolbox 工具箱,认识 ArcGIS 的工具箱;其后在 ArcMap 或 ArcCatalog 的【帮助】菜单下点击【ArcGIS Desktop 帮助】,打开帮助文档,了解 ArcGIS 的基本情况和帮助信息。

ArcMap:是 ArcGIS Desktop 中最常用的应用程序,是传统的 GIS 内容制作、编辑、执行地理处理分析、制图与空间数据管理的桌面工具,包含基于地图的所有功能。点击 ArcGIS Desktop 帮助左侧内容窗口中的【入门】→【什么是 ArcMap?】,在右侧窗口中浏览更多关于 ArcMap 的信息。

ArcCatalog:是除 ArcMap 外的另一重要程序,是地理数据的资源管理器,用户通过

ArcCatalog可以创建、浏览、组织和管理空间数据，以及进行元数据的设置和查看。ArcGIS 10.8版本中，ArcCatalog还被集成于ArcMap中使用。点击ArcMap标准工具条上的“Catalog”按钮，即可在ArcMap中打开Catalog窗口，执行与ArcCatalog相似的任务。点击【ArcGIS Desktop帮助】左侧内容窗口中的【管理数据】→【简介】→【什么是ArcCatalog?】，在右侧窗口中浏览更多关于ArcCatalog的信息。

ArcToolbox：是一个地理处理工具的集合，其功能涵盖了数据处理、转换、制图分析等多个方面，ArcGIS的地理处理工作往往都通过它里面的工具来完成。它内置于ArcMap及ArcCatalog之中，可从标准工具条上点击按钮打开。

ArcGIS Desktop帮助：ArcGIS桌面软件的帮助文档，内含使用该软件的帮助信息，是学习和使用ArcGIS最得力的助手。

第二步，认识GIS的主要功能。

(1)数据获取功能：在ArcMap中，点击菜单【自定义】→【工具条】→【编辑器】或点击标准工具条上的“编辑器工具条”按钮，打开编辑器工具条，了解该工具条上的主要功能，特别是数据输入与数据编辑功能。

(2)数据操作功能：在ArcToolbox中，打开【转换工具】工具箱，了解其中关于数据转换的工具；打开【数据管理】工具箱，了解其中关于数据管理的各类工具。例如，【投影和变化】工具箱中的【定义投影】工具，【制图综合】工具箱中的【融合】工具，【要素】工具箱中的【要素转点】等工具。通过了解这些工具，认识GIS的数据操作功能。

(3)数据集成功能：在ArcCatalog中，分别选中“data1.6.1”文件夹下GreenvalleyDB和WorldData中的数据，对其中的各项数据进行浏览，了解GIS中空间数据的存储与组织(前者按属性组织、后者按区域组织)，认识GIS的数据集成功能。

(4)数据分析功能：在ArcToolbox中，分别打开Analysis Tools、3D Analyst Tools、Network Analyst Tools、Tracking Analyst Tools、Spatial Analyst Tools等工具箱，了解这些工具箱中关于空间数据的常规分析、三维分析、网络分析、追踪分析、空间分析等各类工具，认识GIS的数据分析功能。

(5)产品输出功能：双击“data1.6.1”文件夹下的地图文档WorldRobinson.mxd，在ArcMap中打开该地图，依次点击菜单【文件】→【导出地图】，打开“输出地图”对话框，在保存类型中选择“JPEG”，设置“保存”路径和名称，在【常规】选项卡中将分辨率设置为300 dpi，其余参数采用默认值，点击“保存”按钮，将地图以.jpg格式输出。采用同样的方法将该地图输出为pdf格式。输出完毕后，在资源管理器中找到并打开这两个文件，比较两个文件之间在地图输出方面的差异。

1.6.2　ArcMap认识与使用

1.6.2.1　实践背景

ArcMap是ArcGIS for Desktop中一个可用于数据输入、编辑、查询、分析等功能的应用程序，具有基于地图的所有功能，实现如地图制图、地图编辑、地图分析等功能。对于GIS学习者来说，首先应该认识ArcMap软件，熟悉软件界面的各个组成部分，并能进行简单操作。

1.6.2.2　实践目的

(1)熟悉 ArcMap 软件界面的组成。

(2)能利用 ArcMap 软件对地图文档进行简单操作。

1.6.2.3　实践数据

职业技能应用实践数据如表 1-3 所示,数据存放在"data1.6.2"文件夹中。

表 1-3　职业技能应用实践数据

图层名称	格式	坐标系	说明
school	Shapefile 点要素	Xian_1980_3_Degree_GK_CM_120E	用于显示操作的点数据
road	Shapefile 线要素	Xian_1980_3_Degree_GK_CM_120E	用于显示操作的线数据
landuse	Shapefile 面要素	Xian_1980_3_Degree_GK_CM_120E	用于显示操作的面数据

1.6.2.4　实践方法

(1)使用【开始】工具,启动 ArcMap 软件。

(2)使用【打开】工具,打开地图文档。

(3)使用【图层】工具,对图层进行显示控制。

(4)使用【缩放、平移】工具,对地图进行放大、缩小、平移等操作。

(5)使用【书签】工具,对地图创建书签。

ArcMap 工具名称及位置见表 1-4。

表 1-4　工具名称及位置

工具名称		工具位置
Start	开始	【开始】→【ArcGIS】→【ArcMap】
Open	打开	【菜单栏】→【文件】→【打开】
Layers	图层	【菜单栏】→【窗口】→【内容列表】→【图层】
Zoom/Pan	缩放/移动	【基本工具条】→【放大】→【缩小】→【平移】
Bookmarks	书签	【菜单栏】→【书签】→【创建书签】

1.6.2.5　实践过程

第一步,启动 ArcMap 软件。

在 Windows 操作系统中,点击【开始】→【ArcGIS】→【ArcMap】,打开"ArcMap 启动"对话框。对话框左侧有两个可进一步展开的树状路径选项,"现有地图"包括"最近"(用过的地图文档)和"浏览更多"(地图文档)。"新建地图"有 3 种选择:"我的模板""模板""浏览更多"(地图模板)。对于初学者,暂时不必关注上述选项,在对话框右下侧鼠标点击"取消",进入默认的地图文档窗口,一般默认文档名称为"无标题"。

第二步,基本界面操作。

第一行为主菜单条,第二行为标准工具条,第三行为基本工具条。如果标准工具条或基本工具条不出现,可以点击【菜单栏】→【自定义】→【工具条】,勾选“标准工具”或“工具”。鼠标的光标移动到工具条的图标上或子菜单的文字上,不按键,屏幕会出现该图标的名称、简要含义。在地图窗口内移动鼠标,窗口底部右侧显示光标所在位置的坐标值、坐标单位。

视窗左侧是“内容列表”,内容列表为停靠式窗口。右上角有一个图钉式的小按钮,如果针尖朝下,该窗口处于稳定状态,点击该图钉,内容列表会立刻缩小,成为图标,停靠在视窗左边缘,点击该图标它就放大弹出,这时图钉的针尖朝左,一旦用户在地图窗口中有操作,内容列表会自动退缩,处于停靠状态,鼠标点击图钉使它向下,内容列表窗口就一直处于打开状态。

第三步,打开地图文档。

打开【菜单栏】→【文件】→【打开】,根据对话框的提示,定位数据路径,选择 mxd 文件,点击“打开”,打开该地图文档。

第四步,图层显示控制。

每个图层名称左侧有一个小方格,用鼠标点击一下,可通过是否勾选来显示图层或关闭隐藏。图层在内容列表中的上下排列次序代表了显示的先后顺序,排在下面的图层先显示,排在上面的图层后显示。鼠标左键点击图层名称“landuse”,按住不放拖动到“road”图层上方,松开鼠标键,使前者位置在上、后者位置在下,可以发现线状的道路图大部分看不见了,这是因为面状多边形的填充色后显示,遮住了线状的道路。在通常情况下,点状图层放在最上面,线状图层其次,面状图层放在最下面。

第五步,地图缩放、平移。

在基本工具条中选择放大工具,在地图上用鼠标点击一下,地图按默认的比例系数放大。鼠标放在地图上的某个位置,按住左键不放,拖动后出现一个矩形,再松开左键,所定义的矩形及其地图内容将放大后充满地图窗口。缩小工具和放大工具的用法一样,得到的效果相反。选择平移工具,用鼠标左键按住地图窗口中的某一点,可以向任意方向拖动地图,松开左键,被平移的地图重新显示。光标在地图窗口内,上下转动鼠标的滚轮,地图会随即放大、缩小,而且会提示当前的比例尺。常用的地图缩放工具还有全图显示、固定比例缩小、固定比例放大、返回上一视图、转至下一视图。

如果不同图层的空间范围大小不一,差异明显,可在内容列表中用鼠标右键点击某图层名(如“school”图层),弹出快捷菜单,选择“缩放至图层”。该图层的所有要素会充满显示窗口。

第六步,创建书签。

打开【菜单栏】→【书签】→【创建书签】,输入一个新书签的名称,点击“确定”,当前地图所显示的比例、范围被保存起来。在应用过程中,可选择已经创建的书签,地图立刻切换到当初建立书签的比例、范围。利用“管理书签”,可移除、加载、保存书签或局部改变某个书签的设置。

应用能力测试

一、单选题

1. 有关地理系统的论述错误的是(　　)。

A. 地理系统是一个多层次的巨系统

B. 地理系统是地理信息系统的科学依据

C. 地理系统就是统一地图学

D. 地理系统是以哲学思维和高度现代化的技术为支撑的科学体系

2. 地理信息除了具有一般信息的特性，还具有以下特性：空间分布性、数据量大和(　　)。

A. 抽象性　　B. 模糊性　　C. 多样性　　D. 信息载体的多样性

3. GIS 硬件配置一般包括如下四个部分：计算机主机、数据输入设备、数据存储设备和(　　)。

A. 键盘　　B. 鼠标　　C. 数据输出设备　　D. 数据野外采集设备

4. GIS 软件系统包括计算机系统软件、地理信息系统软件和其他支撑软件及(　　)。

A. 数据库　　B. 系统库　　C. 办公软件　　D. 应用分析程序

5. 不同用途的 GIS 中基本上都包含了三种互相联系的数据类型：某个已知坐标系中的位置数据、与几何位置相关的属性数据及(　　)。

A. 时间数据　　B. 实体间的空间相关性

C. 实体间的包含关系　　D. 实体的属性

6. 中国 GIS 的持续发展、形成行业和走向产业化的阶段开始于(　　)年。

A. 1996　　B. 1976　　C.1986　　D. 2000

7. GIS 具有以(　　)为主的多种数据类型管理与处理、数据结构复杂、面向不同领域应用、空间分析功能强大、多环境开发等特点。

A. 矢量数据　　B. 属性数据　　C. 空间数据　　D. 影像数据

8. GIS 的核心功能是(　　)。

A. 查询　　B. 检索　　C. 统计计算　　D. 空间分析

9. (　　)是组织、存储、管理、表达和分析处理空间信息的软件工具。

A. 地理信息系统　　B. 数据信息系统　　C. 信息系统　　D. 卫星定位系统

10. 下列哪项设备属于 GIS 数据输出设备？(　　)

A. 扫描仪　　B. 绘图仪　　C. 数字化仪　　D. 全站仪

11. 地理信息系统(GIS)与计算机辅助绘图系统(CAD)的最主要区别是(　　)。

A. 数据管理　　B. 数据编辑　　C. 空间分析　　D. 二次开发

12. GIS 的开拓期是(　　)。

A. 20 世纪 60 年代　　B. 20 世纪 70 年代

C. 20世纪80年代　　D. 20世纪90年代

13. 从历史发展过程来看,GIS脱胎于(　　)。

A. 地图学　B. 地理学　C. 计算机科学　D. 测量学

14. 下列软件中,不属于GIS软件的是(　　)。

A. SuperMap　B. ArcGIS　C. MapGIS　D. AutoCAD

15. 世界上第一个地理信息系统产生于(　　)。

A. 美国　B. 中国　C. 澳大利亚　D. 加拿大

16. 下列属于区域地理信息系统的是(　　)。

A. 水资源管理信息系统　　B. 道路基础设施管理系统

C. 黄河流域信息系统　　D. 环境监测与管理信息系统

17. (　　)是地理信息系统区别于一般商业化管理信息系统的主要标志。

A. 空间数据的可视化表达　　B. 空间数据的多元化表达

C. 空间数据的立体化表达　　D. 空间数据的复杂化表达

18. GIS硬件、软件、(　　)及模型4要素是缺一不可的,但在不同的发展阶段,它们所处的地位是不同的。

A. 数据库　B. 数据　C. 结构　D. 网络

二、简答题

1. 信息与数据有哪些异同点?信息有哪些基本属性?
2. 什么是地理信息系统?与其他信息系统的主要区别是什么?
3. 地理信息系统由哪几个部分组成?
4. 地理信息系统有哪些基本功能?
5. 如何正确理解GIS中"S"的含义?
6. 地理信息系统是如何分类的?
7. 简述地理信息系统的发展及其发展趋势。
8. ArcGIS软件由哪几部分组成?其功能有哪些?

单元 2　GIS 数据表达

【单元概述】

GIS 中的地理空间数据表达一般包括地理空间定位框架及其所联结的地理空间特征实体。利用 GIS 解决现实世界中的多种问题,需要对地球表面建立几何模型,确定地理空间参考系统,将复杂的地理事物和现象简化和抽象到计算机中进行表示,实现对矢量数据、栅格数据和数字高程模型的表达。本单元在介绍地理空间参考表达的基础上,重点对矢量数据表达、栅格数据表达和数字高程模型表达进行了系统阐述。

【学习目标】

(1)知识目标:①了解地理空间参考的表示内容;②掌握矢量数据和栅格数据的结构组织及表示方法;③了解数字高程模型的表示方法。

(2)技能目标:①能全面认识栅格数据的分辨率特点;②能进行矢量数据与栅格数据的相互转换,认识点、线、面三种要素在不同空间分辨率下的表达特征;③能生成多分辨率数字高程模型数据。

(3)思政目标:①具有正确的学习观念和积极的学习态度;②遵守地理信息数据准确表达的职业标准,体现职业伦理;③了解地图内容的规范化表达,增强国家版图意识,提升政治素养。

2.1　地理空间参考表达

【导入】

地理信息系统中的空间概念常用"地理空间"(Geographic Space 或 Geo-spatial)来表达,所有地理空间的数据必须嵌入到一个空间参考中才能进行空间分析。应用地理空间与地理坐标系可以解决地球表面信息空间定位和表达的问题。

2.1.1　地理空间

二维码 6　地理空间表达

广义的地理空间是指上至大气电离层、下至地幔莫霍面之间的空间区域,有着广阔的范围。但一般地理空间指的是地球表层,其基准是陆地表面和大洋表面,它是人类活动频繁发生的区域,是人地关系最为复杂、紧密的区域。

地理信息是有关地理空间中物质的性质、特征与运动状态的表征,以及一切有用的知识,它是对表达地理特征与地理现象(空间现象)之间关系的地理数据的解释。在地理信息系统中,地理空间被定义为绝对空间和相对空间两种形式。绝对空间是具有属性描述的空间位置的集合,由一系列不同位置的空间坐标值组成;相对空间是具有空间属性特征的实体的集合,是由不同实体之间的空间关系构成的。所有地理空间的数据必须嵌入到一个空间参考系中才能进行空间分析。根据地球空间参考建立空间参考系统,能够解决地球表面信息空间定位和表达的问题,即地球的几何模型问题。

在现实世界中,地理实体要素被表示为覆盖给定地图范围的一系列图层,如道路层、建筑层、植被层、水域层等,如图2-1所示。GIS中要使这些图层在空间上相匹配,就需要把它们转换成相同的空间参照系统。GIS用户通常在平面上对地图要素进行处理,这些地图要素代表地球表面的空间要素。地图要素的位置是基于用 x 轴和 y 轴表示的坐标系统平面,而地球表面空间要素的位置是基于用经纬度值表示的地理坐标系统。通常从互联网或政府部门获取GIS项目所需的数据集,一些数字化数据集用经纬度值度量,另一些用不同的投影坐标,如果这些数据要放在一起使用,那么使用前必须先经过处理。

2.1.2 参考椭球

在GIS应用中,一般选择一个旋转椭球作为地球理想的模型,称为参考椭球(见图2-2),是以 O 点为中心,由圆NWSE绕短轴NS旋转而成的。当旋转球的长半轴 a 和短半轴 b 确定后,它的大小和形状随之确定。通常用长半轴 a、短半轴 b、扁率 α 等几何参数表示椭球的形状和大小。

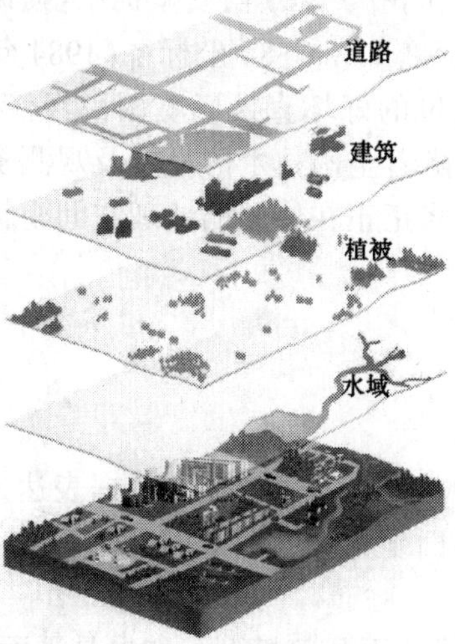

图2-1 地理实体图层表示

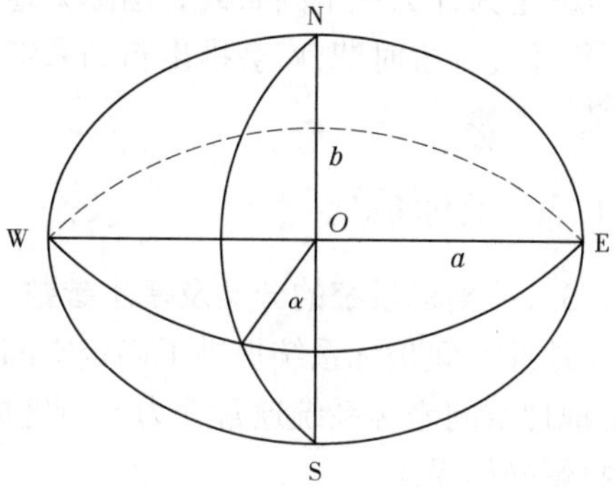

图2-2 参考椭球

世界上大多数国家都确定有适合本国区域的参考椭球参数。国际大地测量协会也设有专门委员会负责全球区域参考椭球参数的确定和协调工作。不同的限制条件、不同的研究方法,得到的参考椭球不尽相同。目前,国际上使用的参考椭球种类繁多。表2-1列出的是目前世界地图及我国不同时期所采用的参考椭球及其几何参数。

表 2-1　世界地图及我国不同时期所采用的参考椭球及其几何参数

椭球名称	创立年代	长半轴/m	短半轴/m	扁率 α
WGS84	1984	6 378 137	6 356 752	1:298.257
1975 年国际椭球（中国 1980 西安坐标系采用）	1975	6 378 140	6 356 755	1:298.257
海福特（Hayford）（中国 1953 年以前采用）	1910	6 378 388	6 356 912	1:297
克拉索夫斯基（KpacoB6Kma）（中国 1954 北京坐标系采用）	1940	6 378 245	6 356 863	1:298.3
CGCS2000（2000 国家大地坐标系）	2008	6 378 137	6 356 752	1:298.257

有了参考椭球，在实际建立地理空间坐标系统的时候，还需要指定一个大地基准面将这个椭球体与大地体联系起来，在大地测量学中称为椭球定位。所谓的定位，就是依据一定的条件，将具有给定参数的椭球与大地体的相关位置确定下来。这里所指的一定条件，可以理解为两个方面：一是依据什么要求使大地水准面与椭球面符合，二是对轴向的规定。参考椭球的短轴与地球旋转轴平行是参考椭球定位的最基本要求。强调局部地区大地水准面与椭球面较好的定位通常称为参考定位，如我国 1980 西安坐标系；强调全球大地水准面与球面符合较好的定位，通常称为绝对定位，如 WGS84 坐标系（1984 年世界大地坐标系）。椭球定位是一个复杂的专业工作，定位的好坏直接影响国民经济的建设。这也就是为什么一个国家或者国际大地测量组织，随着空间技术的发展及观测资料的积累，每经过一段时期，就会推出新的参考椭球参数，修正正在使用的地理空间坐标的具体定义。

2.1.3　坐标系统

2.1.3.1　坐标系统的分类及基本参数

地理空间坐标系统提供了确定空间位置的参照基准。一般情况，根据表达方式的不同，地理空间坐标系统通常分为球面坐标系统和平面坐标系统。平面坐标系统也常被称为投影坐标系统。

地理空间坐标系的建立必须依托于一定的地球表面几何模型。如果是平面坐标系，还必须指定地面点位的地理坐标（B,L）与地图上相对应的平面直角坐标（X,Y）之间一一对应的函数关系。换句话说，每一个地理空间坐标系都有一组与之对应的基本参数。对于球面坐标系统，主要包括一个参考椭球和一个大地基准面。大地基准面规定了参考椭球与大地体的位置关系。平面坐标系统是按照球面坐标与平面坐标之间的映射关系，把球面坐标转绘到平面。因此，一个平面坐标系统，除包含与之对应的球面坐标系统的基本参数外，还必须指定一个投影规则，即球面坐标与平面坐标之间的映射关系。

不同国家和地区，不同时期，即便对于相同的地理空间坐标系（如大地地理坐标系），由于具体坐标系基本参数规定的不同，同一空间点的坐标值有所不同。此时，如果要对其进行一些空间分析,则需要进行坐标变换的处理。

2.1.3.2　球面坐标系统建立

在经典的大地测量中,常用地理坐标和空间直角坐标的概念描述地面点的位置。根据建立坐标系统采用椭球的不同,地理坐标又分为天文地理坐标系和大地地理坐标系。前者是以大地体为依据,后者是以参考椭球为依据。空间直角坐标分为参心空间直角坐标系和地心空间直角坐标系,前者以参考椭球中心为坐标原点,后者以地球质心为坐标原点。

1. 天文地理坐标系

如图 2-3 所示,天文地理坐标系以地心(地球质量中心)为坐标原点,Z 轴与地球平均自转轴重合,ZOX 是天文首子午面,以格林尼治平均天文台定义。OY 轴与 OX、OZ 轴组成右手坐标系,XOY 为地球平均赤道面。地面垂线方向是不规则的,它们不一定指向地心,也不一定同地轴相交。通过测站垂线并与地球平均自转轴平行的平面叫天文子午面。

天文纬度为测站垂线方向与地球平均赤道面的交角,常以 φ 表示,赤道面以北为正,以南为负。天文经度为首天文子午面与测站天文子午面的夹角,常以 λ 表示,首子午面以东为正,以西为负。需要说明,由于地表面并不是大地水准面,所以在大地测量学中也将高程列入天文地理坐标中。

2. 大地地理坐标系

大地地理坐标系是依托参考椭球,用定义后的原点和轴系及相应基本参考面,标示较大地域地理空间位置的参照系。大地地理坐标系也简称大地坐标系。一点在大地地理坐标系中的位置以大地纬度与大地经度表示,如图 2-4 所示。WAE 为椭球赤道面,NAS 为大地首子午面,P_D 为地面任一点,P 为 P_D 在椭球上的投影,则地面点 P_D 对椭球的法线 P_DPK 与赤道面的交角为大地纬度,常以 B 表示。从赤道面起算,向北为正,向南为负。大地首子午面与 P 点的大地子午面间的二面角为大地经度,常以 L 表示。以大地首子午面起算,向东为正,向西为负。

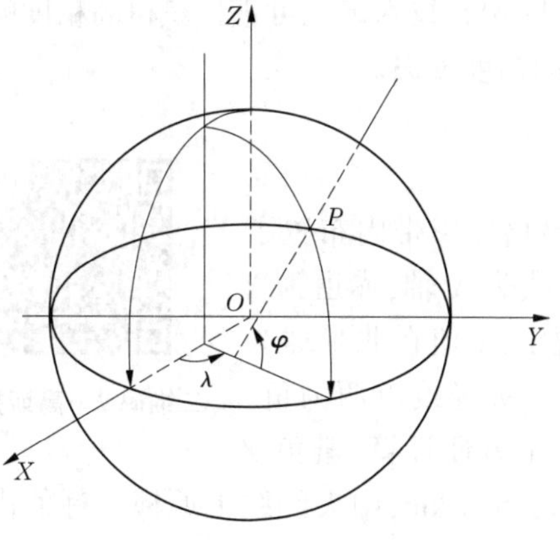

图 2-3　天文地理坐标系

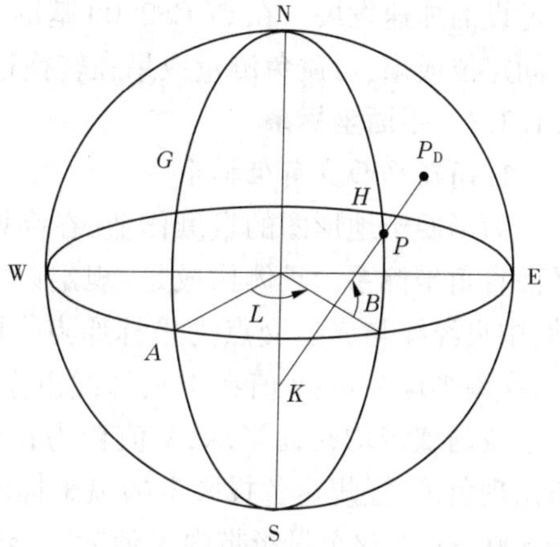

图 2-4　大地地理坐标系

3. 参心空间直角坐标系

参心空间直角坐标系是在参考球上建立的三维直角坐标系 $O-XYZ$（见图 2-5）。坐标系的原点位于椭球的中心，Z 轴与椭球的短轴重合，X 轴位于大地首子午面与赤道面的交线上，Y 轴与 XZ 平面正交，$O-XYZ$ 构成右手坐标系。在建立参心坐标时，由于观测范围的限制，不同的国家或地区要求所确定的参考椭球面与局部大地水准面最密合。由于参考椭球不是唯一的，所以参心空间直角坐标系也不是唯一的。

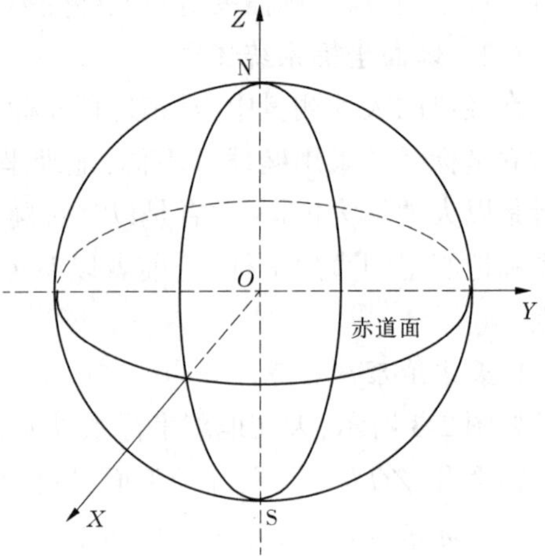

图 2-5　参心空间直角坐标系

地心空间直角坐标系的定义是：原点 O 与地球质心重合，Z 轴指向地球北极，X 轴指向格林尼治平均子午面与地球赤道的交点，Y 轴垂直于 XOZ 平面构成右手坐标系。地球自转轴相对地球体的位置并不是固定的，地极点在地球表面上的位置是随时间而变化的。因此，在具体建立时，根据选取的实际地极点的不同，地心空间直角坐标系的实际定义也不相同。

我国早期使用的 1954 北京坐标系和 1980 西安坐标系就属于参心坐标系。例如，1980 西安坐标系采用 RGS75 国际椭球参数，大地定位原点设在我国中部陕西省泾阳县永乐镇。坐标系原点设在椭球中心，与地球质心并不重合；Z 轴指向 1968.0 地极原点（JYD）方向；大地首子午面平行于格林尼治天文台子午面，X 轴在大地首子午面内与 Z 轴垂直指向经度 0°方向；Y 轴与 Z 轴和 X 轴垂直构成右手直角坐标系。

从 2008 年 7 月 1 日起开始启用的 2000 国家大地坐标系（简称 CGCS2000），则属于地心坐标系统，原点和地球质心是重合的，参考椭球的旋转轴与 Z 轴重合。2000 国家大地坐标系应用现代空间技术能够快速获取精确的三维地心坐标，有利于科学研究和国民经济建设的加速发展。在 CGCS2000 基准下，采用 CNSS 技术定位可直接获得高精度的三维空间定位成果，可避免测量成果在转换过程中的精度损失。

2.1.3.3　平面坐标系

1. 高斯平面直角坐标系

为了便于地形图的量测作业，在高斯-克吕格投影带内布置了平面直角坐标系。具体构成是：规定以中央经线为 X 轴，赤道为 Y 轴，中央经线与赤道交点为坐标原点。同时规定，X 值在北半球为正，在南半球为负；Y 值在中央经线以东为正，中央经线以西为负。由于我国疆域均在北半球，X 值皆为正值。为了方便计算，避免 Y 值出现负值，还规定各投影带的纵坐标轴均西移 500 km，中央经线上原横坐标值由 0 变为 500 km，在整个投影带内 Y 值就不会出现负值了。

二维码 7　高斯投影

由于高斯-克吕格投影的每个投影带都有一个独立的高斯平面直角坐标系，则位于两个不同投影带的地图点会出现具有相同的高斯平面直角坐标，而实际上它们描述的却不是一个地理空间。为了避免这一情况和区别不同点的地理位置，高斯平面直角坐标系规定在横坐标 Y 值前标注投影带的编号。如图 2-6 所示，A、B 两点原来的横坐标分别为

$$Y_A = 238\ 765.2\ \text{m}, Y_B = -148\ 572.3\ \text{m}$$

纵坐标轴西移 500 km 后，其横坐标分别为

$$Y'_A = 738\ 765.2\ \text{m}, Y'_B = 351\ 427.7\ \text{m}$$

加上带号，如 A、B 两点位于第 19 带，其通用坐标为

$$Y''_A = 19\ 738\ 765.2\ \text{m}, Y''_B = 19\ 351\ 427.7\ \text{m}$$

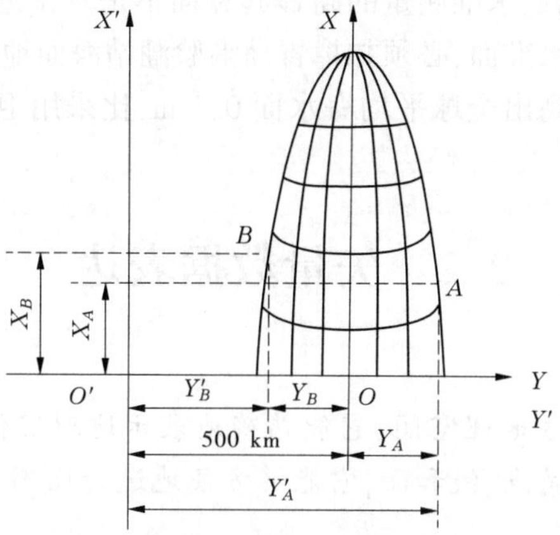

图 2-6 高斯-克吕格坐标

在实际应用中，一般得到的是通用坐标，要获得其实际坐标需要先去掉该点通用坐标前面的高斯平面直角坐标投影带编号，再将其横坐标轴东移 500 km，恢复其本来坐标位置。

2. 地方独立平面直角坐标系

由于国家坐标中每个高斯-克吕格投影带都是按一定间隔划分的，其中央子午线不可能刚好落在城市和工程建设地区的中央，从而使高斯平面直角投影长度产生变形。因此，为了减小变形，将其控制在一个微小的范围内，使得计算出来的长度与实际长度认为相等，因而常常需要建立适合本地区的地方独立坐标系。

2.1.4 高程系统

高程(elevation)是表示地球上一点至参考基准面的距离，就一点位置而言，它和水平量值一样是不可缺少的。它和水平量值一起，统一表达点的位置。对于人类活动，包括国家建设和科学研究乃至人们生活，高程是最基本的地理信息。从测绘学的角度来讨论，所谓高程，是对某一具有特定性质的参考面而言的。没有参考面，高程就失去意义，同一点的参考面不同，高程的意义和数值都不同。例如，正高是以大地水准面为参考面，正常高是以似大地水准面为参考面，而大地高则是以参考椭球面为参考面。这种相对于不同性质的参考面所定义的高程体系称为高程系统。我国主要高程系统包括 1956 年黄海高程系和 1985 国家高程基准。

2.1.4.1　1956 年黄海高程系

以青岛港验潮站的长期观测资料推算出的黄海平均海面作为我国的水准基面，即零高程面。我国水准原点建立在青岛港验潮站附近。用精密水准测量测定水准原点相对于黄海平均海面的高差，即水准原点的高程，作为全国高程控制网的起算高程。

2.1.4.2　1985 国家高程基准

水准基面为青岛港验潮站 1952—1979 年验潮资料确定的黄海平均海面。与 1956 年黄海高程系相比，其高程差为 29 mm。这一高程基准面只与青岛港验潮站所处的黄海平均海面重合。所以，我国陆地水准测量的高程起算面不是真正意义上的大地水准面。要将这一基准面归化到大地水准面，必须扣掉青岛港验潮站海面地形高度。初步研究表明，青岛港验潮站平均海水面高出全球平均海水面 0.1 m，比采用卫星测高确定的全球大地水准面高(0.26±0.05)m。

2.2　矢量数据表达

【导入】

矢量数据能直观地表达地理空间，它能精确地表示地理实体的空间位置及其属性。矢量数据处理的空间元素是点、线和面，它能够方便地进行比例尺变换、投影变换以及图形的输入和输出。

2.2.1　矢量数据结构的表示

2.2.1.1　矢量数据结构的概念

矢量数据结构是通过记录坐标的方式来表示点、线、面等地理实体的数据组织方式，如图 2-7 所示。在不同尺度下，同一个地理要素的形态可能会发生变化。

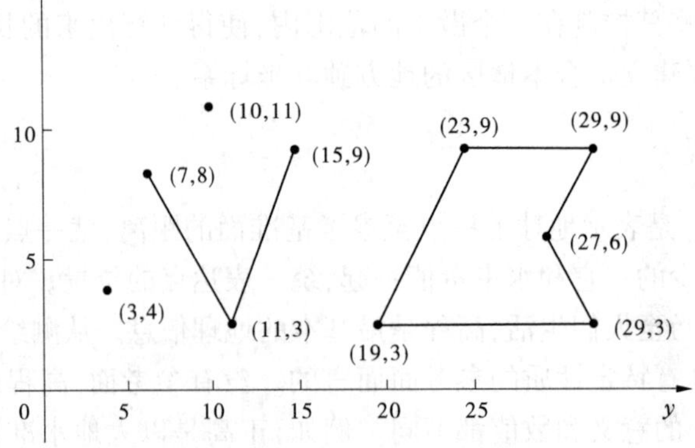

图 2-7　矢量空间数据模型的表示

点：零维几何形状。用于描述面积和长度可以忽略不计的地理要素，如野外的控制点、大海中的灯塔等。

线：一维几何形状。用于描述形状狭长的地理要素，如河流、道路等。

面：二维几何形状。用于描述具有相同属性的位置所组成的一个连续区域，如湖泊、居民地等。

矢量数据结构可以通过点、线、面及它们的组合来表示现实世界中各种复杂的实体。矢量数据冗余度低，结构紧凑，并具有空间实体的拓扑信息，便于深层次分析。图 2-8 显示了矢量数据结构的组织方式。其中，每一个空间对象具有一个标识码（ID），标识码是唯一的，用于唯一标识空间对象，并建立该空间对象几何信息与属性信息的关联。

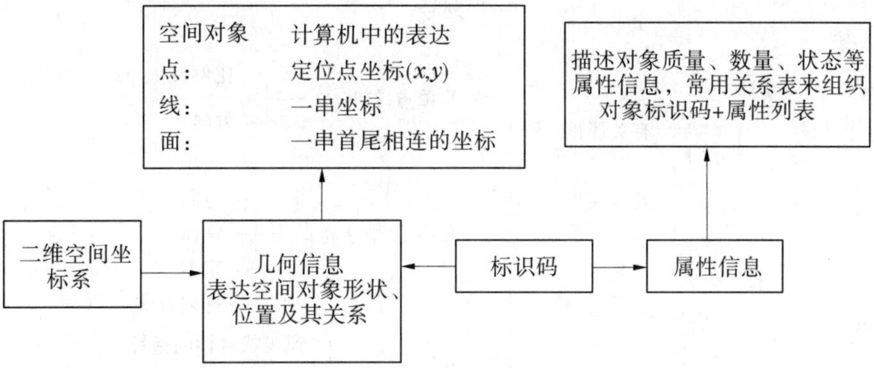

图 2-8　矢量数据结构组织方式

2.2.1.2　矢量数据结构的特点

矢量数据结构的特点是：定位明显、属性隐含。其定位是根据坐标直接存储的，而属性则一般存于文件头或数据结构中某些特定的位置上。这种特点使得其图形运算的算法总体上比栅格数据结构复杂得多，有些甚至难以实现。当然有些地方也有其便利和独到之处，如在计算长度、面积、形状和图形编辑、几何变换操作中，矢量结构有很高的效率和精度，而在叠加运算、邻域搜索等操作时则比较困难。

2.2.1.3　矢量数据的获取途径

矢量数据最基本的获取方式就是利用各种定位仪器设备采集空间数据。主要有以下几种方式：①通过数字化仪获取数据；②将扫描数据矢量化；③通过数字摄影测量获取数据；④通过全球导航卫星系统（GNSS）获取数据；⑤将其他栅格数据转换成矢量数据。

2.2.2　实体数据结构

实体数据结构是指构成多边形边界的各个线段，以多边形为单元进行组织，记录其属性信息和坐标信息的数据结构方式。

2.2.2.1　点实体

点实体是地理空间中最基本的实体要素，形式上可以理解为在特定的比例尺前提下一切可以忽略面积的单个地理要素。点实体是不可再分的空间对象，用来描述地图上的各种抽象或具体的标识点，如监控点、居民点、文本位置点或线段网络的节点等。点实体用坐标点(x,y)来定位。在矢量数据结构中，除了存储点实体的坐标，还存储与点实体相关的属性数据，这些数据用来描述点实体的类型、绘图符号和显示要求等。如果点是一个与其他信息无关的符号,则记录时应包括符号类型、大小、方向等有关信息;如果点实体是文本实体,则记录数据时应包括符号大小、字体、排列方式、比例和方向及与其他非图形属性的联系方式等信息。对其他类型的点实体也应该做相应处理。图 2-9 是点实体矢量数据结构组织方式示意图。

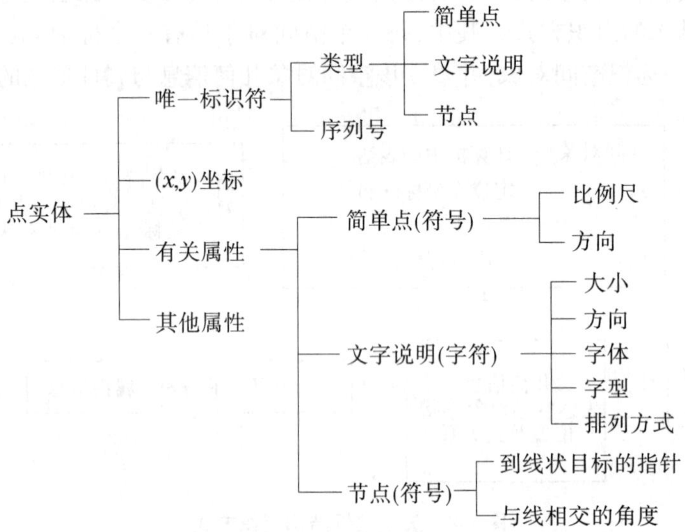

图 2-9　点实体矢量数据结构组织方式示意图

2.2.2.2　线实体

线实体可以定义为直线元素组成的各种线性要素,直线元素由两对以上的(x,y)坐标定义,即多个点组成的坐标链$(x_1,y_1)(x_2,y_2)\cdots(x_n,y_n)$;最简单的线实体只存储它的起止点坐标、属性、显示符等有关数据。例如,线实体输出时可能用实线或虚线描绘,这类信息属符号信息,它说明线实体的输出方式。虽然线实体并不是以虚线存储,但仍可用虚线输出。

弧、链是 n 个坐标对的集合,这些坐标可以描述任何连续而又复杂的曲线。组成曲线的线元素间距越短,(x,y)坐标数量越多,就越接近于一条复杂曲线。既要节省存储空间,又要求较为精确地描绘曲线,唯一的办法是增加数据处理工作量。

线的网络结构。简单的线或链携带彼此互相连接的空间信息,而这种连接信息又是供排水网和道路网分析中必不可少的信息。因此,要在数据结构中建立指针系统才能让计算机在复杂的线网结构中逐线跟踪每条线。指针的建立要以节点为基础,例如建立水网中每条支流之间连接关系时必须使用这种指针系统。指针系统包括节点指向线的指针、每条从节点出发的线汇于节点处的角度等,从而完整地定义线网络的拓扑关系。

如上所述,线实体主要用来表示线状地物(如公路、水系、山脊线)、符号线和多边形边界,有时也称为“弧”“链”“串”等。

唯一标识码是系统排列序号;线标识码可以标识线的类型;起始点和终止点可以用点号或直接用坐标表示;显示信息是显示线的文本或符号等;与线相联的非几何属性可以直接存储在线文件中,也可单独存储,而由标识码连接查找,线实体矢量数据结构编码基本内容如图 2-10 所示。

2.2.2.3　面实体

面是由线段组成的多边形,即多个点组成的坐标封闭链 $(x_1,y_1)(x_2,y_2)\cdots(x_n,y_n)(x_1,y_1)$。多边形(有时称为区域)数据是描述地理空间信息的最重要的一类数据。在区域实体中,具有名称属性和分类属性的,常用多边形表示(如行政区、土地类型、植被分布等);具有标量属性的,有时也用等值线描述(如地形、降雨量等)。

多边形矢量编码,不但要表示位置和属性,更重要的是能表达区域的拓扑特征(如形状、邻域和层次结构等),以便使这些基本的空间单元可以作为专题图的资料进行显示和操作。由于要表达的信息十分丰富,基于多边形的运算多而复杂,因此多边形矢量编码比点和线实体的矢量编码要复杂得多,也更为重要。

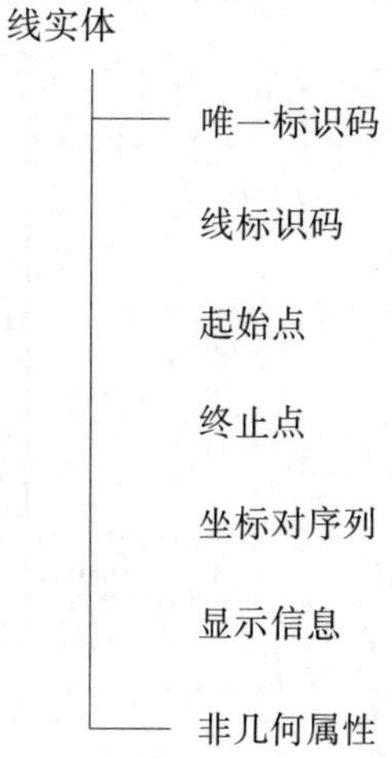

图 2-10　线实体矢量数据结构编码基本内容

在讨论多边形数据结构编码的时候,首先对多边形网提出如下要求:

(1)组成地图的每个多边形应有唯一的形状、周长和面积。它们不像栅格结构那样具有简单而标准的基本单元。

(2)地理分析要求的数据结构应能够记录每个多边形的邻域关系,其方法与水系网中记录连接关系一样。

(3)专题地图上的多边形并不都是同一等级的多边形,很有可能是多边形内嵌套小的多边形(次一级)。例如,湖泊的水涯线在土地利用图上可算是个岛状多边形,而湖中的岛屿为"岛中之岛"。这种所谓"岛"或"洞"的结构是多边形关系中较难处理的一类问题。

2.2.2.4　实体数据结构的特点

实体数据结构具有编码容易、数字化操作简单和数据编排直观等优点,但这种方法有以下明显缺点:

(1)相邻多边形的公共边界要数字化两遍,造成数据冗余存储,可能导致输出的公共边界出现间隙或重叠。

(2)缺少多边形的邻域信息和图形的拓扑关系。

(3)岛只作为一个单个图形,没有建立与外界多边形的联系。

由表 2-5 可见,实体数据结构只适用于简单的系统,如计算机地图制图系统。

2.2.3　拓扑数据结构

拓扑数据结构是指具有拓扑关系的矢量数据结构。拓扑元素包含节点、链(线段、弧段)、面三种。节点是指地图平面上反映一定意义的零维图形,如消防栓、井、道路的交叉点等;链是两节点间的有序线段,如公路、铁路、河流等;面是一条或若干条链构成的闭合区域,如洪水影响区域、湖泊、植被等。

节点、链、面三种拓扑元素相互之间可以建立节点-链、链-节点、链-面、面-链、面-面五种关系。下面对图 2-11 所示的实体进行关系表的建立。

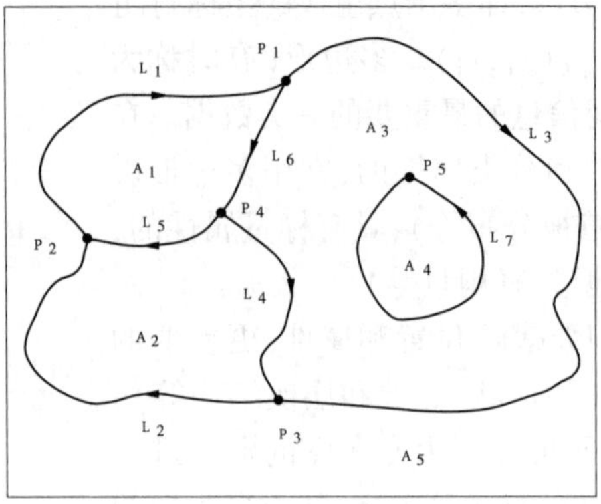

图 2-11　节点、链、面地理实体

2.2.3.1　节点-链关系表的建立

节点-链关系表建立时规定：当节点是链的起点时，记录链为正；当节点是链的终点时，记录链为负。例如，对图 2-11 所示的图形建立节点-链关系表，如表 2-2 所示。表 2-2 中的第一行表示通过 P_1 节点的链，P_1 是链 L_1 的终点，记为 $-L_1$，P_1 是链 L_3、L_6 的起点，记为 L_3、L_6。依此类推，记录通过 P_2、P_3、P_4、P_5 节点的链。

表 2-2　节点-链关系表

节点	通过节点的链
P_1	$-L_1, L_3, L_6$
P_2	$L_1, -L_2, -L_5$
P_3	$L_2, -L_3, -L_4$
P_4	$L_4, L_5, -L_6$
P_5	$L_7, -L_7$

2.2.3.2　链-节点、面关系表的建立

链-节点、面关系表的建立是对图中面状要素的任何一条线段，用其两端的节点及相邻面域来予以定义。例如，对图 2-11 所示的图形建立链-节点、面关系表，如表 2-3 所示。表 2-3 中的第一行表示链 L_1 的方向是从节点 P_2 到节点 P_1，其左侧面域为 A_5，右侧面域为 A_1。依此类推可以得到链 L_2、L_3、L_4、L_5、L_6、L_7 的起点、终点、左邻面和右邻面。节点与节点或者面域与面域之间为邻接关系，节点与链或者面域与链之间为关联关系。利用这种拓扑关系来组织数据，可以有效地进行数据存储和存储时的正确性检查，同时便于对数据进行自动编辑、更新和检索。

表 2-3　链-节点、面关系表

链	起点	终点	左邻面	右邻面
L_1	P_2	P_1	A_5	A_1
L_2	P_3	P_2	A_5	A_2
L_3	P_1	P_3	A_5	A_3
L_4	P_4	P_3	A_3	A_2
L_5	P_4	P_2	A_2	A_1
L_6	P_1	P_4	A_3	A_1
L_7	P_5	P_5	A_4	A_3

2.2.3.3　面-链、面关系表的建立

面-链、面关系表建立时规定：顺时针方向构建多边形，若链方向与之相同，则记为正；若链方向与之相反，则记为负。例如，对图 2-11 所示的图形建立面-链、面关系表，如表 2-4 所示。表 2-4 中的第一行表示面 A_1 按顺时针方向构建多边形，其链记录为 L_1、L_6、L_5、A_1 没有包含其他面。依此类推，可以得到面 A_2、A_3、A_4 链号，这里一定要注意链的方向。其中，面 A_3 还包含了面 A_4。

表 2-4　面-链、面关系表

面	链	包含面
A_1	L_1,L_6,L_5	—
A_2	$L_2,-L_5,L_4$	—
A_3	$L_3,-L_4,-L_6$	A_4
A_4	$-L_7$	—

2.2.4　两种矢量数据结构比较

实体数据结构和拓扑数据结构的优缺点如表 2-5 所示。

表 2-5　实体数据结构和拓扑数据结构的优缺点

项目	实体数据结构	拓扑数据结构
优点	数据结构简单直观，容易获取，易于进行图形显示，便于单个实体的简单查询	数据结构紧凑，没有冗余，反映要素间的相互关系，易于进行空间分析
缺点	数据冗余，不能反映要素间的相互关系	数据结构复杂，前期工作量较大
应用	CAD 制图和电子地图制作，如 CASS 等	各类大型 GIS，如 ArcGIS 等

由表 2-5 可见，建立拓扑数据结构是实现空间信息查询分析所必需的。

2.3　栅格数据表达

【导入】

栅格数据结构是以规则栅格阵列表示空间对象的数据结构,阵列中每个栅格单元上的数值表示空间对象的属性特征,即栅格阵列中每个单元的行、列号确定位置,属性值表示空间对象的类型、等级等特征。每个栅格单元只能存在一个值,表达地理要素比较直观。

2.3.1　栅格数据结构的表示

2.3.1.1　栅格数据结构的定义

栅格数据结构是将空间分割成有规则的网格,在各个网格上给出相应的属性值来表示地理实体的一种数据组织形式。栅格数据结构一般利用规则的二维阵列图案来表达现实世界,即将地表空间划分成多个大小一致、形状相同、紧密相邻的规则格网单元,每个格网单元赋予相应地理空间对象的某种属性值。这些格网单元构成的规则网格(GRID)表示地理空间对象的空间位置和属性特征。栅格结构通常采用最简单的几何结构——正方形结构作为格网单元形状,也可采用三角形、六边形或者八边形等,将地理空间区域划分为网格阵列。

栅格结构中的格网单元是栅格数据中最基本的存储单位,其坐标位置由行、列号确定。因为栅格数据按照一定规则有序排列,所以格网单元表示的空间对象位置可由其行号、列号隐含决定,如图 2-12 所示。

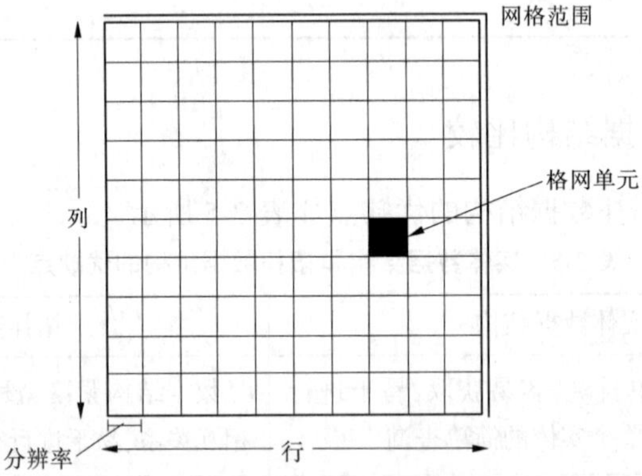

图 2-12　栅格数据结构表示

每个格网单元都有一定的尺寸大小,对应于一定的地理空间范围,也称为栅格数据的空间分辨率。例如,格网单元的尺寸(如 1 m×1 m)表示网格数据的空间分辨率。格网单元尺寸越小,分辨率越高;反之分辨率越低。一般而言,一个规则网格数据的格网单元大小一致,即规则网格数据具有统一的空间分辨率,这意味着较少变化的地区与较多变化的地区所表示的详细程度一样。

每个格网单元记录一个简单的数据值，表示该地理位置的空间对象或现象的某种专题特征。例如，图2-13的栅格图层中，每个格网单元值代表该位置的土地覆被类型，如水田、旱地、园地等。

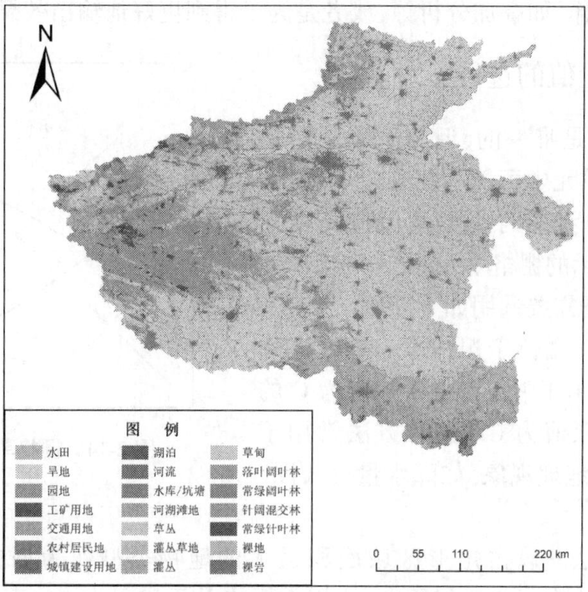

图2-13 土地覆被分类栅格数据

2.3.1.2 栅格数据结构的特点

栅格数据结构的显著特点是：属性明显，定位隐含，即数据直接记录属性的指针或属性本身，而所在位置则根据行列号转换为相应的坐标给出，也就是说定位是根据数据在数据集中的位置得到的。栅格数据结构具有数据结构简单、数学模拟方便的优点；但也存在着以下缺点：数据量大，难以建立实体间的拓扑关系，通过改变分辨率而减少数据量时精度和信息量同时受损等。

2.3.1.3 栅格数据的获取途径

栅格结构的数据通过位置来表述空间实体。栅格数据的来源非常广泛，主要的获取途径有以下四种方式。

1. 分类影像输入法

遥感是利用航空和航天技术实时动态地获取地表信息的重要手段，图像是遥感数据的主要表现形式，通过遥感手段获得的数字图像就是一种栅格数据。它是遥感传感器在某个特定的时间、对一个区域地面景象的辐射和反射能量的扫描抽样，并按不同的光谱段分光并量化后，以数字形式记录下来的栅格数据。

2. 扫描数字化法

扫描仪已经成为获取栅格数据的主要设备，它可以高精度快速获取栅格数据，其数据格式已经标准化。通过逐点扫描地图，将扫描数据重采样和再编码得到栅格数据文件。

3. 手工网格法

在专题地图上均匀划分网格，或在一张聚酯薄膜上均匀划分网格，而后叠置在地图上,逐个网格确定其代码,最后形成栅格数字地图文件。

4. 数据结构转换法

通过运用矢量数据栅格化算法,把矢量数据转换为栅格数据。例如,利用数字化仪或屏幕跟踪数字化地图,得到矢量结构数据后,再转换为栅格结构。这种情况通常是为了方便 GIS 中的某些操作,如叠加分析等,或者是为了得到更好地输出效果。

2.3.2 栅格单元值的选取

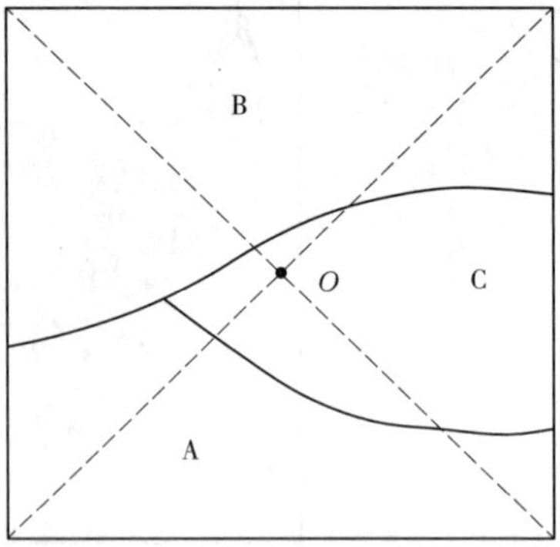

图 2-14 栅格单元值的选取

栅格单元取值是唯一的,但由于受到栅格大小的限制,栅格单元中可能会出现多个地物,那么在决定栅格单元值时应尽量保持其真实性,对于图 2-14 所示的栅格单元,要确定该单元的属性取值,可根据需要选用如下方法:

(1)中心点法。用位于栅格中心处的地物类型决定其取值。由于中心点位于代码为 C 的地物范围内,故其取值为 C。这种方法常用于有连续分布特性的地理现象,如降水量分布图、人口密度图等。

(2)面积占优法。以占矩形区域面积最大的地物类型作为栅格单元的代码。从图 2-14 上看,B 类地物所占面积最大,故相应栅格单元代码为 B。面积占优法常用于分类较细、地物类别斑块较小的情况。

(3)重要性法。根据栅格内不同地物的重要性,选取最重要的地物类型作为相应的栅格单元代码。设图中 A 类地物为最重要的地物类型,则栅格代码为 A。这种方法常用于有特殊意义而面积较小的地理要素,特别是点状和线状地理要素,如城镇、交通线、水系等。在栅格代码中应尽量表示这些重要地物。

(4)百分数法。根据矩形区域内各地理要素所占面积的百分数确定栅格单元的取值,如可记面积最大的两类 BA,也可根据 B 类和 A 类所占面积百分数在代码中加入数字。

由于采用的取值方法不同,得到的结果也不尽相同。逼近原始精度的第二种方法是缩小单个栅格单元的面积,即增加栅格单元的总数,行列数也相应地增加。这样,每个栅格单元可代表更为精细的地面矩形单元,混合单元减少。混合类别和混合的面积都大大减小,可以大大提高量算的精度;接近真实的形态,表现更细小的地物类型。然而增加栅格个数、提高数据精度的同时也带来了一个严重的问题,就是数据量大幅度增加,数据冗余严重。

2.3.3 栅格数据编码

2.3.3.1 直接栅格编码

直接栅格编码是最简单直观而又非常重要的一种栅格结构编码方法,通常称这种编码的图像文件为网格文件或栅格文件,也称逐个像元编码。直接编码就是将栅格数据看作一个数据矩阵,逐行(或逐列)逐个记录代码,可以每行都从左到右逐像元记录,也可按奇数行从左到右记录,而偶数行则由右向左记录,为了实现特定目的还可采用其他特殊的顺序。栅格结构不论采用何种压缩方法,其逻辑原型都是直接编码的网格文件,如图 2-15 所示。

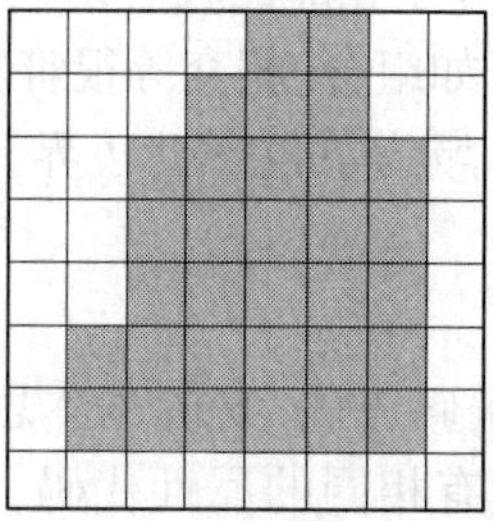

图 2-15 直接栅格编码

采用直接编码法存储栅格数据,每一个栅格都要进行存储,因此会在阵列中存在大量相同属性的数据。例如,当存储点状地物或线状地物时,同时还要存储大量背景栅格数据;存储面状地物时,在多边形内存储大量相同属性的栅格。为了减少栅格数据的存储量,产生了很多栅格数据压缩编码方法。

2.3.3.2 压缩编码方法

1. 链式编码

链式编码又称为弗里曼链码或边界链码。链式编码主要记录线状地物和面状地物的边界,它把线状地物和面状地物的边界表示为由某一起始点开始并按某些基本方向确定的单位矢量链。基本方向可定义为:东=0,东南=1,南=2,西南=3,西=4,西北=5,北=6,东北=7 等 8 个基本方向(见图 2-16)。

二维码 8 链式编码

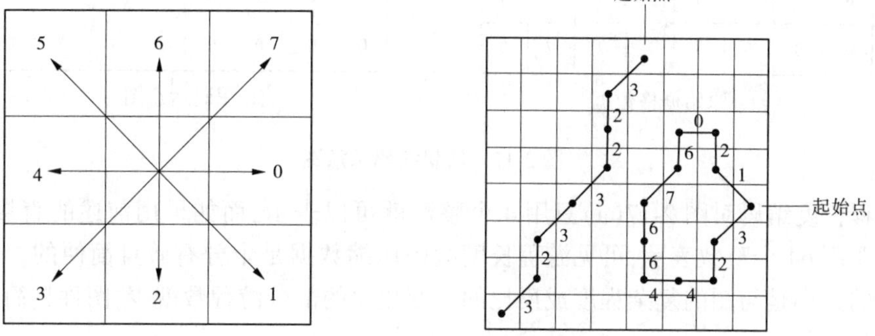

图 2-16 链式编码示意图

如果对图 2-16 所示的线状地物,确定其起始点为像元(1,5),则其链式编码为

1,5,3,2,2,3,3,2,3

对图 2-16 所示的面状地物,假设其原起始点定为像元(5,8),则该多边形边界按顺时针方向的链式编码为

5,8,3,2,4,4,6,6,7,6,0,2,1

链式编码的前两个数字表示起点的行数、列数,从第三个数字开始的每个数字表示单位矢量的方向,8 个方向以 0~7 的整数表示。

链式编码对线状和多边形的表示具有很强的数据压缩能力,且具有一定的运算功能,如面积和周长计算等,探测边界急弯和凹进部分等都比较容易,类似矢量数据结构,比较适用于存储图形数据。其缺点是对叠置运算如组合、相交等很难实施,对局部修改将改变整体结构,效率较低,而且由于链码以每个区域为单位存储边界,相邻区域的边界则被重复存储而产生冗余。

2. *游程长度编码*

游程长度编码是栅格数据压缩的重要编码方法,它的基本思路是:对于一幅栅格图像,常常有行(或列)方向上相邻的若干点具有相同的属性代码,因而可采取某种方法压缩那些重复的记录内容。其编码方案是,只在各行(或列)数据的代码发生变化时依次记录该代码以及相同代码重复的个数,从而实现数据的压缩。例如,对图 2-17(a)所示的栅格数据,可沿行方向进行如下游程长度编码:(9,4),(0,4),(9,3),(0,5),(0,1),(9,2),(0,1),(7,2),(0,2),(0,1),(9,2),(0,1),(7,2),(0,2),(0,4),(7,4),(0,4),(7,4),(0,4),(7,4),(0,4),(7,4)。

9	9	9	9	0	0	0	0
9	9	9	0	0	0	0	0
0	9	9	0	7	7	0	0
0	9	9	0	7	7	0	0
0	0	0	0	7	7	7	7
0	0	0	0	7	7	7	7
0	0	0	0	7	7	7	7
0	0	0	0	7	7	7	7

(a)原始栅格数据

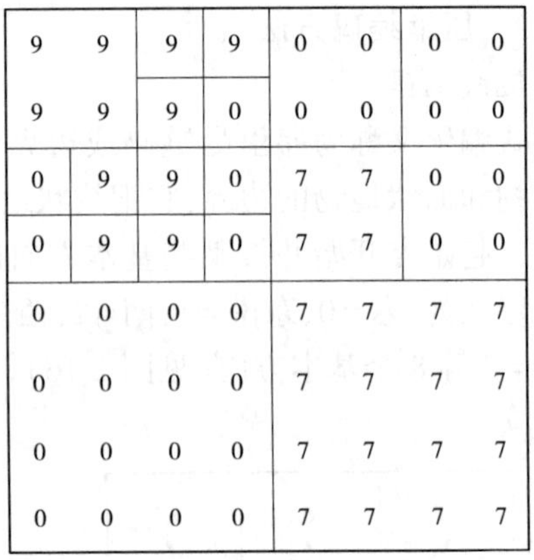

(b)编码示意图

图 2-17　块状编码示意图

游程长度编码对图 2-17(a)只用 4 个整数就可以表示,而如果用前述的直接栅格编码却需要用 64 个整数表示,可见游程长度编码压缩数据是十分有效且简便的。事实上,压缩比的大小是与图的复杂程度成反比的。变化少的部分游程数就少,图件越简单,压缩效率就越高。

游程长度编码在栅格加密时,数据量没有明显增加,压缩效率较高,且易于检索、叠加、合并等操作,运算简单,适用于机器存储容量小,数据需大量压缩,而又要避免因复杂的编码解码运算增加处理和操作时间的情况。

3. 块状编码

二维码 9　块式编码

块码是游程长度编码扩展到二维的情况，采用方形区域作为记录单元，每个记录单元包括相邻的若干栅格，数据结构由初始位置（行、列号）和半径，再加上记录单元的代码组成。根据块状编码的原则，对图 2-17(a) 所示图像用 12 个 1 单位正方形、5 个 4 单位的正方形和 2 个 16 单位的正方形就能完整表示，如图 2-17(b) 所示，具体编码如下：(1,1,2,9)，(1,3,1,9)，(1,4,1,9)，(1,5,2,0)，(1,7,2,0)，(2,3,1,9)，(2,4,1,0)，(3,1,1,0)，(3,2,1,9)，(3,3,1,9)，(3,4,1,0)，(3,5,2,7)，(3,7,2,0)，(4,4,1,0)，(4,2,1,0)，(4,3,1,0)，(4,4,1,0)，(5,1,4,0)，(5,5,4,7)。

一个多边形所包含的正方形越大，多边形的边界越简单，块状编码的效率就越高。块状编码对大而简单的多边形更为有效，而对那些碎部较多的复杂多边形效果并不好。块状编码在合并、插入、检查延伸性、计算面积等操作时有明显的优越性，然而对某些运算不适应，必须再转换成简单数据形式才能顺利进行。

4. 四叉树编码

二维码 10　四叉树编码

四叉树结构的基本思想是将一幅栅格地图或图像等分为 4 部分，逐块检查其格网属性值（或灰度）。如果某个子区的所有格网值都具有相同的值，则这个子区就不再继续分割，否则还要把这个子区再分割成 4 个子区。这样依次地分割，直到每个子块都只含有相同的属性值或灰度。图 2-17(b) 表示对图 2-17(a) 的分割过程及其关系。这 4 个等分区称为 4 个子象限，按左上（NW）、右上（NE）、左下（SW）、右下（SE）的顺序用一个树结构的表示，如图 2-18 所示。

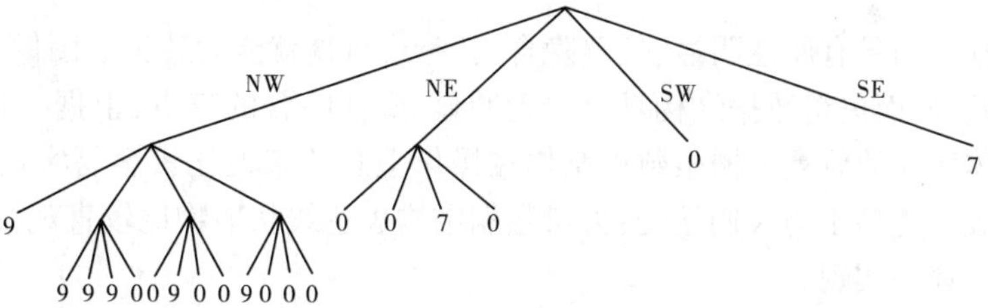

图 2-18　四叉树的树状表示

这种从上而下的分割需要大量的运算，因为大量数据需要重复检查才能确定划分。当 $n \times n$ 的栅格单元数比较大，且区域内容要素又比较复杂时，建立这种四叉树的速度比较慢。

另一种是采用从下而上的方法建立。对栅格数据按如下的顺序进行检测：如果每相邻四个网格值相同则进行合并，逐次往上递归合并，直到符合四叉树的原则。这种方法重复计算较少，运算速度较快。

从图 2-18 中可以看出，为了保证四叉树能不断地分解下去，要求栅格数据的栅格单元数必须满足 $2^n \times 2^n$，n 为极限分割次数，$n+1$ 是四叉树的最大高度或最大层数。对于非标准尺寸的图像，需首先通过增加背景的方法将栅格数据扩充为 $2^n \times 2^n$ 个单元，对不足的部分以 0 补足(在建树时,对于补足部分生成的叶节点不存储,这样存储量并不会增加)。

四叉树编码的优势:①能够简单、有效地计算多边形的数量特征。②阵列中各个部分的分辨率是可变的,数据复杂之处,拆分得比较细;数据简单之处,便统一编码。③便于和简单栅格编码之间进行转换,根据路径容易还原数据元素原来的行列号。④由于四叉树划分是用递归的方式实现的,可以较为方便地表达多边形之间的嵌套关系。

四叉树编码的劣势:四叉树分割具有不确定性,同一形状和大小的多边形可能分割出多种不同的四叉树结构,难以精确判断压缩效率。

2.3.4 矢栅结构的比较

栅格数据结构和矢量数据结构是 GIS 中记录空间数据的两种重要方法,它们各具有优缺点,两种数据结构的比较如表 2-6 所示。

表 2-6 栅格数据结构与矢量数据结构的特点比较

比较内容	矢量格式	栅格格式
数据量	小	大
图形精度	高	低
图形运算	复杂、高效	简单、低效
遥感影像格式	不一致	一致或接近
输出表示	抽象、昂贵	直观、便宜
数据共享	不易实现	容易实现
拓扑和网络分析	容易实现	不易实现

栅格数据结构具有属性明显、位置隐含的特点,目视就能大致识别图像中的各个区域代表的真实地物;而矢量数据结构具有位置明显、属性隐含的特点,根据坐标可直接判读当前地理实体所在的位置。栅格数据结构在操作上总的来说比较容易实现,尤其是作为斑块图件的表示更易于为人们接受;矢量数据结构表达线状地物比较直观,而面状地物通过对边界的描述来实现。

一方面,栅格数据结构在某些操作上比矢量数据结构更有效、更易于实现,如两张地图的覆盖操作,点状地物或线状地物的邻域搜索等。在给定区域内的统计运算,包括计算多边形形状、面积、线密度、点密度,栅格数据结构可以很快计算出结果。采用矢量数据结构则由于所在区域边界限制条件难以提取而降低效率。另一方面,矢量数据结构用于拓扑关系的搜索则更为高效。

栅格数据结构要提高精度,需要更多的栅格单元;而矢量数据结构要提高精度则需记录更多线段节点。一般来说,栅格数据只是矢量数据在某种程度上的一种近似,如果要使栅格数据结构描述的图件取得与矢量数据结构同样的精度,其数据量要比矢量数据结构大很多。

栅格数据结构和矢量数据结构在表示空间数据上是同样有效的,目前大多数 GIS 平台都支持这两种数据结构,而在实际应用中,应根据具体的应用目的选用不同的数据结构。如矢量数据结构更有利于网络分析(交通网,供、排水网,煤气管道,电缆等)和制图应用。矢量数据结构表示的数据精度高,并易于附加上对制图物体的属性所做的分门别类的描述。栅格数据结构适用于遥感图像的处理,它与制图物体的空间分布特征有着简单、直观而严格的对应关系,对于制图物体空间位置的可探性强,并为应用机器视觉提供了可能性。对于探测物体之间的位置关系栅格数据最为便捷。

2.4　数字高程模型表达

【导入】

数字地形模型(digital terrain model,DTM)是对地形表面形态属性信息的数字表达,也是对空间位置特征和地形属性特征的数字描述。当 DTM 中的地形属性是高程时,该模型称为数字高程模型(digital elevation model,DEM)。DEM 主要有四种表示模型:规则格网模型、不规则三角网模型、等高线模型和细节层次模型。

二维码 11　数字高程模型

2.4.1　规则格网模型

采用规则格网将区域空间切分为规则的格网单元,每个格网单元赋予一个高程值,如图 2-19 所示,这样就形成了一个具有栅格结构的二维高程矩阵,可以按照栅格数据结构进行编码。规则格网通常是正方形,也可以是矩形、三角形等,规则格网模型也称为 Grid 模型。

91	78	63	50	44	25
54	62	42	81	79	33
56	52	78	86	91	45
80	75	72	62	100	81
44	60	50	78	25	34
48	55	70	66	41	27

图 2-19　规则格网 DEM

格网的数值可以有两种不同的解释,如图 2-20 所示。

(1)格网栅格观点:它认为格网单元的数值是其所有点的高程值,即认为格网单元对应区域范围内的高程是一致的,这种数字高程模型是一个不连续的函数。

(2)点栅格观点:它认为一个网格单元的数值是网格中心点的高程或网格单元的平

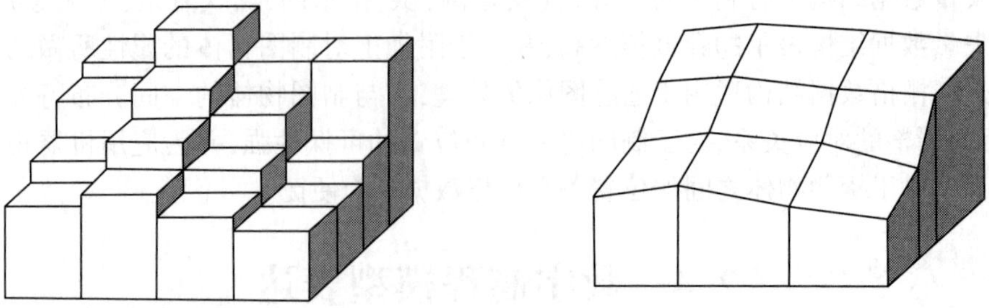

(a)格网栅格　(b)点栅格

图 2-20　规则格网 DEM 的两种解释

均高程值,这时需要用某种插值方法来求解每个点的高程。计算任何非网格中心点的高程值都需要使用到周围 4 个中心点的高程值,其计算方法包括距离加权平均法、样条函数、克里金插值等。

规则格网 DEM 的优点是结构简单,易于用计算机进行存储和处理,便于进行对坡度及坡向的计算、地形线的提取和通视判断等地形分析;其缺点是不能准确地表示地形的细部结构,数据冗余大。

2.4.2　不规则三角网模型

不规则三角网(triangulated irregular network,TIN)是另外一种表示数字高程模型的方法。TIN 模型根据区域内的有限个点集,将区域划分为相连的三角面网格,区域中的任意点都落在三角面的顶点、边上或三角形内。若点不在顶点上,则该点的高程值通常通过线性插值的方法得到(在边上用边的两个顶点的高程,在三角形内用三个顶点的高程)。所以,TIN 是一个三维空间的分段线性模型,在整个区域内连续但不可微。

TIN 模型在概念上类似于多边形的矢量拓扑结构,只是它没有“岛”和“洞”,因此也就不需要定义“岛”与“洞”的拓扑关系。

有许多能够表达 TIN 拓扑结构的存储方式,其中一个较为简单的是:让每个三角形的边和节点都对应一个记录,三角形的记录包括 3 个分别指向 3 条边的记录指针(边的记录有 4 个指针字段,包括 2 个指向相邻三角形记录的指针、2 个顶点的记录指针);也可以直接对每个三角形记录其顶点和相邻三角形,如图 2-21 所示。每个节点包括 3 个坐标值字段,分别存储 X、Y、Z 坐标。这种拓扑网络结构的特点是对于一个给定的三角形,查询 3 个顶点高程和相邻三角形所用的时间是定长的,在沿直线计算地形剖面线时具有较高的效率。当然,也可以在此结构的基础上增加其他的变化,以提高某些特殊运算的效率,如在顶点的记录里增加指向其关联边的指针等。

TIN 由连续的三角面组成,三角形的形状和大小取决于不规则分布的测点或节点的位置和密度。TIN 与规则格网 DEM 的不同之处是,TIN 可以随地形起伏变化的复杂性来改变采样点的密度和决定采样点的位置。因此,它既能避免地形平坦时的数据冗余,又能按地形特征线(如山脊线、山谷线等)表示高程变化的特征。

1	X	Y	Z
2	X	Y	Z
3	X	Y	Z
4	X	Y	Z
5	X	Y	Z
6	X	Y	Z
7	X	Y	Z
8	X	Y	Z

(a)点坐标文件

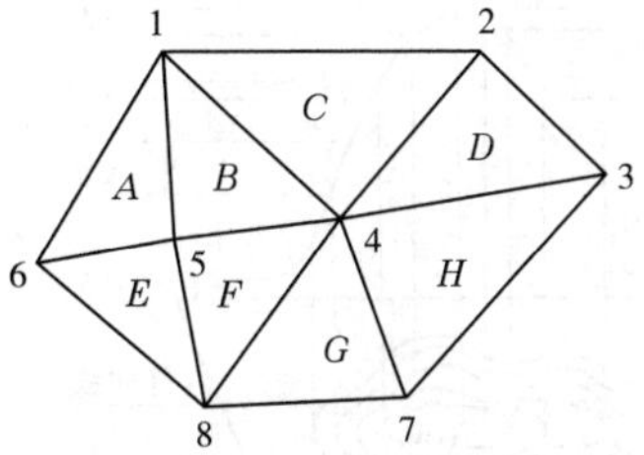

(b)TIN

	顶点			邻接三角形		
1	1	5	6	B	E	-
2	1	4	5	A	C	F
3	1	2	4	-	D	B
4	2	3	4	C	-	H
5	5	6	8	A	-	F
6	4	5	8	B	E	G
7	4	7	8	F	H	-
8	3	4	7	D	G	-

(c)三角形拓扑文件

图 2-21　不规则三角网的一种存储方式

2.4.3　等高线模型

等高线是地面上高程相等点的连线在水平面上的投影(见图 2-22)。从构成等高线的原理来看,它可以反映地面高程、山体、谷地、坡形、坡度、山脉走向等地貌的基本形态及其变化,提供可靠的地面起伏形态。

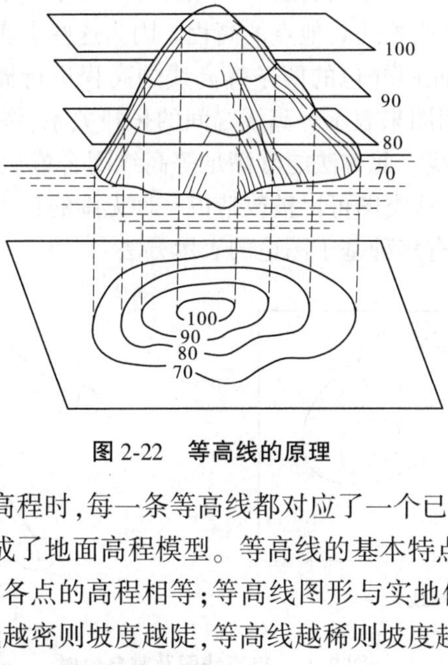

图 2-22　等高线的原理

在用等高线模型表示高程时,每一条等高线都对应了一个已知的高程值,一系列的等高线及其高程值就一同构成了地面高程模型。等高线的基本特点是:它是封闭、连续的曲线;位于同一条等高线上的各点的高程相等;等高线图形与实地保持几何相似关系;在等高距相同的情况下,等高线越密则坡度越陡,等高线越稀则坡度越缓。等高线可分为首曲线、计曲线、间曲线和助曲线四种(见图 2-23)。

(1)首曲线又称为基本等高线,它是按基本等高距由零点起算来测绘的,通常用细实线描绘首曲线。

(2)计曲线又称为加粗等高线,它是为了计算高程的方便而被加粗描绘的等高线,通常每隔 4 条基本等高线描绘一条计曲线,在地形图上以加粗的实线表示。

(3)间曲线又称为半距等高线,它是在相邻两条基本等高线之间补充测绘的等高线,用于表示基本等高线不能反映而又重要的局部形态,常用长虚线表示。

(4)助曲线又称为辅助等高线,它是在任意高度上测绘的等高线,用于表示别的等高

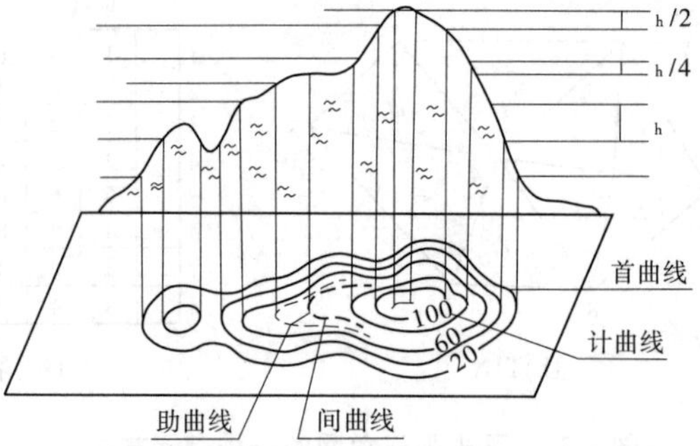

图 2-23　等高线

线都不能表示的重要的微小形态。因为它是任意高度的,所以也称为任意等高线。实际上,助曲线多被测绘在 1/4 基本等高距的位置上,在地形图上用短虚线表示。

通常将间曲线和助曲线称为补充等高线。

等高线通常被存储为一个有序的坐标串,可将其看作一条带有高程值属性的简单多边形或多边形弧段。等高线模型只表达了区域的部分(线上)高程值,因而往往需要一种插值方法来计算落在等高线外的其他点的高程。因为这些点实际上是落在两条等高线包围的区域内,所以通常只使用外包的两条等高线的高程进行插值(等高线可以用二维的链表存储)。另外,可以用图来表示等高线之间的拓扑关系,将等高线之间的区域表示成图的节点,用边表示等高线。此方法能够满足等高线闭合或边界闭合以及等高线互不相交这两个拓扑约束条件。这类图可以被改造成一种无圈的自由树,图 2-24 为一个等高线图及其自由树。此外,还有多种基于图论的表示方法。

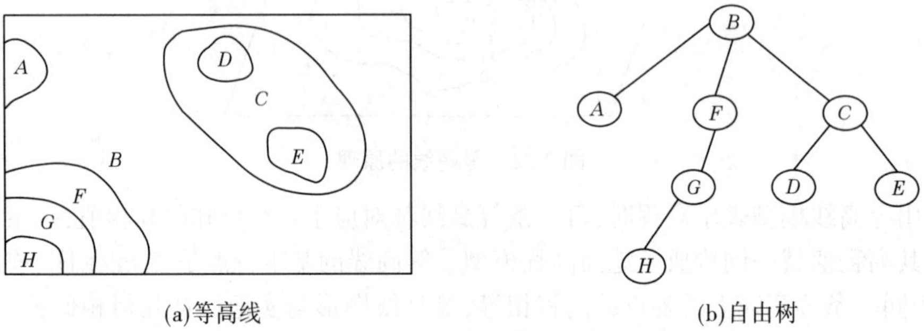

图 2-24　等高线图及其自由树

2.4.4　细节层次模型

细节层次模型(layer of details,LOD)是一种能够表达多种不同精度水平的数字高程模型。大多数的层次模型是基于 TIN 的,通常数据点越多则 TIN 的精度越高,反之精度越低;但数据点多时数据量就大,会占用更多的计算资源。所以,在满足精度要求的情况下,应尽可能减少数据点。细节层次模型允许根据不同的任务要求选择不同精度的地形模型。

层次模型是一种很理想的数据模型，在实际运用中必须注意以下几个问题（这些问题目前还没有一个公认、最好的解决方案，仍需要做进一步的研究）：

(1)层次模型的存储问题。与直接存储不同，层次数据必然导致数据冗余。

(2)自动搜索问题。搜索一个点时可能先在最粗的层次上搜索，然后在更细的层次上搜索，直到找到该点。

(3)三角形形状的优化问题。可以使用狄洛尼(Delaunay)三角剖分。

(4)允许根据地形的复杂程度采用详细程度不同的混合模型。例如，在飞行模拟近处时必须显示比远处更为详细的地形特征。

(5)在表达地貌特征方面应该一致。例如，在某个层次的地形模型上有一个明显的山峰，那么在更细的层次上也应该有这个山峰。

DEM 是在二维空间中对三维地形表面的描述。构建规则格网 DEM 的整体思路是先在二维平面上进行格网划分，以形成覆盖整个区域的格网空间结构，然后利用分布在格网点周围的地形采样点来内插计算格网点的高程值，最后按一定的格式输出，形成格网 DEM（见图 2-25）。

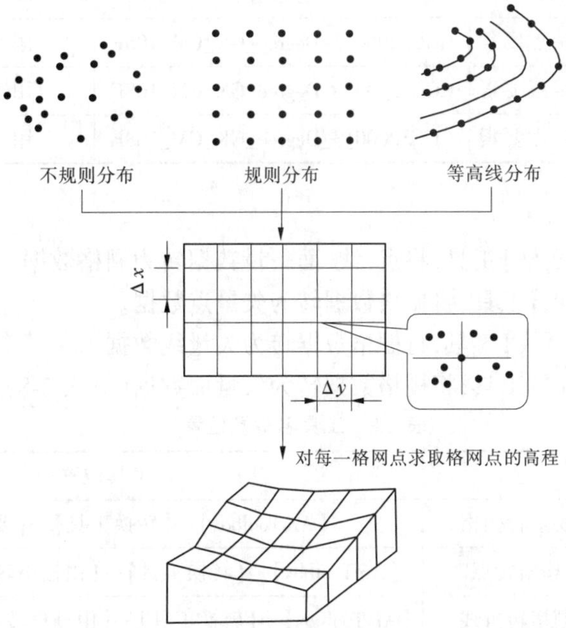

图 2-25　格网 DEM 的建立

2.5　职业技能应用实践

【导入】

本单元职业技能应用实践主要包括两个方面的内容：一是认识空间数据的矢量表达和栅格表达，通过矢量和栅格两种数据结构之间的相互转换，明确像元大小在栅格表达中的影响；二是讲述利用 GIS 软件基于高分辨率 DEM 数据生成低分辨率 DEM 数据的方法，通过特定的 DEM 生成算法,保证生成的多分辨率 DEM 具有较高的准确性。

2.5.1 矢量、栅格数据表达与转换

2.5.1.1 实践背景

矢量和栅格是 GIS 中两种主要的空间数据结构,它们之间可以进行相互转换。转换中有两个关键参数:一是属性字段(field),二是像元大小(cell size)。前者决定了将哪项属性值赋予输出栅格,后者决定了输出栅格的空间分辨率。在不同空间分辨率下转换所生成的栅格数据有着不同的图形特征。

2.5.1.2 实践目的

(1)了解 GIS 中最常见的两种空间数据的表达方式:矢量数据结构及栅格数据结构。

(2)通过相互转换,认识点、线、面三种要素在不同空间分辨率下的表达特征。

2.5.1.3 实践数据

职业技能应用实践数据如表 2-7 所示,数据存放在"data2.5.1"文件夹中。

表 2-7 职业技能应用实践数据

图层名称	格式	坐标系	说明
point	Shapefile 点要素	CGCS2000_3_Degree_GK_CM_108E	用于转换的点数据
polyline	Shapefile 线要素	CGCS2000_3_Degree_GK_CM_108E	用于转换的线数据
polygon	Shapefile 面要素	CGCS2000_3_Degree_GK_CM_108E	用于转换的面数据

2.5.1.4 实践方法

(1)使用【要素转栅格】工具,将点、线、面矢量数据转为栅格数据。

(2)使用【栅格转点】工具,将栅格数据转为矢量点数据。

(3)使用【栅格转折线】工具,将栅格数据转为矢量线数据。

(4)使用【栅格转面】工具,将栅格数据转为矢量面数据(见表 2-8)。

表 2-8 工具名称及位置

工具名称		工具位置
Feature To Raster	要素转栅格	【ArcToolbox】→【转换工具】→【要素转栅格】
Raster to Point	栅格转点	【ArcToolbox】→【转换工具】→【由栅格转出】→【栅格转点】
Raster to Polyline	栅格转折线	【ArcToolbox】→【转换工具】→【由栅格转出】→【栅格转折线】
Raster to Polygon	栅格转面	【ArcToolbox】→【转换工具】→【由栅格转出】→【栅格转面】

2.5.1.5 实践过程

第一步,矢量转栅格。

(1)启动 ArcMap,打开 ArcToolbox 工具箱,点击【转换工具】→【转为栅格】→【要素转栅格】,双击打开【要素转栅格】对话框。

(2)在【输入要素】中加入需要栅格化的数据 point,在【字段】里选择 Id 字段,在【输出栅格】里设置输出栅格数据的文件夹和文件名称(pointraster02),在【输出像元大小】里

设置转换后的栅格分辨率(栅格像元大小)为 2,单击【确定】将矢量数据转换为栅格数据。

(3)重复上一步,将 point 数据分别按像元大小 8 m、32 m 进行转换,输出数据分别命名为 pointraster08、pointraster32。

(4)重复第(2)、(3)步,将 polyline 数据分别按像元大小 2 m、8 m、32 m 转换成栅格数据,输出数据分别命名为 lineraster02、lineraster08、lineraster32。

(5)重复第(2)、(3)步,将 polygon 数据分别按像元大小 2 m、8 m、32 m 转换成栅格数据,输出数据分别命名为 gonraster02、gonraster08、gonraster32。

(6)分别加入 point 数据,以及由 point 转换成的三个栅格数据 pointraster02、pointraster08 和 pointraster32,调整图层顺序,使以上图层按从上到下的顺序排列。观察不同像元大小下的栅格数据的位置偏移。

(7)关闭点图层,采用与上一步类似的方法分别加载 polyline、polygon 及其转换成的栅格数据,比较不同像元大小的栅格数据之间,以及它们与原矢量数据之间的差异,重点分析数据在不同像元大小时位置的移动、形状的畸变、属性的偏差。

第二步,栅格转矢量。

(1)在 ArcToolbox 中依次点击【转换工具】→【由栅格转出】,选择不同的转换工具,依次将前述生成的栅格数据再转换回与原数据同类型的矢量数据。

①对点而言,打开【栅格转点】工具,在【输入栅格】中选择要转换的数据"pointraster02",在【字段】里选择"Value",在【输出点要素】里设置输出点数据的路径和名称(point02),点击将栅格转换为点。重复该操作,将 pointraster08、pointraster32 也转换为点的矢量数据,输出数据分别命名为 point08、point32。

②对线而言,打开【栅格转折线】工具,在【输入栅格】中选择要转换的数据"lineraster02",在【字段】里选择"Value",在【输出折线要素】里设置输出线数据的路径和文件名称(polyline02),在【背景值】中选择"NODATA",其余保留默认值,点击将栅格转换成线。重复该操作,将 lineraster08、lineraster32 也转换为线的矢量数据,输出数据分别命名为 polyline08、polyline32。

③对面而言,打开【栅格转面】工具,在【输入栅格】中选择要转换的数据"gonraster02",在【字段】里选择"Value",在【输出面要素】里设置输出面数据的路径和文件名称(polygon02),点击将栅格转换成面。重复该操作,将 gonraster08、gonraster32 也转换为面的矢量数据,输出数据分别命名为 polygon08、polygon32。

(2)将第(1)步新生成的矢量数据按类型分别加载到 ArcMap 中与 point、polyline、polygon 分别进行对比,分析它们之间的差异。

(3)根据以上对矢量数据按不同分辨率转出、转入数据的对比,分析矢量数据结构和栅格数据结构在表达空间对象时的特点或规律。

2.5.2　数字高程模型创建

2.5.2.1　实践背景

栅格数据的分辨率特点决定了在生产栅格数据时,需要设定不同的空间分辨率值。

高分辨率具有更丰富的信息量,基于已有的高分辨率栅格数据,能够运用算法生产有效的低分辨率栅格数据,满足分析要求,对于 DEM 数据,其连续的值域特征更适合基于高分辨率 DEM 生成多分辨率的 DEM 数据。

2.5.2.2 实践目的

(1)掌握快速生成多分辨率栅格数据的方法。

(2)能利用重采样快速生成多分辨率栅格数据。

2.5.2.3 实践数据

职业技能应用实践数据如表 2-9 所示,数据存放在"data2.5.2"文件夹中。

表 2-9 职业技能应用实践数据

名称	格式	坐标系	说明
dem	DRID 栅格	Krasovsky_1940_Transverse_Mercator	用于实战的原始数据

2.5.2.4 实践方法

(1)使用【栅格转点】工具,将栅格转成矢量点数据。

(2)使用【创建 TIN】工具,利用点数据构建 TIN。

(3)使用【TIN 转栅格】工具,将 TIN 数据转为栅格数据。

(4)使用【重采样】工具,利用原始 DEM 数据创建多分辨率数据(见表 2-10)。

表 2-10 工具名称及位置

工具名称		工具位置
Raster to Point	栅格转点	【ArcToolbox】→【转换工具】→【由栅格转出】→【栅格转点】
Create TIN	创建 TIN	【ArcToolbox】→【3DAnalyst 工具】→【TIN 管理】→【创建 TIN】
TIN to Raster	TIN 转栅格	【ArcToolbox】→【3DAnalyst 工具】→【转换】→【由 TIN 转出】→【TIN 转栅格】
Resample	重采样	【ArcToolbox】→【数据管理工具】→【栅格】→【栅格数据处理】→【重采样】

2.5.2.5 实践过程

(1)栅格转高程点。在 ArcToolbox 中,打开【转换工具】→【由栅格转出】→【栅格转点】对话框,【输入栅格】设置为"dem",【字段】设置为"Value",【输出点要素】设置为"points.shp",点击【确定】,得到高程点数据。打开属性表,可查看到字段"GRID_CODE",该字段值表示该点处的高程值。

(2)创建 TIN 数据。打开【3DAnalyst 工具】→【数据管理】→【TIN】→【创建 TIN】对话框,【输出 TIN】设置为"tin",通过导入 DEM 图层的空间参考信息来设置【空间参考】项参数,【输入要素类】设置为"points",【高度】字段设置为"GRID_CODE",其余参数默认;点击【确定】,得到高程点构建的 TIN 数据。

(3)生成 DEM 数据。建好的 TIN 数据可以转换成不同分辨率的 DEM 数据。打开【3DAnalyst 工具】→【转换】→【由 TIN 转出】→【TIN 转栅格】对话框,【输入 TIN】设置为

"tin",【输出栅格】设置为"dem30",【采样距离】设置为"CELLSIZE30",其余参数默认;点击【确定】,得到 30 m 分辨率的 DEM 数据。更改分辨率参数为 1 m,得到 1 m 分辨率的 DEM 数据。注意:采样距离选项中设置了生成的 DEM 数据分辨率。

(4)生成多分辨率的 DEM 数据。在 ArcToolbox 中,打开【ArcToolbox】→【数据管理工具】→【栅格】→【重采样】对话框,【输入栅格】设置为"dem",【输出栅格数据集】设置为"dem_30",【输出像元大小】设置为"30",【重采样技术】选择"NEAREST(最邻近分配法)";点击【确定】,得到 30 m 分辨率的 DEM 数据。设置【输出像元大小】为"1", 得到 1 m 分辨率的 DEM 数据。

应用能力测试

一、单选题

1. 对于同一幅地图数据,数据量相同时,栅格数据的精度比矢量数据(　　)。

A. 大　B. 无法比较　C. 相当　D. 小

2. 矢量数据量与表示地物精度之间的关系是(　　)。

A. 数据量越大,精度越高　B. 数据量越小,精度越高

C. 数据量越大,精度越低　D. 以上三者都有可能

3. 下列栅格数据编码方法中,接近矢量结构,不具有区域性质的编码方法是(　　)。

A. 四插树编码　B. 块码　C. 游程编码　D. 链码

4. 下列只能用于矢量数据压缩的方法是(　　)。

A. 压缩软件　B. 游程编码　C. 链码　D. 特征点筛选法

5. 有一点实体 P,其矢量坐标为 $P(16.5,13.4)$,若网格的宽与高都是 3,则 P 点栅格化的行列坐标为(　　)。

A. $P(6,4)$　B. $P(4,6)$　C. $P(5,6)$　D. $P(6,5)$

6. 广泛应用于等值线自动制图、DEM 建立的常用数据处理方法是(　　)。

A. 数据内插　B. 布尔处理　C. 数据提取　D. 合成叠置

7. 基本空间单元与其相关的特征是:点、线、面积及(　　)。

A. 体积　B. 长度　C. 大小　D. 重叠

8. 标识地理实体在某个已知坐标系中的空间位置的几何坐标,可以是经纬度、极坐标、矩阵的行列数及(　　)。

A. 长度　B. 高程　C. 面积　D. 平面直角坐标

9. 在 GIS 中,把地理空间的实体分为三种要素,下面不属于的是(　　)。

A. 点　B. 体　C. 线　D. 面

10. 下面哪项不是实体式编码方式的优点?(　　)

A. 邻接关系明确　B. 编码容易

C. 数字化操作简单　D. 数据编排直观

11. 下面哪项不属于栅格数据结构的编码方式?(　　)

A. 直接栅格编码　　B. 游程长度编码
C. 链状双重独立式　　D. 链式编码
12. 行程编码有许多优点,下面哪项不是?(　　)
A. 压缩效率高　　B. 邻接关系明确
C. 编码解码简单　　D. 易于检索、合并等操作
13. 多边形矢量编码不但要表示其位置和属性,更重要的是要表达区域的(　　)。
A. 面积　　B. 周长　　C. 隶属关系　　D. 拓扑特征
14. 栅格代码的确定通常有三种方法,下面哪个不是?(　　)
A. 中心点法　　B. 面积占优法　　C. 重要性法　　D. 最小二乘法
15. 通常确定栅格数据结构中的栅格单元尺寸的原则是(　　)。
A. 保证最小图斑不丢失　　B. 数据量要小
C. 时间要快　　D. 表示所有地物
16. 下面哪项是矢量数据结构的优点?(　　)
A. 数据量大　　B. 易于数据共享
C. 图形精度高　　D. 图形运算简单
17. 下面哪项是栅格数据结构的缺点?(　　)
A. 数据量小　　B. 图形运算复杂
C. 不易于数据共享　　D. 不易建立拓扑关系
18. 栅格数据与矢量数据对比,下面说法错误的是(　　)。
A. 栅格数据空间位置精度低　　B. 栅格数据不易实现拓扑和网络分析
C. 矢量数据针对图形运算简单、低效　　D. 矢量数据结构复杂,获取数据慢
19. 以线性四叉树表示64×64的栅格矩阵时,最多可进行(　　)次四叉树分割。
A. 6　　B. 12　　C. 10　　D. 8
20. 地理数据的基本特征是(　　)。
A. 地理特征、属性特征和时间特征　　B. 空间特征、属性特征和拓扑特征
C. 空间特征、地理特征和时间特征　　D. 空间特征、属性特征和时间特征

二、简答题

1. 如何正确理解地理空间的概念?
2. 空间数据类型有哪些?如何表示地理空间数据?
3. 空间数据的特征有哪些?
4. 总结矢量数据和栅格数据在结构表达方面的特色。
5. 简述栅格数据压缩编码的几种方式和各自的优缺点。
6. 简述矢量数据编码的几种方式和各自的优缺点。
7. 栅格数据结构与矢量数据结构相比较各有什么特征?
8. 简述数字高程模型的表示方法。

单元 3 GIS 数据获取

【单元概述】

GIS 的数据源有很多,如地图数据、遥感数据、文本资料、统计资料和其他数据。空间数据是 GIS 的核心,整个 GIS 就是围绕空间数据的采集、存储、分析和表现展开的,因此空间数据的来源、采集手段、处理方法等都会直接影响到 GIS 应用的潜力、成本和效率。本单元通过对空间数据的来源与类型、基本空间数据获取、众源空间数据获取和空间数据共享等方面的介绍,系统阐述 GIS 数据获取的基本途径。

【学习目标】

(1)知识目标:①了解 GIS 空间数据的来源及数据类型;②掌握基本空间数据的获取方法;③了解众源空间数据的获取方式;④掌握不同空间数据格式之间的转换方法。

(2)技能目标:①能进行地图数字化的基本操作;②能获取属性数据,并与空间数据进行链接;③能进行不同类型空间数据格式转换。

(3)思政目标:①树立劳动光荣观念,培养投身地理信息事业的职业兴趣;②培养地理信息数据生产的诚信品质、法规意识;③树牢国家安全观,提升地理信息安全保密意识。

3.1 空间数据来源与类型

【导入】

空间数据是具有地理空间位置的自然、社会、人文、经济等方面的数据,可以是图形、图像、文本、数字、音视频等形式。因此,空间数据来源广泛、种类多样、形式复杂,它在 GIS 中具有重要的作用。

3.1.1 空间数据来源

地理空间数据是具有地理空间位置的自然、社会、人文、经济等方面的数据,可以是图形、图像、文本、表格、数字、音视频等形式。因此,地理空间数据来源广、种类多、格式复杂。本节介绍地理空间数据的主要种类,包括地图数据、遥感数据、文本数据、统计数据、实测数据、导航定位数据、多媒体数据、兴趣点数据等。

3.1.1.1 地图数据

地图是地理空间信息的主要表现形式,地图数据是地理空间数据的主要种类。地图是对现实世界的一种抽象描述方式,包含着丰富的地理空间信息,不仅含有地理实体类别等属性特征信息,而且含有地理实体空间位置和地理实体间空间关系的信息。因此,所有 GIS 都需要地图数据(见图 3-1)。地图数据不仅可以用于宏观分析(使用小比例尺地图数据),而且可以用于微观分析(使用大比例尺地图数据)。在使用地图数据时,应考虑到地图投影所引起的变形。

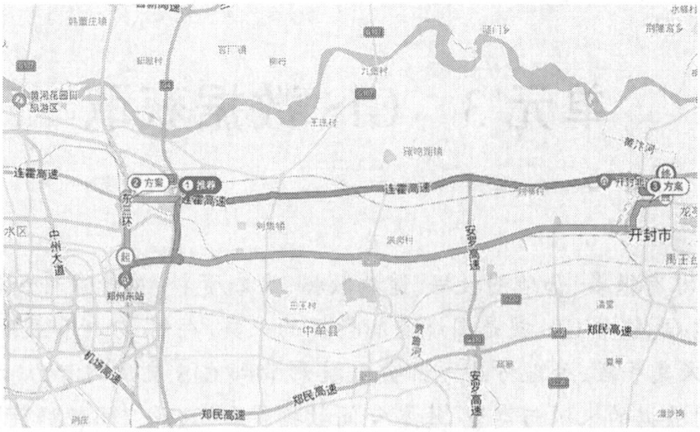

图 3-1　GIS 中地图数据的显示

地图数据可以通过对纸质地图的扫描数字化进行采集,或通过测绘地理信息相关机构进行申领或购买,或通过访问其他信息系统的地图数据库获取,也可通过互联网进行购买和下载等。

3.1.1.2　**遥感数据**

遥感数据是地理空间数据的重要组成部分,是 GIS 最常用的数据种类之一(见图 3-2)。遥感数据含有丰富的资源与环境信息,在 GIS 支持下,可以与地质、地球物理、地球化学生物、军事应用等方面的信息进行整合和综合分析。

图 3-2　GIS 中遥感影像数据的显示

遥感数据是一种大面积、近实时、多类型的数据源,在 GIS 中的主要作用包括:作为背景图像显示区域综合环境信息;用于采集或更新 GIS 数据;通过影像分析处理,形成遥感专题地图;与矢量数据叠加处理,生成影像地图。不同分辨率、不同类型的遥感数据可从相关数据发布机构购买或下载获得。

3.1.1.3　**文本数据**

文本数据是指各行业、各部门有关的法律文档、行业规范、技术标准、条文条例等,如边界条约、宗地划分文件等(见图 3-3)。GIS 通过将文本数据的关键词与空间数据进行关联,可以实现空间位置与文本资料间的相互查询。

图 3-3　不同种类的文本资料

3.1.1.4　统计数据

各种专业机构和业务部门都拥有不同领域(如人口、经济、土地资源、水资源、基础设施等)大量的统计数据,这些都是 GIS 重要的专题数据。统计数据主要有两种来源:一是来源于直接的调查和试验,称为第一手或直接的统计数据;二是来源于别人调查或试验的数据,称为第二手或间接的统计数据。根据统计数据存储的方式,可以分为纸质统计数据与电子统计数据。纸质统计数据一般指出版的统计资料数据,如统计年鉴(见图 3-4);电子统计数据指统计表格、统计数据库等(见图 3-5)。

图 3-4　纸质统计资料

河南省城市道路、园林和绿化情况(2019年)

市	道路长度(公里)	园林绿地面积(公顷)	公园绿地面积(公顷)	公园个数(个)
全省	15766.52	115269	35362	523
郑州市	2273.77	23194	9704	181
巩义市	144.00	1337	554	3
荥阳市	171.59	1095	257	4
新密市	131.15	1055	238	5
新郑市	139.93	1104	377	13
登封市	179.54	1200	265	9
开封市	755.97	5709	1251	14
洛阳市	952.00	8534	2836	20
偃师市	141.43	786	201	5
平顶山市	408.21	2993	1186	16
舞钢市	129.16	655	154	2
汝州市	273.70	1501	583	12
安阳市	597.21	3238	925	12
林州市	173.11	941	255	2

图 3-5　电子统计资料

统计数据描述了某一区域中自然、经济等要素的特征、规模、结构、水平等指标,是 GIS 定位、定性和定量分析的基础数据,在 GIS 空间分析中发挥着重要的作用。统计数据在 GIS 中通常以统计图表和统计地图等方式进行显示(见图 3-6)。

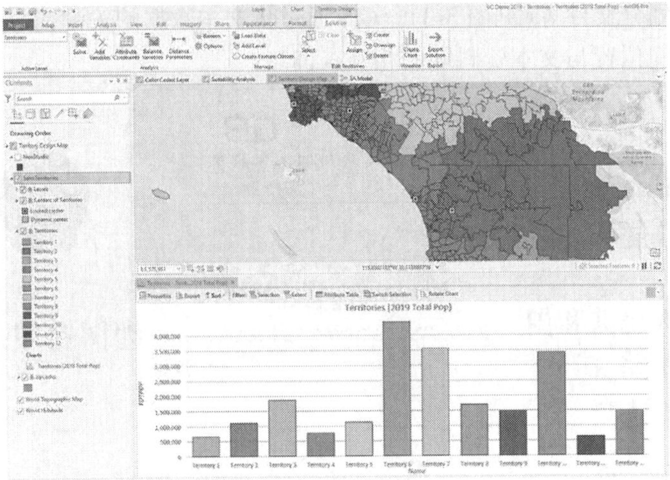

图 3-6　GIS 中统计数据的显示

3.1.1.5　实测数据

野外试验、实地测量、传感器采集等获取的数据,可以通过手工方式、数据文件传输方式、网络传输方式等直接进入 GIS,并用于实时分析和深化应用。

传统的测量工具,如三脚架、标尺、罗盘、平板仪、坡度仪、皮尺等,其测量结果需要记录在纸上。以全球定位仪、激光测距仪、全站仪等为代表的现代测量工具可直接与数据记录仪连接,将所测得的位置、距离和方位数据存储在电脑中(见图 3-7)。

图 3-7　测量数据的采集

传感器数据是指传感器所采集的温度、湿度、加速度、气压、流量、图像、声音、视频等数据,是 GIS 时空分析的重要数据源。GIS 可以通过连接传感器或传感器网,实时或近实时地获取传感器的空间位置及其所采集到的属性信息。

3.1.1.6　导航定位数据

导航定位数据是指通过卫星定位、基站定位、室内定位等手段获得的地理空间位置数据。GIS 可以利用导航定位数据确定用户的位置,开展基于位置的各种信息服务,如实时路径导航、附近商店查询等。

导航定位数据主要通过全球定位系统(GPS)、北斗卫星导航系统、室内定位技术、手机基站定位技术等获得。全球定位系统(GPS)是由美国国防部研制和维护的中距离圆形轨道卫星导航系统,可以为地球表面绝大部分地区(98%)提供准确的定位、测速和高精度的时间标准;中国北斗卫星导航系统(见图 3-8)是继美国全球定位系统(GPS)、俄罗斯 GLONASS 之后的第三个成熟的卫星导航系统,目标是向全球用户提供优质的定位、导航和授时服务;室内定位技术是指在室内环境中采用无线通信、基站定位、惯导定位等构建的室内导航定位体系的技术,实现人员、物体等在室内空间位置的实时获取(见图 3-9);手机基站定位技术是通过电信移动运营商的网络,如全球移动通信系统(global system for mobile communication,GSM)网络,获取移动终端用户空间位置信息(经纬度坐标)的技术。

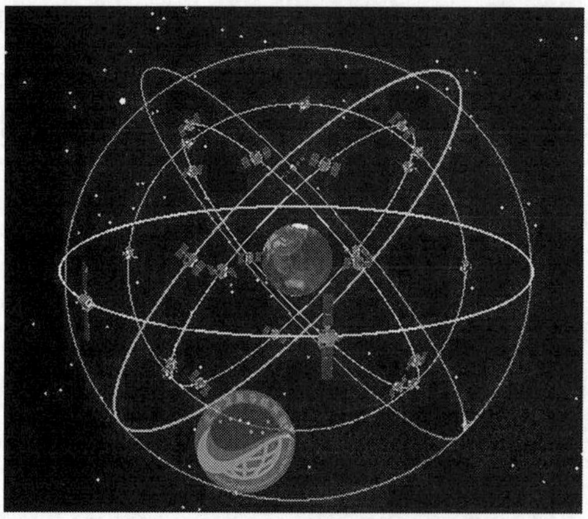

图 3-8　北斗卫星导航系统

图 3-9　室内定位技术

3.1.1.7　多媒体数据

多媒体数据(包括声音、图像、录像等)可以通过通信接口、数据文件、数据访问等方式传入 GIS 中,是属性数据的重要组成部分。通过多媒体数据与空间数据的关联,可以辅助 GIS 实现空间数据的采集、查询和分析(见图 3-10)。

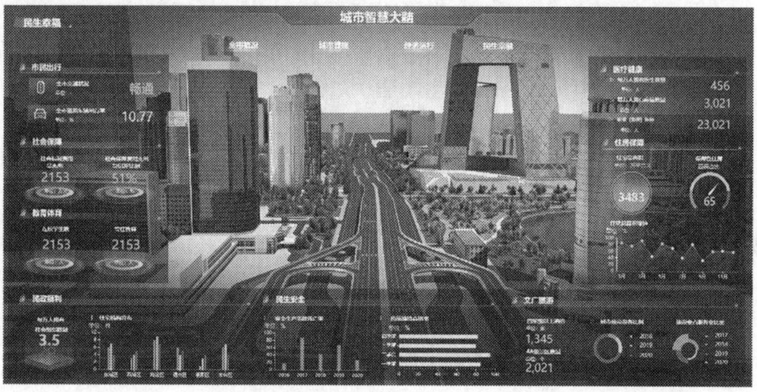

图 3-10　多媒体数据在 GIS 中的应用

例如,将公路的路况、临时建筑、桥涵、平交道口、广告牌、路政业务、养护数据、修建历史等图片和录像信息同步在电子地图上进行显示,可用于日常公路养护与管理工作。综合利用 GIS、数字图像处理(digital image processing, DIP)/数字图像识别(digital image recognition, DIR)等技术,可以在 GIS 中实现基于视频图像的目标识别和跟踪,实现电子地图与视频图像的匹配与同步交互,实现基于视频图像的空间定位和空间量算等。

3.1.1.8　兴趣点数据

兴趣点(point of interest, POI)泛指一切可以抽象为点的地理对象,尤其是一些与人们生活密切相关的地理实体,如学校、银行、餐馆、加油站、医院、超市等。兴趣点的主要用途是对事物或事件的地址进行描述,以增强对事物或事件位置的描述能力和查询能力。一个兴趣点应该至少包含三个方面的信息:名称、类别和地理坐标。

兴趣点数据的准确性和实时性,对于基于位置服务(location-based services, LBS)的可用性至关重要。由于城市建设快速发展,兴趣点也随着地形地貌、业务单位规划的变更而相应发生变化,这就要求兴趣点数据能进行持续的丰富和更新。如图 3-11 所示,利用手机电子地图的周边位置服务功能,可以获取手机位置周边的景点 POI 信息,并提供相应的服务。

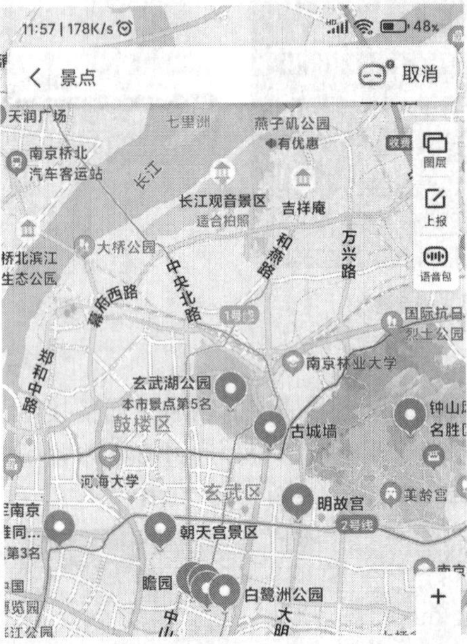

图 3-11　基于手机位置的附近景点 POI 查询

3.1.2　空间数据类型

根据地理空间数据的特征及其描述方式,可以把地理空间数据归纳为三类:几何数据、属性数据和关系数据。地理空间数据的时间特征并不是单独存在的,几何数据、属性数据和关系数据都具有时间特征,都会随着时间发生变化。因此,需要在几何数据、属性数据和关系数据的描述中,分别进行其时间特征的描述,即描述几何数据、属性数据和关系数据是如何随着时间发生变化的。

3.1.2.1　几何数据

描述事物或现象的空间特征的数据就是几何数据,如用来描述空间实体的位置、形状、大小等数据。几何数据主要用于描述事物或现象“在哪里”和“什么样”。

GIS 中通常以矢量和栅格的形式来描述几何数据。几何数据的矢量表示形式是指用三维或二维坐标串来表示地理实体的空间特征(见图 3-12),几何数据的栅格表示形式是指用规则的像元阵列来表示地理实体的空间特征(见图 3-13)。

图 3-12　矢量形式的几何数据

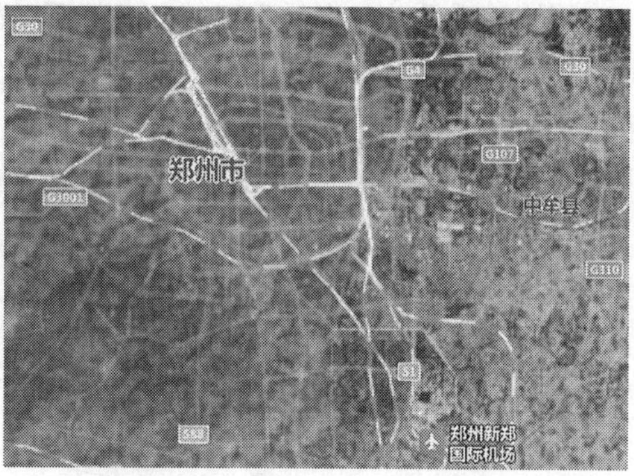

图 3-13　栅格形式的几何数据

3.1.2.2　属性数据

描述事物或现象的属性特征的数据就是属性数据,如用来描述空间实体的类型、等级、数量、名称、质量、状态等数据。属性数据主要用来描述事物或现象“是什么”和“怎么样”,最常用的属性数据是统计数据。表 3-1 是我国部分省(直辖市)2013—2015 年的地区生产总值统计数据。

表 3-1　我国部分省(直辖市)2013—2015 年的地区生产总值　　单位:亿元

地区	2013 年	2014 年	2015 年
北京	19 801	21 331	23 015
河北	28 443	29 421	29 806
辽宁	27 213	28 627	28 669
上海	21 818	23 568	25 123
河南	32 191	34 938	37 002
山东	55 230	59 427	63 002
浙江	37 757	40 173	42 886
湖北	24 792	27 379	29 550
江苏	59 753	65 088	70 116
四川	26 392	28 537	30 053
陕西	16 205	17 690	18 022
安徽	19 229	20 849	22 006

3.1.2.3　关系数据

描述事物或现象之间相互关系的数据就是关系数据，包括用来描述地理实体间的包含、相邻、相连、结构、因果、组成等关系信息。关系数据主要用于描述事物或现象之间的联系。关系数据可以分为空间关系数据和属性关系数据两类。空间关系数据描述由地理实体空间特征产生的关系，如地理区域的包含关系等；属性关系数据描述由地理实体属性特征产生的关系，如路灯与维修部门的关系等。

拓扑关系是 GIS 中最主要的空间关系，描述了空间实体间的邻接、关联、包含等基本空间关系。如图 3-14 所示中通过二维表描述了节点、弧段与左多边形、右多边形的拓扑关系。

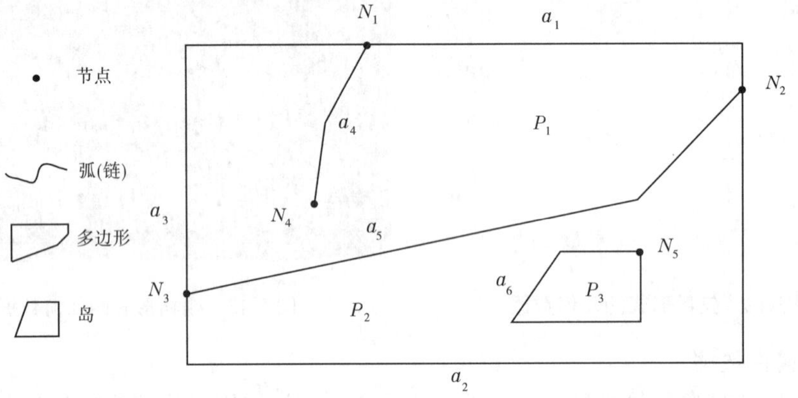

弧	起节点	终节点	左多边形	右多边形
a_1	N_1	N_2	—	P_1
a_2	N_2	N_3	—	P_2
a_3	N_3	N_1	—	P_1
a_4	N_4	N_1	P_1	P_1
a_5	N_3	N_2	P_1	P_2
a_6	N_5	N_5	P_2	P_3

图 3-14　节点、弧段与左多边形、右多边形的拓扑关系

在很多 GIS 软件中，拓扑关系数据需要显式存储，以方便在显示和分析时使用；在有些 GIS 软件中，拓扑关系数据可以通过实时计算获得，不需要存储。而属性关系数据必须进行显式描述和存储。

关系数据有助于 GIS 查询、分析和应用功能的实现，方便解决诸如有几条道路通向某城市，某条铁路途经哪些站，一条河流的支流有哪些，一所学校有哪些专业，某条道路由谁维护等问题。

需要注意的是，事物或现象的关系特征会随着时间发生变化（包括关系强度的变化），如道路中断引起的路网连通性变化、归属关系变化引起的指挥关系变化等。因此，当需要描述地理实体关系特征的变化时，其相应的关系数据需要能够反映这种变化，即在关系数据中增加时间特征的描述。

3.2　基本空间数据获取

【导入】

矢量数据、关系数据、影像数据、地形数据和属性数据是 GIS 的基本数据类型，每种类型的数据都可以有多种数据来源和获取方法。

3.2.1　矢量数据获取

矢量数据获取是指通过实地测量、地图矢量采集、摄影测量与遥感等手段获得具有精确坐标值的点、线、面、体等表征地理要素的矢量数据的过程。

矢量数据具有"对象化"的特征，拥有明确的定位点(点)、中心骨架线(线)、外围轮廓(面)和所占据的空间范围(体)，能够清晰准确地定义地理对象和对象之间的联系，便于进行空间关系运算和执行各类空间查询与分析，是 GIS 最常用的重要基础空间数据。

矢量数据主要包括几何和属性两个部分。几何部分用于说明地理实体的地理位置和几何形态，回答"在哪儿"的问题；属性数据说明地理实体的性质和状态，回答"是什么"和"怎么样"的问题。因此，在矢量数据获取过程中，需要同步获取几何和属性两个方面的内容。

矢量数据具有不同的数据记录格式和标准，如 Shapefile、KML 等，所以 GIS 需要支持不同的数据格式。同时，需要记录数据的地理坐标系和投影类型，便于不同地理坐标系下的矢量数据的坐标归一化处理。

常用的矢量数据获取方法包括：①实测数据采集，使用全站仪、GNSS 接收机、地面三维激光扫描仪等测绘仪器对地理要素进行实地测量，测定地理要素的定位信息、几何形态特征等。②地图数字化采集，利用纸质地图数字化采集技术，通过手工采集或自动跟踪等方式，将纸质原图上的地理要素特征点坐标采集下来，并以一定的矢量数据格式进行记录。③摄影测量与遥感方式采集，将经过纠正的遥感影像数据，通过地理要素自动提取或手工采集，得到矢量数据。根据摄影测量原理，基于单幅影像可以获得二维矢量数据(仅有平面位置，没有高程)，基于立体像对可以获得三维矢量数据。基于影像的矢量数据获取方法由于具有速度快、现实性强、分辨率高和生产效率高等特点，已经成为矢量数据获取的重要方法。

基于纸质地图获取矢量地图数据和数字高程模型数据的方法，也称为地图数据采集或地图数字化，是 GIS 发展初期广泛采用的地理空间数据获取手段。

3.2.1.1　手扶跟踪数字化方法

手扶跟踪数字化方法是将纸质地图固定在手扶跟踪数字化仪(见图 3-15)上，手工操作数字化仪器，在纸质地图上逐点采集地图图廓点及地图各要素的平面直角坐标，形成点、线、面形式的矢量坐标数据，并按图式符号的性质赋予相应的属性编码，经过几何纠正等处理形成矢量地图数据。对矢量等高线数据进行插值计算即可获得数字高程模型数据(DEM)。

这种方法虽然具有简便易行、对作业条件要求不高的优点，但是作业劳动强度极大、效率低、所采集的数据精度难以保证，特别是遇到线划稠密地区，几乎无法进行作业。目前该方法基本已不再使用。

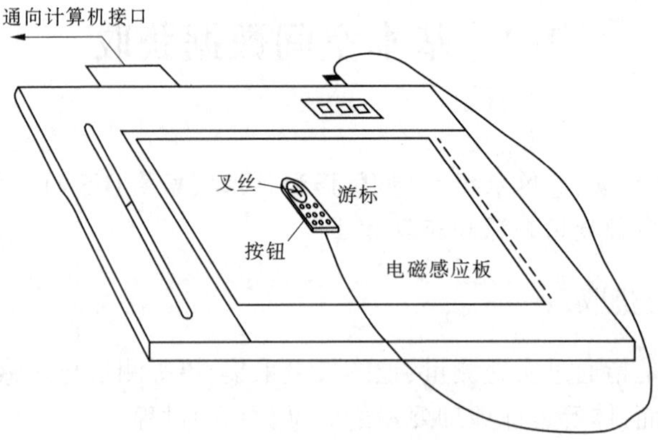

图 3-15 手扶跟踪数字化仪

3.2.1.2 地图扫描数字化方法

地图扫描数字化方法是将纸质地图扫描成数字图像,并实施纠正、配准等处理,作业员在计算机屏幕上基于数字地图图像进行地理要素的采集。由于采用了图形图像识别和追踪算法,可以在一定程度上实现部分地理要素的半自动化采集。地图扫描数字化方法流程如图 3-16 所示。

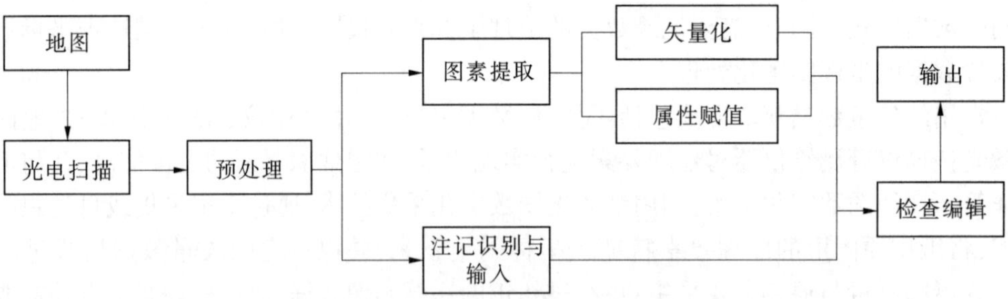

图 3-16 地图扫描数字化方法流程

基于数字地图图像的矢量数据采集方法,可以对数字图像进行处理,使图面更加清晰;也可以放大显示要素稠密区域,便于准确采集。与手扶跟踪数字化方法相比,该方法更加简便易行,提高了采集精度和效率,节省了手扶跟踪数字化设备的成本投入。

地图数字化采集所需要的原始数据源(地图)容易获取,对采集作业所需的仪器设备和作业人员的要求不高,采集速度也比较快,易于进行大批量作业,作业流程经过严格组织,并采用质量检查验收手段,能够保证采集数据的精度和可靠性。

3.2.2 关系数据获取

关系数据获取(relationship data acquisition)是指获取或建立地理实体之间关联关系的过程。现实世界中的地理实体不是孤立存在的,万物间相互制约和作用,存在着普遍的联系。关系数据是地理实体之间关联关系的记录和形式化表达,是 GIS 开展关联查询和空间分析的重要依据。

GIS 中地理实体间的关联关系主要包括空间关系、时间关系、属性关系(语义关系)

等。空间关系是地理实体间基于空间位置和形态等几何特征的关联关系，主要包括空间距离、空间方位、空间拓扑、空间相似性和空间相关等。时间关系是地理实体在时空事件或地理过程中发生的与时间点、时间差、时间范围相关的联系。例如，“当列车驶入车站时，站台上已经堆满了货物”，表明了事件发生的先后关系。属性关系是地理实体属性特征之间的关系，如行政隶属关系、工作协同关系等。

地理实体间的关系可以是动态的或静态的、定性的或定量的、明确的或模糊的、个体的或群体的、强的或弱的、单项的或综合的等。可以根据不同的关系类型及特征，采用不同的方法来建立和描述关系。

(1)交互式指定。对于简单的、较为明确的关系，可以采用交互式指定的方式，显式地建立两个地理实体间的关系映射，如房屋与所有人的权属关系。多个地理实体间的关系可以采用有向图的方式组成关系网络。

(2)通过计算建立。空间关系通常可以通过 GIS 实时动态计算获得，例如拓扑关系可以通过拓扑算法建立地理实体间的拓扑关系；基于属性特征的地理对象间的关系，如相似程度关系，可以通过相似度等关联度指标计算获得；通过对地理实体特征数值的探索性分析，可以发现地理实体间是否具有显著的相关性，从而发现和建立地理实体属性间的联系；等等。

(3)通过属性匹配。通过在数据库中匹配与地理实体某一属性特征值相同或语义相近的项，找到地理实体间的属性依赖关系。

(4)关系运算与逻辑推理。依据已有的关系数据，通过关系运算与逻辑推理，推求和建立新的关系，从而获得新的关系数据。例如，Direction(A,B,North)→ Direction(B,A,South)，用自然语言表达为“如果 B 在 A 的北边，则反演出 A 在 B 的南边”。

关系数据的描述方面，通常可以将地理实体和被关联对象作为两个不同的网络节点，将关系作为连接节点的边(有向、无向)，把关系类型、关系强度等赋予边，进而利用网络图的方式对关系加以表达，并可以通过图算法进行关系的高效检索、识别与推理。地理实体间的关系数据可以用多种方式进行可视化表达，地理实体关系的网络表达示意图如图 3-17 所示。

3.2.3　影像数据获取

影像数据获取是遥感影像数据获取的简称，是指接收航天、航空等遥感探测手段获得的卫星遥感影像(见图 3-18)，并处理为符合地理空间数据标准的遥感影像数据的过程。

地物都具有空间属性、辐射属性和光谱属性，利用工作在不同电磁波谱范围(紫外线、可见光、红外线、微波等)的传感器对地进行观测，获得地物的影像和光谱记录，经计算机处理后，可以测定其几何和物理属性，回答何时(when)、何地(where)、何种目标(what)的状态(how)和发生了何种变化(what change)。

搭载遥感器的摄影测量与遥感平台按照高度可大致分为航天平台(卫星、航天飞机、宇宙飞船、探空火箭等)、航空平台(飞机、气球、无人机等)、地面平台(地面近景摄影测量固定测站、移动测量车)等。

因为遥感影像数据具有空间覆盖范围广、多尺度、多分辨率(光谱、时间、空间)等特

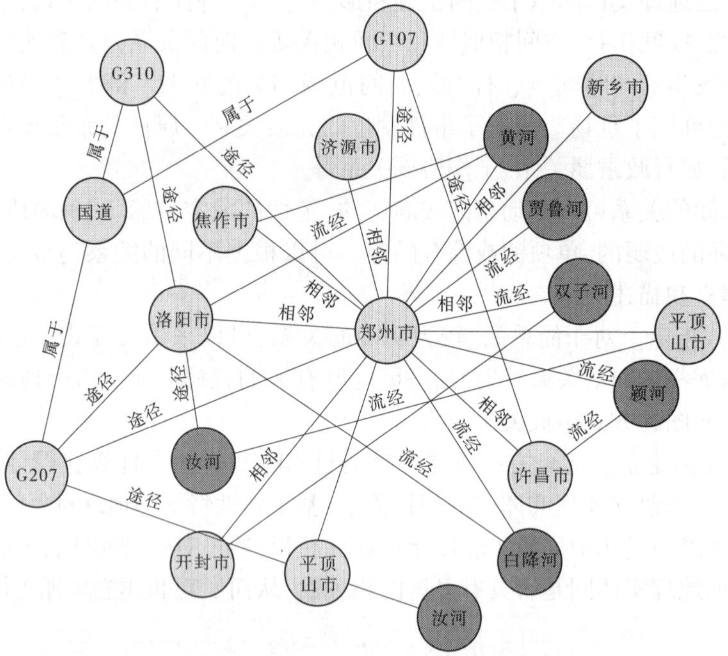

图 3-17　地理实体关系的网络表达示意图

图 3-18　卫星遥感影像

点，能够动态反映地面物体变化和综合展现自然与人文现象，所以是空间信息系统的重要数据源。常用的影像数据获取来源包括：①航空摄影测量获取区域内航带影像数据，用于大比例尺高精度地形要素数据获取；②航天卫星遥感获得覆盖全球地面高精度、多光谱、多分辨率影像，用于地图更新、地理目标提取和变化监测等；③无人机遥感快速获得局部区域内的序列影像，可以深入高危地区进行情况核查，影像能够实时传输、获取成本低、分辨率高；④倾斜摄影测量（见图 3-19）可以获得表面模型和纹理信息，用于局部区域三维表面快速构建；⑤移动测量车同步记录轨迹及获取道路沿线街景影像，并进一步加工处理形成街景数据和城市导航数据等。

图 3-19 无人机倾斜摄影测量示意图

影像数据需要经过一定的数据处理过程,才能成为符合 GIS 管理与使用标准的数据。因为遥感影像数据具有可见光、红外和雷达等多种类型,来源于不同的遥感平台,且具有不同的时间、空间和光谱分辨率,所以在影像数据获取处理时,需要提供有针对性的数据处理方法。

这些处理方法通常包括:①数据格式转换,将不同格式的遥感影像数据按照使用要求转换为空间数据库所支持的数据格式,便于数据的管理和使用;②影像增强,突出影像主要信息,提升影像的应用效果;③几何校正,将遥感影像校正到地理空间数据库的坐标系统上,使得遥感影像数据与矢量地图数据具有相同的坐标系统;④影像金字塔构建,对遥感影像数据进行分层切片处理,便于不同分辨率下影像数据的存储与显示。

3.2.4 地形数据获取

地形数据获取特指表征地形表面高低起伏的数字高程模型(DEM)数据的获取。由于地表不规则的连续起伏形态无法用数学公式刻画,GIS 采用 DEM 来模拟起伏的地表形态。DEM 是地表形态离散化的数字表达,有规则格网 DEM 和不规则三角网 TIN 两种常见形式,都是基于离散的高程特征点经过处理构建而成的。因此,地形数据的获取可分为离散高程特征点集的获取和基于离散高程特征点集的 DEM 构建两个部分。

3.2.4.1 离散高程特征点集的获取

离散高程特征点就是在紧贴地形表面上采集的具有(X,Y,Z)的三维坐标点。地形表面是连续的,其上有无数个高程点。在高程点采集时,通常重点选取地形变化较为剧烈的特征点和特征线坐标,如山头、山脊、山谷等。离散高程特征点集的获取主要有四种方法:①利用全站仪、GNSS 等仪器实地逐一测量目标点的三维坐标(平面位置+高程);②利用摄影测量与遥感获取的立体像对,采集和生成目标区域的高程特征点集;③利用激光雷达扫描目标区域,形成三维点云数据,经处理得到离散高程点集;④将地形图数据中的等高线数据和高程点数据作为离散高程点集。

离散高程点集是对目标区域地形表面的采样,包含了地表高低起伏的形态信息但较为杂乱,为便于 GIS 使用处理,需要进一步将它们结构化,即进行 DEM 构建。

3.2.4.2　基于离散高程特征点集的 DEM 构建

1. 规则格网 DEM 的构建

基于离散高程特征点集,利用空间插值方法,按照一定的格网间距,形成覆盖目标区域的、规则分布的二维高程数字阵列,即对离散高程特征点集进行了规则重采样,得到了规则格网 DEM。

规则格网 DEM 具有数据结构简单、处理速度快等优点,但采样会“遗漏”或“丢失”部分重要特征点,造成局部地形失真。

通常采用的空间插值方法包括反距离加权插值、克里金插值、多项式内插、径向基函数法等。如果将离散点集的第三维坐标 Z 值换成浓度或温度,则可以构建表达浓度场或温度场等的表面。数字高程模型 DEM 可推广为数字表面模型(digital surface model, DSM),如图 3-20 所示。

图 3-20　数字表面模型

2. 不规则三角网 TIN 的构建

按照一定的规则,将离散高程特征点距离相近的三个点连接成三角形,整体构成一张覆盖整个目标区域的、由一系列三角形面片相互邻接(公边)且不重叠的三角网,称为不规则三角网 TIN。

由于构成不规则三角网的每一个小三角形的顶点都是离散高程特征点,不规则三角网 TIN 比规则格网 DEM 更好地保持了局部地形特征,如图 3-21 所示。

DEM 以数字采样的形式模拟地形表面起伏形态,是 GIS 进行地形三维可视化的基础数据。在一个典型的 GIS 三维可视化场景中,GIS 利用 3D 绘制引擎将 DEM 数据可视化为一个 2.5 维的空间曲面,并利用同一区域的遥感影像作为地形纹理映射在这个空间曲面上,形成十分逼真的 3D 可视化效果。

地形表面之上的固定地物(建筑物、树木等)和移动目标(卫星、飞机、汽车等)一般利用单体 3D 建模的方式生成,如 3D Studio Max、Google SketchUp、AutoCAD 模型等。建筑物的 3D 模型也可以利用自身在地面的垂直投影轮廓(多边形)为母线,向上拉伸一个高度所形成的几何多面体来简单地实现,或者引入复杂而精细的专业建筑信息模型,经简化处理后使用。

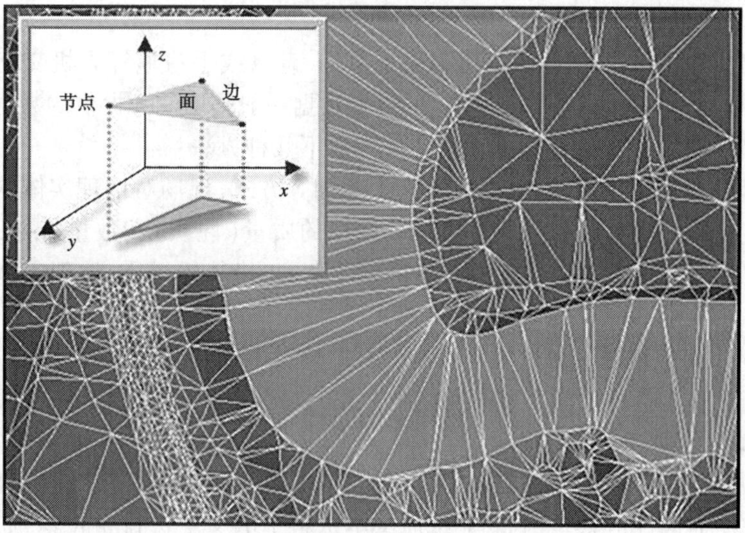

图 3-21 不规则三角网 TIN 表达地形

基于地形数据,GIS 能够进行独特的地形因子计算(坡度、坡向等)、地形特征线提取(山脊线、山谷线等)和实施断面分析、挖填方量计算、视域分析、基于地形的军事越野通行分析等地形分析。

DSM 是一个与 DEM 相近的概念。DEM 专指自然形成的地形表面的高低起伏形态,不包括人工建筑物和植被(树等),而 DSM 则在 DEM 的基础上增加了建筑物、植被等地表覆盖物的高度。两者在数据结构上没有明显区别,只是在高程数值上有所不同。

3.2.5 属性数据获取

属性数据是空间数据的重要组成部分。它主要指地理实体的特征数据,也称为专题数据或统计数据,它是对目标空间特征以外的目标特性的详细描述。属性数据包含了对目标类型的描述和对目标的具体说明与描述。属性数据源包括遥感数据、统计数据、现场调查资料、社会调查资料及已有的其他资料。它们共同组成空间特定位置上的社会、环境、资源、经济、人口等数据。属性数据获取指获取地理实体的类型、等级、名称、状态等属性特征信息的方法和手段。

属性特征信息主要以数值、文本、图形、图像、声音、动画、视频等数据形式进行描述,不同类型的属性数据往往具有不同的数据来源和不同的数据采集方法。属性数据的主要来源包括各类测量数据、统计数据、专题调查数据、文献资料数据、遥感解译数据、互联网"泛在"数据、物联网传感器数据和已有数据库数据等。GIS 通常采用属性表的形式将地理实体的相关属性存储在地理空间数据库中,将属性按字段(field)分类,用一条记录(record)中的若干属性字段表达一个地理实体的属性集合。属性表可以是一个或多个,一个地理实体、存储在不同属性表中的属性通过该地理实体的唯一标志码进行关联。常见的属性字段类型包括字符型、数值型、日期型、二进制大对象(binary large object,BLOB)等。其中,BLOB 字段用于存储(如声音、图片、视频和文档对象等)非结构化多媒体属性数据。

3.2.5.1 属性数据获取方式

文本和数字等类型的属性数据可以采用鼠标、键盘或手写笔等人机交互的方式手工输入 GIS 中；电子表格、数据库文件形式的属性数据一般采用 GIS 提供的数据管理工具批量导入空间数据库。GIS 属性数据获取主要有以下几种方法：

(1)实地测量调查。使用仪器测量、人工问询等方式，现场对地理实体的属性数据进行实地测量、调查、登记，获知地理实体相关属性的质量(性质)和数量特征，后经处理转换，按照一定格式要求输入到 GIS 中。如桥梁的宽度、路基的材质、地理实体或目标的现场照片等。

(2)资料收集和整理。通过组织机构、图书、档案、多媒体资料、媒体报道和互联网等多种渠道，广泛收集各种地理实体相关的资料信息，经过分析整理和格式处理，形成符合 GIS 要求的属性数据。

(3)自动提取与识别。基于已获取的地理实体相关资料，经过计算机自动识别和特征提取，获取所需属性信息。例如，对纸质文本资料中的文字进行字符识别，得到数字文本；对道路警示标牌内容进行图像识别，自动获得警示类型和限速等信息；对遥感影像进行分类，自动提取土地利用类型等。

(4)关联已有属性数据。在空间数据库属性表中，以地理实体标识码或某一特定属性为公共字段(键)，与其他属性表中的相关记录建立关联，从而形成关于地理实体的更为丰富翔实的属性信息。例如，土地利用信息表中的一块宗地的属性信息一般只记录"权属单位编码"信息，以该编码为公共字段关联到"权属单位信息表"，可以通过宗地查询到其权属单位的详细情况。

属性数据是地理空间数据的重要组成部分，描述的是地理实体的属性特征。将地理实体的属性特征数据与几何特征数据相关联，就可构成完整的空间数据内容。几何数据与属性数据通过地理实体的唯一标识码进行关联，标识码是在空间数据获取时为每一个地理实体创建的唯一编码。

属性数据与几何数据的关联方法主要有三种：一是几何数据、属性数据同步获取，实现同步自然关联；二是先产生待获取的地理对象标识码，以该唯一编码为标识，对该地理对象的几何数据和属性数据分开获取，这样可实现属性数据和几何数据的异步自动关联；三是人工指定方式，即在计算机屏幕上同时显示地理实体的属性数据和几何数据，以人机交互方式将属性数据与几何数据进行指定关联。

3.2.5.2 属性数据编码

属性数据编码是指确定属性数据代码的方法和过程。代码是一个或一组有序的易于被计算机或人识别与处理的符号，是计算机鉴别和查找信息的主要依据和手段。编码的直接产物就是代码，而分类分级则是编码的基础。

对于要直接记录到栅格数据或矢量数据文件中的属性数据，则必须先对其编码，将各种属性数据变为计算机可以接受的数字或字符形式，以便于 GIS 存储管理。属性数据编码一般要基于以下几个原则：①编码的系统性和科学性；②编码的一致性和唯一性；③编码的标准化和通用性；④编码的简洁性；⑤编码的可扩展性。

1. 属性数据编码方案的制订

在属性数据分类编码的过程中，应力求规范化、标准化，有可遵循标准的尽量依标准。如要对交通 GIS 数据进行编码，就有许多规范及行业标准可以遵循。

如果没有适用的标准可遵循，可依照以下编码的一般方法，制订出有一定适用性的编码标准：

(1) 列出全部制图对象清单。

(2) 制订对象分类、分级原则和指标，将制图对象进行分类、分级。

(3) 拟定分类代码系统。

(4) 代码及其格式。设定代码使用的字符和数字、码位长度、码位分配等。

(5) 建立代码和编码对象的对照表。这是编码最终成果档案，是数据输入计算机进行编码的依据。

属性的科学分类体系无疑是 GIS 中属性编码的基础。目前，较为常用的编码方法有层次分类编码法与多源分类编码法两种基本类型。

2. 层次分类编码法

层次分类编码法是按照分类对象的从属和层次关系为排列顺序的种代码，它的优点是能明确表示出分类对象的类别，代码结构有严格的隶属关系。图 3-22 以河流类型的编码为例，说明层次分类编码法所构成的编码体系。

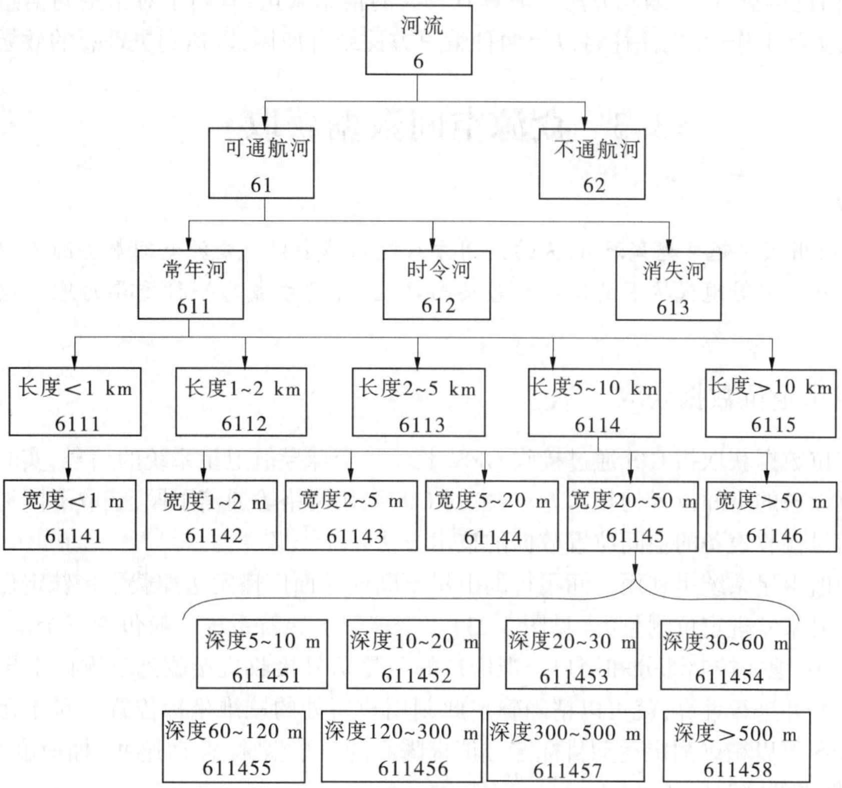

图 3-22　河流类型的层次分类编码方案

3. 多源分类编码法

多源分类编码法又称独立分类编码法，是指对于一个特定的分类目标，根据诸多不同的分类依据分别编码，各位数字代码之间并没有隶属关系。表 3-2 以河流为例，说明了属性数据多源分类编码法的编码方法。

表 3-2　河流类型的多源分类编码方案

通航情况	流水季节	河流长度	河流宽度	河流深度
通航:1	常年河:1	<1 km: 1	<1 km: 1	5~10 m:1
不通航:2	时令河:2	1~2 km: 2	1~2 m:2	10~20 m:2
	消失河:3	2~5 km: 3	2~5 m:3	20~30 m:3
		5~10 km:4	5~20 m:4	30~60 m:4
		>10 km:5	20~50 m:5	60~120 m:5
			>50 m:6	120~300 m:6
				300~500 m:7
				>500 m:8

例如，表 3-2 中常年河、通航，主流长 7 km，宽 25 m，平均深度为 50 m，在该表中表示为 11454。由此可见，该种编码方法一般具有较大的信息载量，有利于对于空间信息的综合分析。在实际工作中，也往往将以上两种编码方法结合使用，以达到更理想的效果。

3.3　众源空间数据获取

【导入】

GIS 的应用领域越来越宽泛，GIS 的使用方式越来越多样。众源空间数据随着卫星定位、互联网、物联网等现代技术的发展和普及而产生，并逐步成为一种重要的地理空间数据获取方式。

3.3.1　卫星定位数据获取

卫星定位数据获取指 GIS 通过接收 GPS、北斗等全球导航卫星系统的信号，实时计算出信号接收设备的空间位置的技术方法；也指 GIS 利用网络等通信手段，获取不同地点上卫星定位信号接收设备的空间位置数据的技术方法。

全球导航卫星系统是利用空间飞行的卫星不断向地面广播发送加载了特殊定位信息的无线电信号来实现定位测量的(见图 3-23)。全球卫星导航系统一般包含三个部分：空间运行的星座、地面控制部分和用户。当用户的卫星信号接收机接收到三颗以上导航定位卫星的信号并进行计算，就可以精确确定此刻用户所处的三维坐标位置。对于运动目标而言，GNSS 可以精确测定运动目标定位请求瞬间的三维坐标、运动速度(加速度)和姿态，并提供精准的授时服务。

卫星定位数据接入的目的是实时或准实时地获得接收设备所在的空间位置信息，使

图3-23 利用GNSS实施空间定位

得GIS能够实现基于空间位置的信息查询、管理、显示和分析等应用功能,如车辆导航、路径规划、运输监控、交通诱导和指挥控制等。

嵌入式GIS通常在设备中安装卫星定位信号接收芯片,可以实时获得卫星定位信号,并解算出空间位置数据,然后进行基于空间位置的分析应用。综合性GIS往往需要获取处在不同地点的若干定位信号接收设备的空间位置信息。因此,在解算出定位信号接收设备的空间位置数据后,需要通过网络等通信手段将空间位置信息发送给综合性空间信息系统。

3.3.2 互联网空间数据获取

互联网空间数据获取指通过付费购买、免费下载、数据访问接口采集、网络爬虫收集等手段,获得互联网上各类地理空间数据的过程。

随着计算机、卫星导航定位、移动终端和GIS等技术的发展,互联网上与空间位置相关的在线地图网站和社交网站迅速发展,存在着海量的地理空间数据,基于互联网的空间数据获取技术和方法也随之发展起来。根据数据的内容特征,可以把互联网空间数据分为地理空间数据、地理标签数据和运动轨迹数据三类。

互联网获取的地理空间数据是指直接描述地理空间位置的数据,如电子地图数据、遥感影像数据和专题地图数据等。这些数据主要有三个来源:一是由官方测绘部门、相关专业机构、各种学术团体和相关网络社区等在互联网上公开的地理空间数据,如地震数据和城市空气质量数据等;二是由在线地图服务供应商以地图服务方式发布的地理空间数据,如谷歌地图、百度地图和“天地图”等发布的地图数据;三是以众包方式形成的地理数据,最典型的是公开地图(OpenStreet Map),由用户基于手持卫星定位设备、航空摄影照片、卫星遥感影像、个人对有关区域的了解等绘制,如图3-24所示。

互联网获取的地理标签数据是指互联网用户发布的包含地理位置的文本、照片、视频、微博和日志等多媒体数据,通常包括地理标签文档、地理标签照片和地理标签微博等。地理标签数据主要来源于互联网用户使用嵌入了卫星定位芯片的笔记本电脑、平板电脑、

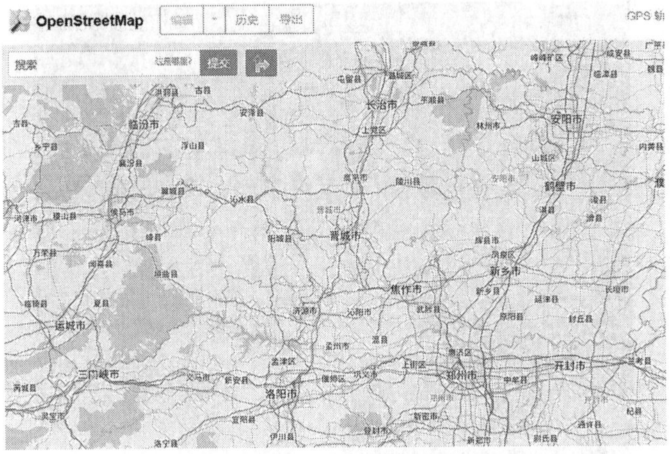

图 3-24　**互联网公开地图** OpenStreet Map

手机、照相机等设备在互联网上发布的多媒体数据，其空间信息多以地址或经纬度方式描述。

互联网获取的运动轨迹数据是指互联网用户发布的各类物体在空间位置移动过程中所产生的连续位置数据，包括个体、群体等生物体，以及机动车、飞行器等机动设备运动产生的轨迹数据，其中最为常见的是个人轨迹数据、浮动车轨迹数据和飞行器轨迹数据等。个人轨迹数据是互联网用户通过随身携带的卫星定位信息接收设备获得并上传的个人行程轨迹数据；浮动车轨迹数据来源于安装了车载卫星定位信息接收装置的公交车、出租车、私家车和公共自行车等各种车辆；飞行器轨迹数据主要来源于能够提供实时航班信息的互联网服务商。

互联网空间数据的获取方法主要有：①免费下载，科学界、政府机关和企业等会开放一些经过挑选与许可的空间数据，这些数据不受著作权、专利权和管理机制等的限制，任何人都可以通过互联网免费下载；②付费购买，可以通过付费方式向互联网上的地理空间数据供应商购买，或者通过互联网上的大数据交易平台购买，通过购买方式得到的空间数据产品的精度和时效性等一般都能得到较好的保证；③基于开放 API 获取，通过使用网站服务商提供的开放 API 接口获取地理空间数据，如 Google、Facbook、Twiter、Flickr、百度、腾讯、新浪和“天地图”等网站都有与地理空间位置相关的开放 API 接口可以访问；④应用网络爬虫获取，通过设计对空间位置敏感的网络爬虫程序，自动登录互联网上各类网站的网页，发现并获取与空间位置相关的数据。

互联网空间数据无序分布在互联网空间中，具有类型多样、来源广泛、信息内容丰富、空间基准不同、语义描述不一致、现势性差别大、结构化与非结构化并存、数据质量参差不齐和可信度难以确认等特点。GIS 应用互联网空间数据的过程中，要充分考虑上述特点，才能更好地发挥其效益。

3.3.3　物联网空间数据获取

物联网空间数据获取（spatial data capture from internet of things）指通过连接物联网的二维码识读设备、射频识别装置、红外感应器、激光扫描器等信息传感设备，获取设备的空间位置及其所采集信息的过程。

物联网是在互联网概念的基础上，将其用户端延伸和扩展到任何物品（如设备和设施等），实现任何物品之间信息互联互通的一种网络概念（见图 3-25）。物联网主要通过射频识别、红外感应器、全球定位系统和激光扫描器等传感设备进行信息的采集，然后通过互联网等通信网络进行信息的传输、交换和控制。所以，可以把物联网简单地理解为传感器与互联网的连接与应用。物联网传感器数据的时空管理与应用需求催生了基于物联网的空间数据获取技术和方法。

图 3-25　物联网概念示意图

基于物联网获取空间数据（见图 3-26），是为了使得 GIS 能够实时或近实时地获得物联网上传感器的空间位置及其所采集的信息，并通过对传感器采集的数据进行统一存储管理、快速检索查询和综合时空分析，实现物联网传感器设备及其所采集数据在 GIS 中的统一定位、统一显示、实时分析和高效管理。

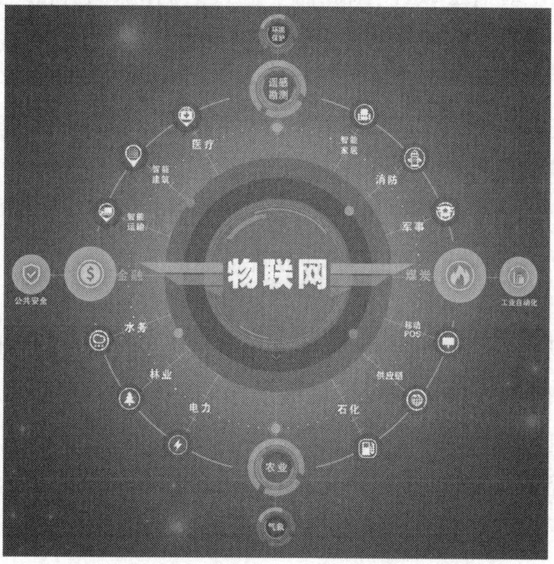

图 3-26　物联网获取空间数据示意图

物联网架构由感知层、网络层和应用层构成。感知层由传感器组成，实现各种信息的采集;网络层一般包括互联网、无线网络和数据中心等,实现对传感器采集的信息的连接、传输和存储,是感知层和应用层的中间环节;应用层则将网络层所储存的数据进行实际应用。物联网依靠感知层的传感器采集物品的信息(如物品的名称、规格、产地、生产日期等)和传感器周围环境的信息(如温度、湿度、加速度、气压、流量、图像、声音、视频等)。所以,物联网空间数据的类型多种多样。传感器类型多,使得数据的来源广泛、内容多样、格式不同、数据结构差异大;传感器实时或近实时地按一定频率持续获取数据,使得数据量极其庞大且增长快速;传感器的指标不同,使得采集的数据不仅在精确性上存在差异,而且在语义上也存在差异。

物联网空间数据的获取一般通过连接物联网的网络层来实现。GIS将物联网中的终端、设施或传感器建模为具有一定感知能力或自主行为的地理对象,通过连接网络层,将这些终端、传感器"接入"到GIS中,与表征它们的地理对象建立映射;根据使用需要,GIS对不同类型的终端、传感器的数据接口进行读取和解译,从而获得它们的时空位置,以及所采集的信息。接入到GIS中的各类传感器源源不断地获得来自现实世界的真实信息,使得GIS更加"鲜活",物联网数据为GIS与现实世界的联动提供了重要的实时数据源;同时,GIS可以通过操作映射在其中的地理对象作用于对应的实体终端,对物联网进行监控、分析和优化,为管理物联网提供了一种新途径。

物联网数据获取主要包括实时数据获取、定期数据获取和按需数据获取等三种方式。实时数据获取,即不间断地获取传感器的数据;定期数据获取,即按一定时间频率获取传感器的数据;按需数据获取,即在需要时才获取传感器的数据。因为物联网空间数据体量极其巨大、内容复杂异构,所以需要特别关注数据的存储与管理问题;物联网空间数据在内容上、空间上、时间上具有关联性,因此需要进行数据的集成与整合处理。

3.3.4　水下空间数据获取

水下空间数据获取是指对河道、海洋等大面积水体的地形、海道、海岸带及海岛礁等水下相关空间数据获取的过程。水下与陆地的最大差别是水底以上覆盖着一层动荡不定的、深浅不同的、所含各类生物和无机物质有很大区别的水体,由于这一水体的存在,水下测量在内容、仪器、方法上明显不同于陆地测量。

无人船测量系统(见图3-27)以无人驾驶遥控船为载体,集成控制系统、动力推进系统、无线通信系统、卫星导航定位系统、测深系统等,可以快速、精确地获取水下地形数据,如图3-28所示。与传统测量方式相比,无人船小巧轻便,具有机动灵活、高效快速、精细准确、作业范围广、生产周期短等诸多优势,是水下地形测绘的利器。无人船测量系统与无人机航摄测量系统相互配合、相互补充,同步进行水上水下地理信息数据采集处理,可形成完整的水上水下三维模型,全面、准确、直观地反映河流区域自然资源现状。

图 3-27　无人船测量系统

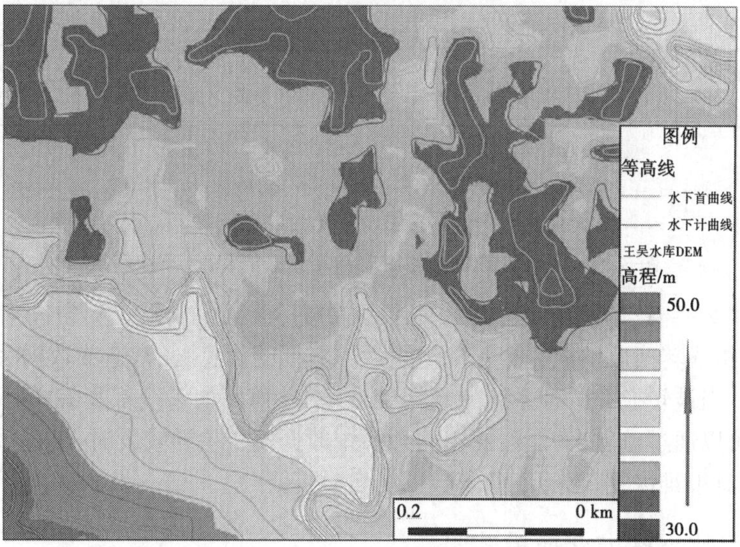

图 3-28　水下地形图

3.4　地理空间数据共享

【导入】

在 GIS 应用中,空间数据获取一直是建立应用系统的瓶颈,地理空间数据共享将大大提高数据获取和数据生产的效益。GIS 软件多种多样,不同 GIS 软件对空间数据定义和存储结构存在差别,使得 GIS 数据库中的数据格式之间存在不兼容的问题,通过空间数据转换,将已有的空间数据转换成需要的空间数据格式成为一种重要的空间数据获取方法。

3.4.1　空间数据外部交换模式

空间数据格式转换就是通过专门的数据格式转换程序，把一种空间数据格式转换成另一种空间数据格式，以实现空间数据的共享。

大部分 GIS 软件都定义了外部交换文件格式，如 ArcGIS 的外部交换格式为 E00，MapInfo 的外部交换文件格式为 MID 和 MIF，AutoCAD 的外部交换格式为 DXF 等。使用商业 GIS 软件提供的格式转换软件，可以很方便地实现系统之间的数据格式转换。因为外部交换格式都是文本格式，用户也可通过自行编程进行一些特殊要求的格式转换，或将测量的文本记录表格数据写成这些外部交换格式然后由相应的 GIS 软件读入系统。这种数据文件格式需经过二次或三次转换才能完成（见图 3-29），这是当前 GIS 软件之间，以及其他图形系统、数据采集系统向 GIS 进行数据转换的主要方式。这种转换方式的最大问题是关于数据分类、定义的不一致，数据结构定义的差别造成数据转换时信息丢失。

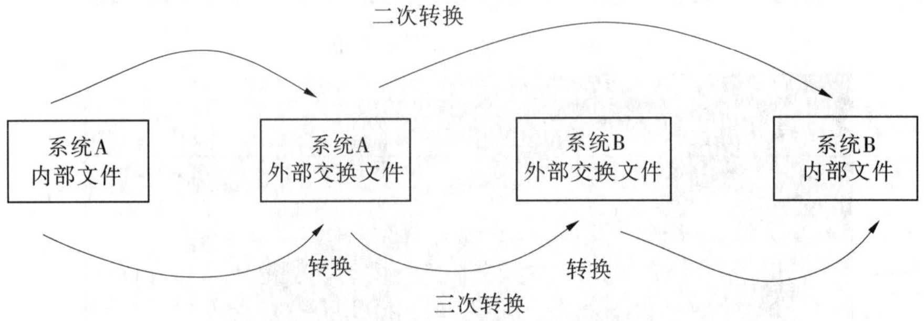

图 3-29　不同地理信息系统间数据格式的二次、三次转换

外部数据交换模式易被接受，但耗费人力、物力，而且由于缺乏对空间对象统一的描述方法，数据格式转换后不能完全正确地表达原数据的信息，经常造成数据丢失和空间拓扑信息丢失。当被转换的两种系统的数据模型基本相似（如系统都具有拓扑关系）时，丢失的信息还可以通过重建来恢复；而当两种系统数据模型差异较大时，经过数据的频繁转换，丢失的信息很难恢复，因此不利于数据的实时更新。

3.4.2　空间数据标准交换模式

为了更方便地进行空间数据转换并减少空间数据转换损失的信息，使之更加科学化和标准化，许多国家和国际组织制定了空间数据转换标准，如美国国家空间数据协会制定的空间数据转换标准（SDTS）。空间数据转换标准在一定程度上解决了不同数据格式之间缺乏统一的空间数据描述基础的问题。每个系统都提供读写这一标准格式文件的程序，从系统 A 内部格式到标准空间数据转换格式，再从标准空间数据转换格式到系统 B 内部文件仅需两次转换，而且省去为每种 GIS 软件都编写一个数据转换程序的步骤。因此，基于标准空间数据转换格式的数据转换方法在多个 GIS 软件间也具有较好的转换性，如图 3-30 所示。

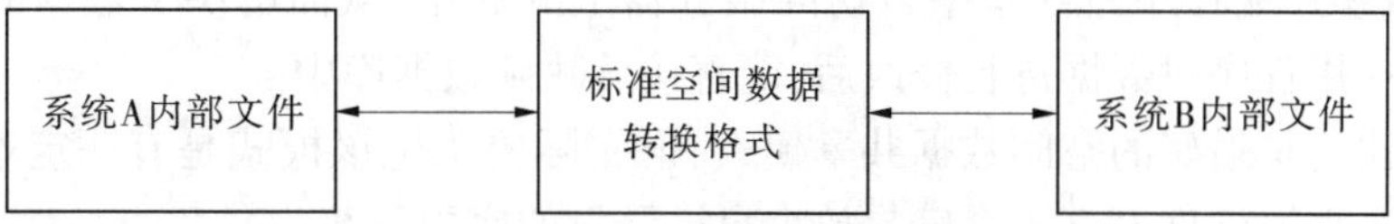

图 3-30　标准空间数据转换

在具体的应用和实施过程中,由于空间数据的格式结构、应用和软件及硬件的复杂多样性,制定这类标准的难度非常大。因此,空间数据交换标准还不完善,如不能统一各层次及不同应用领域的空间数据交换标准,不能同步更新等。

3.4.3　空间数据互操作模式

随着技术的发展,空间数据转换格式的中介作用将会减弱,最终将采用按照互操作规范开发的各种空间数据处理系统。空间数据的互操作是通过公共接口实现不同系统间、不同数据结构间、不同数据格式间的数据动态调用,从而在国家和世界范围的分布式环境下,实现地理空间数据和地理信息处理资源的共享。这里的公共接口相当于一个规程。

开放式地理信息系统协会(open GIS consortium,OGC)提出的一个为了提供地理数据和地理操作的交互性和开放性的软件开发规范,即开放式地理信息系统(open GIS)互操作规范,使一个系统同时支持不同的空间数据格式成为可能。与传统的地理信息系统处理技术相比,开放式地理信息系统独立于具体的平台转换技术高度抽象,数据格式不需要公开,并允许用户通过网络实时获取不同系统中的地理信息,避免了冗余数据存储。它的结构实质上是将提供数据源的软件作为数据服务器,将使用数据源的软件作为数据客户端,当数据客户端要使用某数据源时发出数据使用请求,由数据服务器提供服务。由于采用客户-服务器体系结构,数据放在数据服务器上,应用软件放在数据客户端上,使应用软件的数据更新能够及时反映到数据库中。

空间数据的互操作是实现地理空间数据共享的一次深刻的技术革命。这种基于接口的规范将成为国际标准,引起广泛注意。但目前还没有一个商业性地理信息系统软件完全实现开放式地理信息系统的操作规范。

3.4.4　空间数据的直接访问

空间数据的直接访问是指在一个地理信息系统中实现对其他地理信息系统软件数据格式的直接访问。显然,空间数据的直接访问提供了一种更实用的多源数据共享模式。直接数据访问模式不仅避免了烦琐的数据转换,而且在一个地理信息系统访问另一个地理信息系统的数据格式时不要求拥有该系统的宿主软件。Intergraph 公司推出的 Geomedia 系列软件就提供了这种支持。这样可以避免许多不必要的转换,但是直接数据访问需要建立在充分了解不同数据格式的基础上,工作比较被动。如果对方数据格式不公开,就无法直接访问它;如果宿主软件的数据格式进行了升级、更新,直接访问的软件必须做出相应的变更。

3.4.5　空间数据共享平台

空间数据共享平台是指空间数据及各个应用软件共享平台。把数据存储在服务器上,用户通过客户端程序经共享平台访问服务器上的数据,从而解决了数据的一致性问题。在某一应用程序对数据进行修改后,能直接反映到数据库中。

理论上说这是最好的空间数据共享模式,但实际要实施该模式是有一定难度的。因为各地理信息系统软件商都不会轻易放弃自己开发的底层系统。

知识延伸 1:享用地理信息,不忘安全风险

地理信息安全是指必须严格遵守国家的相关法律法规进行地理信息的采集、处理、加工、存储、传输、应用、服务,未经批准不得生产、复制、使用和传播。地理信息安全具有五个方面的特征:

一是主权性。地图是国家领土主权的名片,是国家主权和领土完整的象征,敏感地理信息的发布和泄露会导致领土和外交纠纷,给国家安全带来危害。

二是涉密性。地理信息数据成果大多属于国家秘密,其产品有秘密、机密和绝密,其范围广、数量大、涉及面广、保密期限长,关系到国家安全战略,是现代战争实施远程精准打击的基础性工具,是境外敌对势力密切关注的重要领域。

三是精准性。地理信息描述的地球表面自然要素和人工设施的空间位置、时间变化和动态特征等属性信息,有比例尺、符号、图例、审图号等要素概念,数据精准,内容丰富,是地理信息安全敏感性的重要指标。

四是基础性。地理信息作为基础性信息资源,是四大基础大数据(人口、法人、地理信息、宏观经济)之一,据不完全统计,80%的人类活动与地理信息有关。随着网络经济的快速发展,地理信息服务领域空前广泛,走向了各行各业,走进了千家万户。地理信息的应用越广泛,地理信息安全的责任越重。

五是共享性。网络普及使得地理信息发布和应用需求日益增强,技术进步使得地理信息的获取、传输和拷贝更加容易。

在卫星定位、遥感技术、新型测绘技术、网络技术高度融合的信息化时代,地理信息呈现出了高精度、易采集、易传输等特点,地理信息安全隐患日益突出。

一是随着地理信息与互联网、车联网、物联网和大数据、云计算等的深度融合,地理信息技术的应用给人们的生活带来极大便利,促进了服务业的发展,同时也给国家安全带来隐患,一些无国家审图号的地理信息应用是基于电子地图进行的二次开发,但信息标注是否经过有关部门的审核(审图号的获取是地图发布的条件之一),存在着敏感信息泄露的可能性。

二是随着 GNSS 等技术在手机和照相机中的广泛应用,拍照时会在照片中自动标注地理坐标。随手拍随手发,涉密的国家地理信息不经意间就被泄露了。无人机测绘,不经审批就私自拍摄测绘,不但会泄密,而且违法。

三是自己"玩"地图,公开自己私自编制的地图,参与谷歌的地图"标注",都可能危害国家安全。GNSS 定位,进入涉密区域,使用手机、汽车导航的 GNSS 定位服务,形成的行动轨迹,都有可能泄密。

来源:自然资源部宣传教育中心

知识延伸2:聚焦我们身边的地理信息安全

说起地理信息安全,人们或许感觉有些遥远,跟自身关系不太紧密。但随着科技的不断进步,如今地理信息已无处不在,隐藏在人们的日常生活、衣食住行中,其中相关的安全问题也逐渐浮出水面,引起社会的关注。

1. 位置服务应用暗藏安全风险

首先,覆盖面最广的是各类移动应用和操作系统的位置服务。当前很多应用在使用时,都会询问用户是否"允许使用位置服务定位应用"。据2016年12月腾讯位置服务团队宣布的数据显示,其定位服务日均调用量突破500亿次,峰值突破520亿次,覆盖用户数6.8亿人,其调用量是2012年同期的25倍。在物流行业、O2O、智能出行、警务安全和运动健康等均有涉及。

这仅是腾讯一家的数据,由此可见当前社会对位置服务需求量的巨大。当前人们常用的社交、出行、旅游、购物、健康等众多应用都必须开启或记录位置信息,严重依赖位置信息技术,如果不做好安全防范,则暗藏一定的安全风险,轻则隐私泄露,重则失密泄密。

在大数据时代,通过对各种应用收集而来的用户位置、轨迹等数据的分析,特定用户的活动特点可被精确掌握,敏感地理信息可被精准定位,这对地理信息安全监管工作提出了新的挑战。

2. 无人机监管逐渐加强

无人机行业近年来高速发展,不仅在测量测绘、航空摄影、遥感地图、应急救灾等专业领域大显身手,而且随着无人机的越来越小型化和越来越低廉的价格,消费级无人机市场也迅速升温,走入了百姓的日常生活。

由于人们的法律意识淡薄和实际操作技能差,关于无人机航摄活动影响空防安全的事件屡屡见报,但这只是无人机安全隐患的一方面。很多使用者在不具备航空摄影测绘资质且未申请空域的情况下,往往有意无意地进行航空测绘活动,涉嫌非法测绘地图。

按照测绘方面的有关规定,使用测绘型无人机必须取得相关资质,每次使用起飞前,必须进行审批、报告,向空管部门和测绘主管部门报告飞行区域、高度、经纬度。如果使用无人机进行的测绘涉及国家秘密,还会受到保密等相关部门的依法惩处。2016年4月14日,北京某科技有限公司员工在无航拍资质、未申请空域的情况下,操纵无人机进行非法航拍测绘,被发现后,公司法人和操作人员均被判处有期徒刑。

3. 地图标注无序威胁国家安全

2005年,Google公司推出了谷歌地球(Google Earth)全球动态地图,它把卫星照片、航空照相和GIS布置在一个地球的三维模型上。用户可以通过客户端软件,免费浏览全球各地的高清晰度卫星图片。

好奇的网民们发现,在这里不仅能发现世界上各大城市、风景点,同时还能清晰地看到在市面出版发行的地图上,没有标出的涉及国家机密的隐蔽设施或军事建筑。有专家认为,根据这些分辨率很高的卫星成像地图可以计算出相应数据,从而掌握一些重要设施的建筑位置和外形资料,有泄露国家机密的隐患。

如果说在目前卫星满天飞的情况下,卫星图片已经可以公开获得,那些可以看见的军事设施已不是什么秘密,不具备重要价值,但 Google Earth 的“标注”功能,即可以在地图上标注具体位置的信息,可以使得一些未被发现的隐秘地点暴露在大众面前。

而在我国,有些军事爱好者乐于在谷歌地图上标注军事设施的地点,甚至详细到了部队具体驻地、军事基地具体坐标。也有的地图爱好者,在标注时不经意间泄露了身边敏感地区的位置,而相应的卫星地图往往会被替换成更新的高清图,引发网友的“更正”热情。

2010 年,很多军事爱好者把大量涉及国家军事的地理坐标和信息,如机场、舰艇码头等在谷歌地图上标注出来,这是一起典型的地理信息涉密行为,已经被当地主管部门查办。

军事专家认为,这种行为导致有的互联网地图的作用甚至超过了某些军事侦察卫星,让人不费吹灰之力就能得到一些需要花费数年才能得到的测绘信息,给国家安全带来了隐患。这不仅是谷歌地球软件自身服务功能引发的泄密,也是用户在使用过程中的行为导致的泄密。

地理信息数据泄密,也同样可以带来商业上的损失。曾经我国某重要能源公司所属 3 万多口油井的地理坐标和储量信息的数据库,被国外公司非法获得,直接威胁到了我国相关行业的经济利益。还有我国 900 MW 以上装机容量的 200 多座电站的具体位置的地标文件,也被网友发布到网上,这些都直接影响到我国的国家安全。

由此可见,地理信息安全就在我们身边,在我们不经意的一举一动之间。作为社会大众,我们在享受地理信息带来种种便利的同时,不仅要保护好自己的个人隐私数据,更要提高安全认识,从战略高度上来看待地理信息安全。往往可能只是好奇或者炫耀之举,但可能给一些别有用心之徒提供了可乘之机,更是泄露了国家机密。

来源:国家信息中心

3.5　职业技能应用实践

【导入】

本单元职业技能应用实践主要包括两个方面的内容:一是通过地图矢量化的方式获取空间数据,二是通过属性数据输入的方式建立空间数据和属性数据的有效结合。

3.5.1　地图矢量化

3.5.1.1　实践背景

地图矢量化是重要的地理数据获取方式之一。矢量化是指将栅格数据转换为矢量数据的过程。对纸质图件进行扫描可以生成栅格数据,对扫描文件可以采用屏幕直接矢量化、全自动矢量化、跟踪矢量化等多种方式,将要素转换为矢量数据。

3.5.1.2　实践目的

(1)能进行空间数据的扫描矢量化输入。

(2)能结合不同栅格地图,选择不同方式进行矢量化。

3.5.1.3　实践数据

职业技能应用实践数据如表 3-3 所示,数据存放在“data3. 5. 1”文件夹中。

表 3-3　职业技能应用实践数据

名称	格式	坐标系	说明
ParcelScan	img 格式	Unknow	用于矢量化的地图
ParcelLines	shapefile 线要素	Unknow	用于存储矢量化要素的图层

3.5.1.4　实践方法

(1)使用【图层属性】对话框,通过【符号系统】标签,进行图像二值化。

(2)使用【自定义】菜单,打开矢量化工具条 ArcScan。

(3)使用【Vectorization】工具,进行不同方式的矢量化操作(见表 3-4)。

表 3-4　工具名称及位置

工具名称		工具位置
Layers Properties	图层属性	【图层属性】→【符号系统】→【已分类】→【分类】→【类别】
ArcScan	ArcScan 工具栏	【菜单栏】→【自定义】→【扩展模块】,【自定义】→【工具】→【ArcScan】
Vectorization	矢量化	【矢量化追踪】或【矢量化】→【生成要素】或【在区域内部生成要素】或【点间矢量化追踪】等

3.5.1.5　实践过程

第一步,将图像以二值化的方式显示。

打开“data3. 5. 1”文件夹中的“ArcScanTrace. mxd”工程文件,鼠标右键点击“ParcelScan. img”图层,选择【属性】,打开【图层属性】对话框,选择【符号系统】标签,在【显示】列表框中选中【已分类】,然后将右侧【分类】框中的【类别】设置为 2(即分为两类),点击【确定】。

第二步,打开矢量化工具条 ArcScan。

点击菜单【自定义】→【扩展模块】,勾选“ArcScan”,以启动该扩展模块,关闭当前对话框。然后依次点击菜单【自定义】→【工具】→【ArcScan】,打开 ArcScan 工具条。

第三步,开启编辑。

打开【编辑器】工具条,点击【编辑器】→【开启编辑】,选中“ParcelLines”图层,点击【确定】,以启动编辑。

第四步,矢量化环境设置。

点击 ArcScan 工具条上的【矢量化】,在其下拉菜单中选择【矢量化设置】,在弹出的对话框中可进行矢量化设置。

第五步，矢量化预览。

在 ArcScan 工具条上依次点击【矢量化】→【显示预览】，再次点击则取消预览。

第六步，进行矢量化。

在编辑器工具条，点击【创建要素】按钮，在【创建要素】窗口中，选中“ParcelLines”图层，该线图层即可将其设为编辑对象，分别按以下方式对线要素进行矢量化，并比较各种方式之间的差异。

(1)手动矢量化：直接在【创建要素】窗口下方的【构造工具】列表中选择【线】，然后利用鼠标沿线逐个采点形成线，即屏幕矢量化(在没有 ArcScan 工具、无须图像二值化显示的情况下，也可进行屏幕矢量化。

(2)跟踪矢量化：先在 ArcScan 工具条上点击【矢量化追踪】按钮，然后在某条线上点击，确定矢量化的起点，再根据箭头方向逐步指示矢量化的方向，最后双击结束矢量化。

(3)全自动量化：在 ArcScan 工具条上依次点击【矢量化】→【生成要素】，在对话中将线设为模板，点击【确定】，将所有的线要素自动矢量化。

(4)在选择的区域内进行矢量化：在 ArcScan 工具条上点击【在区域内部生成要素】按钮，绘制一个区域即可完成区域内要素的矢量化。

(5)在两点之间矢量化：在 ArcScan 工具条上点击【点间矢量化追踪】按钮，可快速跟踪两点间的要素对象。

(6)对选定的对象进行矢量化：点击工具条上的【选择相连像元】等像元选择按钮，采用不同的像元选择方式选择像元，并对选定的像元进行矢量化。

第七步，保存数据。

在【编辑器】工具条上依次点击【编辑器】→【保持编辑】或【停止编辑】并保存。

说明：矢量化过程中，有些快捷键可以提高矢量化的效率：Z——放大；X——缩小；C——移动；S——手工加点；F2——结束矢量化；Ctrl+Z——回退；鼠标中键短按——手工移动；鼠标中键长按——鼠标移动。

3.5.2　属性数据输入

3.5.2.1　实践背景

地理要素的属性数据是空间数据的重要组成部分，这些数据可以采用逐要素输入法、外部表格连接法等进行输入。

3.5.2.2　实践目的

(1)能进行属性字段创建，并手动录入属性数据。

(2)能通过公共字段建立外部表格连接，完成属性数据输入。

3.5.2.3　实践数据

职业技能应用实践数据如表 3-5 所示，数据存放在“data3.5.2”文件夹中。

表 3-5　职业技能应用实践数据

名称	格式	坐标系	说明
henancity	Shapefile 面要素	Unknow	用于输入属性的行政区划地图
河南人口	xls 表格文件	Unknow	用于输入的人口数据

3.5.2.4　实践方法

(1)使用【表】对话框,通过【表选项】→【添加字段】,建立字段。

(2)使用【连接数据】对话框,连接外部数据(见表 3-6)。

表 3-6　工具名称及位置

工具名称		工具位置
Add Field	添加字段	【打开属性表】→【表】→【表选项】→【添加字段】
Join Data	连接数据	【连接和关联】→【连接】

3.5.2.5　实践过程

第一步,手动录入属性数据。

(1)打开 ArcMap,添加河南省行政区划多边形数据 henancity,先浏览该数据,认识各多边形对应的城市,然后右键单击该图层,选择【打开属性表】,可以看到各多边形的地市代码、面积和周长等属性数据。

(2)打开"data3. 5. 2"文件夹中的"河南人口. xls",看到各地市的名称和人口数据。

(3)在 henancity 图层的属性表中,点击左上角的【表选项】→【添加字段】,一个短整型字段,命名为"人口_万",用于存放各地市的人口数量。

(4)点击编辑器工具条上的【编辑器】→【开始编辑】,启动编辑,选择 henancity 图层作为编辑对象,然后根据"河南人口. xls"表格中的数据,逐一将人口数据输入到"人口_万"字段中。

(5)点击编辑器工具条上的【编辑器】→【停止编辑】,保存数据。

第二步,自动连接属性数据。

以上方法,在数据较少时,通过手动录入即可。如果数据量较大,可通过属性连接的方法完成。根据市名称将河南省各地市的人口数据连接到属性表中:右键单击 henancity 图层,选择【连接和关联】→【连接】,打开【连接数据】对话框,先选择"市"字段作为连接的依据,然后选择用来连接的表格"河南人口. xls",再选择该表格中用来连接的字段"市名称",最后点击完成表格连接,浏览属性表最右侧连接上的数据。采用该方法连接的属性数据是临时的,可通过导出图层的方法将连接数据保存下来,右键单击 henancity 图层,【数据】→【导出数据】,打开【导出数据】对话框,选择输出路径为"data3. 5. 2",名称命名为"Pop_henancity",点击【确定】。

说明:连接外部属性数据时,必须保证空间数据属性表和 xls 属性表格有一列公共字段,且 xls 表格数据必须是较低版本的文件。

应用能力测试

一、单选题

1. 下列能进行地图数字化的设备是(　　)。

A. 打印机　B. 手扶跟踪数字化仪　C. 主机　D. 硬盘

2. 卫星遥感资料可以及时地提供广大地区的同一时相、同一波段、同一比例尺和(　　)的空间信息。

A. 大面积　B. 高精度　C. 同一精度　D. 清晰

3. 地理信息系统中的数据来源和数据类型很多,下面哪个不属于? (　　)

A. 几何图形数据　B. 影像数据　C. 大气参数　D. 地形数据

4. 通过地图、遥感图像、野外考察等获得数据的 GIS 环节是(　　)。

A. 数据处理　B. 数据采集　C. 数据分析　D. 信息输出

5. 基础 GIS 工程建设的关键是(　　)。

A. 数据挖掘　B. 数据分析　C. 数据检索　D. 数据采集

6. 某地区在进行土地利用数据库库体自检时发现,该地区的行政辖区总面积略微大于地类区总面积,说明该数据的(　　)。

A. 现势性不好　B. 数据精度不高

C. 数据的完整性不良　D. 数据的逻辑一致性不良

7. 在 ArcMap 图层内容中,当图层名称旁边出现一个红色的感叹号时意味着(　　)。

A. 地图文档被病毒感染

B. 原数据的空间参考属性已经被更改

C. 原数据已经被重命名、删除或是从原参考路径移走

D. 地图在图层能够被绘制的范围外

8. 在 ArcMap 中,下面哪个操作可以打开图层的属性表查看图层属性? (　　)

A. 选择【图层】,然后在标准工具条中点击【打开属性表】的按钮

B. 选择【图层】,然后在视图菜单下点击【打开属性表】的按钮

C. 右键点击【图层】,打开右键菜单,然后点击【打开属性表】的按钮

D. 右键点击【图层】,选择属性,然后选择字段标签

9. (　　)包括地形数据和人文景观数据。

A. 自然资源数据　B. 调查统计数据

C. 数字高程模型数据　D. 基础制图数据

10. 空间数据不完整主要因为(　　)。

A. 数字化不完整　B. 在数字化时用了错误的比例因子引起的

C. 源有原数字化材料上的各种变形误差　D. 编码不完全或编码错误

11. 地理属性数据管理对象包括属性数据项、属性数据记录和(　　)。

A. 属性数据值　B. 记录　C. 属性数据　D. 关键字

12. (　　)是指以地球表面空间位置为参照的自然、社会和人文经济景观数据,可以是图形、图像、文字、表格和数字等。

A. 平面数据　B. 空间数据　C. 多维数据　D. 模型数据

13. 以下方法获取的数据不是矢量数据的是(　　)。

A. 跟踪数字化　B. 透明格网采集　C. 解析测图仪　D. 扫描矢量化

14. 在 GIS 空间数据中,以下哪一项为非空间数据?(　　)

A. 属性数据　B. 关系数据　C. 几何数据　D. 统计数据

15. (　　)作为空间数据采集手段,已成为地理信息系统的主要信息源与数据更新途径。

A. 收集和处理　B. 预测和回收　C. 遥感和航测　D. 检测和追踪

16. 关于分类编码说法正确的是(　　)。

A. 一种地物类型只能对应于一个属性数据表文件

B. 每一种地物的类型在某个 GIS 中的属性项个数不同的

C. 有些空间对象没有分类编码

D. 分类编码特征是空间数据的特征之一

17. (　　)是获取空间信息和时间序列信息的重要技术手段。

A. 遥感技术　B. 检测技术　C. 感应技术　D. 监控技术

18. (　　)是给予被处理对象(事物、概念)的符号,是用来代表事物某种属性的一组有序的字母。

A. 字符　B. 字节　C. 编码　D. 代码

19. 交通地理信息系统数据库通常将空间数据与(　　)数据分别存储。

A. 时间　B. 属性　C. 地点　D. 结构

20. 以“(　　)”为基础,建立省和地区级公路数据库和广域网络支持的分布式的国道主干线综合地理信息系统,可以为各级公路管理部门提供一个进行公路环境管理、评价和决策的辅助决策工具。

A. 国家地理数据库系统　B. 国家基础地理信息系统

C. 国家基础信息系统　D. 国家模拟地理系统

二、简答题

1. GIS 的数据源有哪些?简述其特征并叙述通过何种途径来获取这些数据源。
2. 从地图上能得到 GIS 需要的所有数据吗?请举例说明。
3. 简述 GIS 基本数据获取的方式。
4. 简述众源空间数据获取的方式。
5. 属性数据编码的方法有哪些?
6. 空间数据共享的方法有哪些?
7. 空间数据格式转换过程中涉及哪些内容?需要注意什么?

单元 4　GIS 数据处理

【单元概述】

空间数据的来源、尺度、结构和格式众多，在 GIS 应用中需要解决多源数据的集成问题。此外，在数据生产过程中，不可避免地存在一定的误差和错误，在进行空间数据分析之前，需要先检查和修改这些错误，保证数据及相关分析操作的精度和质量。本单元重点介绍空间数据变换、空间数据编辑、拓扑关系建立，以及空间图形拼接等空间数据处理的基本方法。

【学习目标】

(1)知识目标：①掌握空间数据几何纠正与坐标变换的方法；②掌握地理实体要素编辑与处理的方法；③掌握建立矢量数据拓扑关系的方法；④了解空间图形接边与边缘匹配处理的方法。

(2)技能目标：①能对空间数据定义投影，进行投影变换；②能识别图形数据错误，进行点、线、面实体要素的编辑；③能进行点、线、面拓扑关系的建立；④能对空间图形数据进行接边。

(3)思政目标：①树立劳动光荣的观念，具有投身地理信息事业的积极性；②具有做事认真细心的态度，在 GIS 数据处理的各个环节，做到准确可靠、实事求是，培养严谨认真、精益求精的态度和数据质量观理念。

4.1　空间数据变换

【导入】

每一个 GIS 所包含的空间数据都应具有同样的地理数学基础，包括坐标系统、地图投影等。扫描得到的图像数据和遥感影像数据往往会有变形，与标准地形图不符，这时需要对其进行几何纠正。当在一个系统内使用不同来源的空间数据时，它们之间可能会有不同的投影方式和坐标系统，需要进行坐标变换使它们具有统一的空间参照系统。空间数据变换是进行各种空间分析的前提。

4.1.1　几何纠正

由于如下原因，扫描得到的地形图数据和遥感数据发生变形，必须加以纠正：

(1)地形图的实际尺寸发生变形。

(2)在扫描过程中，工作人员的操作会产生一定的误差，如扫描时地形图或遥感影像没被压紧、产生斜置或扫描参数的设置不恰当等，都会使被扫入的地形图或遥感影像产生变形，直接影响扫描质量和精度。

(3)遥感影像本身就存在几何变形。

(4)地图图幅的投影与其他资料的投影不同,或需将遥感影像的中心投影或多中心投影转换为正射投影等。

(5)扫描时受扫描仪幅面大小的影响,有时需将一幅地形图或遥感影像分成几块扫描,这样会使地形图或遥感影像在拼接时难以保证精度。

对扫描得到的图像进行纠正,主要是建立要纠正的图像与标准的地形图或地形图的理论数值或纠正过的正射影像之间的变换关系,消除各类图形的变形误差。目前,主要的变换函数有仿射变换、双线性变换、平方变换、双平方变换、立方变换、四阶多项式变换等。具体采用哪一种函数,则要根据纠正图像的变形情况、所在区域的地理特征及所选点数来决定。

4.1.1.1　地形图纠正

对地形图的纠正,一般采用四点纠正法或逐网格纠正法。

四点纠正法,一般是根据选定的数学变换函数,输入需纠正地形图的图幅行、列号,地形图的比例尺、图幅名称等,生成标准图廓,分别采集四个图廓控制点坐标来完成。

逐网格纠正法,是在四点纠正法不能满足精度要求的情况下采用的。这种方法和四点纠正法的不同点就在于采样点数目的不同,它是逐方里网进行的,也就是说,对每一个方里网都进行采点。具体采点时,一般要先采源点(需纠正的地形图),后采目标点(标准图廓);先采图廓点和控制点,后采方里网点。

4.1.1.2　遥感影像纠正

遥感影像的纠正,一般是指通过一系列的数学模型来改正和消除遥感影像成像时摄影材料变形、物镜畸变、大气折光、地球曲率、地球自转、地形起伏等因素导致的原始图像上各地物的几何位置、形状、尺寸、方位等特征与在参照系统中的表达要求不一致时产生的变形,如图 4-1 所示。

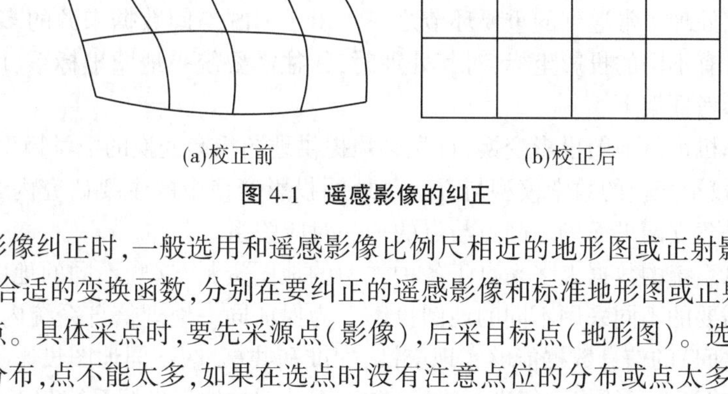

(a)校正前　　(b)校正后

图 4-1　遥感影像的纠正

在遥感影像纠正时,一般选用和遥感影像比例尺相近的地形图或正射影像图作为变换标准,选用合适的变换函数,分别在要纠正的遥感影像和标准地形图或正射影像图上采集同名地物点。具体采点时,要先采源点(影像),后采目标点(地形图)。选点时,要注意选点的均匀分布,点不能太多,如果在选点时没有注意点位的分布或点太多,这样不但不能保证精度,反而会使影像产生变形。另外选点时,点位应选由人工建筑构成的并且不会移动的地物点,如道路交点、桥梁等,尽量不要选河床易变动的河流交叉点,以避免点的移位,影响配准精度。

4.1.2　坐标变换

二维码 12　坐标变换

对于采集完毕的数据,由于原始数据来自不同的空间参考系统,或者数据输入时是一种投影,输出时是另外一种投影,造成同一空间区域的不同数据,它们的空间参考有时并不相同,为了进行空间分析和数据管理,经常需要进行坐标变换,将数据统一到同一空间参考系下。坐标变换的实质是建立两个空间参考系之间点的一一对应关系。常用的坐标变换的方法如图 4-2 所示。

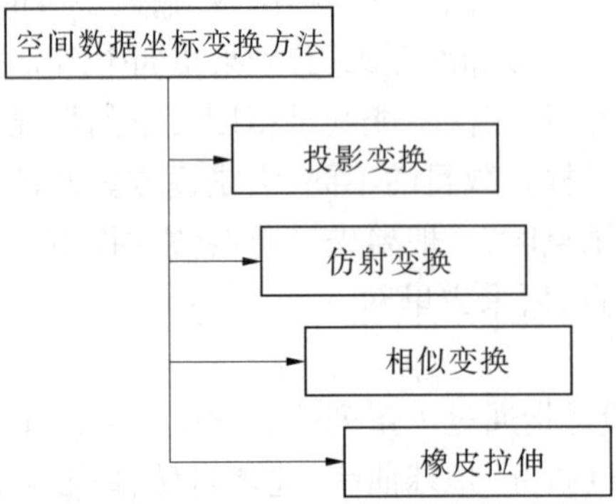

图 4-2　坐标变换方法

4.1.2.1　投影变换

投影变换必须已知变换前后的两个空间参考的投影参数,然后利用投影公式的正解和反解算法,推算变化前后两个空间参考系之间点的一一对应函数关系。投影变换是坐标变换中精度最高的变换方法。但是,有时在一些特殊情况下,即便知道变换前后的两个空间参考的投影参数、投影方式,但投影变换的正解和反解也很难直接推求,此时往往采用投影变换的综合算法。

将一种地图投影转换为另一种投影的过程与方法,称为地图投影变换。地图投影变换是 GIS 数据处理中常遇到的重要环节之一。由于 GIS 空间数据来源的多样性,不同来源的地图上具有不同的投影坐标,对其处理时,往往需要统一地图坐标系,以便各种地图都处于同一参考框架下。

利用计算机进行地图投影变换,首先必须提供地图投影变换的数学模型,然后进行编程实现,所以投影变换的数学模型与方法是地图投影变换中的主要研究内容。地图投影变换的实质是建立两平面场之间点与点的一一对应关系。

地理信息系统的数据大多来自于各种类型的地图资料,这些不同的地图资料根据成图的目的与需要的不同采用不同的地图投影。为保证同一地理信息系统内(甚至不同地理信息系统之间)的信息数据能够实现交换、配准和共享,在不同地图投影地图的数据输入计算机时,首先就必须将它们进行投影变换,用共同的地理坐标系统和直角坐标系统作为参照,来记录存储各种信息要素的地理位置和属性。

因此,地图投影变换对于数据输入和数据可视化都具有重要意义,否则由于投影参数不准确定义所带来的地图记录误差,使以后所有基于地理位置的分析、处理与应用都没有意义。投影转换的方法可以采用正解变换、反解变换和数值变换。

1. 正解变换

正解变换是指通过建立一种投影变换为另一种投影的严密或近似的解析关系式,直接由一种投影的数字化坐标(x,y)变换到另一种投影的直角坐标(X,Y)。

2. 反解变换

反解变换即由一种投影的坐标反解出地理坐标($x,y\rightarrow B,L$),然后将地理坐标代入另一种投影的坐标公式中($B,L\rightarrow X,Y$),从而实现由一种投影的坐标到另一种投影坐标的变换($x,y\rightarrow X,Y$)。

3. 数值变换

根据两种投影在变换区内的若干同名数字化点,采用插值法或有限差分法、有限元法、待定系数法等,实现由一种投影的坐标到另一种投影坐标的变换。

地理信息系统中地图投影配置的一般原则为:

(1)所配置的地图投影应与相应比例尺的国家基本图(基本比例尺地形图、基本省区图或国家大地图集)投影系统一致。

(2)系统一般只采用两种投影系统:一种服务于大比例尺的数据输入输出,另一种服务于中小比例尺。

(3)所用投影以等角投影为宜。

(4)所用投影应能与格网坐标系统相适应,即所用的格网系统在投影带中应保持完整。

4.1.2.2　仿射变换

仿射变换只考虑地理实体在平面上的变形(见图4-3),是在不同的方向上进行不同的压缩和扩张,可以将球变为椭球,将正方形变为平行四边形,其公式为

$$\begin{cases} X' = AX + BY + C \\ Y' = DX + EY + F \end{cases} \tag{4-1}$$

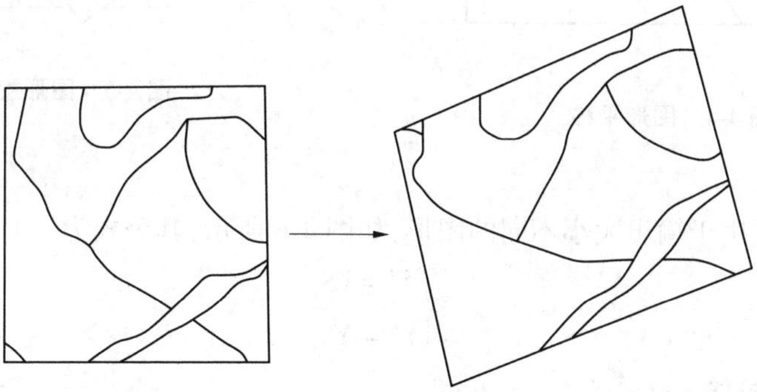

图4-3　仿射变换

式中　X、Y——当前坐标;

X'、Y'——理论值；

A、B、C、D、E、F——待定系数。

因此，只需要知道不在同一直线上的 3 个控制点在当前坐标系统中的坐标及其实际的理论值，即可求得待定系数。这样，其他地理实体纠正后的坐标值即可求得。不在同一直线上，是保证所列方程组有解。仿射变换适用于图件存在线性变形的情况，其主要特征是：直线变换后仍为直线；平行线变换后仍为平行线；不同方向上，线段长度不发生改变。

4.1.2.3 相似变换

相似变换是由一个图形变换为另一个图形，在改变的过程中保持形状不变（大小可以改变）。在二维坐标变换过程中，经常遇到的是平移、旋转和缩放三种基本的相似变换操作。

1. 平移

平移是将图形的一部分或者整体移动到笛卡儿直角坐标系中另外的位置，如图 4-4 所示，其变换公式为

$$\begin{cases} X' = X + T_x \\ Y' = Y + T_y \end{cases} \tag{4-2}$$

2. 旋转

在地图投影变换中，经常要应用旋转操作，如图 4-5 所示。实现旋转操作要用到三角函数，假定顺时针旋转角度为 θ，其公式为

$$\begin{cases} X' = X\cos\theta + Y\sin\theta \\ Y' = -X\sin\theta + Y\cos\theta \end{cases} \tag{4-3}$$

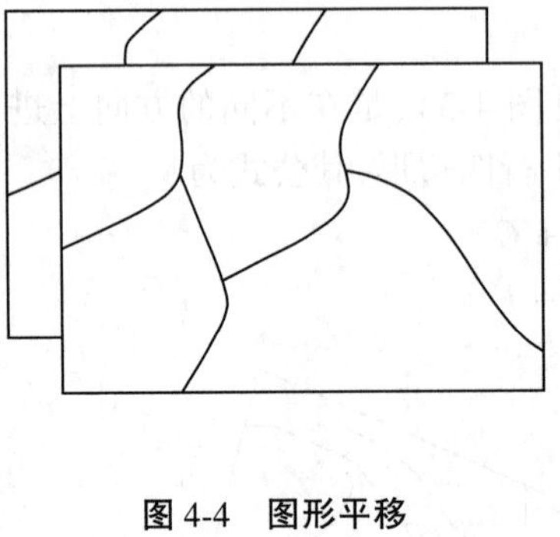

图 4-4 图形平移

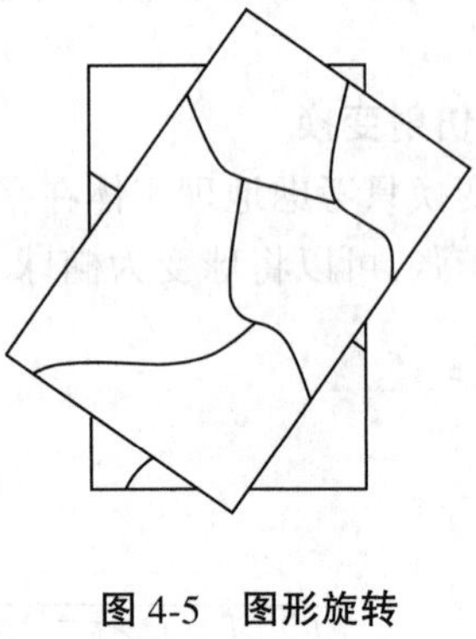

图 4-5 图形旋转

3. 缩放

缩放操作可用于输出大小不同的图形，如图 4-6 所示，其公式为

$$\begin{cases} X' = XS_x \\ Y' = YS_y \end{cases} \tag{4-4}$$

4.1.2.4 橡皮拉伸

橡皮拉伸通过坐标几何纠正来修正缺陷，主要针对几何变形，通常发生在原图上。它们可能由于在地图编绘中出现的配准缺陷、缺乏大地控制或其他各种原因产生。如

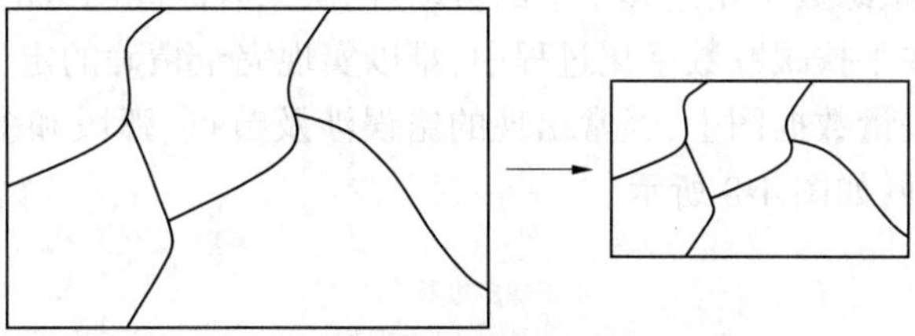

图 4-6　图形缩放

图 4-7 所示,原图层(实心线)被纠正成更精确的目标(虚线)。类似于变换,位移关联点在橡皮拉伸中被用于确定要素移动的位置。

目前,大多数 GIS 软件是采用正解变换法来完成不同投影之间的转换的,并直接在 GIS 软件中提供常见投影之间的转换。

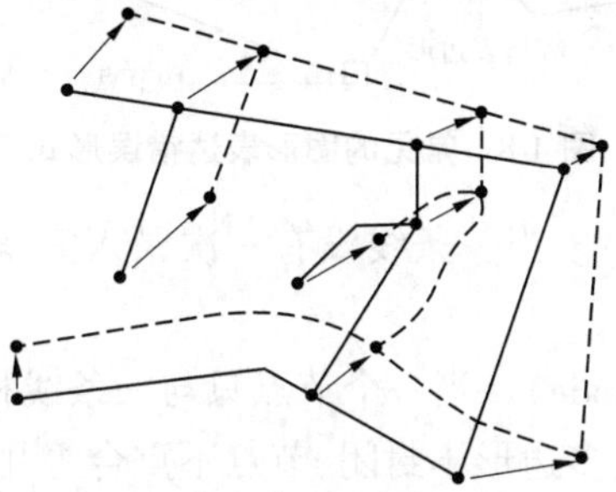

图 4-7　橡皮拉伸示意图

4.2　空间数据编辑

【导入】

由于各种空间数据源本身的误差,以及数据采集过程中的错误,获取的空间数据中不可避免地存在各种错误。为此在数据采集完成后,必须对数据进行必要的检查,GIS 中对空间数据的编辑主要是对输入的图形数据和属性数据进行检查、改错、更新及加工,以完成 GIS 空间数据在建立地理空间数据库前的准备工作,是实现 GIS 功能的基础。

4.2.1　空间数据错误

4.2.1.1　图形数据错误

由于地图数字化特别是手扶跟踪数字化是一件耗时、繁杂的人力劳动,在数字化过程中的错误几乎是不可避免的,造成数字化错误的具体原因包括:

(1)遗漏某些实体。

(2)某些实体重复录入,由于地图信息是二维分布的,并且信息量一般很大,所以要准确记录哪些实体已经录入、哪些实体尚未录入是困难的,这就容易造成重复录入和遗漏。

(3)定位的不准确,数字化仪分辨率可以造成定位误差,但是人的因素是位置不准确的主要原因,如手扶跟踪数字化过程中手的抖动、两次录入之间图纸的移动都可能使位置不准确;更重要的,在手扶跟踪数字化过程中,难以实现完全精确的定位。

在数字化后的矢量数据图上,经常出现的错误涉及节点、弧段和多边形三种类型,其表现形式有以下几种,如图 4-8 所示。

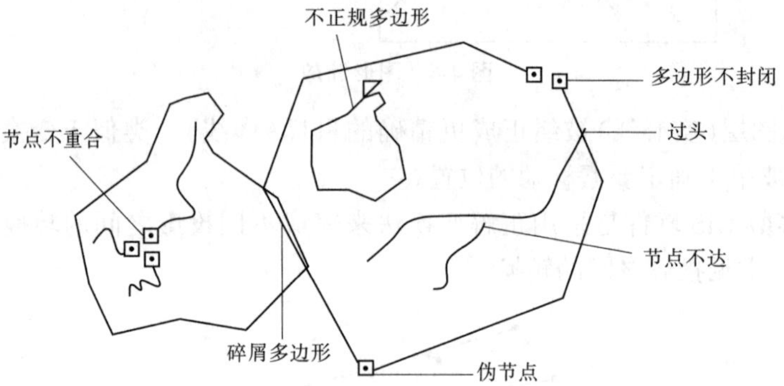

图 4-8　常见的图形表达错误形式

(1)伪节点(pseudo node)。当一条线没有一次录入完毕时,就会产生伪节点。伪节点使一条完整的线变成两段。

(2)悬挂节点(dangling node)。当一个节点只与一条线相连接时,该节点称为悬挂节点。悬挂节点有过头和不达、多边形不封闭、节点不重合等几种情形。

(3)碎屑多边形(sliver polygon)。也称条带多边形。因为前后两次录入同一条线的位置不可能完全一致,故会产生碎屑多边形,即由于重复录入而引起。另外,当用不同比例尺的地图进行数据更新时也可能产生。

(4)不正规多边形(weird polygon)。在输入线的过程中,点的次序倒置或者位置不准确。

空间数据采集过程中,人为因素是造成图形数据错误的主要原因。如数字化过程中手的抖动、两次录入之间图纸的移动等都会导致位置不准确,并且在数字化过程中,难以实现完全精确的定位。常见的数字化错误是线条连接过头和不达两种情况。

4.2.1.2　属性数据错误

属性数据的错误检查,主要包括属性数据本身的正确性和属性数据与空间几何图形的对应关系两个部分内容。

(1)检查属性数据中每条记录是否与几何图形数据中的每个图形对象一一对应且相互关联,检查每条记录的标识码是否与图形对象标识码一一对应且唯一,检查每条记录的标识码是否为空值。

(2)检查属性数据本身每项字段的记录是否准确,属性数据的值是否超过每个数据项的取值范围等。

带入属性数据错误的原因很多,因此错误检查比较困难。主要通过如下一些方法检查属性数据的错误:

(1)借助 GIS 平台软件进行逻辑检查,或者针对特殊问题自编小插件进行检查,通过计算机执行程序自动完成。主要检查属性数据的取值是否在值域内、属性数据与几何图形之间的关联。

(2)把录入属性数据库的属性数据打印出来与属性数据源进行人工对比。

4.2.1.3　数据错误检查方法

为了发现并有效消除图形误差,一般采用以下方法进行图形错误检查。

(1)叠合比较法。是空间数据数字化正确与否的最佳检核方法之一。该方法把数字化的内容绘制在透明材料上,然后与原图叠合在一起,在透光桌上仔细观察和比较,可以观察出来空间数据的比例尺不准确和空间的变形。如果数字化的范围比较大,分块数字化时,除检核一幅图内的差错外,还应该检核已存入计算机的其他图幅的接边情况。

(2)目视检查法。是指在屏幕上用目视检查的方法,检查一些明显的数字化误差与错误,包括线段过长或过短、多边形的重叠和裂口、线段的断裂等情况。

(3)逻辑检查法。根据数据拓扑一致性进行检核,将弧段连成多边形,进行数字化误差的检查。有许多软件已能自动进行多边形节点的自动平差。

属性数据错误检查可通过以下方法完成:

(1)可以利用逻辑检查,检查属性数据的值是否超过其取值范围、属性数据之间或属性数据与地理实体之间是否有荒谬的组合。在许多数字化软件中,这种检查通常使用程序来自动完成。例如,有些软件可以自动进行多边形节点的自动平差、属性编码的自动查错等。

(2)把属性数据打印出来进行人工校对,与用校核图来检查空间数据准确性相似。

对属性数据的输入与编辑,一般在属性数据处理模块中进行。但为了建立属性描述数据与几何图形的联系,通常需要在图形编辑系统中设计属性数据的编辑功能,主要是将一个实体的属性数据连接到相应的几何目标上,亦可在数字化及建立图形拓扑关系的同时或之后,对照一个几何目标直接输入属性数据。一个功能强的图形编辑系统可提供删除、修改、复制属性等功能。

4.2.2　图形数据编辑

矢量数据几何图形错误的纠正很大程度上依赖于 GIS 的图形编辑功能,图形数据编辑是纠正数据采集错误的重要手段。图形数据编辑分为图形参数编辑与图形几何数据编辑,通常用可视化编辑进行修正。

图形参数编辑主要包括线性、线宽、线色,符号尺寸和颜色,面域图案及颜色等。

图形几何数据编辑包括点、线、面的编辑,编辑对象主要有点元、线元、面元及目标。具体而言,编辑检查的主要内容如表 4-1 所示。

表 4-1　图形几何数据编辑类型

点编辑	线编辑	面编辑	目标编辑
删除	删除	弧段加点	删除目标
移动	移动	弧段删点	旋转目标

续表 4-1

点编辑	线编辑	面编辑	目标编辑
拷贝	拷贝	弧段移动	拷贝目标
旋转	追加	删除弧段	移动目标
追加	旋转(改向)	移动弧段	放大目标
水平对齐	剪断	插入弧段	缩小目标
垂直对齐	光滑	剪断弧段	开窗口
节点平差	求平行线		

4.2.2.1　节点编辑

1. 节点吻合

节点吻合又称节点匹配、节点咬合，是把一定范围内若干链的端点作为一个节点，其坐标值可以取多个端点的平均值。

编辑方法分为以下几类，如图 4-9 所示。

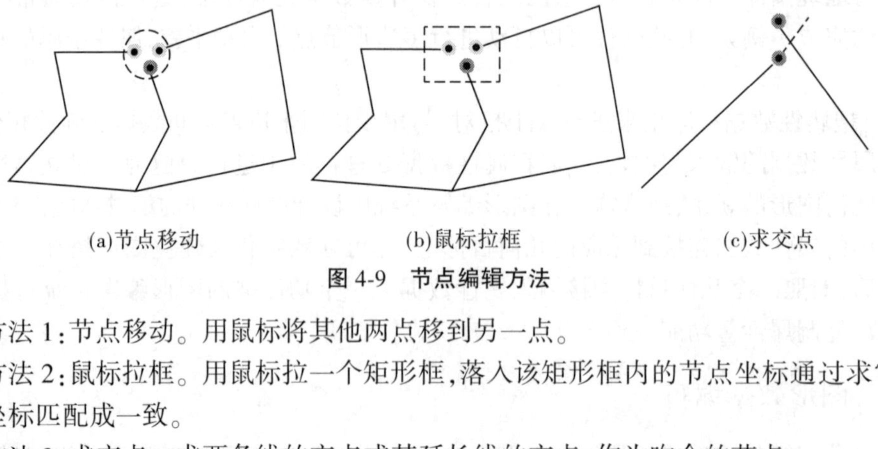

(a)节点移动　　(b)鼠标拉框　　(c)求交点

图 4-9　节点编辑方法

方法 1：节点移动。用鼠标将其他两点移到另一点。

方法 2：鼠标拉框。用鼠标拉一个矩形框，落入该矩形框内的节点坐标通过求它们的中间坐标匹配成一致。

方法 3：求交点。求两条线的交点或其延长线的交点，作为吻合的节点。

方法 4：自动匹配。给定一个吻合容差，或称咬合距，在图形数字化时或之后，将容差范围内的节点自动吻合成一点。

2. 节点与线的吻合

在数字化过程中，常遇到一个节点与一个线状目标的中间相交，这时由于测量或数字化误差，它不可能完全交于线目标上，因而需要进行编辑，称为节点与线的吻合，如图 4-10 所示。

编辑方法如下：

方法 1：节点移动，将节点移动到线目标上。

方法 2：使用线段求交。

方法 3：自动编辑，在给定容差内，自动求交并吻合在一起。

3. 清除伪节点

由仅有两个线目标相关联的节点称为伪节点。有些系统要将这种伪节点去除，如图 4-11 所示，将目标 *A* 和目标 *B* 合并为一条，使它们之间不存在节点。

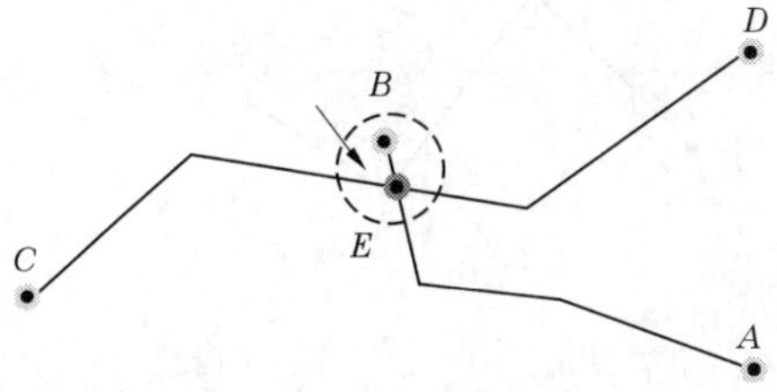

图 4-10 节点与线的吻合示意图

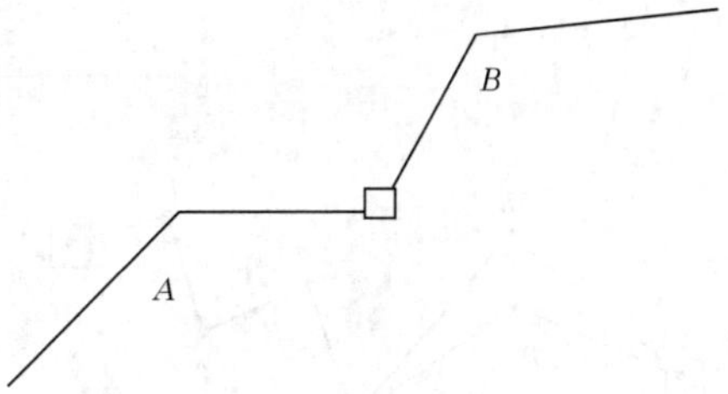

图 4-11 伪节点示意图

4.2.2.2 线段编辑

线段编辑包括用鼠标增加一个点、线、面实体，删除一个点、线、面实体，移动、拷贝、旋转一个点、线、面实体。对于这些编辑工作，不同的软件操作规程有所不同，这里不做详细介绍，这里仅对线目标或多边形弧段的顶点的编辑做一简单的介绍，因为这一操作在 GIS 的图形编辑中使用频繁。

1. 删除与增加一个节点

如图 4-12 所示，删除顶点 *d*，此时由于删除顶点后线目标的顶点个数比原来少，所以该线目标不用整体删除，只是在原来存储的位置重新写一次坐标，拓扑关系不变。相反，对有些系统来说，如果要在 *cd* 之间增加一个顶点，则操作和处理都要复杂得多。在操作上，首先要找到增加顶点对应的线 *cd*，给一个新顶点位置，如图 4-13 所示中 *k* 点，这时 7 个顶点的线目标 *abcdefg* 变成由 *abckdefg* 组成的 8 个顶点，由于增加了一个顶点，它不能重写于原来的存储位置（就文件管理系统而言），而必须给一个新的目标标识号，重写一个线状目标，将原来的目标删除，此时需要做一系列处理，调整空间拓扑关系。

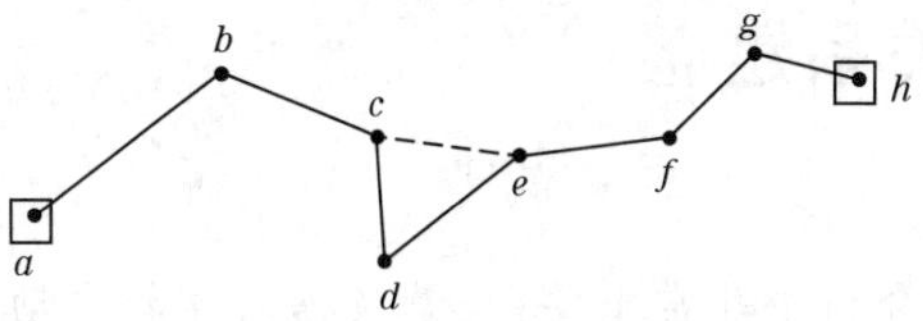

图 4-12 删除一个顶点

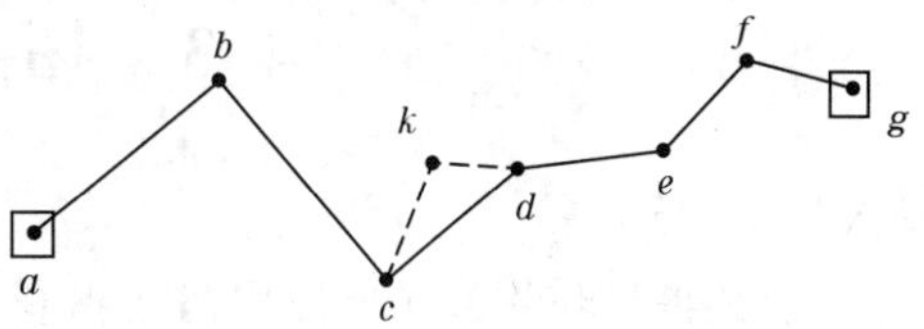

图 4-13 增加一个顶点

2. 移动一个顶点

移动一个顶点比较简单，因为只改变某个点的坐标，不涉及拓扑关系的维护和调整。如图 4-14 所示中的 *b* 点移到 *p* 点，所有关系不变。

3. 删除一段弧段

有时需要在一线目标或多边形边界弧段之间删除一段弧段，此时的处理也比较复杂，先要把原来的弧段分成三段（在存储上原来的弧段实际上被删除），去掉之间一段，保留两端的两条弧段。这时由于赋了两个新的目标标识，原来建立的空间拓扑关系都需要调整和变化。如图 4-15 所示,原来的弧段 *abcdefg*,经过删除弧段 *ce*,现在变成了两个弧段 *abc* 和 *efg*。

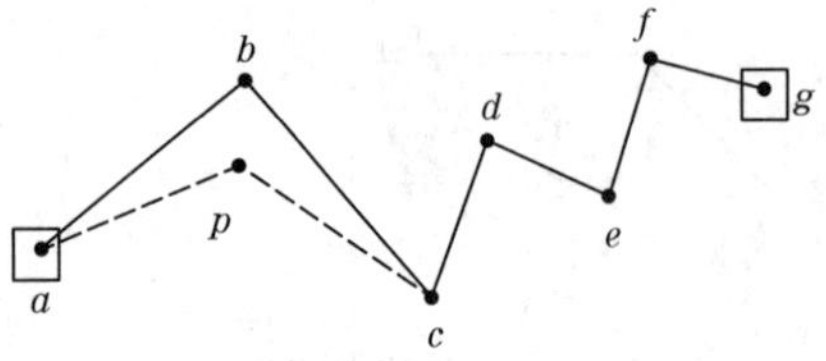

图 4-14　顶点移动

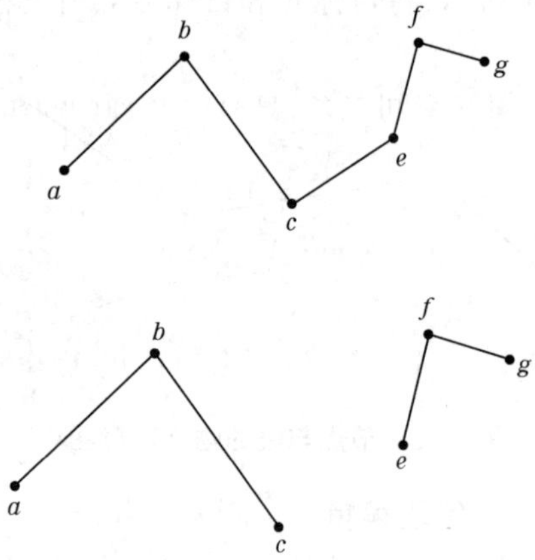

图 4-15　删除一段弧段

4.2.3　属性数据编辑

属性数据编辑通常同数据库管理结合在一起,典型功能包括删除、插入、添加、修改、移动、合并及复制数据等。

属性数据编辑相对比较简单:一方面是检查属性数据是否正确地与空间数据(几何数据)相连接,也就是检查属性数据文件中包含的实体标识码(ID)是否唯一,是否在正确的数值范围内,如果实体标识码重复或不正确,应予以校正;另一方面是检查属性数据本身的正确性和有效性,纠正属性数据的输入错误。属性数据错误的检查与识别可以采用手工对照、异常值检查或程序自动检查及统计检查等方式。

4.3　拓扑关系建立

【导入】

矢量数据拓扑关系在地理空间数据查询与分析中非常重要,矢量数据的拓扑自动生成算法是 GIS 的关键算法之一。根据矢量数据拓扑关系定义和 GIS 在实际应用中的需要,地理空间数据通常需要建立点线拓扑和面拓扑。点线拓扑也称网络拓扑,体现节点与线的联结关系,常用于路径分析和资源分配等网络分析。面拓扑也称多边形拓扑,表现面(多边形)与组成面边界的各线的构成关系、面与“岛”之间的包含关系及具有公共边的两个面之间的邻接关系。

4.3.1　拓扑关系的种类

拓扑关系是一种对空间结构关系进行明确定义的数学方法,是指图形在保持连续状态下变形,但图形关系不变的性质。可以假设图形绘在一张高质量的橡皮平面上,将橡皮任意拉伸和压缩,但不能扭转或折叠,这时原来图形的有些属性保留,有些属性发生改变,前者称为拓扑属性,后者称为非拓扑属性或几何属性。这种变换称为拓扑变换或橡皮变换。拓扑关系指拓扑元素之间的空间关系,具有以几种(见图 4-16)。

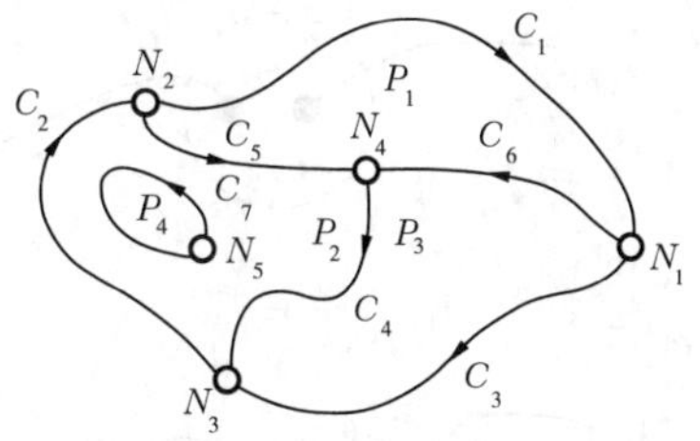

图 4-16　空间数据的拓扑关系

4.3.1.1　**拓扑邻接**

拓扑邻接指存在于空间图形的同类元素之间的拓扑关系。例如,节点之间邻接关系有 N_1/N_4、N_1/N_2 等;多边形(面)之间邻接关系有 P_1/P_3、P_2/P_3 等。

4.3.1.2　**拓扑关联**

拓扑关联指存在于空间图形的不同类元素之间的拓扑关系。例如,节点与弧段(链)关联关系有 N_1/C_1、C_3、C_6,N_2/C_1、C_2、C_5 等。多边形(面)与线段(链)的关联关系有 P_1/C_1、C_5、C_6,P_2/C_2、C_4、C_5、C_7 等。

4.3.1.3　**拓扑包含**

拓扑包含指存在于空间图形的同类但不同级的元素之间的拓扑关系,例如多边形(面)P_2 包含多边形(面)P_4。

4.3.2　拓扑数据预处理

在建立拓扑关系之前及过程中,需要对图形数据进行一些预处理工作,以便对数字化过程中的错误进行改正,否则将影响正确的拓扑关系建立。

4.3.2.1　**线的交叉与自交叉计算**

找出在链的中间相交而不是在端点相交的情况(见图 4-17),自动切成新链;把链按一定顺序存储,如按最大或最小的 x 或 y 坐标的顺序,这样查找和检索都比较方便,然后把链按顺序编号。这是拓扑关系建立最基础的一步。

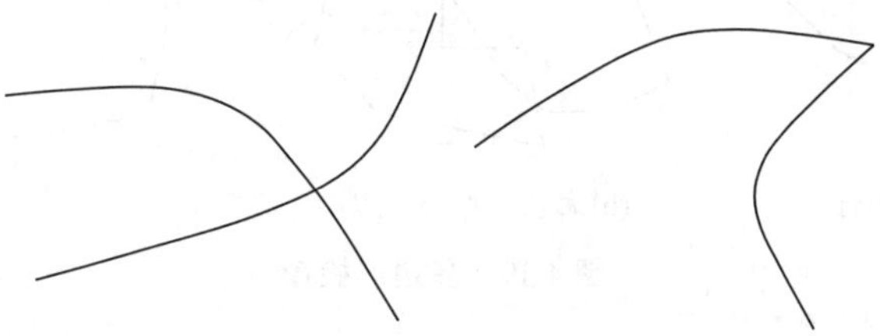

(a)中间相交　　　　(b)端点相交

图 4-17　链的组织:打断相交的链

4.3.2.2　**节点识别与处理**

一个节点只与一条线相连,该节点称为悬挂节点,悬挂节点有不达和过头、节点不重合等几种情况。节点匹配是指把一定限差内的链的端点作为一个节点,其坐标值取多个端点的平均值,如图 4-18(a)所示。然后,对节点顺序编号。伪节点使一条完整的线目标从该点分成两段,该节点需要去除以恢复整条线的完整性,如图 4-18(b)所示。

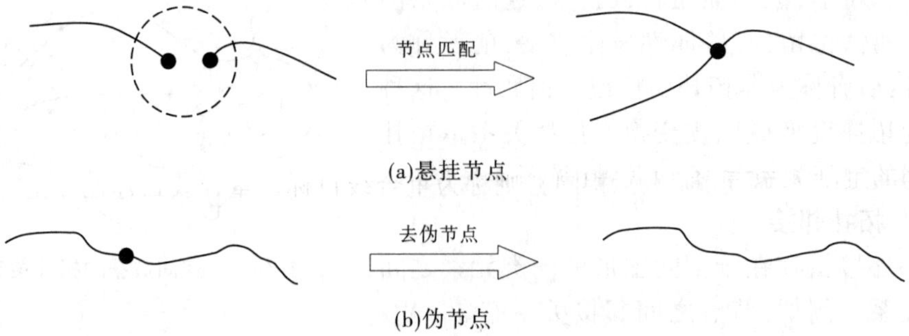

图 4-18 节点识别与处理

4.3.2.3 多边形检查

多边形闭合检查:多边形首尾节点不重合,需要将两点进行匹配,强制闭合,如图 4-19(a)所示。

无意义碎小多边形检查:两次采集多边形某条边所产生的碎小多边形,它们没有实际意义,需要进行删除处理,如图 4-19(b)所示。

悬挂链处理:检查多边形是否闭合可以通过判断一条链的端点是否有与之匹配的端点来进行。如图 4-19(c)所示,弧 a 的端点 P 没有与之匹配的端点,因此无法用该条链与其他链组成闭合多边形。多边形不闭合的原因可能是节点匹配限差的问题,造成应匹配的端点未匹配,或数字化误差较大,或数字化错误,这些可以通过图形编辑或重新确定匹配限差来确定。另外,还可能这条链本身就是悬挂链,不需参加多边形拓扑,这种情况下可以做一标记,使之不参加下一阶段拓扑建立多边形的工作。

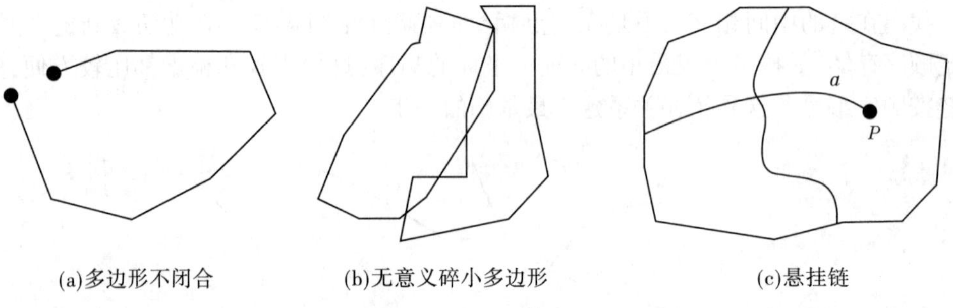

图 4-19 多边形检查

4.3.3 点线拓扑的建立

点线拓扑的建立过程相对简单,其输入数据通常为道路、河流等线状目标,两个线目标之间如果相交则构成连通关系,对所有目标间的连通关系进行求解,形成网络结构数据。建立点线拓扑的基本步骤如下:

(1)断链与节点计算。处理线目标交叉与自交叉,对输入的线目标进行两两相交计算并根据交点按顺序把线目标分解成多个链目标。对新产生的链和节点进行唯一编号,并记录链与所属线目标的对应关系。

(2)节点匹配。合并邻近节点,该功能是识别并合并两两之间距离小于指定节点匹配限差的两个或者多个节点。

(3)识别节点类型。该功能是识别节点类型,如普通节点、伪节点、悬挂节点,以便后续的数据处理。

(4)剔除重合线目标。该功能是判断并去除重合线目标。如果两个线目标包括节点在内的全部顶点两两重叠(坐标相同),则称为重合线目标。重合线目标往往由部分重合的两个线目标相交后产生。

(5)合并伪节点。伪节点使一条完整的线目标从该点分成两段。该功能是将没有实际意义的伪节点去掉,并把与该伪节点相连的两个线目标合并为一个。

(6)建立网络拓扑。在上述工作的基础上,搜索所有的链和节点,记录每条链的两端节点和通过每个节点的所有链,构成参与线拓扑计算的所有线目标之间的网络连通关系。

点线拓扑的建立较为简单,但在实际网络拓扑关系建立时,还会遇到一些特殊情况需要进一步考虑。例如,在道路交通应用中(如立交桥),一些道路在平面上是相交的,实际上并不连通,空间中相互"穿越"。

4.3.4 面拓扑的建立

面拓扑的建立过程与点线拓扑的建立步骤基本一致,关键之处在于建立多边形(也称构面),因此其算法相对比较复杂。

4.3.4.1 相关概念

1. 顺时针方向构多边形

顺时针方向构多边形是指顺着链的方向行进,多边形在链的右侧,如图 4-20 所示。

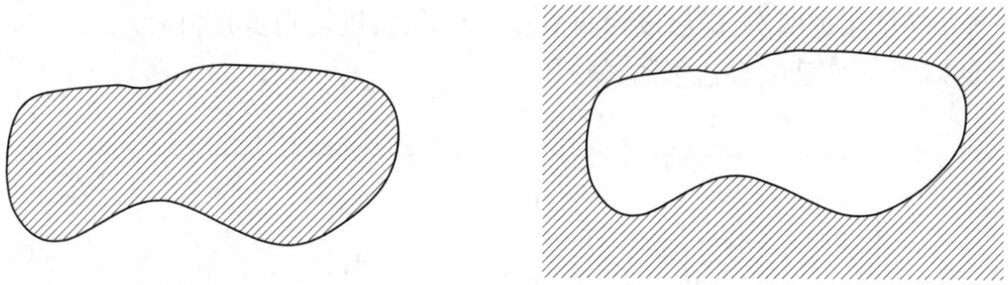

图 4-20 顺时针方向构多边形

2. 最靠右边的链

最靠右边的链是指从链的一个端点出发,在这条链的方向上右边的第一条链。如图 4-21 所示,a 的最右边的链为 d。找最靠右边的链可通过计算链的方向和夹角实现。

3. 多边形面积的计算

设构成多边形的坐标串为$(x_i,y_i)(i=1,2,\cdots,n)$,则多边形的面积 A 可用式(4-5)求出,即

$$A=\frac{1}{2}\sum_{i=1}^{n}x_i(y_{i-1}-y_{i+1}) \tag{4-5}$$

其中:当 $i=n$ 时,$y_{n+1}=y_1$;当 $i=1$ 时,$y_{i-1}=y_n$。

根据式(4-5),当多边形由顺时针方向构成时,面积为正;反之,面积为负(见图 4-22)。

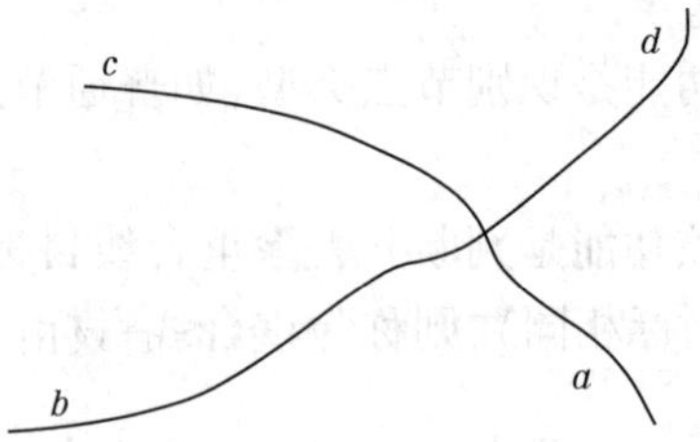

图 4-21　最靠右边的链

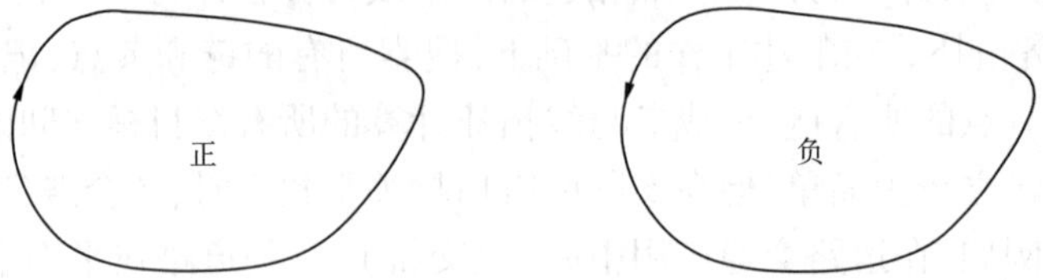

(a)正多边形　　(b)负多边形

图 4-22　正、负多边形

4.3.4.2　建立多边形的基本过程

建立多边形的基本过程如下：

(1)顺序取一个节点为起始节点,取完为止;取过该节点的任一条链作为起始链。

(2)取这条链的另一节点,找这个节点上靠这条链最右边的链,作为下一条链。

(3)是否回到起点:是,已形成一多边形,记录之,并转到步骤(4);否,转到步骤(2)。

(4)取起始点上开始的、刚才所形成多边形的最后一条边作为新的起始链,转到步骤(2);若这条链已用过两次,即已成为两个多边形的边,则转到步骤(1)。

例如,对图 4-23 建立多边形的过程如下:

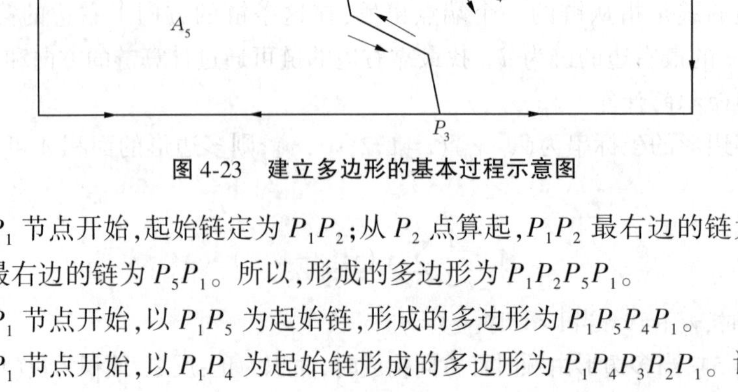

图 4-23　建立多边形的基本过程示意图

(1)从 P_1 节点开始,起始链定为 P_1P_2;从 P_2 点算起,P_1P_2 最右边的链为 P_2P_5;从 P_5 算起,P_2P_5 最右边的链为 P_5P_1。所以,形成的多边形为 $P_1P_2P_5P_1$。

(2)从 P_1 节点开始,以 P_1P_5 为起始链,形成的多边形为 $P_1P_5P_4P_1$。

(3)从 P_1 节点开始,以 P_1P_4 为起始链形成的多边形为 $P_1P_4P_3P_2P_1$。该多边形为包络多边形,面积为负。

(4)这时 P_1 为节点的所有链均被使用了两次,因而转向下一个节点 P_2,继续进行多边形追踪,直至所有节点取完。共追踪出 5 个多边形,即 A_1、A_2、A_3、A_4、A_5。

(5)岛的判断:找出多边形互相包含的情况,即寻找多边形的连通边界。

根据上述追踪多边形的方法,单多边形(由单条链或由多条链顺序构成的,不与其他多边形相交的多边形(见图 4-24)被追踪了两次,因为每条链必须使用两次,所以多边形的一个面积为正,另一个面积为负。如果一个多边形包含另一个多边形,则必然是面积为正的多边形包含面积为负的多边形。所以,解决多边形包含问题的步骤如下:

(1)计算所有多边形的面积。

(2)分别对面积为正的多边形和面积为负的多边形排序。

(3)从面积为正的多边形中,顺序取每个多边形,取完为止。

(4)找出该多边形所包含的所有面积为负的多边形,并把这些面积为负的多边形加入到包含它们的多边形中,转到步骤(3)。

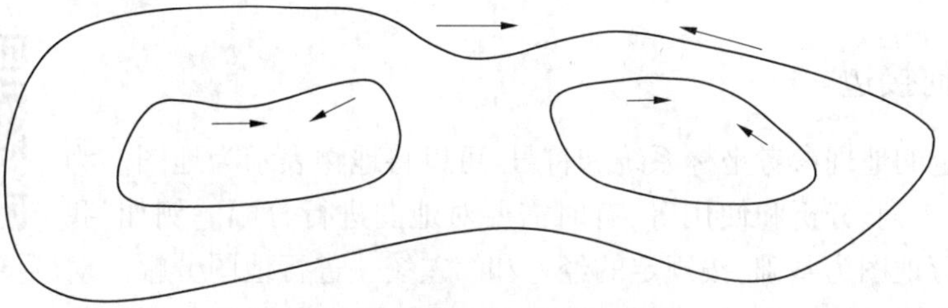

图 4-24　多边形内包含岛的判断

注意,由于一个面积为负的多边形只能被一个多边形包含,当面积为负的多边形被包含应去掉该多边形,或做一标记。当没有面积为负的多边形时,也应停止判断。

在该算法中,找出正面积多边形包含的负面积多边形是关键,其基本过程可描述为以下三步:

(1)找出所有比该正面积多边形面积小的负面积多边形。

(2)用外接矩形法去掉不可能包含的多边形,即负面积多边形的外接矩形不和该正面积多边形的外接矩形相交或被包含时,则不可能被该正面积多边形包含。

(3)取负面积多边形上的一点,看是否在正面积多边形内,若在内,则被包含;若在外,则不被包含。

4.3.5　网络拓扑关系建立

在输入道路、水系、管网、通信线路等信息时,为了进行流量、连通性、最佳线路分析,需要确定实体间的连接关系。网络拓扑关系的建立主要是确定节点与弧段之间的拓扑关系,这一工作可以由 GIS 软件自动完成,其方法与建立多边形拓扑关系时相似,只是不需要建立多边形。但在一些特殊情况下,两条相交的弧段在交点处不一定需要节点,如道路交通中的立交桥,在平面上相交,但实际上不连通,这时需要手工修改,将在交叉处连通的节点删除,如图 4-25 所示。

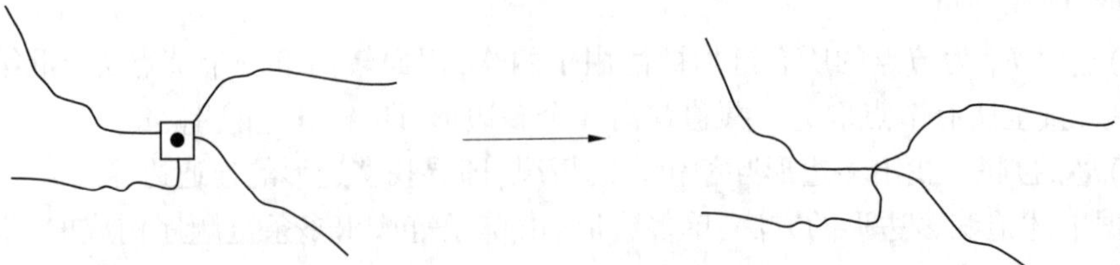

图 4-25　删除不需要的节点

4.4　空间图形拼接

【导入】

在相邻图幅的边缘部分,由于原图本身的数字化误差,同一实体的线段或弧段的坐标数据不能相互衔接,或是由于坐标系统、编码方式等不统一,须进行图形拼接与边缘匹配处理。

4.4.1　几何接边

二维码 13　地形图的拼接

基于特定的地理参考坐标系统和符号,可以将地物表示为地图。为了方便编辑、查询、分析和使用等,有时需要对地图进行分幅。例如,我国以 1∶100 万地图为基础,按规定的经差和纬差统一进行地图分幅。对分幅后的地图进行统一编号,在具体应用的时候,就能根据项目所涉及的地理范围将相应的图幅进行拼接,得到所需要的地形图数据。

在进行相邻图幅拼接的时候,由于空间数据采集误差和人工操作误差,两个相邻图幅的地图的空间数据在结合处可能出现逻辑裂隙与几何裂隙。其中,逻辑裂隙指的是当一个地物在一幅图的数据文件中具有地物编码 A,而在另一幅图的数据文件中却具有地物编码 B,或者同一个地物在这两个数据文件中具有不同的属性信息,如公路的宽度、等高线的高程等。几何裂隙指的是由数据文件边界分开的一个地物的两部分不能精确地衔接。在拼接过程中,需要把相邻图幅的空间数据在逻辑上和几何上融成一个连续一致的数据体,这就是 GIS 中的图幅接边问题。

进行接边时,调出需要接边的两幅或多幅图数据,以其中的一个作为活动图幅(或称活动工作区),其他图幅作为参考。沿图幅的边缘选取一定范围如 5 cm 的空间目标,这些目标(主要是弧段)一般都终结于图廓边附近,以活动工作区的目标为基准,根据图廓边上弧段的节点坐标查找相邻图幅的对应弧段,如果它们的地物编码相同,节点坐标在一定的容差范围内,则将两边的节点坐标取中数自动吻合,空间关系不变。如果它们的地物编码不同,或超过接边的匹配容差,则需要进行人工接边。图 4-26 表达了几何接边过程。

4.4.2　逻辑接边

逻辑接边包括两方面的含义:①检查同一目标在相邻图幅的地物编码和属性赋值是否一致,如果不一致,则进行人工编辑修改。这种逻辑接边容易处理。②另一种逻辑接边

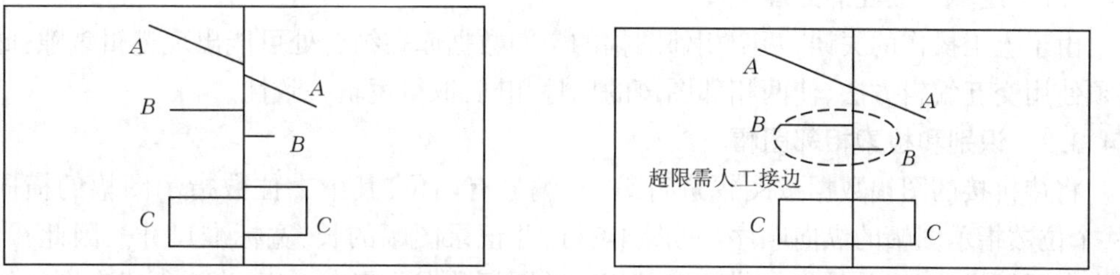

(a)自动接边前　　(b)自动接边后

图 4-26　相邻图幅几何接边示例

的含义是将同一目标在相邻图幅的空间实体数据在逻辑上连在一起。例如,黄河可能跨越多个图幅,当要进行查询时,点取到某幅图的一段目标时要能够同时将多幅图内的黄河一起显示出来,这就要在逻辑上建立某种联系;否则,由于每幅图的数据是单独存储的,一般来说只能查询到该图幅内的空间数据(全关系型无缝数据库除外)。

完成空间目标的逻辑接边有两种方案。一种方案是在图幅数据文件的上一层,将有逻辑联系的空间目标建立一个新的文件,即索引到它在每幅图的子目标,并建立双向指针(目标标识)。当在某一幅图点取子目标时,通过指针,指向上一层总目标文件的记录,这一条记录记录了所有该目标的子目标的目标标识,通过它即可显示整个目标,如图 4-27 所示。另一种方案是不建立总目标文件,也不在每幅图的空间目标的数据文件中为逻辑接边的子目标建立索引,而是通过空间操作的方法,根据每个关键字如“黄河”,让系统自动在周边图幅的文件中搜索到同一目标,从而在效果上等同于建立了跨图幅空间目标的逻辑关系。

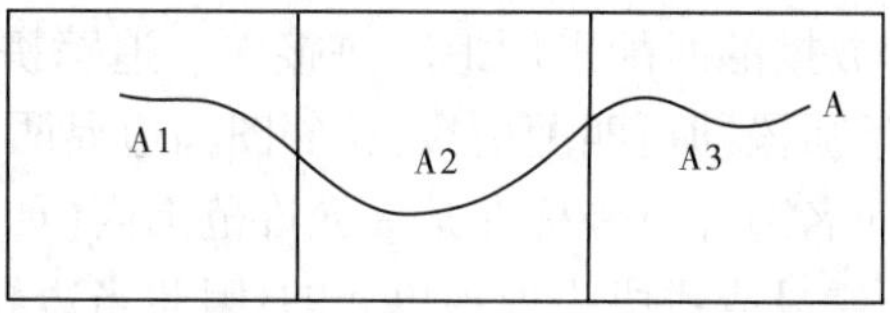

A1文件

OID	…	指针
A1	…	A

A2文件

OID	…	指针
A2	…	A

A3文件

OID	…	指针
A3	…	A

A文件

OID	…	指针
A	…	A1,A2,A3

图 4-27　图幅的逻辑接边

4.4.3　边缘匹配处理

边缘匹配处理可以由计算机自动完成,或者辅助手动完成。通常采用的方法是移动节点或节点黏合,使它们在空间位置上取得一致。一般是以一幅图作为目标,移动另一幅图上的目标。

由于图幅的拼接总是在相邻两图幅之间进行的,要将相邻两图幅之间的数据集中起来,就要求相同实体间的线段或弧段的坐标数据相互衔接,也要求同一实体的属性码相同,因此必须进行图幅边缘匹配处理。主要有以下四个步骤。

4.4.3.1　逻辑一致性的处理

由于人工操作的失误,两个相邻图幅的空间数据库在结合处可能出现逻辑裂隙,此时必须使用交互编辑方法,使两相邻图斑的属性相同,取得逻辑一致性。

4.4.3.2　识别和检索相邻图幅

将待拼接的图幅数据按图幅进行编号,编号有两位,其中十位数指示图幅的横向顺序,个位数指示图幅的纵向顺序(见图 4-28),并记录图幅的长、宽标准尺寸。因此,当进行横向图幅拼接时,总是将十位数编号相同的图幅数据收集在一起;当进行纵向图幅拼接时,将个位数编号相同的图幅数据收集在一起。

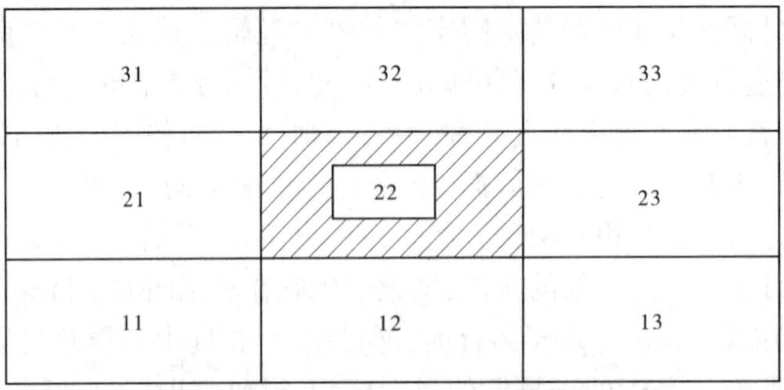

图 4-28　图幅编号及接图范围

图幅数据的边缘匹配处理主要是针对跨越相邻图幅的弧段或弧而言的,为了减少数据容量,提高处理速度,一般只提取图幅边界 2 cm 范围内的数据作为匹配和处理的目标。同时要求,图幅内空间实体的坐标数据已经进行过投影转换。

4.4.3.3　相邻图幅边界点坐标数据的匹配

相邻图幅边界点坐标数据的匹配采用追踪拼接法。追踪拼接有四种情况,只要符合下列条件,两条线段或两条弧段即可匹配衔接:相邻图幅边界两条线段或弧段的左右码各自相同或相反;相邻图幅同名边界点坐标在某一允许范围内(如±0.5 mm)。

匹配衔接时是以一条弧段或线段为处理单元的,因此当边界点位于两个节点之间时,需分别取出相关的两个节点,然后按照节点之间线段方向一致性原则进行数据的记录和存储。

4.4.3.4　相同属性多边形公共边界的删除

当图幅内图形数据完成拼接后,相邻图斑会有相同的属性。因此,应将相同属性的两个或多个相邻图斑合并成一个图斑,即消除公共边界,并对共同属性进行合并。

多边形公共边界的删除,可以通过构成每一面域的线段坐标链,删去其中共同的线段,然后建立合并多边形的线段链表。

对于多边形的属性表,除多边形的面积和周长需要重新计算外,其余属性保留其中之一图斑的属性即可。

知识延伸:空间数据质量

GIS 空间数据质量是指 GIS 中空间数据(几何数据和属性数据)在表达空间位置属性和时间特征时所能达到的准确性、一致性、完整性以及三者统一的程度。空间性、专题性和时间性是空间数据的三个基本要素。空间数据质量是空间数据在表达这三个基本要素时,所能够表达到的准确性、一致性和完整性。空间数据是对现实世界中空间特征和过程的抽象表达。由于现实的复杂性和模糊性以及人类认识和表达能力的局限性,这种抽象表达总是不可能完全达到真值,只能在一定程度上接近真值。从这种意义上讲,数据质量发生问题是不可避免的。此外,对空间数据的处理也会导致某些质量问题。因此,空间数据质量的好坏是一个相对概念,并具有一定程度的针对性。这里不考虑具体的应用,主要从空间数据的客观规律性出发,说明空间数据的质量评价和控制。

1. 空间数据质量相关概念

1) 误差

误差反映了数据与真实值或者大家公认的真值之间的差异,它是一种常用的数据准确性的表达方式。误差研究包括:位置误差,即点的位置误差、线的位置误差和多边形的位置误差;属性误差,即位置和属性误差之间的关系等。

2) 数据的准确度

数据的准确度被定义为,结果、计算值或估计值与真实值或者大家公认的真值的接近程度。空间数据的准确度经常是根据所处的位置、拓扑属性或非空间属性来分类的,它可用误差来衡量。

3) 数据的精密度

数据的精密度指数据表示的精密程度,即数据表示的有效位数。它表现了测量值本身的离散程度。由于精密度的实质在于它对数据准确度的影响,同时在很多情况下,它可以通过准确度得到体现,故常把两者结合在一起称为精确度,简称精度。

4) 不确定性

不确定性是关于空间过程和特征不能被准确确定的程度,是自然界各种空间现象自身固有的属性。地理信息系统的不确定性包括空间位置的不确定性、属性不确定性、时域不确定性、逻辑上的不一致性及数据的不完整性。空间位置的不确定性是指 GIS 中某一被描述物体与其地面上真实物体位置上的差别;属性不确定性是指某一物体在 GIS 中被描述的属性与其真实属性的差别;时域不确定性是指在描述地理现象时,时间描述上的差错;逻辑上的不一致性是指数据结构内部的不一致性,尤其是指拓扑逻辑上的不一致性;数据的不完整性是指对于给定的目标,GIS 没有尽可能完全地表达该物体。

5) 比例尺

比例尺是地图上一个记录的距离和它所表现的"真实世界"的距离之间的一个比例。地图的比例尺将决定地图上一条线的宽度所表现的地面的距离。例如,在一个 1∶1万比例尺的地图上,一条 0.5 mm 宽度的线对应着 5 m 的地面距离。如果这是线的最小宽度,那么就不可能表示小于 5 m 的现象。

6) 空间分辨率

分辨率是两个可测量数值之间最小的可辨识的差异。那么空间分辨率可以看作记录变化的最小距离。在一张用肉眼可读的地图上,假设一条线用来记录一个边界,分辨率通常由最小线的宽度来确定。地图上的线很少以小于 0.1 mm 的宽度来画。在一个图形扫描仪中,最细的物理分辨率从理论上讲是由设施像元之间的距离来确定的。在一个激光打印机上的 1 in(1 in = 2.54 cm)的 1/300,在高质量的激光扫描仪上会细化 10 倍。如果没有放大,最细的激光扫描仪的线是看不到的,尽管这依赖于背景颜色的对照。因此,在人的视觉分辨率和设备物理分辨率之间存在着一个差异。

2. 空间数据误差来源

空间数据在数据的采集、输入、存储、处理、输出和使用等各个过程中都有可能产生误差,从而带来数据的质量问题。空间数据主要的误差来源如表 4-2 所示。

表 4-2 空间数据主要的误差来源

数据处理过程	误差来源
数据采集	野外测量误差:仪器误差、记录误差
	遥感数据误差:辐射和几何纠正误差、信息提取误差
	地图数据误差:原始数据误差、坐标转换、制图综合及印刷
数据输入	数字化误差:仪器误差、操作误差
	不同系统格式转换误差:栅格-矢量转换、三角网-等值线转换
数据存储	数值精度不够
	空间精度不够:每个格网点太大、地图最小制图单元太大
数据处理	分类间隔不合理
	多层数据叠合引起的误差传播:插值误差、多源数据综合分析误差
	比例尺太小引起的误差
数据输出	输出设备不精确引起的误差
	输出的媒介不稳定引起的误差
数据使用	对数据所包含的信息的误解
	对数据信息使用不当

3. 数据质量评价

对空间数据质量的评价往往要借助于相关部门颁布的空间数据质量标准来进行。空间数据质量的具体内容主要有以下几个方面,表 4-3 给出了空间数据质量评价矩阵。

表 4-3　空间数据质量评价矩阵

空间数据要素	空间数据描述		
	空间特征	时间特征	专题特征
继承性	√	√	√
位置精度	√		√
属性精度		√	√
逻辑一致性	√	√	√
完整性	√	√	√
表现形式准确性	√	√	√

(1)数据说明。要求对地理数据的来源、数据内容及其处理过程等做出准确全面和详尽的说明。

(2)几何数据精度。为空间实体的坐标数据与实体真实位置的接近程度,常表现为空间三维坐标数据精度。它包括数学基础精度、平面精度、高程精度、接边精度、形状再现精度(形状保真度)、像元定位精度等。

(3)属性精度。指空间实体的属性值与其真值相符的程度。通常取决于地理数据的类型,且常常与位置精度有关,包括要素分类与代码的正确性、要素属性值的准确性及其名称的正确性等。

(4)时间精度。指数据的现势性,可以通过数据更新的时间和频度来表现。

(5)逻辑一致性。指地理数据关系上的可靠性,包括数据结构、数据内容(空间特征、专题特征和时间特征),以及拓扑性质上的内在一致性。

(6)数据完整性。指地理数据在范围、内容及结构等方面满足所要求的完整程度,包括数据范围、空间实体类型、空间关系分类、属性特征分类等方面的完整性。

(7)表达形式的合理性。主要指数据抽象、数据表达与真实地理世界的吻合性,包括空间特征、专题特征和时间特征表达的合理性等。

4. 空间数据生产过程中的质量控制

数据质量控制应体现在数据生产和处理的各个环节。下面仍以地图数字化生成空间数据过程为例,介绍数据质量控制的措施。

1)数据源的选择

由于数据处理和使用过程的每一个步骤都会保留甚至加大原有误差,同时可能引入新的数据误差,因此数据源的误差范围至少不能大于系统对数据误差的要求范围。

所以,对于大比例尺地图的数字化,原图应尽量采用最新的二底图,即使用变形较小的薄膜片基制作的分版图,以保证资料的现势性和减少材料变形对数据质量的影响。

2)数字化过程中的数据质量控制

数字化过程中的数据质量控制主要从数据预处理、数字化设备的选用、对点精度、数字化限差和数据精度检查等环节出发。

(1)数据预处理。主要包括对原始地图、表格等的整理、誊清或清绘。对于质量不高的数据源,如散乱的文档和图面不清晰的地图,通过预处理工作不但可减小数字化误差,还可提高数字化工作的效率。对于扫描数字化的原始图形或图像,还可采用分版扫描的方法来减小矢量化误差。

(2)数字化设备的选用。主要按手扶数字化仪、扫描仪等设备的分辨率和精度等有关参数进行挑选,这些参数应不低于设计的数据精度要求。一般要求数字化仪的分辨率达到 0.025 mm,精度达到 0.2 mm;对扫描仪的分辨率则不低于 300 DPI(dots per inch)。

(3)数字化对点精度(准确性)。是指数字化时数据采集点与原始点重合的程度。一般要求数字化对点误差小于 0.1 mm。

(4)数字化限差。数字化时各种最大限差规定为:曲线采点密度 2 mm、图幅接边误差 0.2 mm、线划接合距离 0.2 mm、线划悬挂距离 0.7 mm。对于接边误差的控制,通常当相邻图幅对应要素间距离小于 0.3 mm 时,可移动其中一个要素以使两者接合;当这一距离介于 0.3~0.6 mm 时,两要素各自移动一半距离;若距离大于 0.6 mm,则按一般制图原则接边,并做记录。

(5)数据精度检查。主要检查输出图与原始图之间的点位误差。一般要求,对于直线地物和独立地物,这一误差应小于 0.2 mm;对于曲线地物和水系,这一误差应小于 0.3 mm;对边界模糊的要素,这一误差应小于 0.5 mm。

4.5 职业技能应用实践

【导入】

本单元职业技能应用实践主要包括 7 个内容,通过地形图配准和空间数据校正讲述空间数据变换的方法;从延伸与修剪、删除冗余节点和编辑公共边与顶点讲述空间数据编辑的方法;最后介绍了拓扑与融合两种数据处理的方法。

4.5.1 地形图配准

4.5.1.1 实践背景

地理空间数据的来源广泛,任何格式的数据都显示或隐式地包含坐标系信息,坐标系包括地理坐标系和投影坐标系。为了能够对不同来源的地理数据进行可视化、数据分析,必须保证每个数据的坐标系是一致的。将传统的纸质地图转换成可用的地理信息数据,必须对其进行空间坐标系统的定义与转换,即将像素坐标系统转换为地理空间坐标系统,使其能够与其他空间数据融合在统一的地理坐标框架下。

4.5.1.2 实践目的

(1)理解地理坐标系的含义及对数据的作用。

(2)能给地形图添加坐标信息。

4.5.1.3 实践数据

职业技能应用实践数据如表 4-4 所示,数据存放在“data4.5.1”文件夹中。

表 4-4　职业技能应用实践数据

名称	格式	坐标系	说明
1∶1万比例尺地形图	jpg 格式	Unknow	用于配准的地形图

4.5.1.4　实践方法

(1)使用【添加控制点】工具,添加控制点。

(2)使用【纠正】工具,进行数据的纠正。

(3)使用【定义投影】工具,对数据的投影进行定义(见表 4-5)。

表 4-5　工具名称及位置

工具名称		工具位置
Add Control Points	添加控制点	【菜单栏】→【自定义】→【工具条】→【地理配准】→【添加控制点】
Rectify	纠正	【菜单栏】→【自定义】→【工具条】→【地理配准】→【纠正】
Define Projection	定义投影	【ArcToolbox】→【数据管理工具】→【投影和变换】→【定义投影】

4.5.1.5　实践过程

第一步,确定目标坐标信息。

打开地形图图片,查看该地形图的坐标基准、比例尺及坐标范围。坐标基准信息为该地形图的地理坐标系,在图片左下方;比例尺在图下侧中央,其确定了该地形图的投影方法,我国的大比例尺地形图均采用高斯-克吕格(Gauss-Kruger)投影;坐标范围确定了高斯-克吕格投影的带号(3°或 6°)和中央经线。注意:1∶1万采用 3°带投影,1∶2.5 万～1∶50 万采用 6°带投影。读图可知如表 4-6 所示信息。

表 4-6　坐标信息

坐标基准信息	1954 北京坐标系	地理坐标系	Beijing1954
比例尺	1∶1万	投影方法	高斯-克吕格
坐标范围	120°22′30″E～120°26′15″E	投影带和中央经线	120°E　3°带
	31°20′00″N～31°22′30″N		120.406 25°

第二步,确定四角点高斯投影坐标。

如前所述,由于大比例尺的地形图都是高斯-克吕格投影,四角点标注的坐标为该区域的地理坐标,进行地理配准前,必须计算该四角点地理坐标对应的高斯投影坐标(见表 4-7)。可以下载一个坐标转换工具进行转换,分别将四角点经纬度坐标填入,计算得到对应的高斯坐标。

表 4-7 四角点高斯投影坐标的计算

地理坐标	经度	120°22′30″	120°26′15″	120°22′30″	120°26′15″
	纬度	31°22′30″	31°22′30″	31°20′00″	31°20′00″
高斯坐标	X 垂直	3 472 674.044 824	3 472 695.993 901	3 468 054.102 740	3 468 076.035 305
	Y 水平	40 535 673.899 531	40 541 619.598 767	40 535 689.633 110	40 541 637.954 970

第三步,设置配准连接。

右击菜单栏空白处,添加【地理配准】工具条。首先,取消【地理配准】工具条下的【自动校正】的勾选;其次,使用【添加控制点】工具,对四角点进行配准,点击某一角点后,右击任意位置,选择【输入 X 和 Y】,依次将高斯坐标输入。注意:ArcMap 中 x 轴为高斯坐标的 y 轴;最后,依次设置好四角点的连接关系。

第四步,查看连接表。

点击工具条中【查看连接表】按钮,打开【连接表】,表中列出了从像素坐标系(原始)到高斯坐标系(目标)的控制点对应关系,残差列表为空。

第五步,执行图像校正。

在【连接表】对话框中,变换选择【自动校正】或【一阶多项式(仿射)】,即可计算出四角点校正前后产生的残差值。选择工具条【地理配准】下的【纠正】工具,保存校正后的地形图为“纠正”,【格式】为“TIFF”,【像元大小】默认(以一阶多项式变换方法行纠正)。

第六步,定义投影。

重新打开 ArcMap,加载校正后的地形图文件“校正”,可以查看到该图层的坐标范围已校正到高斯坐标系下,但该数据只是隐式地具有坐标信息,需要进行定义投影后才具有显示坐标信息。打开【数据管理工具】→【投影和变换】→【定义投影】对话框,输入数据集或要素类设置为“纠正. tif”,点击右侧坐标系按钮,打开【空间参考属性】对话框,点击【选择】,选择【投影坐标系】→【Gauss Kruger(高斯投影)】→【Beijing1954】→【Beijing_1954_3_Degree_GK_CM_120E. prj】,点击【确定】执行定义投影工具,得到定义投影的地形图。

4.5.2 空间数据校正

4.5.2.1 实践背景

地理信息数据的特点之一就是具有地理空间坐标,而空间坐标系统具有不同的标准,如我国的北京 1954 坐标系、西安 1980 坐标系等,在对 GIS 数据进行制图表达、数据分析时,常常遇到数据坐标参考系不一的问题,通常采用坐标系统投影转换的方式来统一坐标系统,而对于采用不同地理坐标系或未知坐标系所表达的数据,无法通过直接投影转换的方式进行统一,在考虑精度不损失的情况下,可以通过手动的方式进行数据的校正。

4.5.2.2 实践目的

(1)理解空间数据的纠正原理。

(2)能对不同坐标系的数据进行处理。

4.5.2.3　实践数据

职业技能应用实践数据如表 4-8 所示,数据存放在“data4.5.2”文件夹中。

表 4-8　职业技能应用实践数据

名称	格式	坐标系	说明
line1	Shapefile 面要素	Unknown	待校正数据
line2	Shapefile 面要素	Unknown	待校正数据
map	TIFF 格式	China_Lambert_Conformal_Conic	校正参考底图数据

4.5.2.4　实践方法

(1)使用【新建位移连接】工具,实现源图层与待校正图层控制点的连接。

(2)使用【校正】工具,实现待校正图层向源图层的【空间校正】(见表 4-9)。

表 4-9　工具名称及位置

工具名称		工具位置
New Displacement Link Tool	新建位移连接	【菜单栏】→【自定义】→【工具条】→【空间校正】→【新建位移连接】
Adjust	校正	【菜单栏】→【自定义】→【工具条】→【空间校正】→【校正】

4.5.2.5　实践过程

第一步,加载【空间校正】工具条。

打开 ArcMap 软件,选择【菜单栏】→【自定义】→【工具条】→【空间校正】工具条,完成加载。

第二步,设置校正参数。

栅格数据 map 具有空间坐标信息,而矢量图层 line1 的空间坐标为“未定义”,因此需要将 line1 图层校正到 map 中的黑线位置处,点击【编辑器】工具条,选择【编辑器】→【开始编辑】选项,编辑图层需要选择被校正的图层“line”:点击【空间校正】工具条,选择【空间校正】→【设置校正数据】选项,勾选图层 line1,点击【确定】,设置【校正方法】为【变换仿射】。注意:仿射变换通常是图形的整体性变换,而 line1 中数据仅发生了系统性偏移,所以使用仿射变换来校正。

第三步,设置校正控制点。

使用【空间校正】工具条中的【新建位移连接】工具,对 line1 图层添加控制点连接,控制点要选择 line1 和 map 的对应关键位置,如节点。点击【空间校正】工具条中的【查看连接表】工具,打开当前设置的控制点坐标对应关系,表中【X 源】、【Y 源】和【X 目标】、【Y 目标】分别列出了校正前和校正后控制点的坐标值对应关系、【残差】(表示每个控制点产生的误差值)及此次校正的【RMS 误差】。注意:本例中试验数据比较简单,控制点仅 5 个,在实际情况中需要多增加控制点个数,且保证其残差尽可能小。

第四步,校正数据。

点击【空间校正】工具条,选择【空间校正】→【校正预览】选项,可以在预览窗口中查看当前校正结果的效果;选择【空间校正】→【校正】选项,执行校正操作;完成 line1 图层的校正操作。

第五步,设置校正参数。

同样,矢量图层 line2 的空间坐标系为"未定义",需要将 line2 图层校正到 map 中的黑线位置处。点击【编辑器】工具条,选择【编辑器】→【开始编辑】选项,选择图层"line2":【设置校正数据】为图层 line2;设置【校正方法】为【橡皮页变换】。注意:与 line1 不同的是,line2 中线要素不仅发生了平移,还发生了变形;仿射变换无法校正变形的线段,因此需要使用橡皮页变换方法。

第六步,设置校正控制点。

同第三步,使用【空间校正】工具条中的【新建位移连接】工具,对 line2 图层添加控制点连接。注意:本例中变形线段为直线,仅需端点设置位移连接即可,实际情况必须保证在发生变形线段的每个节点或尽可能多的节点处建立位移连接,才能校正正确。

第七步,校正数据。

同第四步,执行校正:保存并停止编辑,完成 line2 图层的校正操作。

4.5.3　延伸与修剪

4.5.3.1　实践背景

地理数据所描述的地理对象往往存在空间范围或边界的特点,如公路以行政区作为边界条件、小区的用水管线以接入房屋的轮廓作为边界条件等。为了保证地理数据对真实地物表达的准确性,以及基于地理数据进行空间分析的准确性,需要对边界条件不完善的地理数据进行编辑处理,如对区域内的管网进行管理,需要确保每条管线均满足边界条件,即管线与居民房屋连通。

4.5.3.2　实践目的

(1)能通过延伸工具来有效修补数据。

(2)能通过裁剪工具去除面内部和外部的线要素。

4.5.3.3　实践数据

职业技能应用实践数据如表 4-10 所示,数据存放在"data4. 5. 3"文件夹中。

表 4-10　职业技能应用实践数据

图层名称	格式	坐标系	说明
road	Shapefile 线要素	Unknown	用于延伸和修剪的线要素数据
area	Shapefile 面要素	Unknown	作为限制条件的面要素数据

4.5.3.4　实践方法

(1)使用【延伸工具】,选中限制要素,完成线段的延伸。

(2)使用【修剪工具】,选中限制要素,完成线段的裁剪(见表 4-11)。

表 4-11　工具名称及位置

工具名称		工具位置
Extend Tool	延伸工具	【菜单栏】→【自定义】→【工具条】→【高级编辑】→【延伸工具】
Trim Tool	修剪工具	【菜单栏】→【自定义】→【工具条】→【高级编辑】→【修剪工具】

4.5.3.5　实践过程

第一步,加载高级编辑工具条。

选择【菜单栏】→【自定义】→【工具条】→【高级编辑】工具条。

第二步,选中作为限制条件的面要素。

打开【编辑器】工具条中的【开始编辑】工具,使用编辑工具选中作为限制条件的面要素。特别要注意的是:本例中两条线要素分别针对面要素进行延伸和裁剪处理,在处理之前必须确定作为限制条件的面要素。

第三步,延伸短的线要素。

保持面要素的选中状态;选择【延伸】工具,点击待延伸的线要素后,自动将线要素延伸至该面要素。从而该延伸操作使得线要素自动捕捉到该面要素的边。

第四步,裁剪去除面内部和外部的线要素。

保持面要素的选中状态;选择【裁剪】工具,点击面要素内部的待裁剪线要素,即可将面要素内部的线去除。点击面要素外部的线要素即可去除外部的线。完成后,保存并停止编辑。值得注意的是:线要素与面要素自动进行几何运算,将被点中的线要素去除。

4.5.4　删除冗余节点

4.5.4.1　实践背景

矢量数据获取通常来源于数字化工作者的手动采集,其基本存储方式就是记录每个要素的关键点坐标,如线要素由多个点要素连接形成。当某段线要素被过多的节点表达时,常造成数据的冗余,如通过两点连成的直线被数字化成多个节点。

4.5.4.2　实践目的

(1)理解冗余节点与关键节点的位置特征。

(2)会手动删除冗余节点,能批量删除冗余节点。

4.5.4.3　实践数据

职业技能应用实践数据如表 4-12 所示,数据存放在“data4.5.4”文件夹中。

表 4-12　职业技能应用实践数据

图层名称	格式	坐标系	说明
line	Shapefile 线要素	Unknown	需要删除冗余节点的线

4.5.4.4　实践方法

(1)使用【删除折点】工具,手动删除冗余节点。

(2)使用【简化线】工具,设置工具参数,批量删除冗余节点(见表 4-13)。

表 4-13　工具名称及位置

工具名称		工具位置
Delete Vertex	删除折点	【菜单栏】→【自定义】→【工具条】→【编辑折点】→【删除折点】
Simplify Line	简化线	【ArcToolbox】→【制图工具】→【制图综合】→【简化线】

4.5.4.5　实践过程

第一步,显示要素节点。

启动编辑,使用【编辑器】工具条中的编辑工具,双击该线要素,可以查看到组成当前线要素的所有节点。可以看到,圈出区域的节点为多余节点,其线要素完全可以通过两个端点进行表达。

第二步,手动移除冗余节点。

ArcGIS 中提供了【编辑折点】工具条,其中的【删除折点】工具用于部分节点的删除,点选【删除折点】工具后,直接框选需要删除的节点就可以快速地删除节点。

第三步,批量删除节点。

停止编辑,在 ArcToolbox 中,打开【制图工具】→【制图综合】→【简化线】对话框,【输入要素】设置为"line",【输出要素类】设置为"result",【简化算法】设置为"POINT_REMOVE",【简化容差】设置为"0.0000001",其余参数默认。点击【确定】,得到简化后的线要素,即删除了冗余节点。注意:【简化容差】尽量设置得小一些,接近于 0;数据框尽量要有坐标信息或设置地图单位。

4.5.5　编辑公共边与顶点

4.5.5.1　实践背景

在矢量数据中,普遍存在着相邻的要素图形,如相邻面要素。由于相邻的面要素具有公共边和公共顶点,若对其中一个面要素进行图形编辑,必须保证其与相邻面要素之间不存在空隙,即保证相邻面要素在编辑前后拓扑关系不变。为了满足这样的条件,常常需要依靠拓扑关系来进行要素图形的高级编辑。

4.5.5.2　实践目的

(1)能通过移动边节点进行公共边编辑。

(2)能通过移动顶点进行公共顶点编辑。

4.5.5.3　实践数据

职业技能应用实践数据如表 4-14 所示,数据存放在"data4.5.5"文件夹中。

表 4-14　职业技能应用实践数据

图层名称	格式	坐标系	说明
Polygon	Shapefile 要素类	Krasovsky_1940_Transverse_Mercator	用于编辑多边形图层

4.5.5.4　实践方法

(1)使用【拓扑编辑工具】,移动边节点,完成公共边编辑。

(2)使用【拓扑编辑工具】,移动顶点,完成公共顶点编辑(见表4-15)。

表4-15　工具名称及位置

工具名称		工具位置
Topology Edit Tool	拓扑编辑工具	【菜单栏】→【自定义】→【工具条】→【拓扑】→【拓扑编辑工具】

4.5.5.5　实践过程

第一步,加载拓扑工具条。

点击【菜单栏】→【自定义】→【工具条】→【拓扑】,实现【拓扑】工具条的加载;或者点击【编辑器】工具条中【编辑器】下拉菜单,加载【更多编辑工具】→【拓扑】工具条。

第二步,编辑多边形公共边。

启动编辑,选择【拓扑】工具条中的【选择拓扑】对话框,设置编辑【要素类】为"polygon",点击【确定】;点击【拓扑编辑工具】,选中一条公共边;点击【显示共享要素】工具可以查看该公共边所属的多边形要素:双击公共边,显示节点,移动节点以编辑多边形。

第三步,编辑多边形公共顶点。

点击【拓扑编辑】工具,按住键盘【N】键,框选一个公共顶点,点击【显示共享要素】工具可以查看该公共顶点所属的多边形要素;移动顶点以编辑多边形。保存并停止编辑。

4.5.6　拓扑查错并处理

4.5.6.1　实践背景

拓扑查错是对输入的要素进行质量检查的最有效方法,是生成多边形要素的前提。多边形矢量数据的输入,一般是先输入其边界线,然后对线进行拓扑检查,确保边界线之间首尾相接(拓扑规则为"无悬挂节点"),最后由线生成多边形。

4.5.6.2　实践目的

(1)能进行拓扑检查与编辑。

(2)能利用线要素生成多边形。

4.5.6.3　实践数据

职业技能应用实践数据如表4-16所示,数据存放在"data4.5.6"文件夹中。

表4-16　职业技能应用实践数据

图层名称	格式	坐标系	说明
hnline	Shapefile 线要素	Unknown	用于拓扑检查的线状要素

4.5.6.4　实践方法

(1)在 ArcCatalog 中,新建【拓扑】,检查数据错误。

(2)在 ArcMap 中,开启编辑,打开【拓扑】工具条,查看拓扑错误。

(3)打开【高级编辑】工具条,利用【延伸】和【裁剪】工具修改错误。

(4)利用【要素转面】,将线要素转换为行政区多边形要素(见表 4-17)。

表 4-17 工具名称及位置

工具名称		工具位置
Topology	拓扑	【ArcCatalog】→【新建】→【拓扑】
Topology tool	拓扑工具条	【编辑器】→【更多编辑工具】→【拓扑】
Adanced Editing	高级编辑	【菜单栏】→【自定义】→【工具条】→【高级编辑】

4.5.6.5 实践过程

第一步,新建拓扑。

在 ArcCatalog 中,右击 henan. gdb 内的 henan 要素数据集,点击【新建】→【拓扑】,两次点击【下一步】后,勾选 hnline 图层,两次点击【下一步】,点击【添加规则】,在【规则】下拉框中选择【不能有悬挂节点】,点击【确定】,点击【下一步】,点击【完成】,点击【是】,完成拓扑关系的建立。

注意:新建拓扑必须在“要素数据集”才可以完成。

第二步,预览拓扑错误。

在 ArcCatalog 左侧的目录树中选择新建的拓扑关系,在右侧的显示区中选择“预览”选项卡,浏览是否存在拓扑错误。红点所示的位置即存在拓扑错误。

第三步,修改错误并保存。

启动 ArcMap,加载拓扑关系及其相联系的数据,放大红点处的数据,观察并分析拓扑错误产生的原因,思考修改该错误所需采用的方法。

打开【编辑器】工具条,依次点击【编辑器】→【开始编辑】,启动编辑。打开【编辑器】下拉列表,点击【更多编辑工具】→【拓扑】,打开【拓扑】工具条。也可右键点击任一工具条,在弹出的浮动菜单中选择【拓扑】从而打开该工具条。

检查各处拓扑错误(红点处),并采用 4.5.3 中讲述的“延伸与修剪”对 2 处错误进行编辑修改,即利用【高级编辑】工具条中的【延伸】与【修剪】工具进行编辑,点击【拓扑】工具条上的【验证】按钮,红点消失即表明该错误已经修改成功。确认所有错误都修改后,保存编辑。

第四步,要素转面。

打开 ArcToolbox,依次点击【数据管理工具】→【要素】→【要素转面】,在打开的对话框中输入要素的下拉框里选择“hnline”,设置输出路径(建议放在 hnline 所在的“henan”数据集中)并命名为“hnpolygon”,点击【确定】,生成行政区多边形,并将它加载到 ArcMap 中。

4.5.7 融合细碎多边形

4.5.7.1 实践背景

运用地理信息系统软件进行多边形相交、裁剪或栅格数据转矢量面数据等操作后,常常会在面边界处生成许多细碎多边形。这些细碎多边形受到边界约束而被分割成独立的面要素,若不对其处理,将会对后续分析产生诸多误差影响。

4.5.7.2　实践目的

(1)理解相邻矢量面数据之间的拓扑关系。

(2)能利用消除工具融合细碎多边形。

4.5.7.3　实践数据

职业技能应用实践数据如表 4-18 所示,数据存放在“data4.5.7”文件夹中。

表 4-18　职业技能应用实践数据

图层名称	格式	坐标系	说明
plg	Shapefile 线要素	Unknown	用于多边形融合的面状要素

4.5.7.4　实践方法

(1)使用【按属性选择】工具,输入查询条件,选中细碎多边形。

(2)使用【消除】工具,输入面要素,生成融合细碎多边形的面要素(见表 4-19)。

表 4-19　工具名称及位置

工具名称		工具位置
Select By Attributes	按属性选择	【菜单栏】→【选择】→【按属性选择】
Eliminate	消除	【ArcToolbox】→【数据管理工具】→【制图综合】→【消除】

4.5.7.5　实践过程

第一步,查询细碎多边形。

打开 plg 图层属性表,选择【按属性选择】对话框,输入查询条件:"AREA"<10000,点击【确定】,选中所有细碎多边形。注意:本例中根据多边形要素的面积来查询出小多边形,面积值小于 10 000 的即为细碎多边形;但还需要根据实际应用中的条件来确定哪些是细碎多边形。

第二步,融合细碎多边形。

在 ArcToolbox 中,打开【数据管理工具】→【制图综合】→【消除】对话框,【输入图层】设置为“plg”,【输出要素类】设置为“result”,勾选【按边界消除面】选项;点击【确定】,得到融合后的多边形。注意:本例中其余参数默认,细碎多边形仅融合到相邻多边形中,因此勾选【按边界消除面】选项。

应用能力测试

一、单选题

1. 空间拓扑关系不包含下面哪个关系?(　　)

A. 邻接关系　　B. 关联关系　　C. 大小关系　　D. 包含关系

2. 空间数据的拓扑关系,对数据处理和空间分析具有重要的意义,下面哪个不是其原

因？(　　)

A. 可清楚地反映实体间的逻辑结构关系　　B. 便于计算机存储

C. 有利于空间要素的查询　　D. 便于重建地理实体

3. 下面哪个不属于空间数据的尺度问题？(　　)

A. 体积　　B. 地理尺度　　C. 比例尺　　D. 分辨率

4. 空间数据质量控制的内容不包括(　　)。

A. 数据的存储位置　　B. 有准确的数据字典

C. 保证数据逻辑、科学地集成　　D. 有足够的说明数据来源、解译等信息

5. 地图投影转换的方法有许多种，其中哪种方法可以实现由一种投影的数字化坐标 x、y 直接变换到另一种投影的直角坐标 X、Y？(　　)

A. 正解变换　　B. 反解变换　　C. 数值变换　　D. 最小二乘变换

6. 空间数据的质量通常用误差来衡量，以下不属于源误差的是(　　)。

A. 地面测量数字数据的误差　　B. 地图数字化数据的误差

C. 数据转换误差　　D. 数据分类和内插引起的误差

7. 按照地图投影的变形性质来进行分类，以下哪项不属于该分类？(　　)

A. 等角投影　　B. 等积投影　　C. 等距投影　　D. 横轴投影

8. 下面不属于数据的规范化和标准化基本要求的是(　　)。

A. 统一的地理基础　　B. 统一的分类编码原则

C. 数据交换标准格式　　D. 统一的文件格式

9. 以下哪项是非拓扑属性？(　　)

A. 一个点在一个弧段的端点　　B. 两点之间的距离

C. 一个弧段是一个简单弧段　　D. 一个面是简单面

10. 若某线段的任意两个端点均在多边形内，则此线段与多边形的关系为(　　)。

A. 相交　　B. 包含　　C. 邻接　　D. 无法判断

11. (　　)是数据组织的基本对象。

A. 点　　B. 线　　C. 面　　D. 弧段

12. 以下选项中不属于空间数据编辑与处理过程的是(　　)。

A. 数据格式转换　　B. 投影转换　　C. 图幅拼接　　D. 数据分发

13. 描述图形在保持连续变化状态下，图形关系保持不变的性质或空间实体之间的关系的数据为(　　)。

A. 属性数据　　B. 拓扑关系　　C. 几何数据　　D. 统计数据

14. 相同生态环境条件下，早发生林火的地区植被长势比晚发生林火的区域差，属于(　　)。

A. 几何误差　　B. 逻辑误差　　C. 时间误差　　D. 属性误差

15. 地形图数字化中的数字化错误通过哪种方式来纠正？(　　)

A. 矢量编辑　　B. 数据编辑　　C. 连接编辑　　D. 整体编辑

16. 网络的拓扑结构在线输入到计算机后，软件查出的问题需要用(　　)的方式改正。

A. 自动调整　B. 手工编辑　C. 智能操控　D. 数据连接

17. 京沪铁路线上有很多站点,这些站点和京沪铁路线之间的拓扑关系是(　　)。

A. 拓扑邻接　B. 拓扑关联　C. 拓扑包含　D. 无拓扑关系

18. 两平面坐标系统间坐标转换不包括哪个转换因子?(　　)

A. 平移因子　B. 旋转因子　C. 缩放因子　D. 时间因子

二、简答题

1. 图形编辑主要包括哪些内容?
2. 拓扑关系的含义在 GIS 中如何表述?
3. 简述有哪几种坐标系。坐标系间的变换主要有哪几类?
4. 空间数据误差的种类有哪些?
5. 简述误差校正的种类和方法。
6. 简述为什么要进行图幅拼接。
7. 简述地图投影的实质。
8. 边缘匹配处理包括哪几个步骤?

单元 5　GIS 数据管理

【单元概述】

GIS 数据管理是地理信息技术的基础和核心,它贯穿于空间数据获取处理、输出及应用整个过程。在空间数据采集后,需要通过数据库进行科学地组织与存储;在空间数据处理过程中,它既是数据资料的提供者,也是数据处理结果的归宿地;在空间数据检索和输出过程中,它是操作目标对象和生成绘图文件的数据源。本单元在介绍数据库的基本知识、空间数据存储与管理的基础上,详细对空间数据组织以及空间数据库设计与实施进行了阐述。

【学习目标】

(1)知识目标:①理解数据组织的分级及数据间的逻辑关系;②了解空间数据文件存储与管理、数据库管理、缓存地图数据管理的方法;③理解空间数据的纵向分层组织和横向分层组织;④掌握空间数据库的设计方法与建立过程。

(2)技能目标:①能根据不同需求创建个人地理数据库和文件地理数据库;②能对空间数据进行组织;③能将空间数据导入、入库并检查。

(3)思政目标:①培养 GIS 数据管理的与人合作交流、团队协作的能力;②培养 GIS 数据管理的严谨负责态度和清晰的逻辑思维能力,增强 GIS 数据管理的标准意识。

5.1　数据库认知

【导入】

能够表达和处理空间信息是 GIS 区别于常规管理信息系统的一个重要特征,对空间数据的存储、处理和使用也是其精华所在。空间数据惊人的数据量和空间上的复杂性,使得传统数据库系统管理空间数据存在非常大的局限,从而空间数据库技术应运而生。

5.1.1　数据库概述

数据库是随着计算机的迅速发展而兴起的一门新学科。通俗地讲,数据库是“按照数据结构来组织、存储和管理数据的仓库”,是一个长期存储在计算机内的、有组织的、有共享的、统一管理的数据集合。

5.1.1.1　数据库定义

数据库是以一定方式储存在一起、能与多个用户共享、具有尽可能小的冗余度、与应用程序彼此独立的数据集合,但这种数据集合不是数据的简单相加,而是对数据信息进行重新组织,最大限度地减少数据冗余,增强数据间关系的描述,使数据资源能以多种方式为尽可能多的用户提供服务,实现数据信息资源共享。随着数据信息资源的多用户服务,以及用户对信息数据多种方式(如检索、分类、排序等)访问的需求,人们又研制了数据库管理系统(管理和控制程序软件)。

由上述可知,数据库由两个最基本的部分组成:一是原始信息数据库,即描述全部原始要素信息的原始数据,也是数据库系统加工处理的对象;二是程序库,即数据库软件,它存放着管理和控制数据的各种程序,是数据库系统加工处理的手段。当然,除上述两个基本组成部分外,数据库系统还需要配备相应的硬件设备,如有很强数据处理能力的中央处理器、大容量的内存和外存以及根据不同用途配置的其他外部设备等。

5.1.1.2　数据库主要特征

1. 实现数据集中管理和共享

数据库以一定的组织形式集中控制和管理有关数据。它增强了数据间关系的描述,克服了文件管理中数据分散的弱点,实现了数据资源的共享,提高了数据的使用效率。

2. 减小了数据冗余

数据库按照一定的方式对数据文件进行重新组织,最大限度地减少了数据的冗余,节省了存储空间,保证了数据的一致性,这是文件管理所无法实现的。

3. 数据的独立性

数据库系统结构一般分为三级,即用户级、概念级和物理级。实现三级之间的逻辑独立和物理独立是数据库设计的关键要求。逻辑独立是指当概念级数据库中改变逻辑结构时,不影响用户的应用程序;物理独立是指当改变数据的物理组织时,不影响逻辑结构和应用程序。

二维码 14　数据的独立性

4. 复杂的数据模型

数据模型能够表示现实世界中各种各样的数据组织以及数据间的联系。复杂的数据模型是实现数据集中控制、减少数据冗余的前提和保证。采用数据模型是数据库方式与文件方式的一个本质差别。数据库常用的数据模型有三种:层次模型、网络模型和关系模型。因此,根据使用的模型,可以把数据库分成层次型数据库、网络型数据库和关系型数据库。

5. 数据保护特性

数据保护对数据库来说是至关重要的,一旦数据库中的数据遭到破坏,就会影响数据库的功能,甚至使整个数据库失去作用。数据保护主要包括四个方面的内容:安全性控制、完整性控制、并发控制、故障的发现和恢复。

5.1.1.3　数据库管理系统

数据库管理系统(database management system,DBMS)是在文件处理系统的基础上进一步发展的系统。它是处理数据库存取和各种管理控制的软件,它不仅面向用户,还面向系统。因此,DBMS 在用户应用程序和数据文件之间起到了桥梁作用。DBMS 的最大优点是提供了两者之间的数据独立性,即应用程序访问数据文件时,不必改变应用程序。

数据库管理系统是数据库系统的中心枢纽,与系统的各部分有密切的联系,应用程序对数据库的操作全部通过 DBMS 进行。

5.1.1.4　数据库管理系统主要功能

数据库管理系统的功能随系统的不同而不同,但一般具有下列主要功能:

(1)定义数据库。用户设计出数据库的框架,并从用户、概念和物理三个不同观点出发定义一个数据库,把各种原模式翻译成机器的目标模式存储到系统中。

(2)管理数据库。在已定义的数据库上,按严格的数据定义装入数据,存储到物理设备上,接收、分析和执行用户提出的访问数据库的请求,实现数据的完整性、有效性及并发控制等功能。

(3)维护数据库。这是面向系统的功能,包括对数据库性能的分析和监督,数据库的重组织和整理等。

(4)数据库通信功能。包括与操作系统的接口处理,同各种语言的接口,以及同远程操作的接口处理。

5.1.1.5　数据库管理系统的组成

数据库管理系统实际上是很多程序的集合,它主要由下列几个部分组成:

(1)系统运行控制程序。用于实现对数据库的操作和控制,它包括系统总的控制程序、存取保密控制程序等。

(2)语言处理程序。主要实现数据库定义、操作等功能程序,包括数据库语言的编译程序、主语言的预编译程序、数据操作语言处理程序及终端命令解译程序等。

(3)建立和维护程序。主要实现数据的装入故障恢复和维护,包括数据库装入程序、性能统计分析程序、转储程序、工作日志程序及系统恢复和重启动程序等。

5.1.2　数据组织的分级

数据是现实世界中信息的载体,是信息的具体表达形式。为了表达有意义的信息内容,数据必须按照一定的方式进行组织和存储。数据库中的数据组织一般可以分为以下四级:

(1)数据项。是可以定义数据的最小单位,也叫元素、基本项、字段等。数据项与现实世界实体的属性相对应。数据项有一定的取值范围,称为域。域以外的任何值对该数据项都是无意义的。如表示月份的数据项的域是 1～12,那么 13 就是无意义的值。每个数据项的物理特点在于它具有确定的物理长度,一般用字节数表示。数据都有一个名称,称为数据项目。数据项的值可以是数值、字母、汉字等形式。

几个数据项可以组合,构成组合数据项。如“日期”可以由日、月、年三个数据项组合而成。组合数据项也有自己的名字,可以作为一个整体看待。

(2)记录。由若干相关联的数据项组成。记录是应用程序输入/输出的逻辑单位。对大多数数据库系统,记录是处理和存储信息的基本单位。记录是关于一个实体的数据总和,构成该记录的数据项表示实体的若干属性。记录有“型”和“值”的区别。“型”是同类记录的框架,定义记录;“值”是记录反映实体的内容。

为了唯一标识每个记录,就必须有记录标识符,叫关键字。记录标识符一般由记录中的第一个数据项担任,唯一标识记录的关键字称为主关键字,其他标识记录的关键字称为辅关键字。

(3)文件。是给定类型的(逻辑)记录的全部具体值的集合。文件用文件名称标识。文件根据记录的组织方式和存取方法可以分为顺序文件、索引文件、直接文件和倒排文件等。

(4)数据库。是比文件更大的数据组织。数据库是具有特定联系的数据的集合,也可以看成是具有特定联系的多种类型的记录的集合。数据库的内部构造是文件的集合,这些文件之间存在某种联系,不能孤立存在。

5.1.3　数据间的逻辑联系

数据间的逻辑联系主要是指记录与记录之间的联系。实体之间存在着一种或多种联系,这样的联系必然要反映到记录之间的联系上来。数据之间的逻辑联系主要有如下三种。

5.1.3.1　一对一的联系(1:1)

如图 5-1 所示,一对一的联系是一种比较简单的联系方式,是指在集合 A 中存在一个元素 a_i,则在集合 B 中就有一个且仅有一个 b_j 与之联系。在 1:1的联系中,一个集合中的元素可以标识另一个集合中的元素。例如,地理名称与对应的空间位置之间的关系就是一种一对一的联系。

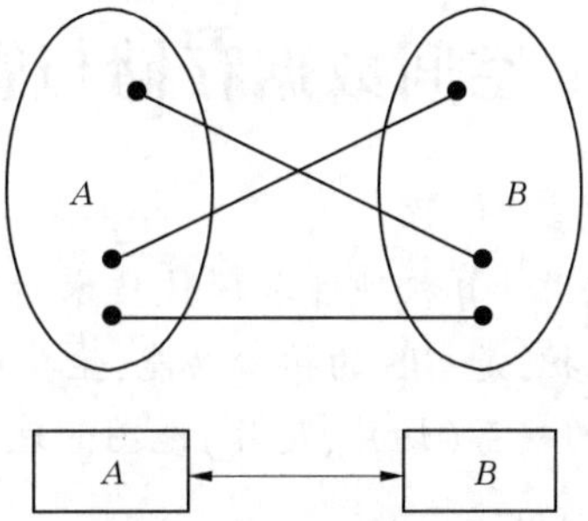

图 5-1　一对一的联系(1:1)

5.1.3.2　一对多的联系(1:N)

现实生活中以一对多的联系较常见,如图 5-2 所示。这种联系可以表达为:在集合 A 中存在一个 a_i,则在集合 B 中存在一个子集 $B'=(b_{j1},b_{j2},\cdots,b_{jn})$ 与之联系。行政区划就具有一对多的联系,一个省对应有多个市,一个市有多个县,一个县又有多个乡(镇)。

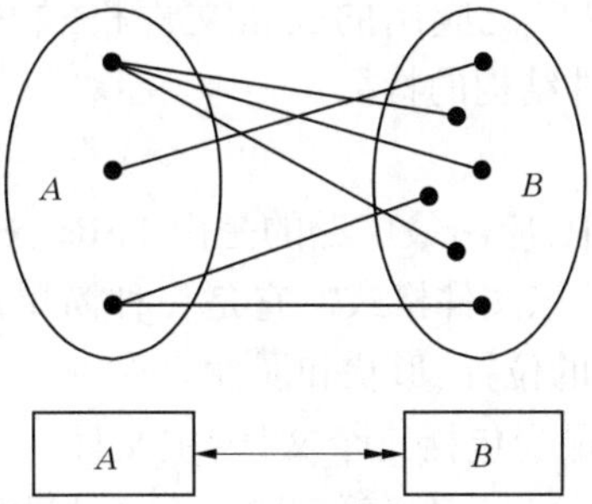

图 5-2　一对多的联系(1:N)

5.1.3.3　多对多的联系(M:N)

多对多的联系是现实中最复杂的联系,如图 5-3 所示。对于集合 A 中的一个元素 a_i,在集合 B 中存在一个子集 $B'=(b_{j1},b_{j2},\cdots,b_{jn})$ 与之相联系。反过来,对于集合 B 中的一

个元素 B_j，在集合 A 中就有一个集合 $A'=(a_{i1},a_{i2},\cdots,a_{in})$ 与之相联系。$M:N$ 的联系在数据库中往往不能直接表示出来，而必须经过某种变换，使其分解成两个 $1:N$ 的联系来处理。地理实体中的多对多的联系是很多的，例如土壤类型与种植的作物之间有多对多的联系。同一种土壤类型可以种植不同的作物，同一种作物又可种植在不同的土壤类型上。

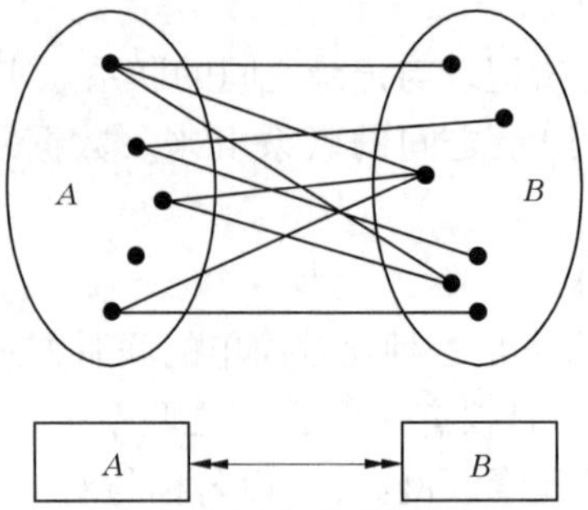

图 5-3　多对多的联系（$M:N$）

5.2　空间数据存储与管理

【导入】

空间数据存储与管理是利用计算机硬件和软件技术对空间数据进行有效的收集、分类、组织、编码、存储、检索和维护，是 GIS 的核心功能，主要包括文件管理和空间数据库管理，以及适应现代互联网应用的缓存（切片、瓦片）地图管理方式等。

5.2.1　文件存储与管理

空间数据的文件存储与管理是指基于自行定义的空间数据存储格式，以一个或多个文件实现空间数据的管理，包括非结构化的空间数据、结构化的属性数据等。空间数据和属性数据两者之间通常通过（唯一）标识码建立联系。

一般而言，GIS 软件都提供专门的矢量及栅格空间数据文件格式来实现空间数据存储、管理与应用。下面分别以广泛应用的矢量文件格式 Shapefile、栅格文件格式 ESRI ASCII 为例，介绍空间数据文件结构的特征。

5.2.1.1　矢量数据文件格式

各种矢量数据文件格式中，应用最广泛的是由 ESRI 公司开发的 Shapefile，几乎所有的商业与开源 GIS 软件都支持该文件格式。它是一种简单的非拓扑文件，基于条式矢量数据结构，用于存储地理要素的位置、形状和属性。

一个 Shapefile 文件（集）最少包括三个文件：主文件（*.shp），用于存储地理要素的几何图形；索引文件（*.shx），用于存储图形要素与属性信息索引；dBase 表文件（*.dbf），用于存储要素属性信息的 dBase 表文件。此外，还包括如下可选的文件：空间参考文件（*.prj）、几何体的空间索引文件（*.sbn 和 *.sbx）、只读 Shapefile 的几何体的空间索引文件（*.fbn 和 *.fbx）、列表中活动字段的属性索引（*.ain 和 *.aih）、可读写 Shapefile 文件的地理编码索引（*.ixs）、可读写 Shapefile 文件的地理编码索引（*.mxs）、 dBase 文件的属性索引(*.atx)、保存元数据的 XML 格式文件(*.shp.xml)、用于 dBase 文件的代码页、指明其使用的字符编码的描述文件(*.cpg)。

5.2.1.2　栅格数据文件格式

ESRI ASCII 格式栅格文件是 ESRI 公司提供的一种用于存储栅格数据的 ASCII 格式的文本文件,其基本结构包括文件开头部分的文件头信息以及后面的格网单元值数据部分。ESRI ASCII 栅格文件的格式示例如下:

```
ncols 800
  nrows 1000
  xllcorner 487932
  yllcorner 743238
  cellsize 10
  nodata_value -9999
  280 281 282 279 280 278 276 277 269 268 265 271 267 264
  283 284 282 288 292 294 287 297 281 289 293 296 298 294
……
```

可以看出,ESRI ASCII 栅格文件中,文件头信息部分定义栅格属性(如行数、列数、栅格原点的坐标、格网单元大小,以及 Nodata 取值),文件头信息的语法是有配对值的关键字,关键字的定义如表 5-1 所示。文件头信息后跟着的是以空格分隔的、行主序指定的格网单元值信息,数据的第 1 行在栅格顶部,第 2 行在第 1 行下面,以此类推。

表 5-1　ESRI ASCII 格式文件头信息

参数	描述	要求
ncols	像元列数	大于 0 的整数
nrows	像元行数	大于 0 的整数
xllcorner	原点的 *X* 坐标(取决于栅格文件左下角像元的中心或左下角)	
yllcorner	原点的 *Y* 坐标(取决于格文件左下角像元的中心或左下角)	
cellsize	格网单元大小	大于 0
nodata_value	作为格网单元中的 Nodata 的值	可选,默认值为-9999

5.2.2　数据库管理

现实世界由事物或实体组成,实体内部及实体之间都有着错综复杂的联系。为了有效地管理和处理数据,数据库把相关的数据集合及集成的方式加以组织。但是,在实际应用中,由于数据的特征和性质、结构和表达方式都相当复杂,所以数据库中用一些形式化的方法来描述数据的逻辑结构和一些操作,于是产生了数据库模型。

早期存在三种比较流行的数据库模型,分别为层次模型、网络模型和关系模型,其中应用最广泛的为关系模型及其关系型数据库。随着计算机辅助设计、GIS 等的飞速发展，以及面向对象程序设计的成熟，对象关系模型也被用于管理复杂对象。在当今的互联网时代，主要流行关系型数据库和非关系型数据库两种数据库模型。

下面以两个简单的空间实体为例(见图 5-4)，介绍这几个数据库模型中的数据组织形式及其特点。

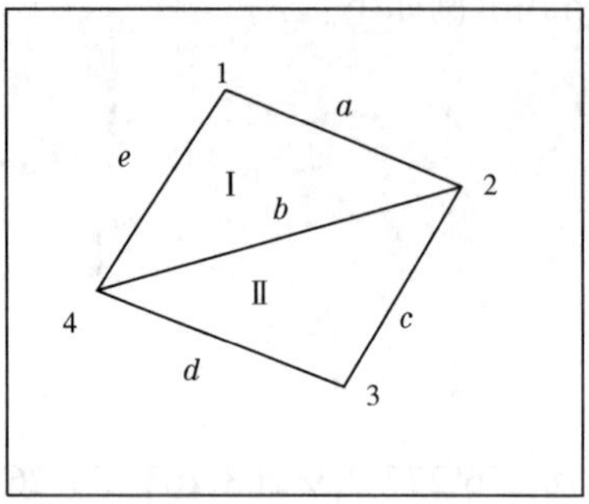

图 5-4　地图 *M* 及其空间实体Ⅰ、Ⅱ

5.2.2.1　层次模型

层次模型是出现较早的一种公认的数据库管理系统数据模型。它是将数据组织成有向有序的树结构，并用一对多的联系联结不同层次的数据库。层次模型如何表示实体间的联系主要靠的就是树形的数据结构。在层次模型树结构中，每个节点表示一个描述实体的记录类型，每个记录类型包含若干描述实体属性的字段。记录之间的联系用节点之间的连线(有向边)表示，这表示父子之间的一对多的联系，当然，一对一的情况也就包含其中了。根据树的定义，任何一个给定的记录值只有按其路径查看时，才能看清其全部意义，没有无父亲记录值的子女记录值。对于图 5-4 所示多边形地图可以构造出图 5-5 所示的层次模型。

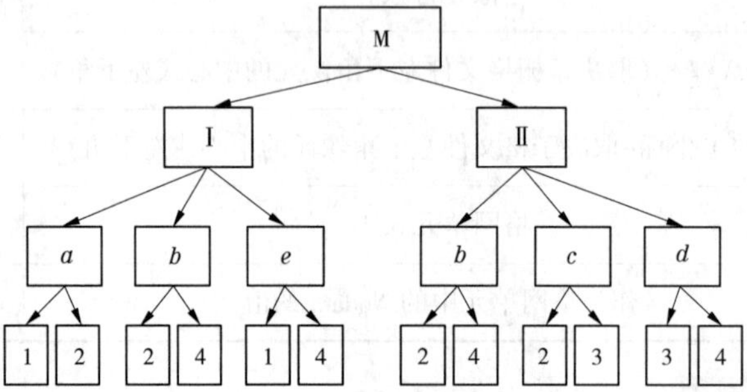

图 5-5　层次模型

层次模型反映了现实世界中实体间的层次关系，它是众多空间对象的自然表达形式，数据模型简单，只需要少数的命令就可以操纵数据库，使用方便，实体间的联系是固定的，可提供良好的完整性支持。但是，应用层次模型时存在以下问题：

(1)由于层次结构的严格限制，引起数据的查询和更新操纵很复杂，导致应用程序编写困难。对任何对象的查询必须始于其所在的层次结构的根，使得对底层对象的处理效率较低，并难以进行方向查询。

(2)难以实现系统扩充，因为数据的更新涉及许多指针，插入和删除操作复杂。父节点的删除意味着下面所有子节点均被删除。

(3)层次命令具有过程式性质，要求用户了解数据的物理结构，并在操作命令中显示给出的存取路径。

(4)对数据间多对多的联系容易导致物理存储上的冗余。

(5)数据的独立性差。

层次数据库结构特别适用于文献目录，土壤分类、部门机构等分级数据的组织。例如，图 5-6 表示某土地利用现状图层由耕地、园地、住宅用地三大类地类组成。其中，耕地地类包括水田和旱地两个子类，而旱地子类包括两个面状对象。这种数据模型的优点是层次和关系清楚，检索路线明确。

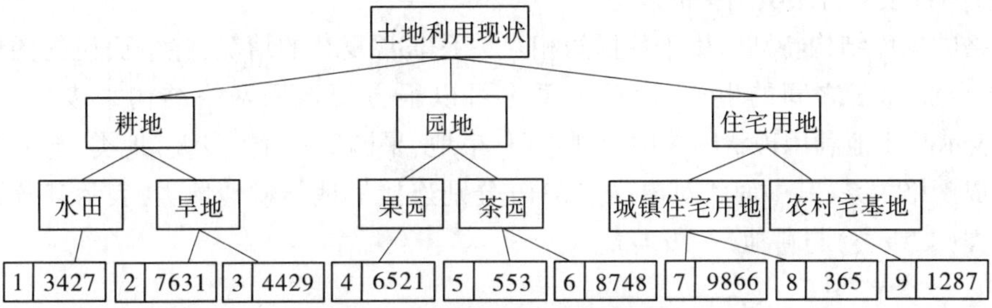

图 5-6　土地利用现状层次模型

层次模型不能表示多对多的联系，这是令人遗憾的缺陷。在 GIS 中，若采用这种层次模型将难以顾及公共点、线数据共享和实体元素间的拓扑关系，导致数据冗余度增加，而且给拓扑查询带来困难。

5.2.2.2　**网络模型**

在网络模型中，各记录类型间可具有任意连接的联系。一个子节点可有多个父节点；可有一个以上的节点无父节点；父节点与某个子节点记录之间可以有多种联系(一对多、多对一、多对多)。图 5-7 是图 5-4 的网络模型。

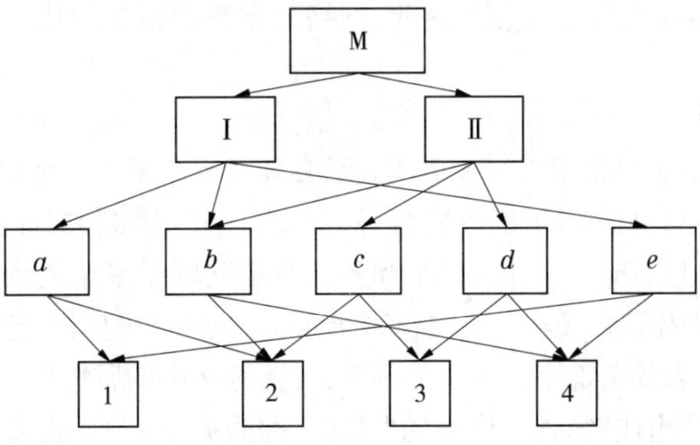

图 5-7　网络模型

网络模型用连接命令或指针来确定数据间的连接关系,是具有多对多类型的数据组织方式,网络模型将数据组织成有向图结构。结构中的每一点代表一个数据记录型,每个记录型包含若干字段,节点间的连线描述不同节点数据的关系。

网络模型的有向图结构比层次结构具有更大的灵活性和更强的数据建模能力。可以描述现实世界中普遍的多对多的联系,并具有良好的性能。数据的存储效率较高,在一定程度上支持数据的重构,具有一定的数据共享性。但同时应注意以下问题:

(1)网状结构的复杂,增加了用户查询的困难。它要求用户熟悉数据的逻辑结构,知道自身所处的位置。

(2)数据的独立性较差。由于实体间的联系实质上是通过存取路径指示的,因此应用程序在访问数据时要指定存取路径。

(3)数据定义语言极其复杂。

(4)不直接支持层次结构的表达。

网络数据库结构特别适用于数据间相互关系非常复杂的情况,除上面说的图形数据外,不同企业部门之间的生产、消耗联系也可以很方便地用网络结构来表示。例如,图 5-8 表示某土地利用现状图层中包括水田、旱地、果园等多个(多级)地类,与面状对象之间构成网络关系,其中面状对象(2,7631)分别连接旱地与耕地地类,表示其分别属于旱地地类(二级类)与耕地(一级类)。

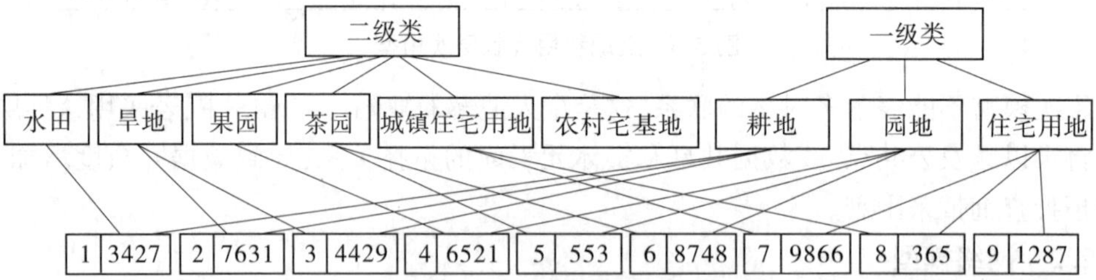

图 5-8　土地利用现状网络模型

网络数据库结构的缺点是:由于数据间联系要通过指针表示,指针数据项的存在使数据量大大增加,当数据间关系复杂时指针部分会占大量数据库存储空间。另外,修改数据库中的数据 ,指针也必须随之变化。因此,网络数据库中指针的建立和维护可能成为相当大的额外负担。

5.2.2.3　关系模型

关系模型的基本思想是用二维表形式表示实体及其联系。二维表中的每一列对应实体的一个属性,其中给出相应的属性值,每一行形成一个,由多种属性组成的多元组,或称元组,与一特定实体相对应。实体间联系和各二维表间联系采用关系描述或通过关系直接运算建立。元组(或记录)是由一个或多个属性(数据项)来标识,这一个或一组属性称为关键字,一个关系表的关键字称为主关键字,各关键字中的属性称为元属性。关系模型可由多张二维表形式组成,每张二维表的"表头"称为关系框架,故关系模型是若干关系框架组成的集合。对于图 5-4 中的地图,其关系模型如表 5-2~表 5-4 所示。

表 5-2　多边形-边关系

多边形	Ⅰ	Ⅱ
边号	a	b
	b	c
	e	d

表 5-3　线-节点关系

边号	a	b	c	d	e
起点号	1	2	2	3	4
终点号	2	4	3	4	1

表 5-4　节点坐标关系

节点号	x 坐标	y 坐标
1	x_1	y_1
2	x_2	y_2
3	x_3	y_3
4	x_4	y_4

关系模型是应用最广泛的数据模型,具有以下优点:

(1)容易理解:二维表结构是一个非常贴近逻辑世界的概念,关系模型相对层次、网状等其他模型更容易理解。

(2)使用方便:通用的结构化查询语言(structured query language,SQL)使得操作关系型数据库非常方便。

(3)易于维护丰富的完整性(实体完整性、参照完整性和用户定义的完整性),大大降低了数据冗余和数据不一致的概率。

(4)支持 SQL,可用于复杂的查询。

虽然目前大多数数据库系统都采用关系模型,但它也存在一些问题:

(1)实现效率不高。

(2)描述对象语义的能力较弱。

(3)由于存取路径对用户透明,查询效率往往不如非关系模型。

(4)模型可扩展性差。

(5)不直接支持层次结构。

(6)模拟和操作复杂对象的能力较弱。

关系模型用于设计地理属性数据的模型较为适宜。因为在目前,地理要素之间的相互关系是难以描述的,只能独立地建立多个关系表,例如,地形关系,包含的属性有高度、坡度、坡向,其基本存储单元可以是栅格方式或地形表面的三角面;人口关系,包含的属性有人的数量、男女人口数、劳动力、抚养人口数等。基本存储单元通常是对应于某一级的行政区划单元。主流的关系型数据库有 Oracle、DB2、Microsoft SQL Server、MySQL 等。表 5-5 记录了某地利用现状数据中地块的基本信息,其中,第一条记录分别记录了某地块的 ID 值、一级类值、二级类值及面积值。关系型数据库中的关系模型通常由关系数据结构、关系操作集合、关系完整性约束三部分组成。

表 5-5　土地利用现状关系

ID	一级类	二级类	面积/亩
1	耕地	水田	3 427
2	耕地	旱地	7 631
3	耕地	旱地	4 429
4	园地	果园	6 521
5	园地	茶园	553
6	园地	茶园	8 748
7	住宅用地	城镇住宅用地	9 866
8	住宅用地	城镇住宅用地	365
9	住宅用地	农村宅基地	1 287

注:1 亩 = 1/15 hm^2。

5.2.2.4　对象关系模型

对象关系模型是一种层次嵌套的关系模型,它是关系模型的扩展,允许关系继承、允许关系的属性值是另一个关系的元组,从而使复杂对象可用嵌套表示。

关系模型的扩展方式可以是以下几种:

(1)提供丰富的类型,包含复杂数据类型和面向对象的类型。

(2)扩展关系查询语言以处理这些丰富的类型。

(3)在扩展建模能力的同时保留关系的基础。

利用对象关系模型,不仅可以记录空间对象的属性信息,还可以有效地记录其空间信息。例如,表 5-6 中第一条记录存储了 ID 为 1 的空间对象信息,通过关系型数据库表的传统字段分别记录其 ID 值、一级类值、二级类值及面积值等属性信息,而通过面向对象类型(Shape 字段)记录了其(空间)信息,如多边形对象可以用如下代码构造:

```
var polygon = new Polygon ({
        "rings": [
```

```
[
  [12998707,4869606],
  [13000295,4871370],
  [13002632,48703121],
  [13004175,4867622],
  [13002499,4865681].
  [12999898,4865373],
  [12998707,4869606]
]
],
"spatialReference":{
  "wkid":102113
}
});
```


表 5-6　对象关系

ID	Shape	一级类	二级类	面积/亩
1	Polygon	耕地	水田	3 427
2	Polygon	耕地	旱地	7 631
3	Polygon	耕地	旱地	4 429
4	Polygon	园地	果园	6 521
5	Polygon	园地	茶园	553
6	Polygon	园地	茶园	8 748
7	Polygon	住宅用地	城镇住宅用地	9 866
8	Polygon	住宅用地	城镇住宅用地	365
9	Polygon	住宅用地	农村宅基地	1 287

5.2.2.5　非关系型数据库

尽管目前关系型数据库在数据库领域占据主导地位,然而随着互联网 Web2.0 的兴起,以及大数据时代的到来,越来越多的网站或应用系统需要支撑海量数据存储、高并发请求、高可用、高扩展性等特性需求,而传统的关系型数据库常常难以应对,由此各种各样的非关系型数据库(Not Only SQL,NoSQL)得到了快速发展。

非关系型数据库存储的不再是结构化的数据,即数据没有固定的长度、类型或格式等,比较主流的是以键值(key-value)对存储。

关系型数据库和非关系型数据库的主要差异是数据存储的方式。关系型数据天然就是表格式的,因此存储在数据表的行和列中,数据表可以彼此关联协作存储,也很容易提取数据。与其相反,非关系型数据不适合存储在数据表的行和列中,而是大块组合在一起。非关系型数据通常存储在数据集中,如文档、键值对或者图结构。

非关系型数据库通常以键值对进行数据存储,将数据存储为一个文档,数据结构由键值对组成,如下所示:

{“土地利用理状”:

[{“_id”: ObjectId (“5146bb52d8524270060001f9”),"一级类":"耕地","二级类":"水田","面积":3427},

{“_id”: ObjectId (“5146bb52d8524270060001f8”),"一级类":"耕地","二级类":"旱地","面积":7631},

{“_id”: ObjectId (“5146bb52d8524270060001f7”),"一级类":"耕地","二级类":"旱地","面积":4429},

{“_id”: ObjectId (“5146bb52d8524270060001f6”),"一级类":"园地","二级类":"果园","面积":6521},

{“_id”: ObjectId (“5146bb52d8524270060001f5”),"一级类":"园地","二级类":"茶园","面积":553},

{“_id”: ObjectId (“5146bb52d8524270060001f4”),"一级类":"园地","二级类":"茶园","面积":8748},

{“_id”: ObjectId (“5146bb52d8524270060001f3”),"一级类":"住宅用地","二级类":"城镇住宅用地","面积":9866},

{“_id”: ObjectId (“5146bb52d8524270060001f2”),"一级类":"住宅用地","二级类":"城镇住宅用地","面积":365},

{“_id”: ObjectId (“5146bb52d8524270060001f1”),"一级类":"住宅用地","二级类":"农村宅基地","面积":1287}

]

}

与传统的关系型数据库相比,非关系型数据库的优势主要体现在以下几方面:

(1)易扩展。非关系型数据库种类繁多,但是一个共同的特点是都去掉了关系数据库的关系型特性。数据之间无关系,这样就非常容易扩展,也为数据库架构层面提供了可扩展性。

(2)大数据量,高性能。NoSQL 对于大数据量具有非常高的读写性能。这主要得益于它的无关系性,数据库结构简单。

(3)灵活的数据模型。非关系型数据库无须为要存储的数据事先建立字段,可以随时存储自定义的数据格式。

(4)高可用。非关系型数据库在不太影响性能的情况下,就可以方便地实现高可用的架构。

5.2.3　缓存地图数据管理

缓存地图也称切片地图或瓦片地图，是指一种预先生成瓦片地图的互联网电子地图应用模式，是在互联网时代通过互联网络快速访问地图服务的有效方式，目前流行的Google 地图、百度地图等在线地图都是通过缓存地图的方式提供高效的地图访问服务。

在缓存地图服务应用前，需要预先完成缓存地图服务建设及发布。缓存地图服务又称为切片或瓦片地图服务，是使地图或图像服务在互联网应用中更快运行的一种非常有效的方法。创建缓存地图服务时，地图服务器将指定区域范围内由矢量数据绘制并符号化的地图，进行纵向分级和横向分幅，根据不同的比例尺等级，按照指定尺寸（如 256×256 等）和指定格式（如 JPEG、PNG 等）进行切割，得到若干行和列的矩形图片库，如图 5-9 所示。这些若干行和列的地图瓦片库呈现正金字塔形数据目录结构，并放置于服务器虚拟目录中。

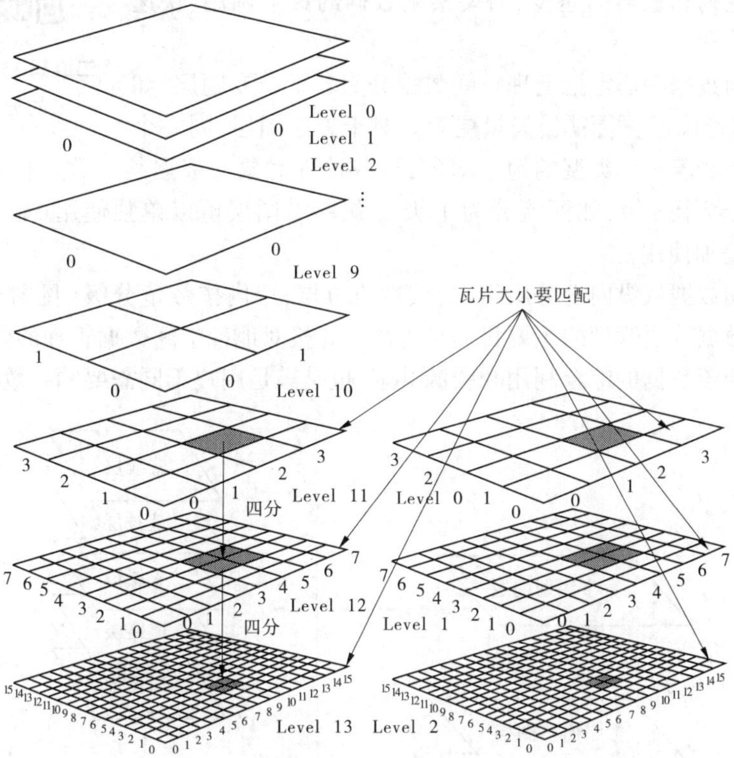

图 5-9　瓦片层次结构示意图

在服务端建立并发布缓存地图服务后，互联网用户通过客户端浏览器请求访问缓存地图服务时，服务器将根据请求的地图范围直接返回对应的地图比例尺级别中对应的地图瓦片，从而降低服务器负担，提升客户端地图浏览速度，实现良好的用户体验。

缓存地图服务的优点：因为缓存地图服务中的图片不需要服务器实时渲染生成，本身存在服务器的硬盘上，所以极大地提高了服务器的性能，满足高并发访问需求；图片内容的详细程度不会对服务器分发副本的速度造成显著影响。其缺点：缓存地图服务由于需要预先生成瓦片，无法自定义地图；当缓存级别较高时，占用的硬盘存储量较大。

5.3　空间数据组织

【导入】

地理空间数据具有多时空、多尺度、多源等特征,数据量大、结构复杂,使得地理空间数据的组织管理有别于非空间数据。为了提高地理空间信息的存取与检索速度,需要对地理空间数据重新进行分类、组织。习惯上,人们按不同比例尺、横向分幅、纵向分层的方法和原则来组织地理空间数据。

5.3.1　纵向分层组织

GIS 管理的地理空间信息种类繁多,为了提高对不同类型地理空间信息查询和检索的速度,需要实现数据的灵活调用、快速更新及分类管理。

二维码 15　空间数据的分层组织

地理空间数据库通常把地理空间数据分为若干个专题层,如 DEM 层、正射影像层、栅格层、矢量层等。对于矢量图层,同一个专题层中包含着若干同类型的地理对象,这些地理对象又根据某一数量特征(通常为属性编码)分成若干等级,如河流分为 1 级、2 级…。图层可以单独使用(显示、查询或分析),也可以叠加使用。

地理空间数据从纵向上分层组织,按性质分层,层内按数量分级(见图 5-10)。这种对地理空间数据分层管理的主要目的是提高计算机对地理空间数据管理的效率。地理空间数据分层便于数据的综合利用和资源共享,也是满足用户不同需要的有效手段。

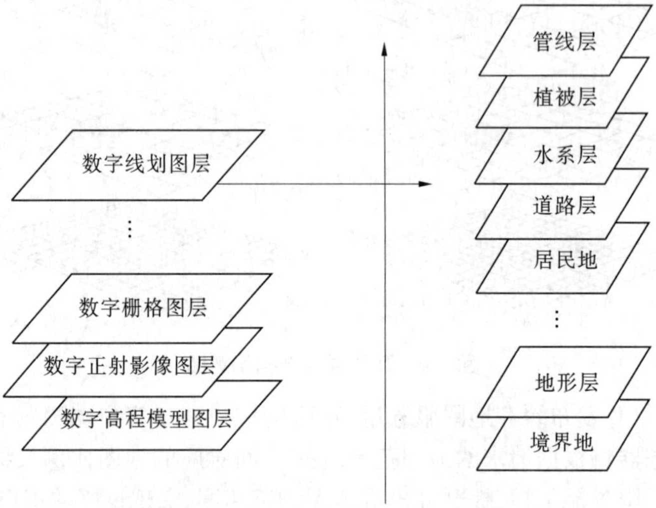

图 5-10　地理空间数据纵向分层组织

按需组合图层给应用提供方便的同时,也带来了一个严重的问题:地理空间数据的人为分层割裂了客观世界的完整性。为了数据获取、处理的方便,地理空间信息被按主题分层,当对现实世界进行某种综合认识时,又必须将各层重新组合起来。

除了按照专题分层,还有采用垂直高度或时间序列等为依据进行地理空间数据分层的方式。如图 5-11(a)所示为按主题分层,如图 5-11(b)所示为按时间分层,如图 5-11(c)所示为按高度分层。

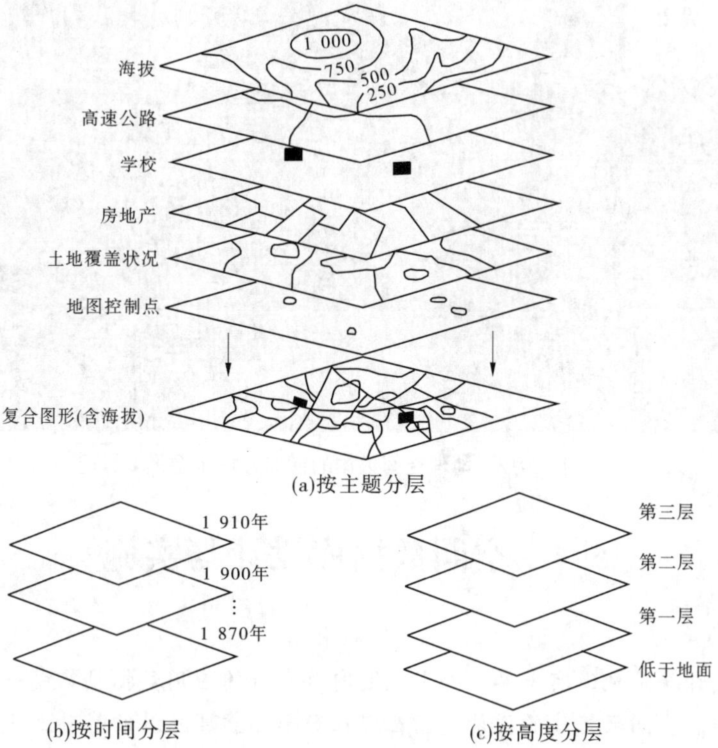

图 5-11　地理空间数据纵向分层组织

5.3.2　横向分块组织

二维码 16　空间数据的分块组织

由于地理空间数据具有空间分布范围广、数据量巨大等特征,如果不进行分割,数据的管理和使用就会受到如磁盘容量、数据库维护、查询分析效率等诸多因素的限制。为了解决这些问题,常在数据分层的基础上对地理空间数据进行分块,当涉及区域在一个分块之内时,只要在该块范围内进行数据操作即可。当需要跨多个分块时,可利用软件在数据处理前或处理时进行块间的数据拼接操作。

分块以化整为零的方式来获取数据存储、处理的便利和效率,最常见的横向分块形式是国家系列比例尺地形图的分幅。地形图的分幅是按照一定的经差、纬差将一个大的地理区域分割成互不重叠的小区域,每幅地图有固定的编号,这样做同时照顾了投影变形、数据量、地图出版与分发、地图拼接等多重因素。

此外,在一幅图上采用坐标网(经纬网、方里网)进一步将一个图块分成若干个相互不重叠的小区域,便于地理信息的快速检索和查询。分块的方法可以采用规则的几何图案进行,也可以采用不规则的方式进行。横向分块从地图组织管理的角度也可以认为是一种对地理区域建立的空间索引,便于数据组织和调度。地理空间数据的横向分块如图 5-12 所示。

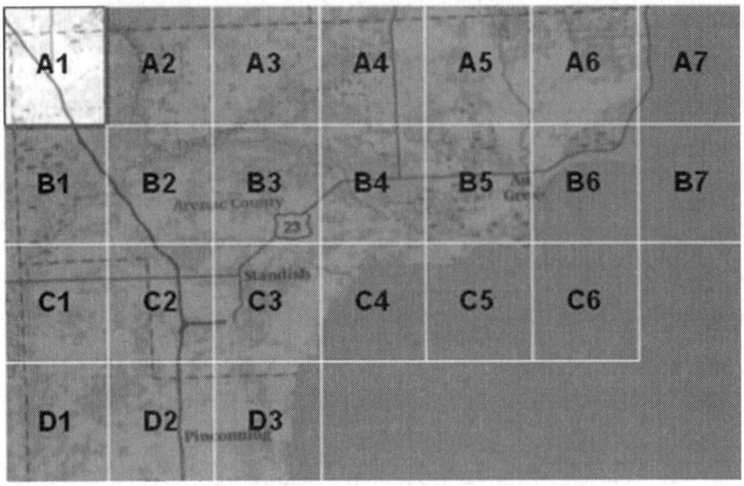

图 5-12　地理空间数据的横向分块示意图

5.4　空间数据库设计与实施

【导入】

数据库设计就是把现实世界中一定范围内存在着的应用数据抽象成一个数据库的具体结构的过程。空间数据库的设计是指在现在数据库管理系统的基础上建立空间数据库的整个过程,主要包括需求分析、结构分析、数据层设计、数据字典设计四个方面,之后便可正式进行数据库的建立实施。

5.4.1　空间数据库概述

5.4.1.1　空间数据库定义

空间数据库是描述与特定空间位置有关的真实世界对象的数据集合,在此,我们把这些对象称为空间参考对象。任何真实世界的对象可能表示成数据库中的对象,但并不是任何对象都与地理位置有关,这取决于我们所要表达的信息模型及应用。只有当对象在数据库中需要考虑其空间位置时,它们才成为空间参考对象,才与空间位置相关。空间数据库既要能处理空间参考对象类型,也要能处理非空间参考对象类型。表示空间或地理现象(空间参考对象)的关键是其数据模型。数据模型的设计除与应用有关外,还与提供支持模型的基本概念、方法等有密切联系。空间数据的表示则与计算机表示数据的精度和计算机的存储空间有关。

5.4.1.2　空间数据库特点

(1)数据量庞大:空间数据库面向的是地理学及其相关对象,而在客观世界中它们所涉及的往往都是地球表面信息、地质信息、大气信息等极其复杂的现象和信息,所以描述这些信息的数据容量很大,容量通常达到 GB 级。

(2)具有高可访问性:空间信息系统要求具有强大的信息检索和分析能力,这是建立在空间数据库基础上的,需要高效访问大量数据。

(3)空间数据模型复杂:空间数据库存储的不是单一性质的数据,而是涵盖了几乎所有与地理相关的数据类型,这些数据类型主要可以分为属性数据、图形图像数据、空间关系数据。

(4)属性数据和空间数据联合管理。

(5)空间实体的属性数据和空间数据可随时间而发生相应变化。

(6)空间数据的数据项长度可变,包含一个或多个对象,需要嵌套记录。

(7)一种地物类型对应一个属性数据表文件。多种地物类型共用一个属性数据表文件。

(8)具有空间多尺度性和时间多尺度性。

(9)应用范围广泛。

5.4.2 空间数据库设计

在实际应用中,空间数据库系统的设计既要考虑存储空间数据,又要考虑属性数据,其设计过程相当复杂、烦琐。所以,一个好的空间数据库设计应该严格按照软件工程的方法有目标、分层次的过程进行设计。

5.4.2.1 需求分析

需求分析是信息系统开发过程中最重要的环节之一。需求(requirement)来源于用户的需要(need),这些需要被汇总、分类、评估、筛选和确认后,形成完整的文档,详细地说明了项目必须或应当做什么,这个过程称为用户需求分析。用户需求仅仅是用户需要的一个子集,往往是用户需要的一小部分。通过需求分析,系统开发人员掌握组织和用户的基本需要,为项目设定目标和范围。不进行需求分析,就难以了解用户需求,也就无法确定项目是什么、应该做什么。对于用户需求的理解、把握和管理,不仅对项目立项、项目规划和系统设计至关重要,而且影响到系统的实施与变更是否顺利和成功。

需求分析是一项技术性很强的工作,应该由有经验的专业技术人员完成,同时用户的积极参与也是十分重要的。

需求分析归纳起来主要包括三个方面的内容:一是用户基本需求调研;二是分析空间数据现状;三是系统环境、功能分析。通常采用的调研方法有:①跟班作业;②开调查会;③请专人介绍;④询问;⑤设计调查表请用户填写;⑥查阅记录。各种方法的使用视具体情况而定。

(1)用户基本需求调研:在空间数据需求分析中具有重要地位,其目的是了解用户特点和要求,取得设计者与用户对需求的一致看法。主要工作内容包括:①要了解用户业务的真实情况,包括用户的组织结构、业务流程、业务数据和数据间的关系等;②要了解数据的性质、获取途径、使用范围、使用频度;③重点了解用户对数据的处理要求、处理方式等。

(2)分析空间数据现状:包括信息需求(信息内容、特征、需要存储的数据)、信息加工处理要求(如响应时间)、完整性与安全性要求等。重视输入输出,在定义数据库表和字段需求(输入)时,首先应检查现有的或者已经设计出的报表、查询和视图(输出),以决定为了支持这些输出哪些是必要的表和字段。定义标准的对象命名规范,数据库各种对象的命名必须规范。

(3)系统环境、功能分析:业务调查是了解用户业务的第一步。在这个调查中与用户共同确定描述组织机构的系统、功能分解树及描述业务流程的事件流程图。根据需求收集和分析结果,得到数据字典描述的数据需求和数据流图描述的处理需求。

用户的业务组织结构是我们认识了解其业务的最佳向导,可以用系统/功能分解树来表示它在软件系统分析与设计工作中的重要作用。调查组织机构情况、调查各部门的业务活动情况、协助用户明确对新系统的各种要求、确定新系统的边界。

最后,将多次讨论的问题整理成一份详尽的"用户基本需求调研报告"。至此,用户基本需求调研工作告一段落。

5.4.2.2　结构设计

结构设计的结果是得到一个合理的空间数据模型,是空间数据库设计的关键。结构设计包括概念设计、逻辑设计、物理设计三个方面。

(1)概念设计:是对用户信息需求的综合分析、归纳,形成一个不依赖于空间数据库管理系统的信息结构设计。它是从用户的角度对现实世界的一种信息描述,因而它不依赖于任何空间数据库软件和硬件环境。由于概念模型(conceptual model,CM)是种信息结构,所以它由现实世界的基本元素以及这些元素之间的联系信息所组成。

(2)逻辑设计:数据库逻辑设计的任务是把数据库概念设计阶段产生的概念数据库模式变换为逻辑数据库模式,即适应于某种特定数据库管理信息系统所支持的逻辑模型,数据库逻辑设计依赖于逻辑数据模型和数据库管理信息系统。

(3)物理设计:空间数据库物理设计包括:

①物理表示组织。层次模型的物理表示方法有物理邻接法、表结构法、目录法。网络模型的物理表示方法有变长指针法、位图法和目录法等。关系模型的物理表示通常用关系表来完成。物理组织主要是考虑如何在外存储器上以最优的形式存储数据,通常要考虑操作效率、响应时间、空间利用和总的开销等因素。

②空间数据的存取。常用的空间数据存取方法主要有文件结构法、索引文件和点索引结构三种。文件结构法包括顺序结构、表结构和随机结构。

5.4.2.3　数据层设计

GIS 数据按照空间数据的逻辑关系或专业属性分为各种逻辑数据层或专业数据层。数据层的设计一般是按照数据的专业内容和类型进行的。例如地形图数据,可分为地貌、水系、道路、植被、控制点、居民地等诸层分别存储不同类型的数据,对于水系又可分为多边形的湖泊、水库,线状的河流、沟渠,点状的井、泉等。

5.4.2.4　数据字典设计

数据字典是系统中各类数据描述的集合,它以特定的格式记录系统中的各种数据、数据元素及其名字、性质、意义及各类约束条件,以及系统中用到的常量、变量、数组和其他数据单位的重要文档。

数据字典产生于数据流图,是对数据流图中各个成分的详细描述,是对数据流图的注释和重要补充,它帮助系统分析员全面确定用户的要求,并为以后的系统设计提供参考依据。在数据库设计过程中,数据字典被不断地充实、修改和完善。

数据字典是关于数据库中数据的一种描述,而不是数据本身。它通过对数据项和数据结构的定义来描述数据流、数据存储的逻辑内容。

数据字典通常包括数据项、数据结构、数据流、数据存储和处理过程五个部分。

(1)数据项。是不可再分的数据单位。

(2)数据结构。反映了数据之间的组合关系。一个数据结构可以由若干个数据项、若干个数据结构或由若干个数据项和数据结构组成。

(3)数据流。是数据结构在系统内的传输路径。

(4)数据存储。是数据结构停留或保存的地方,也是数据流的来源和去向之一。它可以是手工文档和凭证,也可以是计算机文档。

(5)处理过程。说明数据处理的逻辑关系,即输入与输出之间的逻辑关系。同时,也要说明数据处理的触发条件、错误处理等问题。

5.4.3 空间数据库建立

空间数据库的需求分析、结构设计、数据层设计修改以后,便可以开始正式地进行数据库实施了。实施的过程,应当以实施计划为指南,尽量按照计划实施。但是再好的计划也是不可能完全准确的,在实施过程中常常需要对实施计划做或多或少的改动。任何方面的改动都应当以书面形式备案,做到有案可查。空间数据库建立实施的过程如下。

5.4.3.1 建立空间数据库结构

用 DBMS 提供的数据定义语言编写描述逻辑设计和物理设计结果的程序(一般称为数据库脚本程序),经计算机编译处理和执行后就生成了实际的数据库结构。所用 DBMS 的产品不同,描述数据库结构的方式也不同。有的 DBMS 提供数据定义语言,有的提供数据库结构的图形化定义方式,有的两种方法都提供。

定义数据库结构时,应包含以下几点:

(1)数据库模式与子模式,以及数据库空间等的描述。模式与子模式的描述主要是对表和视图的定义,其中应包括索引的定义。索引在具体的 DBMS 中有聚簇与非聚簇索引之分。使用不同的 DBMS,对数据库空间的描述也有差别。

(2)数据库完整性描述。在数据库设计时如果没有一定的措施确保数据库中数据的完整性,就无法从数据库中获得可信的数据。

(3)数据库安全性描述。子模式是实现安全性要求的一个重要手段,可以为不同的应用设计不同的子模式。在数据操作方面,系统可以对用户的数据操作进行两方面的控制:一是给合法用户授权,目前主要有身份验证和口令识别;二是给合法用户不同的存取权限。

(4)数据库物理存储参数描述。物理存储参数因 DBMS 的不同而不同。一般可以设置以下参数:块大小、页面大小(字节数或块数)、数据库的页面数、缓冲区个数、缓冲区大小、用户数等。

5.4.3.2 数据入库

数据入库是一个复杂的工程(见图 5-13),入库流程一般在数据库建库设计阶段就基

本确定,不同的数据源和不同的空间数据库库体在入库过程中需要完成的工作各不相同,但主要工作如下:

二维码 17　数据入库

(1)对待入库数据进行全面质量检查。包括资料完整性检查、数据完整性检查、数据正确性检查,并完成检查报告。如果质量不合格,则将数据返回生产单位进行修改,修改后重新进行质量检查,直至满足入库要求方可进入下一步。

(2)对检查合格的数据进行整理。包括以下工作:①按数据组织规则建立数据文件存储目录;②按数据命名规则对成果数据统一命名;③文件资料数字化;④根据入库内容对数据字典及元数据进行相应更新;⑤将成果数据存入指定目录。

(3)将数据入库,完成全部入库工作。

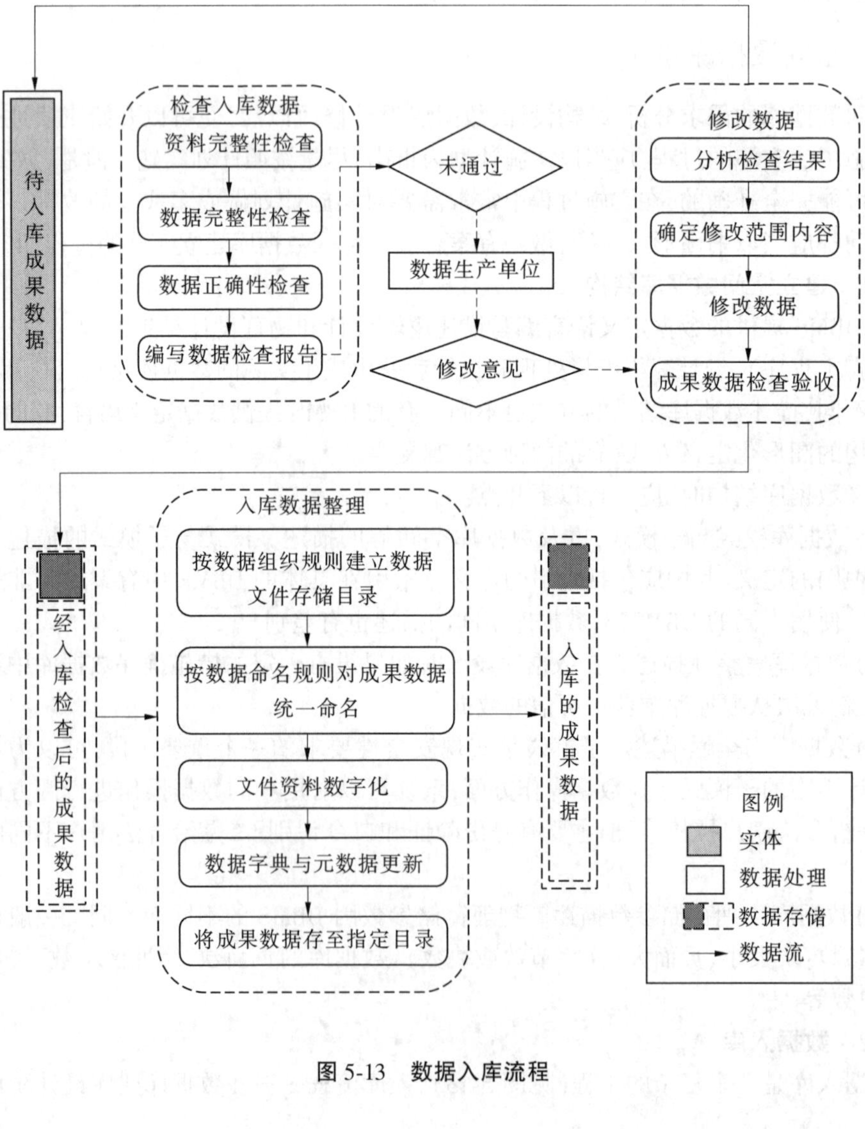

图 5-13　数据入库流程

5.4.3.3　调试运行

将原有系统的一小部分数据输入数据库后，就可以开始对数据库系统进行联合调试，这又称为数据库的试运行。一般将数据库的试运行和评价结合起来。这一阶段要实际运行数据库应用程序，一方面，执行对数据库的各种操作，测试应用程序的功能是否满足设计要求。如果不满足，则要对应用程序部分进行修改、调试，直到达到设计要求。另一方面，在数据库试运行时，还要测试系统的性能指标，分析其是否达到设计目标，是否被用户接受。如果测试的结果与设计目标不符，则要返回物理设计阶段，重新调整物理结构，修改系统参数。某些情况下甚至要返回逻辑设计阶段，修改逻辑结构。

在试运行阶段应分期分批地组织数据入库，先输入小批量数据进行调试，待试运行基本合格后，再大批量输入数据，逐步增加数据量，逐步完成试运行，以免试运行后需要修改数据库的设计时，还要重新组织数据入库。

另外，在数据库试运行阶段，由于系统还不稳定，硬软件故障随时都可能发生。系统的操作人员对新系统还不熟悉，误操作可能性很大，因此应首先调试运行 DBMS 的恢复功能，做好数据库的转储和恢复工作。一旦故障发生，能使数据库尽快恢复，尽量减少对数据库的破坏。此外，测试中一定要有非设计人员的参与，最后由用户直接进行测试并提出改进意见。测试数据应尽可能地覆盖现实应用的各种情况。数据库设计人员应综合各方面的评价和测试意见，对数据库和应用程序进行适当修改，以满足用户的最大需求。

5.4.3.4　数据库维护

数据库试运行合格后，就可以投入正式运行了。但是，由于应用环境在不断变化，数据库运行过程中物理存储也会不断变化，因此对数据库设计进行评价、调整、修改等维护工作是一项长期的任务，也是设计工作的延续与提高。

数据库经常性的维护工作主要是由数据库管理员（DBA）完成的，包括如下几点：

（1）对数据库性能的监测和改善。由于数据库应用环境、物理存储的变化，特别是用户数和数据量的不断增加，数据库系统的运行性能会发生变化。某些数据库结构（如数据页和索引）经过一段时间的使用以后也可能会被破坏，所以 DBA 必须利用系统提供的性能监控和分析工具，经常对数据库的运行、存储空间及响应时间进行分析，结合用户的反映确定改进措施。

（2）数据库的转储和恢复。数据库的转储和恢复是系统正式运行后最重要的维护工作之一，因此 DBA 应根据应用要求，制订不同的备份方案，一旦发生故障，保证能很快将数据库恢复到某种一致性状态，尽量减少对数据库的破坏。

（3）数据库的安全性、完整性控制。在数据库运行过程中，由于应用环境的变化，对安全性的要求也会发生变化。例如，原来有些数据是保密的，现在可以公开查询了，系统中用户的安全级别也会发生改变；同样，数据库的完整性约束条件也会发生改变，这些都需要 DBA 根据实际情况进行相应的改变，以满足用户的应用要求。

（4）预防性维护。这是主动性的预防措施。对一些使用寿命较长，目前尚能正常运行，但可能要发生变化的部分进行维护，以适应将来的修改或调整。例如，将专用报表功能改成通用报表生成功能，以适应将来报表格式的变化。

知识延伸:农村地籍和房屋调查数据建库

农村地籍和房屋调查数据库是农村宅基地和集体建设用地使用权确权登记发证工作的调查基础数据,通过将土地和房屋的权籍调查相关属性表集成建设为房地一体的数据库,为不动产登记机构提供翔实、准确的数据。

1. 数据库建设内容

数据库建设内容应包含所有与调查相关的空间数据和非空间数据。空间要素数据库包含行政区划、地籍区、地籍子区、宗地基本信息、自然幢、界址点、界址线、工作底图等;非空间要素数据库包含层、户、权利人等;文件资料包含不动产权籍调查表、宗地图、房产分户图、宗地和房屋现场照片、权属材料和户籍资料、界址点成果表、文字报告等。

2. 数据库设计

1)数据库整体设计

根据项目数据库建设内容,数据库整体设计从逻辑上分为三类:空间要素数据库、非空间要素数据库、文件存储,空间要素的属性数据存储在空间要素的属性表中,非空间数据存储在非空间数据的属性表中。具体如图 5-14 所示。

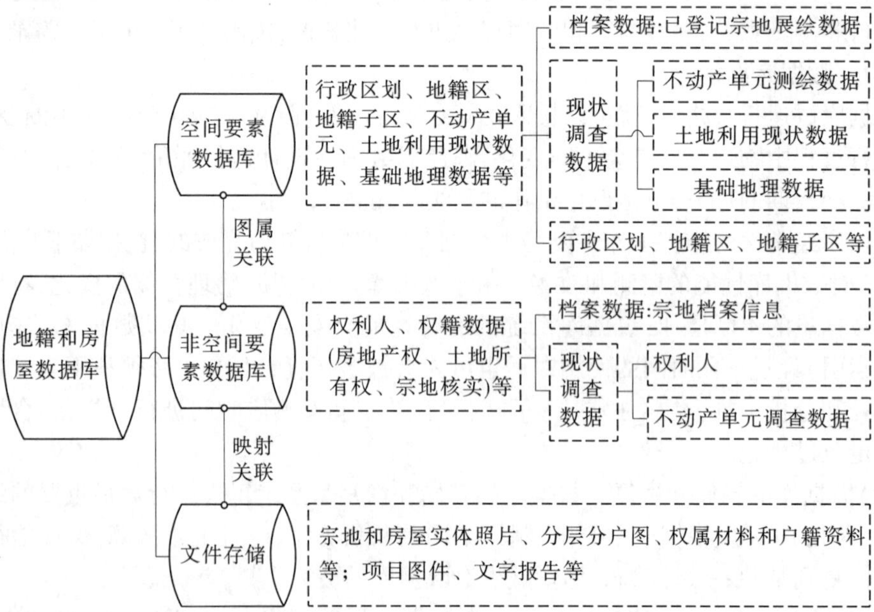

图 5-14　地籍和房屋数据库逻辑框架设计示意图

2)数据库结构设计

数据库结构参照《不动产登记数据库标准》(TD/T 1066—2021),按照分级分层的方法组织管理,包括空间数据库和非空间数据库,具体分级分层如表 5-7 和表 5-8 所示,其中 M 表示必选条件、O 表示可选条件。

参照登记数据库标准中相应属性表的结构要求,对空间数据库和非空间数据库中各要素层的属性结构表和字段的约束条件做具体规定。

表 5-7　空间数据库分级分层要素对应

序号	层名	子层名	层要素	几何特征	属性表名	约束条件
1	行政区划	行政区	行政区	Polygon	XZQ	M
			行政区界线	Line	XZQJX	M
			行政要素注记	Annotation	ZJ	M
2	地籍分区	地籍区	地籍区	Polygon	DJQ	M
		地籍子区	地籍子区	Polygon	DJZQ	M
3	不动产单元	使用权宗地	使用权宗地	Polygon	SYQZD	M
			宗地注记	Annotation	ZJ	O
			界址线	Line	JZX	M
			界址线注记	Annotation	ZJ	O
			界址点	Point	JZD	M
			界址点注记	Annotation	ZJ	O
		房屋	自然幢	Polygon	ZRZ	M
			构筑物	Polygon	GZW	M
		其他定着物	面状定着物	Polygon	MZDZW	O
			线状定着物	Line	XZDZW	O
			点状定着物	Point	DZDZW	O
4	栅格数据	栅格数据	数字正射影像	Image	SZZSYX	O
			数字高程模型	Image/Tin	SZGCMX	O

表 5-8　非空间数据分层要素对应

序号	表中文名	属性表名	约束条件
1	逻辑幢属性结构	LJZ	M
2	层属性结构	C	M
3	户属性结构	H	M
4	构(建)筑物所有权属性结构	GJZWSYQ	M
5	权利人属性结构	QLR	M

3. 数据库建库流程

数据库建库流程主要包括数据检查、数据预处理、数据建库以及数据库质检，具体如图 5-15 所示。

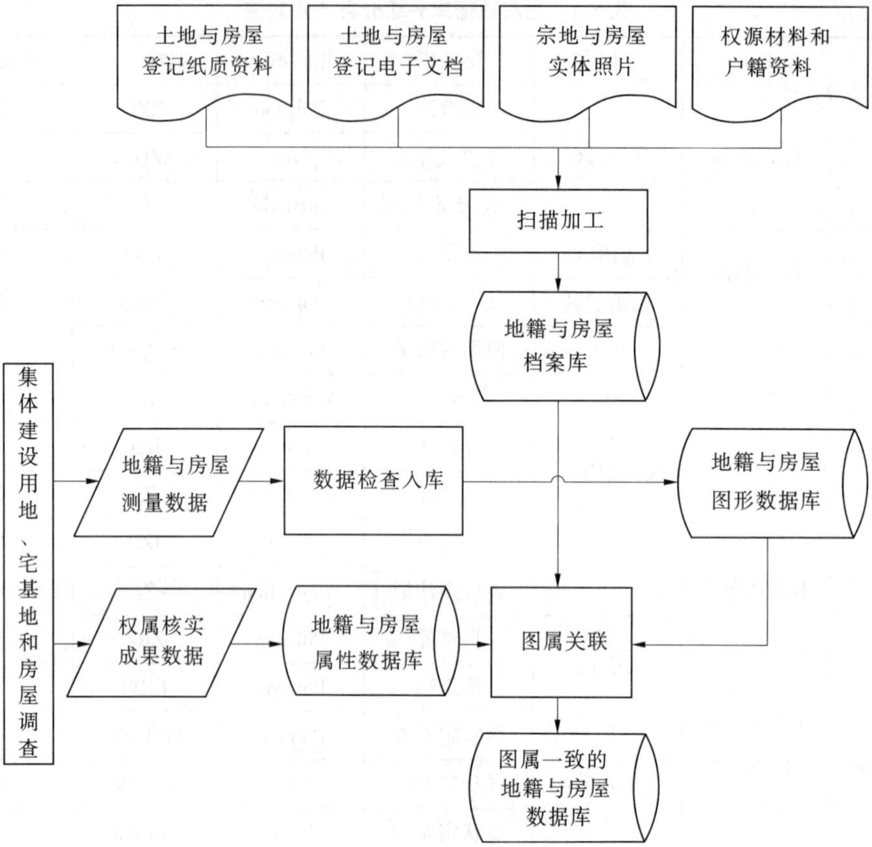

图 5-15 不动产调查数据库建设流程

1)数据检查和预处理

登记档案、测绘数据和权属材料等各类数据在入库前,需要进行各类检查和数据预处理。首先是对调查数据做以下几个方面的检查:

(1)调查数据包括调查工作底图、界址点、界址线、权利人、预编宗地号、现场拍摄宗地和房屋照片、权属材料和户籍材料、测绘数据等。

(2)各村在调查阶段参照年度变更数据范围,针对实际建设情况对新增建设用地范围做补充测绘调查,不动产单元按照地籍区、地籍子区做调查预编号。

(3)检查现场调查拍摄房屋照片、权属材料、户籍材料等文件,按照调查预编不动产单元号分文件夹存放,是否按照地籍区、地籍子区、不动产单元号分层做好目录组织。

(4)对行政区、地籍区、宗地、自然幢等空间数据是否存在毛刺、重叠、微小面检查,界址线完整连续性和属性准确性检查等,检查线和面节点不一致等问题。

(5)接边检查,以地籍区、地籍子区为基本单元,检查是否存在破宗/破幢的问题,针对这种情况对地籍区和地籍子区做相应空间位置调整并逐级上报。

入库检查完后,对检查合格的调查数据进行如下预处理:

(1)将行政区界线、界址线、宗地、自然幢按照不能重叠、不能自重叠、不能相交、不能自相交、不能悬挂等拓扑规则进行检查,并做相应编辑处理。

(2)将行政区名转为行政区 lab 点,进行行政区 lab 点与行政区一一对应检查。

(3)将宗地地籍号转为宗地 lab 点,进行宗地 lab 点与宗地一一对应检查。

(4)将土地利用要素注记转为地类图斑 lab 点,进行地类图斑 lab 点与地类图斑层一一对应检查。

(5)将房屋编号转为房屋 lab 点,进行房屋 lab 点与房屋一一对应检查。

(6)按宗地层、自然幢层属性结构,将对应的二维表导入 MDB 库,建立行政区名与行政代码对照表、地类编码与地类名称对照表。

2)数据建库

农房调查成果建库软件支持自动化宗地代码和不动产单元号规则化排序,以地籍区、地籍子区为编制基本单元,在地籍子区范围内从东北角起始,按照从左到右、从上到下的规则统一编制宗地代码,宗地范围内按照同样规则编制不动产单元号。宗地自动排序之后,生成与调查建库阶段使用的宗地预编码对照表,自动做好相关资料的对照和迁移。空间数据经过图层合并、拓扑处理、规范化分层、数据接边调整等操作,生成符合《不动产登记数据库标准》(TD/T 1066—2021)要求的空间点、线、面数据库以及与之关联的属性数据库。非空间数据经过数据归并、冗余数据剔除、信息补录、标准化整理等操作,形成与标准要求相符的属性数据库。农房调查成果建库软件按照不动产权籍调查技术方案要求,将调查数据库中的属性数据以不动产权籍调查表的形式输出用于资料归档,同时结合宗地图、房产分户图和宗地房屋照片、地籍房屋发证档案等,共同组成项目的文件数据库建设。数据库严格按照标准的属性结构导出空间和属性数据库及文件目录组织结构成果,形成完整的农村地籍和房屋调查成果数据库。

3)数据库质检

数据库成果检查主要包括以下几个方面:

(1)数据分类分层规范性、数据表及字段完整性检查:检查项目生产的数据库要素分类是否满足《城镇地籍数据库标准》和《不动产权籍调查数据库标准》要求,数据分层是否符合标准,编码依据是否符合规范,要素及相应字段建设是否完整。

(2)空间拓扑检查:以地籍子区为单位开展数据库空间拓扑检查,检查地籍区空间拓扑、地籍子区空间拓扑、地籍区和子区拓扑检查、宗地和地籍子区拓扑检查、自然幢和宗地拓扑检查、界址点和宗地拓扑检查、界址线和宗地拓扑检查、界址点和界址线拓扑检查;结合空间拓扑检查工作,对地籍子区和宗地、自然幢的代码一致性做空间关联检查,对界址点、界址线和宗地的代码一致性做空间关联检查等,全面检查数据的空间关系和逻辑关系是否规范并符合要求。

(3)属性录入正确性检查:以行政村为单位进行检查,对照《地籍调查表》《房屋调查表》《土地房屋基本情况表》权源材料等,保证数据库属性表与上述表格、权源材料相一致,属性采集齐全。

(4)图形检查和扫描件检查:检查图形与属性表、扫描件、照片挂接是否正确,扫描件是否完整、命名方式是否正确等。

5.5　职业技能应用实践

【导入】

本单元职业技能应用实践主要包括两个方面的内容：一是通过 ArcCatalog 创建地理数据库，并将矢量数据导入数据集，栅格数据和表格数据导入数据库；二是对地理数据库存储的地理数据素类的属性表进行字段设计。

5.5.1　建立地理数据库

5.5.1.1　实践背景

地理数据库(Geodatabase)是一种面向对象的空间数据存储模型库，它可以存储如 Shapefile 格式的点、线、面等单一空间矢量要素本身，还能够将具有同空间参考系统性质或类型相同或相近的多个要素组织为要素数据集(如将铁路、公路组织为交通数据集)，除了可以存储矢量数据，还能够存储栅格数据和表格等，从而可以为数据添加丰富的行为，确保数据的完整性，提高管理数据的能力。

5.5.1.2　实践目的

(1)能利用 ArcCatalog 创建地理数据库。

(2)能建立数据集，并将矢量数据导入数据集。

(3)能将表格数据和栅格数据导入地理数据库。

5.5.1.3　实践数据

职业技能应用实践数据如表 5-9 所示，数据存放在"data5.5.1"文件夹中。

表 5-9　职业技能应用实践数据

名称	格式	坐标系	说明
行政区	Shapefile 面要素	Krasovsky_1940_Albers	用于导入数据库的面要素数据
高速	Shapefile 线要素	Krasovsky_1940_Albers	用于导入数据库的线要素数据
铁路	Shapefile 线要素	Krasovsky_1940_Albers	用于导入数据库的线要素数据
城市	Shapefile 点要素	Krasovsky_1940_Albers	用于导入数据库的点要素数据
人口	xls 表格数据	—	用于导入数据库的表格数据
dem	dem 栅格数据	Krasovsky_1940_Albers	用于导入数据库的栅格数据

5.5.1.4　实践方法

(1)使用 ArcCatalog 创建【文件地理数据库】，并建立数据集。

(2)使用【导入要素类(单个)】工具导入矢量数据。

(3)使用【导入表(单个)】导入表格数据。

(4)使用【导入栅格数据集】导入栅格数据(见表 5-10)。

表 5-10　工具名称及位置

工具名称		工具位置
File Geodatabase	文件地理数据库	【右键菜单】→【新建】→【文件地理数据库】
Feature Class (single)	导入要素类	【右键菜单】→【导入】→【导入要素类(单个)】
Table (single)	导入表	【右键菜单】→【导入】→【表(单个)】
Raster Datasets	导入栅格数据	【右键菜单】→【导入】→【栅格数据集】

5.5.1.5　实践过程

第一步,建立文件地理数据库。

(1)创建地理数据库:在 ArcCatalog 左侧的目录树中右键点击“data5.5.1”文件夹,依次选择【新建】→【文件地理数据库】,命名为“henan.gdb”。注意:文件地理数据库和个人地理数据库的区别在于存储数据的大小,个人地理数据库(*.mdb)是微软 Access 数据库,一般不超过 2G,而文件地理数据库(*.gdb)是 ESRI 自定义的数据库,存储容量非常大。

(2)创建用于组织自然环境要素的数据集:右键点击“henan.gdb”,依次选择【新建】→【要素类数据集】,在弹出的对话框中输入数据集名称“Natural”,点击【下一步】,点击【添加坐标系】→【导入】,在弹出的对话框中选择“data5.5.1”文件夹下的任意一个 Shapefile 文件,单击【添加】,采用所选要素的坐标系统作为新数据集的坐标系统。连续两次点击【下一步】,最后点击【完成】,完成 Natural 数据集的创建。

(3)采用上一步相同的方法,为“henan.gdb”创建一个用于组织社会经济要素的数据集“Social”。

第二步,数据集的创建与矢量数据的导入。

(1)右键点击“henan.gdb”中的 Natural 数据集,依次选择【导入】→【导入要素类(单个)】,在弹出的对话框中添加输入要素河流.shp,也可直接从目录树中将这个数据拖入列表框中。

(2)采用与上一步相同的方法,为数据集 Social 导入行政区.shp、城市.shp、高速.shp、铁路.shp。

第三步,表格数据的导入。

右键点击“henan.gdb”,依次选择【导入】→【表(单个)】,将人口.xls 中的表作为输入数据,将输出的表格命名为“人口”,将 Excel 的人口数据表导入数据库中。

第四步,栅格数据的导入。

右键点击空间数据库“henan.gdb”,依次选择【导入】→【栅格数据集】,在弹出的对话框中添加输入栅格数据 dem,【输出地理数据库】采用默认值,点击【确定】,将栅格数据输入数据库中。

5.5.2 设置字段属性域

5.5.2.1 实践背景

使用地理数据库对地理数据进行存储时,需要对所存储要素类的属性表进行字段设计,包括字段值的阈值范围、类型等,如字段的属性域类型包括“范围”和“编码的值”两种类型,“范围”限定了字段的有效值域区间,而“编码的值”限定了字段的唯一值列表。设定属性字段的阈值范围能够限定后续属性数据录入的标准性,使地理数据库能够得到有效的管理与组织,也便于后续对地理数据库进行分析。

5.5.2.2 实践目的

(1)理解字段属性域的设定方法及不同属性域类型之间的差异性。

(2)具备利用属性域对数据库进行存储管理的能力。

5.5.2.3 实践数据

职业技能应用实践数据如表 5-11 所示,数据存放在“data5. 5. 2”文件夹中。

表 5-11　职业技能应用实践数据

名称	格式	坐标系	说明
road	Feature Class 线要素类	Unknown	字段属性修改的线要素数据

5.5.2.4 实践方法

(1)使用【创建属性域】工具,对数据库创建属性域。

(2)使用【向属性域添加编码值】工具,设置属性域的编码值。

(3)设置要素类字段的属性域属性(见表 5-12)。

表 5-12　工具名称及位置

工具名称		工具位置
File Geodatabase	文件地理数据库	【右键菜单】→【新建】→【文件地理数据库】
Create Domain	创建属性域	【属性】→【属性域】→【属性域名称】
Add Coded Value To Domain	向属性域添加编码值	【属性】→【属性域】→【属性域名称】→【编码值】
Assign Domain To Field	指定字段的属性域	【属性】→【字段名】→【字段属性】

5.5.2.5 实践过程

第一步,创建地理数据库。

打开 ArcCatalog 软件,将【目录】指定到存储数据库的目标文件夹;目录树中选择该文件夹后,在右侧空白处右击,选择【新建】→【文件地理数据库】,将新数据库命名为“db. gdb”,完成地理数据库的创建。

第二步,设置数据库属性域。

右击“db. gdb”数据库文件,打开【数据库属性】对话框,选择【属性域】选项卡,在【属性域名称】列表中直接输入“road_type”,在对应的【描述】列表中添加该属性域的描述“the type of roads”;选中“road_type”属性域后,在【属性域属性】中设置“字段类型”为“长整型”,“属性域类型”为“编码值”;在【编码值】列表中,依次输入定义的【编码】及其【描述】,0 表示机动车道,1 表示非机动车道,2 表示人行道。点击【确定】,完成以【编码值】类型为标准的属性域设置。注意:【描述】列表内容将作为后续选项显示的值,而非具本的编码值;列表中发生输入错误时,可使用“Delete”键进行删除。

第三步,设置字段的属性域属性。

右击“db. gdb”,选择【新建要素类】,设置图层【名称】“road”,类型设置为“线要素”;坐标系设置为“Unknown”;默认,点击【下一步】;在【字段名】列表中添加字段“type”,【数据类型】设置为“长整型”,【字段属性】中设置“属性域”参数为“road_type”,点击【完成】,设置好线图层中 type 字段的属性域。

注意:由于 road_type 属性域的字段类型是长整型,因此 type 字段的数据类型必须与其一致才能引用该属性域条件。

第四步,检验字段的属性选择项。

打开 ArcMap 软件,加载 road 图层;启动编辑,任意数字化一条线要素;打开 road 图层属性表,点击【type】字段后可查看到已有属性域中定义的选择项,选择任意一个即可完成【type】字段值的赋值操作,保存并停止编辑。

应用能力测试

一、单选题

1. 数据库的模式之间进行联系和转换是通过(　　)。

A. 用户　B. 系统程序员　C. 数据库管理员　D. 映射关系

2. 下列属于逻辑数据单位的是(　　)。

A. 位　B. 字节　C. 记录　D. 块

3. 在记录之间没有明确的主从关系,任何一个记录可与任意其他多个记录建立联系的数据库模型是(　　)。

A. 关系模型　B. 层次模型　C. 网状模型　D. 以上三者

4. GIS 设计的基本要求,除满足加强系统实用性、降低系统开发和应用成本外,还包括提高(　　)。

A. 系统的效率　B. 系统的可靠性

C. 系统的可移植性　D. 系统的生命周期

5. 用来表示物体属性最基本的不可分割的数据单位是(　　)。

A. 数据项　B. 数据项组　C. 记录　D. 文件

6. 在数据库有关概念模式的叙述正确的是(　　)。

A. 用户所使用的数据库　B. 内模式的一个子集

C. 数据库的最外层　D. 对整个数据库的全局逻辑描述

7. 在计算中实际存在的数据库为(　　)。

A. 用户数据库　B. 概念数据库　C. 物理数据库　D. 逻辑数据库

8. 对文件进行存储操作的基本单位是(　　)。

A. 数据项　　B. 数据项组　　C. 记录　　D. 数据库

9. 在数据库的系统结构中,对整个数据库进行逻辑描述的是(　　)。

A. 用户级　　B. 概念级　　C. 物理级　　D. DBMS

10. 模型表达的基本联系是一对多的关系,但能清楚地反映数据之间隶属关系的数据库模型是(　　)。

A. 关系模型　　B. 网状模型　　C. 层次模型　　D. 混合模型

11. 以一定的组织形式存储在一起的互相有关联的数据集合称为(　　)。

A. 记录　　B. 数据库　　C. 顺序文件　　D. 倒排文件

12. 描述数据库中各种数据属性与组成的数据集合称为(　　)。

A. 数据结构　　B. 数据模型　　C. 数据类型　　D. 数据字典

13. 计算机对数据的管理经过了三个阶段,其中最早的是(　　)。

A. 程序管理阶段　B. 文件管理阶段　C. 数据库管理阶段　D. 模型管理阶段

14. 数据库方法与文件管理方法相比,具有更强的数据管理能力。以下选项中不属于数据库主要特征的是(　　)。

A. 数据冗余度小　　B. 数据模型简单

C. 数据集中控制　　D. 数据独立性特征

15. 数据保护对数据库来说是至关重要的,一旦数据库中的数据遭到破坏,就会影响数据库的功能,甚至使整个数据库失去作用。以下各选项不属于数据保护内容的是(　　)。

A. 安全性控制　　B. 故障的发现和恢复

C. 并发控制　　D. 独立性控制

16. 目前,数据库领域采用的数据模型有层次模型、网络模型和关系模型,其中应用最广泛的是(　　)。

A. 层次模型　　B. 网络模型　　C. 关系模型　　D. 对象模型

17. 层次模型是数据处理中发展较早、技术上也比较成熟的一种数据模型。其优点在于(　　)。

A. 反映现实世界中实体间的层次关系

B. 容易进行反向查询

C. 插入和删除操作方便

D. 数据独立性较差

18. 网络模型是数据模型的一种重要结构,一个节点可与其他多个节点建立联系,其仍存在的问题有(　　)。

A. 在一定程度上支持数据的重构

B. 数据独立性和共享特性

C. 网状结构的复杂性,增加了用户查询和定位的困难

D. 其数据存储效率低于层次模型

19. 关系模型是应用最广泛的一种数据模型,它具有以下优点(　　)。

A. 由于概念模式和存储模式的相互独立性,实现效率很高

B. 具有严密的数学基础和操作代数基础

C. 模型的可扩充性较好

D. 描述对象语义的能力较强

20. 针对空间数据库特点,以下说法错误的是(　　)。

A. 空间数据模型简单

B. 属性数据和空间数据联合管理

C. 空间实体的属性数据和空间数据可随时间而发生相应变化

D. 具有高可访问性

21. 下面哪一项不是对空间数据进行分层管理的原因?(　　)

A. 减少数据量　　B. 分类存储

C. 利于专题制图　　D. 便于拆分和组合

22. 以下选项中不属于地理信息系统设计与开发步骤的是(　　)。

A. 系统设计　　B. 系统维护　　C. 系统测试　　D. 系统安装

23. 在空间数据库概念模型中,下面不属于传统数据模型的是(　　)。

A. 层次数据模型　　B. 网络数据模型

C. 关系数据模型　　D. 面向对象数据模型

24. 以下选项中不属于GIS设计与开发步骤的是(　　)。

A. 系统安装　　B. 系统设计　　C. 系统测试　　D. 系统维护

25. 下列操作时保证GIS数据现势性的手段之一是(　　)。

A. 数据匹配　　B. 数据更新　　C. 数据转换　　D. 数据编辑

26. 在GIS中组织属性数据,应用较多的数据模型是(　　)。

A. 层次模型　　B. 关系模型　　C. 网络模型　　D. 混合模型

27. 土壤类型与种植作物之间的数据逻辑联系是(　　)。

A. 一对一的联系　　B. 二对一的联系　　C. 多对多的联系　　D. 一对多的联系

28. 空间数据库模型的建立过程是(　　)。

A. 概念模型-逻辑模型-存储模型　　B. 逻辑模型-概念模型-存储模型

C. 存储模型-逻辑模型-概念模型　　D. 存储模型-概念模型-逻辑模型

29. (　　)节点数据之间没有明确的从属关系,一个节点可以与其他多个节点建立关系,任何两个节点之间都可能发生联系。

A. 网络数据模型　　B. 关系数据模型

C. 面向对象数据模型　　D. 层次数据模型

30. 一个大型实用化地理信息系统的外壳由若干个技术部分组成:空间数据库管理系统、属性数据库管理系统、(　　)和知识库管理系统等。

A. 地理数据库管理系统　　B. 模型库管理系统

C. 公路数据库管理系统　　D. 条件数据库管理系统

二、简答题

1. 什么是数据库系统？它与文件系统的区别是什么？
2. 数据间的逻辑关系有几种？试举例说明。
3. 常用的数据模型有哪几种？它们的主要优缺点是什么？
4. 空间数据库有哪几种管理模式？
5. 空间数据分层的目的是什么？
6. 什么是空间数据库？它有什么特点？
7. 简述空间数据库的设计流程。
8. 空间数据库的实施是如何开展的？

单元 6　GIS 数据分析

【单元概述】

GIS 数据分析是解决一般地理空间问题的分析技术,可以从空间数据中获取有关地理对象的空间位置、分布、形态、形成和演变信息,为人们建立空间应用模型提供基本的方法。利用空间分析技术,通过对原始数据模型的观察和试验,用户可以获得新的经验和知识,并以此作为空间行为的决策依据。空间分析是 GIS 的重要功能,是 GIS 的核心与灵魂。本单元介绍 GIS 中实现空间分析的基本功能,包括空间查询与量算、空间叠加分析、缓冲区分析、空间网络分析和数字地形分析。

【学习目标】

(1)知识目标:①掌握空间查询与量算的方法;②掌握空间叠加分析与缓冲区分析的方法;③了解空间网络的组成及分析方法;④掌握数字地形分析的方法。

(2)技能目标:①能利用 GIS 软件进行空间查询与量算;②能利用 GIS 软件进行矢量数据和栅格数据的叠加分析;③能利用 GIS 软件进行点、线、面缓冲区的创建与分析;④能利用 GIS 软件建立几何网络,设置空间网络状态,开展最佳路径分析;⑤能利用 GIS 软件基于 DEM 进行坡度、坡向、通视分析及水文分析。

(3)思政目标:①培养学生在工作态度上具有敬业精神和严谨、科学精神;②培养学生基于空间数据的分析问题能力、解决问题能力;③培养学生利用空间分析方法反映社会热点问题的意识,发挥地理信息在社会服务中的作用,增强学生服务国家的信念与态度。

6.1　空间查询与量算

【导入】

在地理信息系统中,为进行高层次分析,往往需要查询定位空间对象,并用一些简单的量测值对地理分布或现象进行描述,如长度、面积、距离、形状等。实际上,空间分析首先始于空间查询和量算,它是空间分析的定量基础。

6.1.1　空间查询

二维码 18　空间查询

空间查询是从数据库中找出符合该条件的空间数据的过程。GIS 软件一般都提供了从简单到复杂的空间查询功能,如用户可以根据鼠标所在的图上位置,查询该位置的空间实体及其属性,还可以进行简单的统计分析等。一般地,数据库中的空间查询分两步进行:①通过属性过滤和空间索引在空间数据库中快速检索出被选空间实体的标识码(OID);②进行空间数据和属性数据的连接,返回该空间实体。根据查询方式的不同,基本的空间查询可以分为基于属性特征的查询、基于空间位置的查询和基于空间关系的查询。

6.1.1.1 基于属性特征的查询

基于属性特征的查询是根据空间对象或实体的属性数据来查询满足给定条件的地物或区域的空间位置,统计其几何与属性参数的查询方式,这种查询方式有时被称为"Query by attribute"。这种查询方式和普通的关系数据库中的常见查询类似,不同的是关系数据库的查询结果是记录的集合,而空间数据库的返回结果是空间对象的集合。在这种查询中,查询的属性条件可以是单个属性、多个属性组合及基于模糊匹配的属性等方式。其中,单属性查询是最简单和最常用的方式。例如,在某市的土地规划中,查询土地类型属于商业用地的地块。

6.1.1.2 基于空间位置的查询

基于空间位置的查询是指根据空间对象或实体的地理位置查询满足条件的实体集合及其属性信息的查询,这种查询方式有时被称为"Query by location"。在 GIS 系统中,通常会通过给定一个或多个点、线、面的几何图形,检索出该图形范围的空间对象及其相应的属性信息。常见的基于空间位置的查询方式列举如下:

(1)按点查询。给定一个鼠标点位,检索出离它最近的空间对象,并显示它的属性,回答它是什么,它的属性是什么。

(2)按矩形查询。给定一个矩形窗口,查询出该窗口内某一类地物的所有对象。如果需要,显示出每个对象的属性表。在这种查询中往往需要考虑检索是包含在该窗口内的地物,还是只要该窗口涉及的地物无论是被包含的还是穿过的都被检索出来。这种检索过程异常复杂,首先需要根据空间索引,检索到哪些空间对象可能位于该窗口内,然后根据点在矩形内、线在矩形内、多边形位于矩形内的判别计算,检索出所有落入检索窗口内的目标。

(3)按圆查询。给定一个圆或椭圆,检索出该圆或椭圆范围内的某个类或某一层的空间对象,其实现方法与按矩形查询类似。

(4)按多边形查询。用鼠标给定一个多边形,或者在图上选定一个多边形对象,检索出位于该多边形内的某一类或某一层的空间地物,这一操作工作原理与按矩形查询相似,但是它比前者要复杂得多,它涉及点在多边形内、线在多边形内、多边形在多边形内的判别计算。这一操作非常有用,用户需要经常查询某一面状地物,特别是行政区所涉及的某类地物。

6.1.1.3 基于空间关系的查询

空间关系的查询包括空间拓扑关系查询和缓冲区查询。空间关系的查询有些是通过拓扑数据结构直接查询得到的,有些是通过空间运算特别是空间位置的关系运算得到的。

1. 邻接关系查询

邻接关系查询包括多边形邻接关系查询、线与线的邻接关系查询等。

(1)多边形邻接关系查询。指查询多边形的邻接多边形。例如,查询与面状地物 A 相邻的所有多边形。该问题可用拓扑查询执行。

第一步:从多边形与弧段关联的表中,检索出该多边形关联的所有弧段。

第二步:从弧段关联的左多边形、右多边形的表中,检索出这些弧段所关联的多边形,即为与 A 相邻的多边形。

(2)线与线的邻接关系查询。指查询线状目标之间的邻接关系。例如,查询所有与主河流 A 的支流,即与主河流 A 具有邻接关系的支流。这一问题也可通过拓扑关系表查询完成。

第一步:从线状地物表中查找出组成线状地物 A 的所有弧段及关联的节点。

第二步:从节点表中查找出与这些节点相关联的弧段(线状目标),即为与 A 关联的支流,如图 6-1 所示。

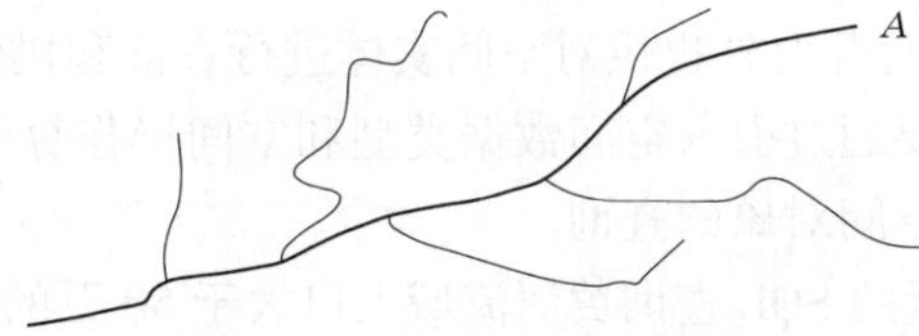

图 6-1 与主河流 A 相关联的支流

邻接关系查询还包括与一个节点具有邻接关系的线状目标查询或面状目标查询等。

2. 包含关系查询

查询某一个面状地物所包含的某一类的空间对象,被包含的空间对象可能是点状地物、线状地物或面状地物。它实际上与前面所述的按多边形的定位查询相似,这种查询使用空间运算执行。例如,查询一个行政区内有多少火车站、多少飞机场等。

3. 穿越关系查询

查询一个线状目标穿越的空间对象。例如,需要查询某一条公路或某一条河流穿越了哪些县、哪些乡,要完成这一操作,即可使用穿越查询。穿越查询一般采用空间运算方法执行。根据一个线状目标的空间坐标,计算出哪些面状地物或线状地物与它相交。例如,检索一条河流所经过的县、市。

4. 落入查询

有时我们需要了解一个空间对象落在哪个空间对象之内。例如,查询一个一等测量控制点落在哪个乡(镇)的地域内,以便找到相应的行政机关给予保护。执行这一操作采用空间运算即可,即使用点在多边形内、线在多边形内或面在多边形内的判别方法。

5. 缓冲区查询

缓冲区查询与后面所述的缓冲区分析有一点差别。缓冲区查询不对原有图形进行切割,只是根据用户需要给定一个点缓冲、线缓冲或面缓冲的距离,从而形成一个缓冲区的多边形,再根据前面所述的多边形检索的原理,检索出该缓冲区多边形内的空间地物。

6.1.1.4 基于 SQL 语言查询

结构化查询语言(structured query language,SQL)是一种数据库查询和程序设计语言,用于存取数据以及查询、更新和管理关系数据库系统。由于 SQL 功能丰富、使用简单,自推出后很快被众多的软件公司采用。目前,几乎所有的关系型数据库都支持 SQL 查询语言。GIS 软件通常支持标准的 SQL 查询语言。标准 SQL 查询语言是:

SELECT　　需显示的属性项

FROM　　属性表

WHERE　　条件

OR　　条件

AND　　条件

下面的例子是通过 SQL 查询全国人口大于 5 000 万的省。

Select　　*　　/ * 表示显示属性表中的所有项

From　　省

Where　　人口>5 000 万

现有空间数据库解决方案通常都是在传统关系数据库中引用面向对象技术，将空间实体的复杂性封装到对象中，并对外提供对空间实体进行查询和操作的接口。相应地，扩展的空间 SQL 查询语言主要通过引入空间数据类型和空间操作算子来扩展 SQL，使得用户能够使用 SQL 语法进行空间对象的查询。

下面的例子是通过扩展的 SQL 查询黄河流域人口大于 50 万的县或市：

SELECT　　*

FROM　　县或市

WHERE　　县或市. 人口>50 万

AND CROASS　　（河流. 名称 ="黄河"）

6.1.2　空间量算

6.1.2.1　几何量算

几何量算对不同的点、线、面地物有不同的含义：

- 点状地物(0 维)：坐标。
- 线状地物(1 维)：长度、曲率、方向。
- 面状地物(2 维)：面积、周长、形状、曲率等。
- 体状地物(3 维)：体积、表面积等。

一般的 GIS 软件都具有对点、线、面状地物的几何量算功能，或者是针对矢量数据结构，或者是针对栅格数据结构的空间数据。

1. 线的长度计算

线状地物对象最基本的形态参数之一是长度。在矢量数据结构下，线表示为点对坐标(X,Y)或(X,Y,Z)的序列，在不考虑比例尺情况下，线长度的计算公式为：

$$L = \sum_{i=0}^{n-1} [(X_{i+1} - X_i)^2 + (Y_{i+1} - Y_i)^2 + (Z_{i+1} - Z_i)^2]^{\frac{1}{2}} = \sum_{i=1}^{n} l_i \qquad (6\text{-}1)$$

对于复合线状地物对象，需要在对诸分支曲线求长度后，再求其长度总和。

通过离散坐标点对串来表达线对象，选择反映曲线形状的选点方案非常重要，往往由于选点方案不同，会带来长度计算的不同精度问题。为提高计算精度，增加点的数目，会对数据获取、管理与分析带来额外的负担，折中的选点方案是在曲线的拐弯处加大点的数目，在平直段减少点数，以达到计算允许精度的要求。

在栅格数据结构里，线状地物的长度就是累加地物骨架线通过的格网数目，骨架线通常采用 8 方向连接，当连接方向为对角线方向时，还要乘上 $\sqrt{2}$ 。

2. 面状地物的面积

面积是面状地物最基本的参数。在矢量结构下，面状地物是以其轮廓边界弧段构成的多边形表示的。对于没有空洞的简单多边形，假设有 N 个顶点，其面积计算公式为

$$S = \left| \frac{1}{2} \left[\sum_{i=1}^{N-2} (x_i y_{i+1} - x_{i+1} y_i) + (x_N y_1 - x_1 y_N) \right] \right| \tag{6-2}$$

所采用的是几何交叉处理方法，即沿多边形的每个顶点作垂直于 X 轴的垂线，然后计算每条边、它的两条垂线及这两条垂线所截得 X 轴部分所包围的面积，所求出的面积的代数和，即为多边形面积，如图 6-2 所示。对于有孔或内岛的多边形，可分别计算外多边形与内岛面积，其差值为原多边形面积。此方法亦适用于体积的计算。

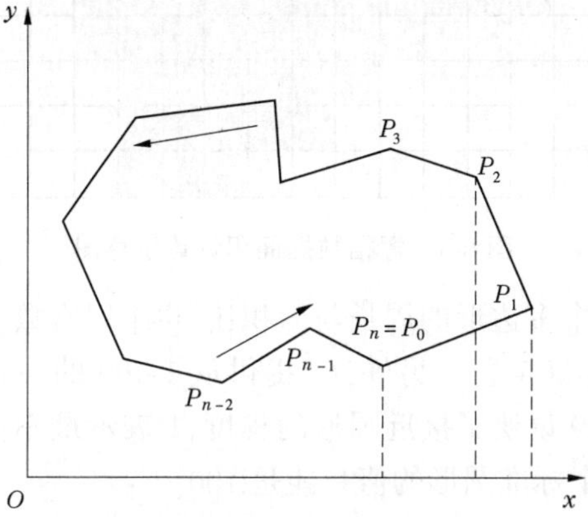

图 6-2　矢量数据面积计算示意图

对于栅格结构，多边形面积计算就是统计具有相同属性值的格网数目，如图 6-3 所示。但对计算破碎多边形的面积有些特殊，可能需要计算某一个特定多边形的面积，必须进行再分类，将每个多边形进行分割赋给单独的属性值，之后再进行统计。

6.1.2.2　**形状量算**

描述面状地物形状特征要比计算多边形周长和面积困难得多。不同的二维平面物体的形状有不同的测度，相似的形状应有描述该物体形状的近似数值。

较之用类似平行四边形、梯形和三角形等几何形状来描述多边形形状特征，用圆来描述最简单、最紧凑。圆有理想的凸度，因为圆的表面没有凹面或锯齿形。用圆来描述多边形形状特征的测量方法称为测量多边形的凸度或凹度的方法。

把多边形的几何形状和圆的几何形状相比较，本质上等于考察多边形相对于圆的凸度数量。对于矢量表示的多边形，通常使用的凸度计算公式为

$$CI = \frac{kP}{\sqrt{S}} \tag{6-3}$$

式中　CI——凸度；

k——常数；

P——周长；

S——面积。

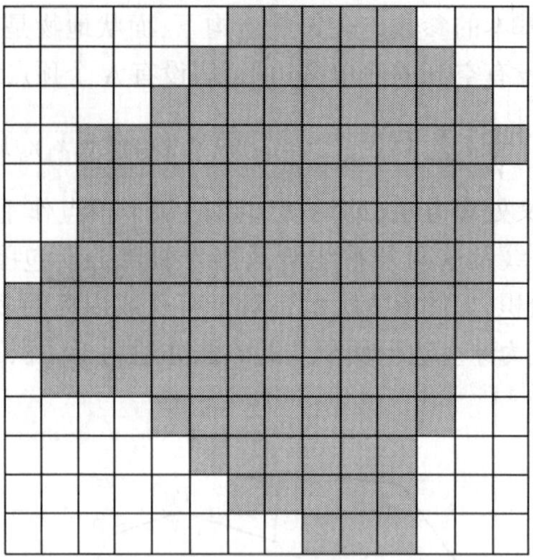

图 6-3　栅格数据面积计算示意图

这样,所得结果是每个多边形的周长与面积比,再乘以常数。常数部分是根据要描述不规则多边形的圆的大小确定的。另外,*CI* 提供从 1~99 的一系列正值,100 表示 100%类似于一个圆。从 1 到 99 说明了接近圆形的程度,1 表示最不像圆形,99 表示接近于圆形(见图 6-4)。这样,一个标准圆形的值只能是 100。

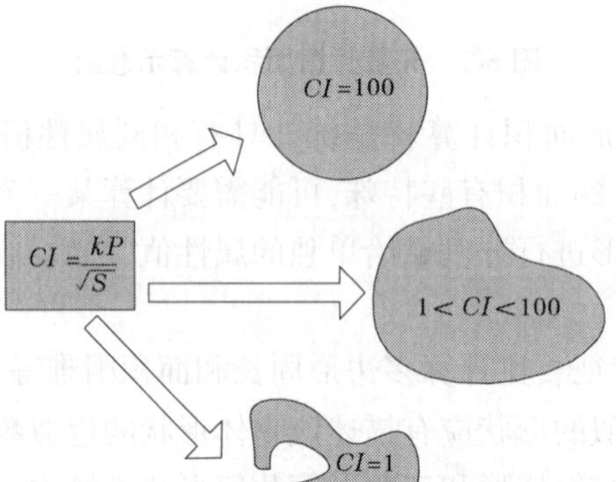

图 6-4　多边形的凸度

在栅格数据中,公式是以准确统一的概念为基础的。但是,现在面积作为单元的数量被记录,它的平方根被用于提供相同的 1~99 范围内的近似值。因此,对于用栅格数据表示的多边形,凸度计算公式的一般形式是

$$CI = \frac{P}{\sqrt{S}} \tag{6-4}$$

式中　*CI*——凸度;

P——周长;

S——以栅格数据表示的面积。

测量的结果如果是1,表示最不像圆形,而99表示形状上最接近圆。用栅格数据表示的图形不能形成完美的圆形。

6.1.2.3　质心量算

质心是描述地理对象空间分布的一个重要指标。例如要得到一个全国的人口分布等值线图,而人口数据只能到县级,所以必须在每个县域里定义一个点作为质心,代表该县的数值,然后进行插值计算全国人口等值线。质心通常定义为一个多边形或面的几何中心,当多边形比较简单时,比如矩形,计算很容易。但当多边形形状复杂时,计算也更加复杂。

在某些情况下,质心描述的是分布中心,而不是绝对几何中心。同样以全国人口为例,当某个县绝大部分人口明显集中于一侧时,可以把质心放在分布中心上,这种质心称为平均中心或重心。考虑其他一些因素的话,可以赋予权重系数,称为加权平均中心。计算公式是:

$$X_G = \frac{\sum_i W_i X_i}{\sum_i W_i}, Y_G = \frac{\sum_i W_i Y_i}{\sum_i W_i} \tag{6-5}$$

式中　W_i——第 i 个离散目标物权重;

X_i, Y_i——第 i 个离散目标物的坐标。

质心量测经常用于宏观经济分析和市场区位选择,还可以跟踪某些地理分布的变化,如人口变迁、土地类型变化等。

6.1.2.4　距离量算

“距离”是人们日常生活中经常涉及的概念,它描述了两个事物或实体之间的远近程度。最常用的距离概念是欧氏距离,无论是矢量结构还是栅格结构,都很容易实现。在GIS中,距离通常是两个地点之间的计算,但有时人们想知道一个地点到所有其他地点的距离,这时得到的距离是一个距离表面。如果一区域中所有的性质与方向无关,则称为各向同性区域。以旅行时间为例,如果从某一点出发,到另一点所耗费的时间只与两点之间的欧氏距离成正比,则从一固定点出发,旅行特定时间后所能达到的点必然组成一个等时圆。而在现实生活中,旅行所耗费的时间不只与欧氏距离成正比,还与路况、运输工具性能等有关,从固定点出发,旅行特定时间后所能到达的点则在各个方向上是不同距离的,形成各向异性距离表面(见图6-5)。

考虑到阻力影响,计算的距离称为耗费距离。物质在空间中移动总要花费一些代价,如资金、时间等。阻力越大,耗费也越大。相应地通过耗费距离得到的距离表面称为阻力表面或耗费表面,其属性值代表耗费或阻力大小。可以根据阻力表面计算最小耗费距离。

对于描述点、线、面坐标的矢量结构,也有一系列不同于欧氏距离的概念。欧氏距离通常用于计算两点的直线距离:

$$d = \sqrt{(X_i - X_j)^2 + (Y_i - Y_j)^2} \tag{6-6}$$

当有障碍或阻力存在时,两点之间的距离就不能用直线距离,计算非标准欧氏距离的一般公式为

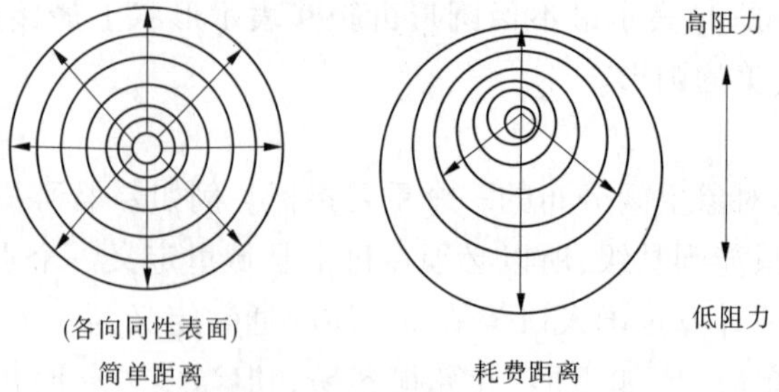

图 6-5　各向同性和各向异性的距离表面

$$d = [(X_i - X_j)^k + (Y_i - Y_j)^k]^{1/k} \tag{6-7}$$

当 $k=2$ 时，就是欧氏距离计算公式；当 $k=1$ 时，得到的距离称为曼哈顿距离。

6.2　空间叠加分析

【导入】

叠加分析是将有关主题层组成的各个数据层面进行叠加产生一个新的数据层面，其结果综合了原来两个或多个层面要素所具有的属性，同时叠加分析不仅生成了新的空间关系，而且将输入的多个数据层的属性联系起来产生新的属性关系。其中，被叠加的要素层面必须是基于相同坐标系统的、基准面相同的、同一区域的数据。

6.2.1　叠加分析的含义

叠加分析是指在统一空间参照系统条件下，每次将同一地区两个地理对象的图层进行叠加，以产生空间区域的多重属性特征，或建立地理对象之间的空间对应关系。叠加分析是地理信息系统最常用的提取空间隐含信息的手段之一。

叠加分析方法源于传统的透明材料叠加，即将来自不同的数据源的图纸绘于透明纸上，在透光桌上将其叠放在一起，然后用笔勾出感兴趣的部分——提取出感兴趣的信息。地理信息系统的叠加分析是将有关主题层组成的数据层面进行叠加产生一个新数据层面的操作，其结果综合了原来两层或多层要素所具有的属性。叠加分析不仅包含空间关系的比较，还包含属性关系的比较。

按照 GIS 中常用的两种数据结构分类，可将叠加分析分为矢量数据叠加分析和栅格数据叠加分析，如图 6-6 所示。

从原理上来说，叠加分析是对新要素的属性按一定的数学模型进行计算分析，其中往往涉及逻辑交、逻辑并、逻辑差等运算。根据操作形式的不同，叠加分析可以分为交集操作、图层合并、图层擦除等；根据操作要素的不同，可以将矢量叠加分析分为点与多边形叠加分析、线与多边形叠加分析、多边形叠加分析，栅格数据叠加分析可以分为单层与多层栅格数据叠加分析，主要包括布尔逻辑运算、重分类和数学运算复合等方法。

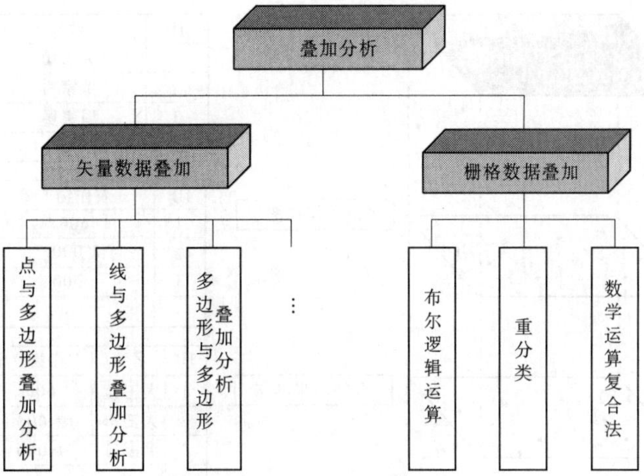

图 6-6　叠加分析结构框架

6.2.2　矢量数据叠加分析

6.2.2.1　点与多边形叠加

点与多边形叠加是指一个点图层与一个多边形图层相叠。叠加分析的结果往往是将其中一个图层的属性信息注入到另一个图层中,然后更新得到的数据图层;基于新数据图层,通过属性直接获得点与多边形叠加所需要的信息。

从根本上来说,点与多边形叠加是首先计算多边形对点的包含关系,矢量结构的 GIS 能够通过计算每个点相对于多边形线段的位置,进行点是否在一个多边形中的空间关系判断,其次是进行属性信息处理,最简单的方式是将多边形属性信息叠加到其中的点上,或点的属性叠加到多边形上,用于标识该多边形。通过点与多边形叠加可以查询每个多边形里有多少个点,以及落入各多边形内部的点的属性信息。例如,一个县各乡(镇)农作物产量图与该县的乡镇行政图进行叠加分析后,更新点属性表,可以计算各乡(镇)有多少种农作物及其产量,或者查询哪些农作物在哪些乡(镇)有分布等信息(见图 6-7)。

6.2.2.2　线与多边形叠加

线与多边形叠加同点与多边形叠加类似,线与多边形叠加指一个线图层与一个多边形图层相叠,叠加结果通常是将多边形层的属性注入另一个图层中,然后更新得到的数据图层;基于新数据图层,通过属性直接获得线与多边形叠加所需要的信息。

同样,线与多边形叠加首先要比较线坐标与多边形坐标的关系,判断哪一条线落在哪一个或哪些多边形内,由于一条线常常跨越多个多边形,因此必须首先计算线与多边形的交点,将原线分割为两个或两个以上落入不同多边形的新弧段。然后重建线的属性表,表中既包含每条新弧段原来所属的线的所有属性,也包含新添加的、它所落入的多边形标识序号,以及该多边形的某些附加属性。例如,河流网络与乡(镇)区划图进行叠加分析,这样河流网络图层中的各个河流的线属性表,不仅包含原河流的信息,还含有该河流所在行政区的标号和其他信息,可以依此得到任意省市内的河流的分布密度和长度等(见图 6-8)。

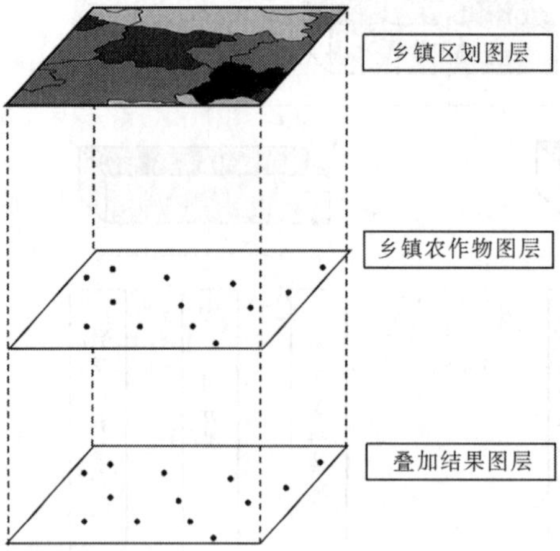

ID	名称
1	大王镇
2	贾家村
3	周家堡
…	…

ID	农作物产量
1	600
2	2 000
3	1 000
…	…

ID	名称	农作物产量
1	大王镇	600
2	大王镇	2 000
3	李家村	1 000
…	…	…

图 6-7　点与多边形叠加分析

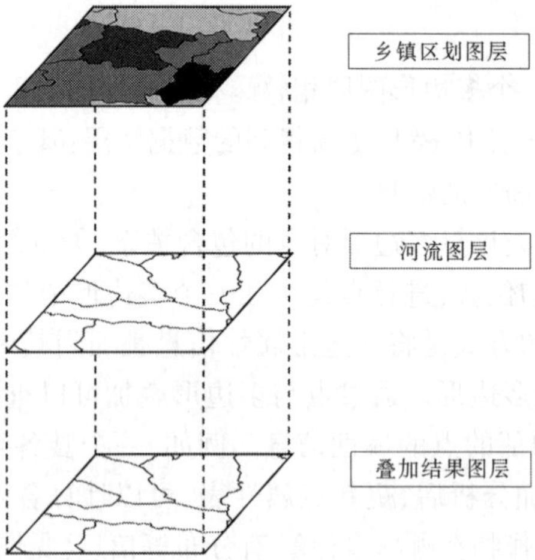

ID	名称
1	大王镇
2	张家村
3	李家村
…	…

ID	河流
1	裕河
2	昌河
3	十里沟
…	…

ID	名称	河流
1	大王镇	裕河
2	大王镇	昌河
3	李家村	昌河
…	…	…

图 6-8　线与多边形叠加分析

6.2.2.3　多边形叠加

多边形叠加是 GIS 最常用的功能之一。多边形叠加是将两个或多个多边形图层进行叠加产生一个新多边形图层的操作,其结果将原来多边形要素分割成新要素,新要素综合了原来两层或多层的属性。

二维码 19　空间多边形叠加

1. 多边形叠加过程

多边形叠加过程可分为几何求交过程和属性分配过程两步,具体步骤如图 6-9 所示。几何求交过程首先求出所有多边形边界线的交点,再根据这些交点重新进行多边形拓扑运算,对新生成的拓扑多边形图层的每个对象赋予多边形唯一标识码,同时生成一个与新多边形对象一一对应的属性表。由于矢量结构精度有限,几何对象不可能完全匹配,叠加结果可能会出现一些碎屑多边形,通常可以设定一模糊容限以消除它。

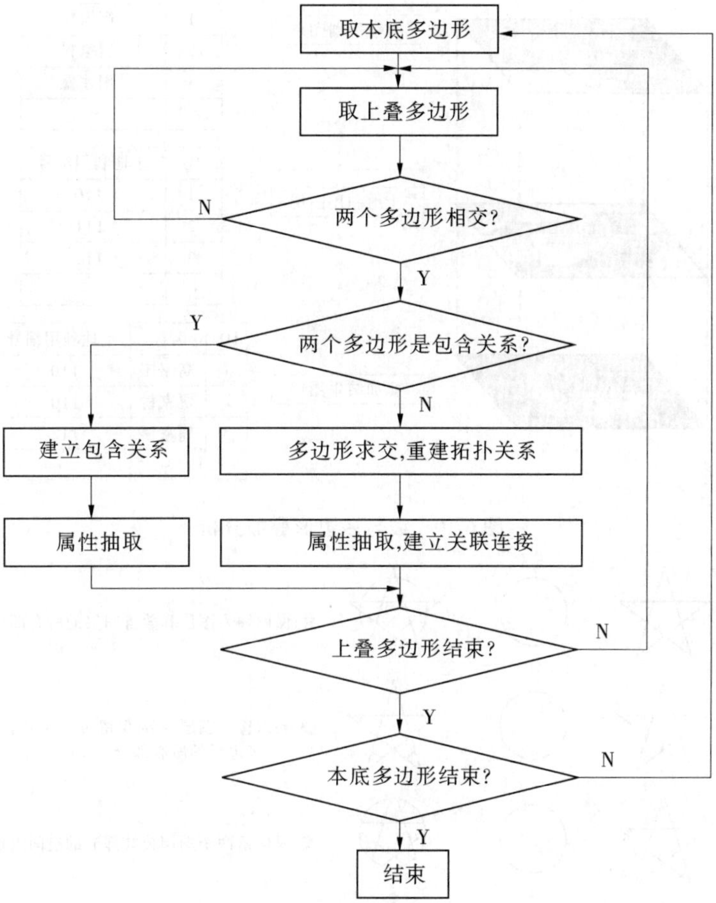

图 6-9　多边形叠加过程

多边形叠加结果通常把一个多边形分割成多个多边形,属性分配过程最典型的方法是将输入图层对象的属性拷贝到新对象的属性表中,或把输入图层对象的标识作为外键,直接关联到输入图层的属性表。这种属性分配方法的理论假设是多边形对象内属性是均质的,将它们分割后,属性不变,如图 6-10 所示。

多边形叠加完成后,根据新图层的属性表可以查询原图层的属性信息,新生成的图层和其他图层一样可以进行各种空间分析和查询操作。

2. 多边形叠加方式

根据叠加结果最后欲保留空间特征的不同要求,一般的 GIS 软件都提供了几种类型的多边形叠加操作,如图 6-11 所示。

多边形叠加广泛地应用于生活、科研、生产等各个方面。例如,对于土地管理信息系统的用户,他们经常需要提取某个县、某些人口统计单元或水文区域内的土地利用数据,并进行面积统计,此时就需要把土地利用图与人口统计分区等图进行叠加。又如进行土地资源分析,还需要把土地利用图与土壤分布图、DTM 模型的数据进行叠加,以得到一系列的分析结果,为土地利用规划等提供依据。

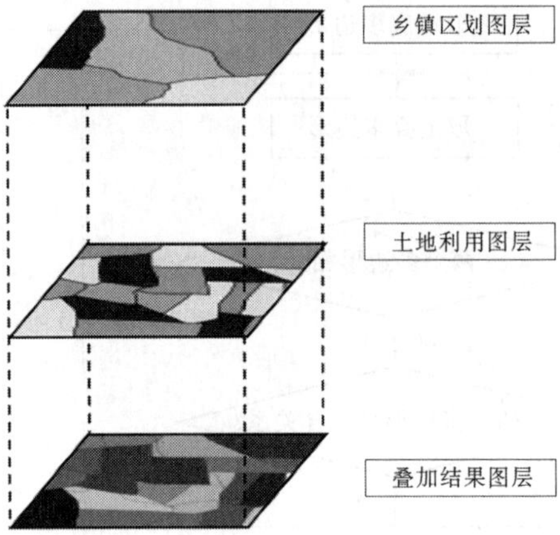

ID	名称
1	高家庄
2	贾家村
3	周家堡
…	…

ID	土地利用编号
1	110
2	111
3	112
…	…

ID	名称	土地利用编号
1	高家庄	110
2	贾家村	110
3	周家堡	112
…	…	…

图 6-10　线与多边形叠加分析

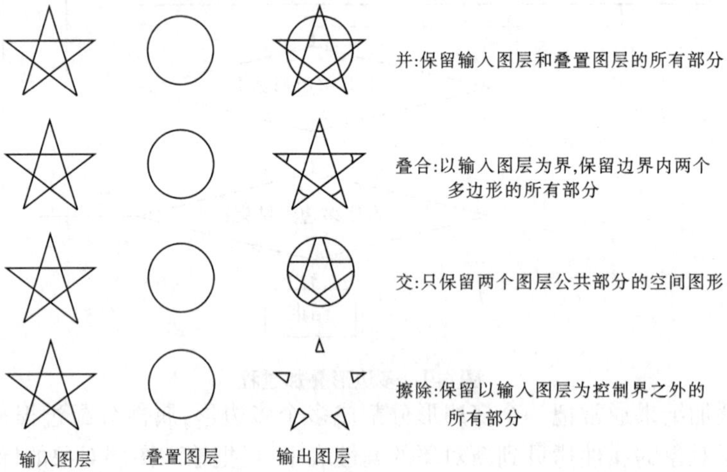

图 6-11　多边形的不同叠加方式

6.2.3　栅格数据叠加分析

6.2.3.1　栅格数据的叠加分析含义

栅格数据由于其空间信息隐含属性信息明确的特点,可以看作是最为典型的数据层面,通过数学关系建立不同数据层面之间的联系是 GIS 提供的典型功能,空间模拟尤其需要通过各种各样的方式将不同的数据层面进行叠加运算,以揭示某种空间现象或空间过程。在栅格数据内部,叠加运算是通过像元之间的各种运算来实现的。设 $x_1,x_2,\cdots,x_n$,分别表示第 1 层至第 n 层上同一坐标属性值,f 函数表示各层上属性与用户需求之间的关系,E 为叠加后属性输出层的属性值,则

$$E=f(x_1,x_2,\cdots,x_n) \tag{6-8}$$

叠加操作的输出结果可能是:

(1)各层属性数据的算术运算结果。

(2)各层属性数据的极值。

(3)逻辑条件组合。

(4)其他模型运算结果。

6.2.3.2　栅格数据的叠加分析运算方法

同矢量数据多边形叠加分析相比,栅格数据具有更易处理,简单且有效,不存在破碎多边形的问题等优点,使得栅格数据的叠加分析在各类领域应用极为广泛。根据栅格数据叠加层面将栅格数据的叠加分析运算方法分为以下几类。

1. 布尔逻辑运算

栅格数据一般可以按属性数据的布尔逻辑运算来检索,即这是一个逻辑选择的过程。设有 *A*、*B*、*C* 三个层面的栅格数据系统,一般可以用布尔逻辑算子以及运算结果的文氏图表示其一般的运算思路和关系。布尔逻辑为 AND、OR、XOR、NOT,如图 6-12 所示。

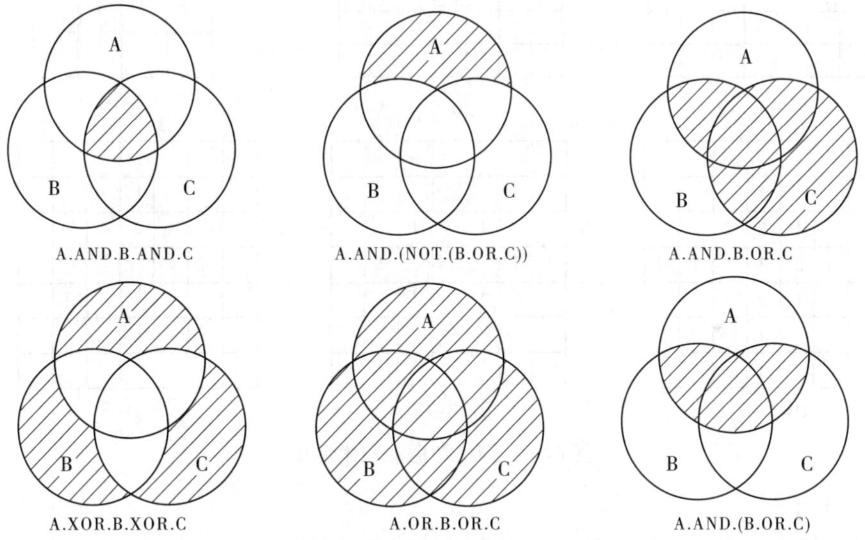

图 6-12　布尔逻辑运算

布尔逻辑运算可以组合更多的属性作为检索条件,以进行更复杂的逻辑选择运算。

2. 重分类

重分类是将属性数据的类别合并或转换成新类。即对原来数据中的多种属性类型,按照一定的原则进行重新分类,以利于分析。重分类时必须保证多个相邻接的同一类别的图形单元应获得相同的名称,并将图形单元合并,从而形成新的图形单元(见图 6-13)。

3. 数学运算复合法

数学运算复合法指不同层面的栅格数据逐网格按一定的数学法则进行运算,从而得到新的栅格数据系统的方法。其主要类型有以下两种。

1)算术运算

算术运算指两个以上图层的对应网格值经加、减运算,而得到新的栅格数据系统的方

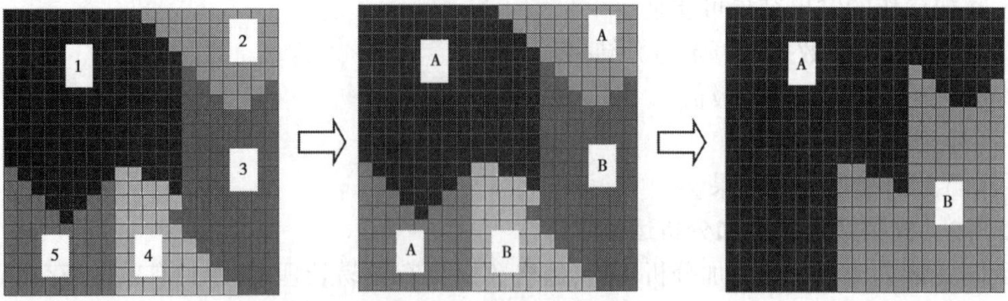

图 6-13　重分类的过程

法。这种复合分析法具有很大的应用范围(见图 6-14)。

			1			
			1			
			1			
			1			
			1			
			1			
			1			

A

1	1	1	1	1	1	1

B

	1	1	1	
	1	1	1	
	1	1	1	

C

			1			
			1			
		1	2	1		
1	1	2	3	2	1	1
		1	2	1		
			1			
			1			

D=A+B+C

		1	1	1		
1	1				1	1
		1	1	1		

E=|B-C|

			1			
			1			
			1			
		2	3	2		
			1			
			1			
			1			

F=D-E

图 6-14　栅格数据的算术运算

2)函数运算

函数运算指两个以上层面的栅格数据系统以某种函数关系作为复合分析的依据进行逐网格运算,从而得到新的栅格数据系统的过程。

这种复合叠加分析方法被广泛地应用到地学综合分析、环境质量评价、遥感数字图像处理等领域中。

例如,利用土壤侵蚀通用方程式计算土壤侵蚀量时,就可利用多层面栅格数据的函数运算复合分析法进行自动处理。一个地区土壤侵蚀量的大小是降水量(R)、植被覆度(C)、坡度(S)、坡长(L)、土壤抗蚀性(SR)等因素的函数。可写成

$$E = F(R, C, S, L, SR, \cdots) \tag{6-9}$$

逐网格的栅格数据叠加分析运算如图 6-15 所示。

类似这种分析方法在地学综合分析中具有十分广泛的应用前景。只要得到表达事物关系的各图层间的函数关系式,便可运用以上方法完成各种人工难以完成的极其复杂的

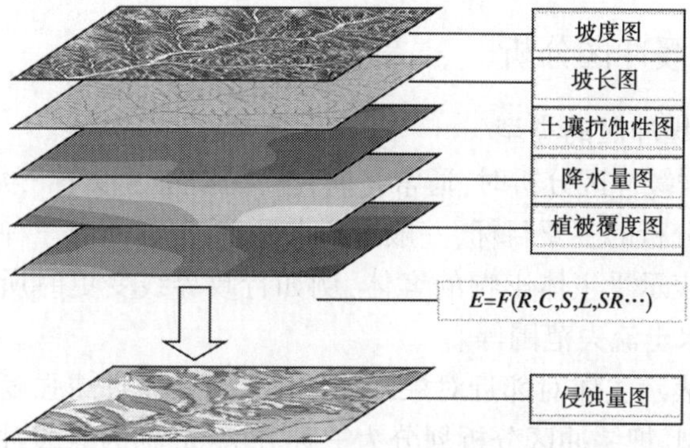

图 6-15　土壤侵蚀多因子函数运算复合分析示意图

分析运算。例如，进行土地评价所涉及的多因素分析中可能包括土壤类型、土壤深度、排水性能、土壤结构以及地貌等各个数据层的信息，如果直接对这些数据层上的属性值进行数学运算，得到的结果可能是毫无意义的，必须将其变成另一基本元素（如用数值量化的土地适用性）后才能进行这种多因素分析的数学运算，其结果对土地评价有着重要的指导意义。

6.3　缓冲区分析

【导入】

缓冲区分析是 GIS 中常用的一种空间分析方法，是对空间特征进行度量的一种重要手段。交通沿线或河流沿线的地物有其独特的重要性，公共设施（商场、邮局、银行、医院、车站、学校等）的服务半径，大型水库建设引起的搬迁，铁路、公路以及航运河道对其所穿过区域经济发展的重要性等问题，均可利用缓冲区分析方法有效解决。

6.3.1　缓冲区分析的含义

所谓缓冲区，就是地理空间目标的一种影响范围或服务范围。从数学的角度看，缓冲区分析的基本思想是给定一个空间对象或集合，确定它们的邻域，邻域的大小由邻域半径 R 决定。因此，对象 O_i 的缓冲区定义为：

$$B_i = \{x : d(x, O_i) \leqslant R\} \tag{6-10}$$

即对象 O_i 的半径为 R 的缓冲区为距 O_i 的距离 d 小于 R 的全部点的集合。d 一般是最小欧氏距离，也可以是其他定义的距离。对于对象集合

$$O = \{O_i : i = 1, 2, \cdots, n\} \tag{6-11}$$

其半径为 R 的缓冲区是各个对象缓冲区的并，即

$$B = \bigcup_{i=1}^{n} B_i \tag{6-12}$$

缓冲区分析是指根据分析对象的点、线、面实体，自动建立它们周围一定距离的带状区，用以识别这些实体对邻近对象的辐射范围或影响度，以便为某项分析或决策提供依

据。它是地理信息系统重要的和基本的空间操作功能之一。

6.3.2　矢量数据缓冲区分析

6.3.2.1　矢量数据缓冲区的类型

在进行矢量数据缓冲区分析时，通常将研究问题抽象为以下三类因素进行分析：

(1) 主体：表示分析的主要目标，一般分为点源、线源和面源三种类型。

(2) 邻近对象：表示受主体影响的客体，例如行政界线变更时所涉及的居民区、森林遭砍伐时所影响的水土流失范围等。

(3) 作用条件：表示主体对邻近对象施加作用的影响条件或强度。

根据主体的类型，把缓冲区分析划分为三种方法，分别为点缓冲区分析、线缓冲区分析和面缓冲区分析，如图 6-16 所示。

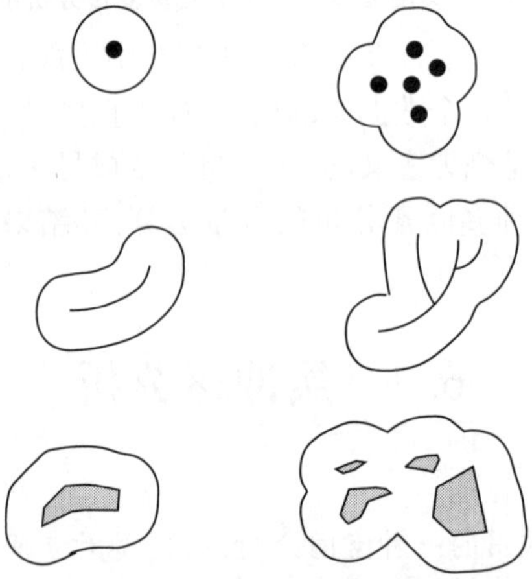

图 6-16　点、线、多边形的缓冲区

(1) 点缓冲区分析：通常以点为圆心，围绕点对象建立半径为缓冲距的圆形区域。特殊需要还可以建立点对象的三角形和矩形缓冲区。点缓冲区分析方法的应用是非常广泛的，例如如果要调查某地区现有的小学能否满足社区需求，也需要运用点缓冲区分析方法确定各小学的服务范围，分析它们的重叠离散程度，若重叠太大，则说明小学分布可能不合理；若离散太大，则需在服务空白区新建小学。

(2) 线缓冲区分析：通常是以线为中心轴线，距中心轴线一定距离的平行条带多边形。线缓冲区还有双侧不对称和单侧缓冲区。线缓冲区分析方法主要应用于线状地物，如道路和河流对周围影响的分析。例如，为了防止水土流失，河流两侧一定范围内的森林禁止砍伐，这个范围的确定需要进行线缓冲区分析。

(3) 面缓冲区分析：面缓冲区分析是沿面的边界线建立距离为缓冲距的多边形区域。进行面缓冲区分析时，首先抽象出面的边界线，在边界线周围建立距离为缓冲距的多边形。面缓冲区分析还分内侧缓冲区分析和外侧缓冲区分析。很多情况采用面缓冲区分析方法建立其外侧缓冲区，例如我国的洞庭湖和鄱阳湖，特别是鄱阳湖有“候鸟天堂”之称。为了保护各种鸟类和生物，周围要设置生态保护区。生态保护区范围的确定也需要采用面缓冲区分析方法。

6.3.2.2　矢量缓冲区的建立

从原理上来说,缓冲区的建立非常简单。点缓冲区以点状地物为圆心,以缓冲区距离为半径画圆即可;线缓冲区和面缓冲区的建立以线状地物或面状地物的边线为参考线,作参考线的平行线,再考虑端点圆弧,与平行线相接即可。

1. 点缓冲区的建立

点缓冲区的建立相对简单。点状要素缓冲区就是以点为圆心,以缓冲距离为半径而形成的圆所包围的区域。其中,包括单点要素形成的缓冲区、多点要素形成的缓冲区和分级点要素形成的缓冲区等。

2. 线缓冲区的建立

线缓冲区的建立相对复杂。通过以线状地物的中心轴线为核心作平行曲线,生成缓冲区边线,再对生成边线求交、合并,最终生成缓冲区边界。生成缓冲区边界的基本问题是双线问题,常用的方法有角平分线法和凸角圆弧法。

1) 角平分线法

角平分线法的基本思想是:首先在中心轴线首尾处作轴线的垂线,按缓冲区半径 R 截出左右边线的起讫点;然后在中心轴线的其他各转折点处,用偏移量为 R 的左右平行线的交点来确定该转折点处左右平行边线的对应顶点;最终由端点、转折点和左右平行线形成的多边形就是所需要的缓冲区多边形,如图 6-17 所示。

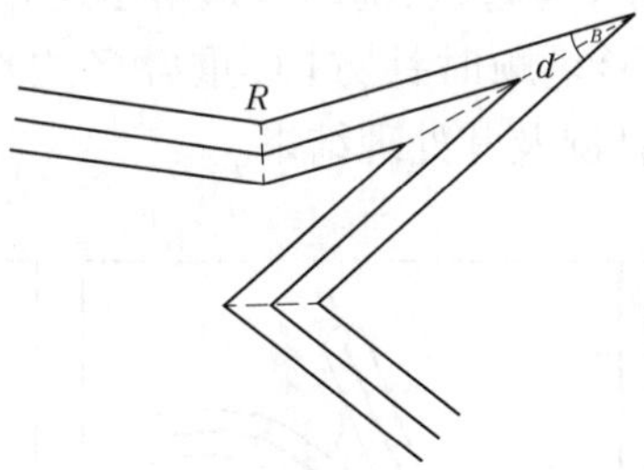

图 6-17　角平分线法

角平分线法简单易行,缺点在于难以最大限度地保证缓冲区左右边线的等宽性,当轴线转折角过大或过小时,因角平分线法自身的缺点会造成许多异常情况,校正过程较复杂,实施起来较为困难。

图 6-17 中,在周线的转折处,凸角一侧平行线宽度较大,张角 B 与凸角平行线宽度 d 之间关系可用式(6-13)表示:

$$d = R/\sin(B/2) \tag{6-13}$$

当缓冲区半径 R 不变时,d 随张角 B 的减小而增大,张角越小,变形越大;张角越大,变形越小,所以在尖角处缓冲区左右边线的等宽性遭到破坏。

2) 凸角圆弧法

凸角圆弧法的基本思想是:在轴线的两端点处用半径为缓冲距离的圆弥合;在中心轴线的其他各转折点处,首先判断该点的凸凹性,在凸侧用圆弧弥合,在凹侧用与该转折点前后相继的轴线的偏移量为 R 的左右平行线的交点作为对应顶点,如图 6-18 所示。由于凸角圆弧法对凸部的圆弧处理使其能最大限度地保证左右平行曲线的等宽性,避免了角平分线法所带来的异常情况。

3）面缓冲区的建立

面缓冲区建立与线缓冲区建立的原理基本相同，依然采用凸角圆弧法。首先判断轴线上每个转折点的凸凹性，在左侧为凸的转折点用半径为缓冲距的圆来弥补，在左侧为凹的转折点用平行线交点确定顶点，再对生成的缓冲区边界进行自相交处理和其他特殊处理。

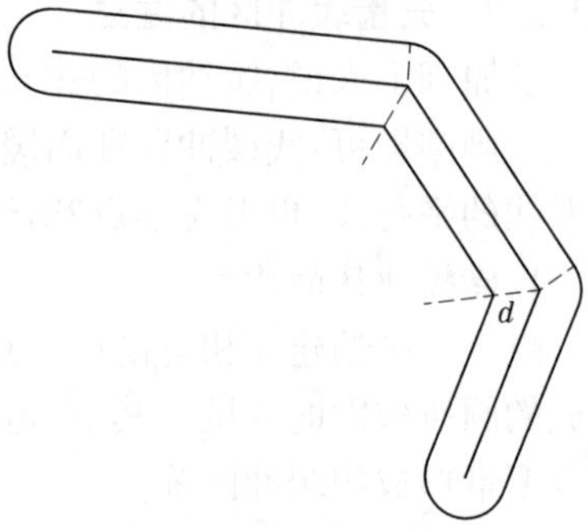

图 6-18　凸角圆弧法

4）缓冲区的特殊处理

（1）缓冲区重叠处理。

空间实体不可能都是孤立存在的，缓冲区建立时会出现多个空间实体缓冲区相互重叠的现象。重叠的情况包括多个空间实体缓冲区之间的重叠和同一实体缓冲区的重叠，必须对重叠缓冲区进行合并。对于前者，通过拓扑分析的方法自动识别出落在某个缓冲区范围内的线段或弧段并删除，得到处理后的连通缓冲区，如图 6-19 所示。对于后者，称为自相交。自相交多边形常出现两种情况：岛屿多边形和重叠多边形。岛屿多边形是缓冲区边界线的有效组成部分；重叠多边形是非缓冲区边界线的有效组成部分。对于两种多边形的自动判别，首先定义轴线坐标点序为其方向，缓冲区双线分为左右边线，左右边线自相交的情况恰好对称。对于左边线，岛屿多边形呈逆时针方向，重叠多边形呈顺时针方向；对于右边线，岛屿多边形呈顺时针方向，重叠多边形呈逆时针方向。图 6-20 和图 6-21 分别给出边界自相交情况及其处理结果。

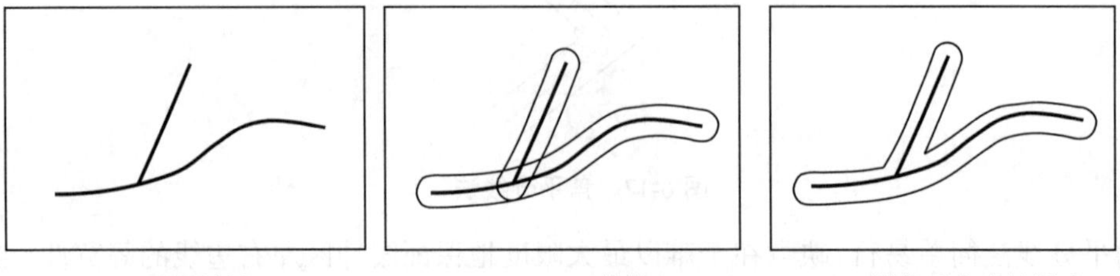

(a)原始数据　　　　(b)Buffer操作　　　　(c)Buffer操作后生成的缓冲区

图 6-19　多个特征缓冲区重叠处理

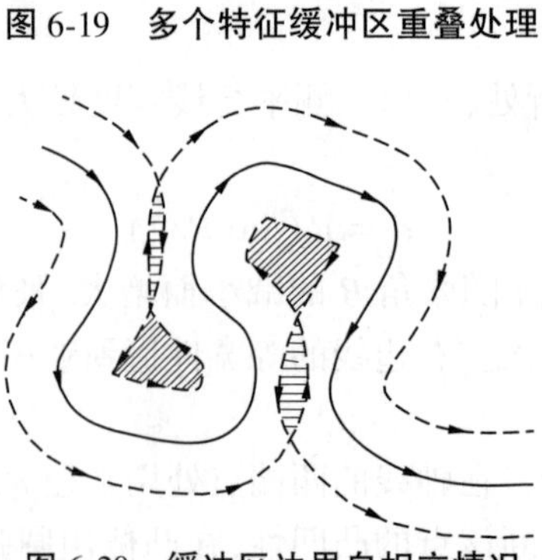

图 6-20　缓冲区边界自相交情况

（2）不同级同类要素缓冲区处理。

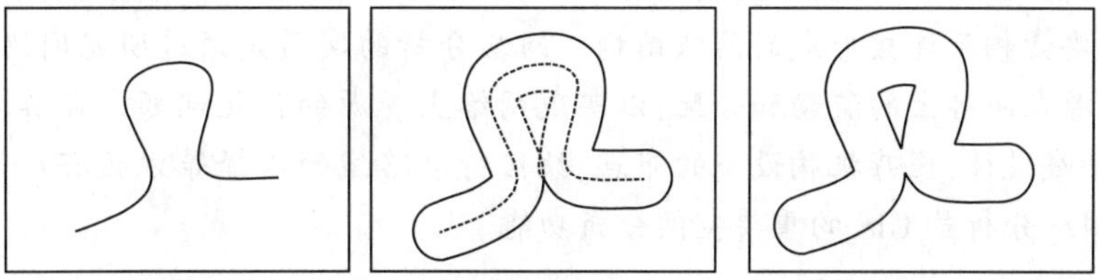

(a)原始数据　(b)Buffer操作　(c)Buffer操作后生成的缓冲区

图 6-21　单个特征缓冲区重叠处理

在进行缓冲区分析时,有时会遇到对不同级别的同类地物建立缓冲区,由于级别不同,它们所产生的缓冲区的范围大小不同,如主干道与次干道对街道两侧繁荣程度的影响不同,这主要与要素的类型有关。在建立这样的缓冲区时首先要建立属性表,并在属性表中添加有关缓冲区的属性列,建立缓冲区时根据属性表中不同级别要素缓冲区属性列的值生成缓冲区。

(3)多级缓冲区。

在某些应用中,有可能同一个目标需要生成多个缓冲区,如环境污染的程度、地震的影响程度等。此时根据多个缓冲距离生成多个缓冲区,就形成了缓冲区的嵌套。

6.3.3　栅格数据缓冲区分析

基于栅格结构也可以做缓冲区分析,通常称为推移或扩散。推移或扩散实际上是模拟主体对邻近对象的作用过程,物体在主体的作用下在一阻力表面移动,离主体越远作用力越弱。栅格缓冲区的生成可以通过两个步骤来实现。首先是对需要做缓冲区的栅格单元进行距离扩散,即计算其他栅格到需要做缓冲区的栅格的距离。然后按照设定的缓冲区距离提取出符合要求的栅格单元,如图 6-22 所示。例如,可以将地形、障碍物和空气作为阻力表面,以噪声源为主体,用推移或扩散的方法计算噪声离开主体后在阻力表面上的移动,得到一定范围内每个栅格单元的噪声强度。

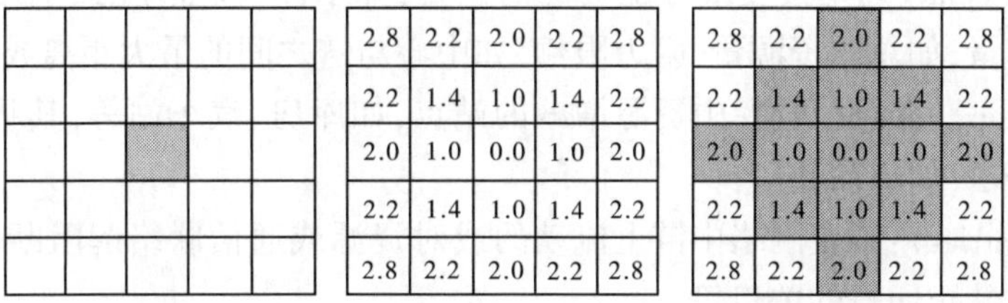

(a)栅格点　(b)栅格距离扩散　(c)按距离2求出缓冲区栅格

图 6-22　栅格数据缓冲区生成

6.4　空间网络分析

【导入】

空间网络分析是对地理网络进行地理分析和模型化。由于网络分析以线状模式为基础，通常用矢量数据结构来实现空间网络分析。这里所说的网络不是指计算机网络，而是由一组线状要素相互连接形成的网状结构。网络分析的实质是通过研究网络的状态，模拟和分析资源在网络上的流动和分配，以实现网络上资源的优化问题。在解决城市交通规划、城市管线设计、医疗机构设施的布点、救援行动路线的选择等方面有广阔的应用领域。因此，网络分析是 GIS 的重要空间分析功能。

6.4.1　空间网络组成

网络是现实世界中，由链和节点组成的、带有环路并伴随着一系列支配网络中流动之约束条件的线网图形。它是现实世界中的网状系统的抽象表示，可以模拟交通网、通信网、地下水管网、天然气网等网络系统。网络的基本组成部分和属性如图 6-23 所示。

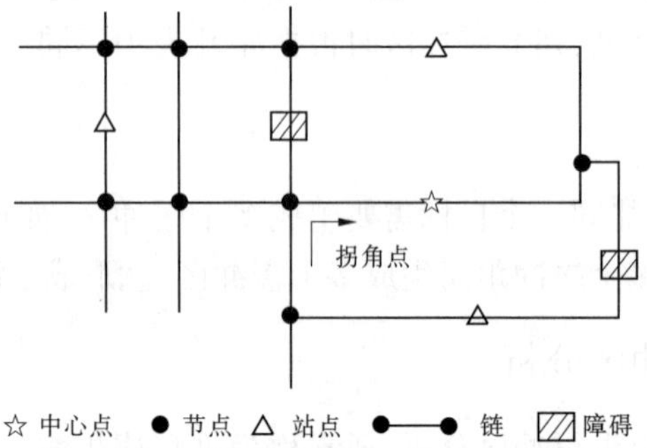

图 6-23　空间网络的基本组成部分和属性

(1) 链(link)：网络中每两个节点间的弧段，它是网络中资源传送的通道，如管线、街道、河流、水管、电缆线等，其状态属性如资源流动的时间、速度、种类和数据及弧段长度等。

(2) 节点(node)：网络链与网络链之间的连接点，位于网络链的两端，如车站、港口、电站等，其状态属性包括阻力和需求。

(3) 中心点(center)：是接受或分配资源的位置，如水库、商业中心、电站等。其状态属性包括资源容量，如总的资源量、阻力限额，如中心与链之间的最大距离或时间限制。

(4) 站点(stop)：在路径选择中资源增减的站点，如库房、汽车站等，其状态属性有要被运输的资源需求，如产品数。

(5) 障碍(barrier)：禁止网络中链上流动的或对资源或通信联络起阻断作用的点，如被破坏的桥梁和禁止通行的关口等。

(6) 拐角点(turn)：出现在网络链中所有的分割节点上状态属性的阻力，如拐弯的时间和限制(如不允许左拐)。

6.4.2　空间网络属性

网络组成部分都是用图层要素形式表示的，需要建立要素间的拓扑关系，包括节点-弧段拓扑关系和弧段-节点拓扑关系，并用一系列相关属性来描述。这些属性是网络中的重要部分，一般以表格的方式存储在 GIS 数据库中，以便构造网络模型和进行网络分析。例如,在城市交通网络中,每一段道路都有名称、速度上限、宽度等属性;停靠点处有大量的物资等待装载或下卸等属性。在这些属性中,有一些特殊的非空间属性,主要表现在以下几个方面。

6.4.2.1 阻碍强度(阻强)

阻碍强度(阻强)是指资源在网络流动中的阻力大小,如所花的时间、费用等。它是描述链与拐角点所具有的属性,表示从链的一个节点到另一个节点所克服的阻力,其大小一般与弧段长度、方向、属性及节点类型等有关。拐角点的阻强描述资源流动方向在节点处发生改变的阻力大小,它随着两条相连链弧的条件状况而变化。若有单行线,则表示资源流在往单行线逆向方向的阻力为无穷大或为负值。为了网络分析的需要,一般来说要求不同类型的阻强要统一量纲。

运用阻碍强度概念的目的在于模拟真实网络中各路线及转弯的变化条件。网络分析中选取的资源最优分配和最优路径随要素阻碍强度的大小而变化,最优路径是最小阻力的路线。对不构成通道的链或拐角点往往赋予负的阻碍强度,这样在选取最佳路线时可自动跳过这些链或拐角点。

6.4.2.2 资源容量

资源容量是指网络中心为了满足各链的需求,能够容纳或提供的资源总数量。也指从其他中心流向该中心或从该中心流向其他中心的资源总量。例如,水库的总容水量、宾馆的总容客量、货运总站的仓储能力等。

6.4.2.3 资源需求量

资源需求量是指网络系统中具体的线路、链、节点所能收集的或可以提供给某一中心的资源量。例如,城市交通网络中沿某条街道的流动人口、供水网络中水管的供水量、货运停靠点装卸货物的件数等。

6.4.3 空间网络建立

网络分析的基础是网络的建立,一个完整的网络必须首先加入多层点文件和线文件,由这些文件建立一个空的空间图形网络,然后对点文件和线文件建立起拓扑关系,加入其各个网络属性特征值。例如,根据网络实际的需要,设置不同的阻强值、网络中链的连通性、中心点的资源容量、资源需求量等。一旦建立起网络数据,全部数据就被存放在地理数据库中,由数据库的生命循环周期来维持其运作,如在ArcGIS中通过GeoDatabase建立几何网络,将其全部的数据和组成部分封装在一个文件中。

6.4.4 空间网络分析

GIS中的网络分析就是对交通网络、网线、电力线、电话线、供排水管线等进行地理分析和模型化,然后从模型中提炼知识指导现实,从网络分析应用功能的角度上,网络分析划分为路径分析、资源分配、最佳选址和地址匹配。

6.4.4.1 路径分析

在任何定义域上,距离总是指两点或其他对象间的最短间隔,同时在讨论距离时,定义这个距离的路径也是其重要的方面。在平面域上,因为欧氏距离的路径是一条直线,对它的确定是直截了当的，所以一般不专门讨论与距离相连的路径问题。在球面上，与距离相连的路径是大圆航线，需要特别的计算，但在给定了两点的地理坐标（地理位置）后，这个路径的计算是基本的也是简单易行的。然而，在一个网络上，给定了两点的位置，在计算两点间的距离时，还必须同时考虑与之相关联的路径。因为路径的确定相对复杂，无法直接计算。这就是为什么“计算机网络上两点的距离”在大多数的情况下，都称为“最短路径计算”。在这里，“路径”显然比“距离”更为重要。

二维码 20　最短路径分析算法演示

在路径分析中分析处理方向有以下几类：

（1）静态最佳路径。由用户确定权值关系后，即给定每条弧段的属性，当需求最佳路径时，读出路径的相关属性，求最佳路径。

（2）动态分段技术。给定一条路径由多段联系组成，要求标注出这条路上的千米点或要求定位某一公路上的某一点，标注出某条路上从某千米数到另一千米数的路段。

（3）*N* 条最佳路径分析。确定起点、终点，求代价较小的几条路径，因为在实践中往往仅求出最佳路径并不能满足要求，可能因为某种因素不走最佳路径，而走近似最佳路径。

（4）最短路径。确定起点、终点和所要经过的中间点、中间连线，求最短路径。

（5）动态最佳路径分析。实际网络分析中，权值是随着权值关系式变化的，而且可能会临时出现一些障碍点，所以往往需要动态计算最佳路径。

上述讨论的路径分析中网络要素的属性是固定不变的，在网络分析中属于静态求最优路径。在实际应用中，各网络要素的属性如阻强是动态变化的，还可能出现新的障碍，如城市交通路况的实时变化，此时需要动态地计算动态最优路径。有时仅求出单个最优路径仍不够，还需要求出次优路径。

6.4.4.2　资源分配

资源分配主要是优化配置网络资源的问题，资源分配的目的是对若干服务中心进行优化，划定每个中心的服务范围，把所有连通链都分配到某一中心，并把中心的资源分配给这些链以满足其需求，即要满足覆盖范围和服务对象数量，筛选出最佳布局和布局中心的位置。资源分配网络模型由中心点（分配中心）及其状态属性和网络组成。分配有两种方式：一种是由分配中心向四周输出，另一种是由四周向中心集中。这种分配功能可以解决资源的有效流动和合理分配。具体来说，资源分配是根据中心容量以及网线和节点的需求，并依据阻强大小，将网线和节点分配给中心，分配是沿着最佳路径进行的。当网络元素被分配给某个中心点时，该中心拥有的资源量就依据网络元素的需求而缩减，中心资源耗尽，分配也就停止。

资源分配在地理网络中的应用与区位论中的中心地理论类似。在资源分配模型中研究区可以是机能区，根据网络流的阻力等来研究中心的吸引区，为网络中的每一连接寻找最近的中心，以实现最佳的服务。资源分配还可以用来指定可能的区域。

6.4.4.3　最佳选址

选址功能是指在一定约束条件下、在某一指定区域内选择设施的最佳位置，它本质上是资源分配分析的延伸，如连锁超市、邮筒、消防站、飞机场、仓库等设施的最佳位置的确定。在网络分析的选址过程中，一般限定设施必须位于某个节点或某条链上，或者限定在若干候选地点中选择位置。

服务中心选址的步骤具体如下：

(1) 对若干候选地点或方案进行资源分配分析，将待规划建设的服务中心与现有的服务中心合在一起进行资源分配分析，划分服务区，进行不同方案的显示。

(2) 根据每种选址方案的资源分配或服务区划分结果，计算这些方案中所有参与运行的链的网络运行花费的总和或平均值。

(3) 比较各种方案，选择上述花费的总和或平均值为最小的方案，即满足约束条件的最佳地址的选择。

在实际中，由于要考虑到很多实际因素，例如，学校选址需要考虑生源问题、环境嘈杂性、交通性等；商场的选址要考虑交通状况、周围人群的经济能力、消费水平、文化素质问题等。此外，选址不但要考虑社会人文因素，还要考虑地形起伏、建筑物的遮挡等。选址时需要将这些实际因素添加进去，得到一个基于综合指标的最佳选址。

6.4.4.4　地址匹配

地址匹配实质是对地理位置的查询，它涉及地址的编码。地址匹配与其他网络分析功能结合起来，可以满足实际工作中非常复杂的分析要求。所需输入的数据，包括地址表和含地址范围的街道网络及待查询地址的属性值。这种查询也经常用于公用事业管理、事故分析等方面，如邮政、通信、供水、供电、治安、消防、医疗等领域。

6.5　数字地形分析

【导入】

数字地面模型是 GIS 空间分析中最具特色的部分，在测绘、遥感及资源调查、环境保护、城市规划、灾害防治及地学研究等方面的作用越来越重要。数字地形分析主要包括提取各种地形参数(如坡度、坡向等)，进行可视化分析，流域结构生成等水文分析应用等。

6.5.1　地形因子分析

6.5.1.1　坡度计算

坡度定义为水平面与局部地表之间的正切值。它包含两个成分：斜度——高度变化的最大值比率(常称为坡度)；坡向——变化比率最大值的方向。地貌分析还可能用到二阶差分凹率和凸率。比较通用的度量方法是：斜度用百分比度量，坡向按从正北方向起算的角度测量，凸度按单位距离内斜度的度数测量，如图 6-24 所示。

坡度是对地面上特定区域的高度变化比率的量度，反映了地形曲面的倾斜程度。除非地形曲面是个平面，否则曲面上不同位置的坡度不相等。坡度是一个既有大小又有方向的矢量，坡度定义为地表曲面函数在该点切平面与水平面的夹角的正切值。在实际应用中，通常将地表曲面上该点法线方向 N 与垂直方向 z 之间的夹角 α 作为坡度使用，如图 6-24 所示。在计算坡度时，常采用简化的差分公式，即

$$\alpha = \arctan\sqrt{f_x^2 + f_y^2} \tag{6-14}$$

式中　f_x——x 方向上的高程变化率;

f_y——y 方向上的高程变化率。

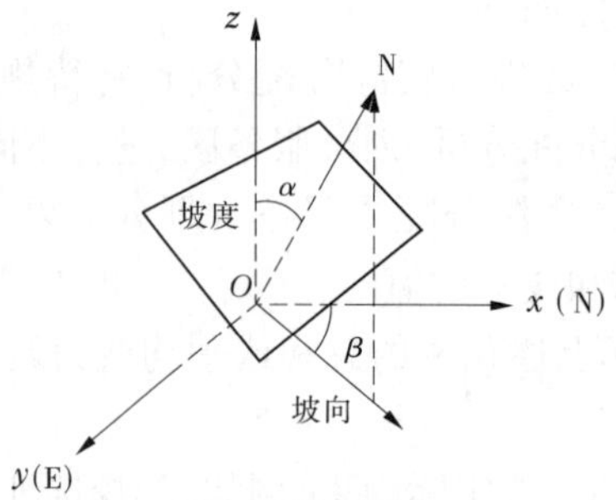

图 6-24　坡度和坡向示意图

6.5.1.2　坡向计算

坡向是与坡度密切相关的地形因子。坡度反映了斜坡的倾斜程度,坡向反映了斜坡所面对的方向,在植物群的分布与流向、土壤水分蒸发、太阳日照等方面有重要的应用。坡向是地表曲面上一点的切平面的法线正方向在水平面上的投影与正北方向的夹角,如图 6-24 所示的 β 角。对于地面上的任何一点来说,坡向表征了该点高程值改变量的最大变化方向。坡向的数学表达式为

$$\beta = \arctan \frac{f_y}{f_x} \tag{6-15}$$

6.5.2　可视化分析

6.5.2.1　剖面分析

研究地形剖面,常常可以以线代面,研究区域的地貌形态、轮廓形状、地势变化、地质构造、斜坡特征、地表切割强度等。如果在地形剖面上叠加上其他地理变量,例如坡度、土壤、植被、土地利用现状等,可以提供土地利用规划、工程选线和选址等的决策依据。

坡度图的绘制应在格网 DEM 或三角网 DEM 上进行。已知两点的坐标 $A(x_1、y_1)$、$B(x_2,y_2)$,则可求出两点连线与格网或三角网的交点,以及各交点之间的距离。然后按选定的垂直比例尺和水平比例尺,按距离和高程绘出剖面图,如图 6-25 所示。

在格网或三角网交点的高程通常可采用简单的线性内插算出,且剖面图不一定必须沿直线绘制,也可沿一条曲线绘制,但其绘制方法仍然是相同的。

6.5.2.2　通视分析

通视分析又称为可视性分析或视域分析,是指从某一个或多个观察点按指定方向所能看到的范围或与其他点的可视程度,如图 6-26 所示。下面介绍两类最基本的通视分析方法。

1. 两点通视分析

两点通视分析有多种算法,常用的主要有剖面法和射线追踪法。前者不仅适合基于规则格网和 TIN 的 DEM,还适合基于等高线的 DEM;后者仅适合基于规则格网和 TIN 的 DEM。

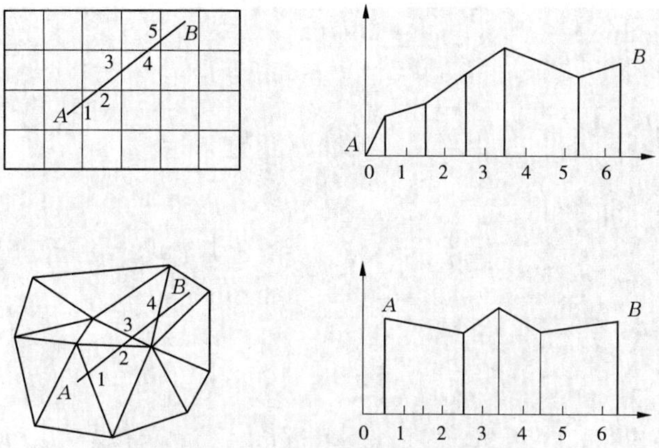

图 6-25　剖面图绘制示意图

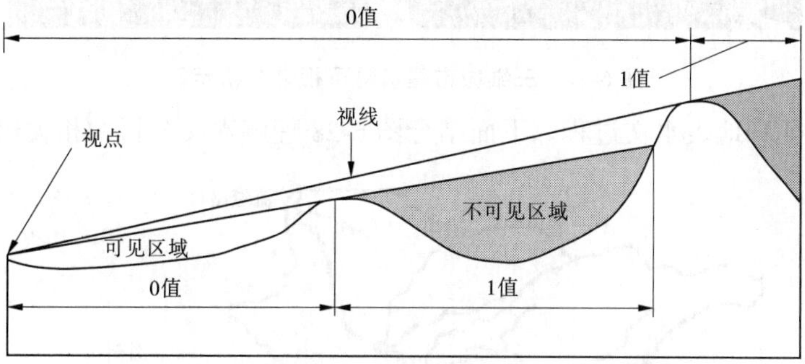

图 6-26　通视分析

(1)剖面法的基本思想是:首先确定过观察点和目标点所在线段与水平面 XY 垂直的平面 S;然后求出地形模型中所有与平面 S 相交的边;最后判断相交的边是否位于观察点和目标点所在的线段上,若有一条边在该线段上,则观察点和目标点不可视。

(2)射线追踪法的基本思想是:对于给定的观察点和某个观察方向,从观察点开始沿观察方向计算地形模型中与射线相交的第一个面元,若这个面元存在,则不再计算。显然这种方法既可以用于判断两点相互之间是否可视,又可以用于对限定区域的水平可视计算。

2. 可视域分析

在规则格网 DEM 中,可视域通常是以每个格网点可视与不可视的离散形式表示的,即"可视矩阵"。基于规则格网 DEM 的可视域分析的基本思路是:对于 DEM 中的任一格网点,将其与视点相连,判断其连线是否与 DEM 中的其他格网相交,若不相交,则该格网可视;否则,该格网不可视。显然这种方法存在大量的冗余计算。总的来说,由于规则格网 DEM 的格网点一般比较多,相应的时间消耗比较大,因此比较好的处理方法是采用并行处理。一个三维城市建筑物可视域分析示例如图 6-27 所示。

6.5.3　水文分析

水文分析是利用 DEM 栅格数据构建水系模型的过程,利用水系模型可以进一步分析

图 6-27　三维城市建筑物可视域分析示例

流域的水文特征和地表水文过程。下面结合图 6-28 理解水文分析的相关概念。

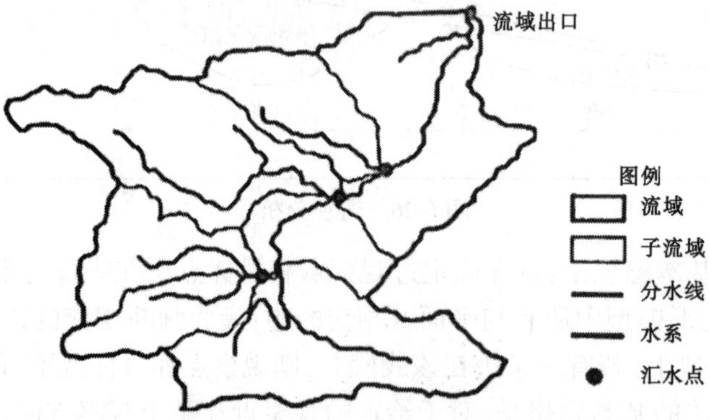

图 6-28　水文分析相关概念示例

(1)水系:指流域内具有同一归宿的水体所构成的水网系统。水系以河流为主,此外还包括湖泊、沼泽、水库等。

(2)流域:每个水系都从一部分的陆地区域上获得水量补给,这部分区域就是水系的流域,也称为“集水区”或“流域盆地”。

(3)子流域:水系由若干个河段构成,每个河段都有自己的流域,即子流域。较大的流域可被继续划分为若干个子流域。

(4)分水线:也称为分水岭。两个相邻流域之间的最高点所连接成的不规则曲线,就是两条水系的分水线。分水线两边的水分别流入不同的流域。也可以说,分水线包围的区域就是流域。在现实世界中,分水线大多为山岭或者高地,也可能是地势微缓起伏的平原或者湖泊。

(5)汇水点:流域内水流的出口。一般是流域边界上的最低点。

6.5.3.1　洼地填充

洼地是指流域内被较高高程所包围的局部区域,可分为自然洼地和伪洼地。自然洼地是自然界中实际存在的洼地,通常出现在地势平坦的冲积平原上且面积较大,在地势起伏较大的区域非常少见,如冰川或喀斯特地貌、采矿区、坑洞等。在 DEM 数据中,由数据处理误差和不合适的插值方法产生的洼地,称为伪洼地。

DEM 数据中的绝大多数洼地都是伪洼地。伪洼地会影响水流方向及导致地形分析结果错误。例如,在确定水流方向时,由于洼地的高程低于周围栅格的高程,因此一定区域内的流向都将指向洼地,导致水流不能流出,引起汇水网络中断。因此,在进行水文分析前一般要先对 DEM 数据进行伪洼地填充处理。填充洼地的剖面示意图如图 6-29 所示。填充洼地后,有可能产生新的洼地。洼地填充是一个不断重复地识别、填充的迭代过程,直到所有的洼地都被填充且不再产生新的洼地。

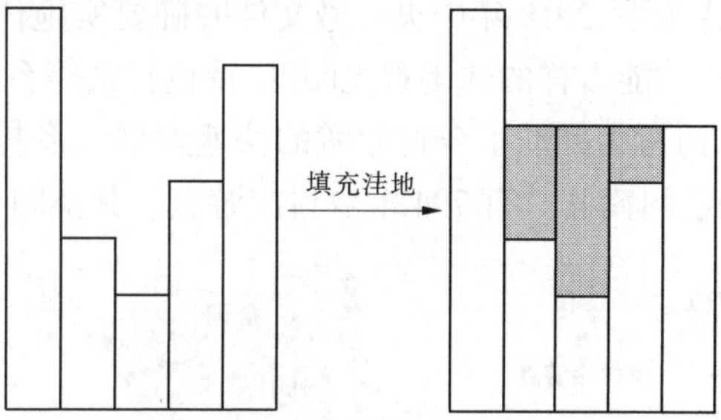

图 6-29　填充洼地的剖面示意图

6.5.3.2　水流方向确定

水流方向是指水流离开 DEM 格网时的流向。目前,流向分析的最经典算法是最大坡降法,即 D8 (deterministic eight-node)方法。其基本原则是:水只能以最大坡降流向 8 个方向之一(左、右、上、下、左下、左上、右下、右上)。单元格的流向值是通过对其周围 8 个邻域栅格以 2 的幂值进行编码来确定的,如图 6-30 所示。若中心栅格的水流方向为上,则流向值是 64;若中心栅格的水流方向为下,则流向值是 4。

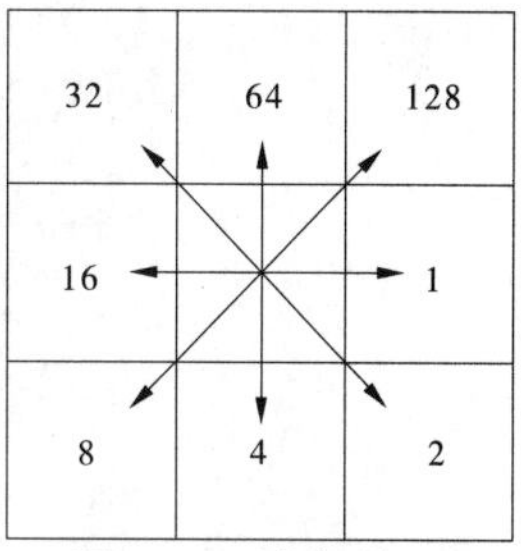

图 6-30　流向编码

D8 方法将栅格的最陡下降方向作为水流方向。中心栅格与相邻单元格的高程差与距离的比值称为高程梯度。格网之间的距离与邻域方向有关。当邻域对中心栅格的流向值为 1、4、16、64 时,距离为 1 个单位;当邻域对中心栅格的流向值为 2、8、32、128 时,距离为 $\sqrt{2}$ 个单位。最陡下降方向是中心栅格与高程梯度最大的单元格所构成的方向,也就是中心栅格的流向。图 6-31 为根据 6×6 格网单元的 DEM 分析流向及其编码的结果。

78	72	68	73	60	48
75	68	56	50	46	50
70	55	45	40	39	47
65	57	53	26	30	26
67	60	48	23	18	20
75	55	45	12	10	12

(a)原始DEM

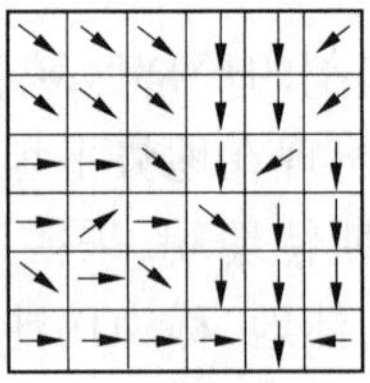

(b)水流方向

2	2	2	4	4	8
2	2	2	4	4	8
1	1	1	4	8	4
1	128	1	2	4	4
2	2	2	4	4	4
1	1	1	1	4	16

(c)流向编码

图 6-31　水流方向确定

知识延伸：乡村旅游点分布空间分析

乡村旅游是以农村休闲游和农业体验游为基础、以乡村野外为空间、以城市居民为客源、以乡土自然和人文景观为资源，为游客提供休闲娱乐的新兴旅游方式。2013 年，中央一号文件首次提出发展乡村旅游，乡村旅游成为推进农村生态文明建设和农民增收的重要举措。在乡村振兴战略背景下，2018 年中央一号文件明确要实施休闲农业和乡村旅游精品工程，建设一批设施完备、功能多样的休闲观光园区、特色村镇等乡村旅游点，这为乡村旅游带来了重大发展机遇，从而有力推动了乡村旅游的快速发展。乡村旅游是实现乡村振兴的有效途径，截至 2020 年底，河南省共有 794 个乡村旅游点。其空间分布如图 6-32 所示。

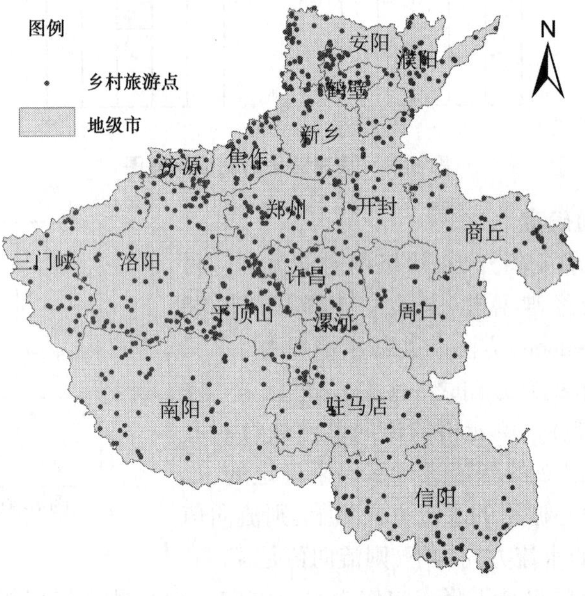

图 6-32　河南省乡村旅游点空间分布

1. 市场潜力缓冲区分析

市场潜力对河南省乡村旅游点的空间分布起着主要的影响作用，常住人口数与乡村旅游点空间分布数量的地理联系率为 79.93，人口作为乡村旅游赖以发展的基础，既是乡村旅游建设的人力资源保障，又是乡村旅游的潜在客源。乡村旅游是城镇居民休闲减压的重要方式，乡村旅游点的客源市场主要是城镇居民。利用 ArcGIS 软件对河南省 18 个地级行政中心和 158 个县级行政中心分别创建多环缓冲区，并与乡村旅游点进行耦合关联(见图 6-33)。结果表明,在地级行政中心 30 km 范围内分布有 318 个,占 40.05%,在 50 km 范围内分布有 506 个,占 63.73%;在县级行政中心 15 km 范围内分布有 448 个,占 56.42%,在 25 km 范围内分布有 671 个,占 84.51%。由此可见,乡村旅游点空间分布格局呈显著的“环城”分布特征,超过 60%的乡村旅游点集聚分布在地级市中心及周边 50 km 的地区,超过 80%的乡村旅游点集聚分布在县区中心及周边 25 km 的地区。随着河南省城镇化进程的不断加快,城镇居民数量逐渐庞大,成为乡村旅游的主要客源保障,客源市场潜力大,辐射效应强,发展前景好。

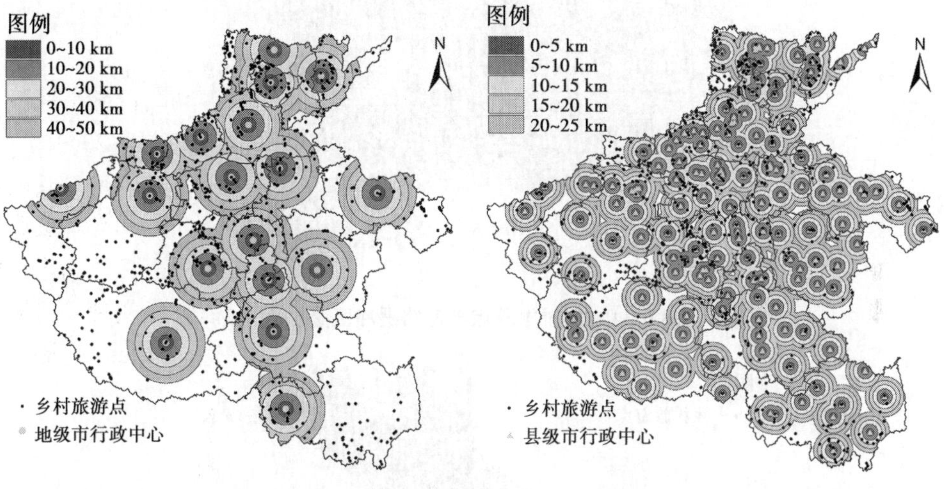

(a)乡村旅游点与地级市缓冲区叠加图　(b)乡村旅游点与县区市缓冲区叠加图

图 6-33　河南省乡村旅游点与客源市场缓冲区分布关系

2. 道路缓冲区分析

便利的交通条件在乡村旅游发展中起着关键的联系作用。公路总里程与乡村旅游点空间分布数量的地理联系率为 82.76,是影响乡村旅游点空间分布的重要指标。利用 ArcGIS 软件,以 2 km 为间距建立 0~10 km 的多环缓冲区,统计不同缓冲半径区间的乡村旅游点数据(见图 6-34)可以发现,乡村旅游点数量随着缓冲半径的增大而减少。由于河南省交通水平整体较高,仅 2 km 范围内就分布着 435 个乡村旅游点,占总数的 54.79%,在 2~4 km 范围内有 154 个,占总数的 19.40%,整个 4 km 范围内占总数的 74.19%。乡村旅游点呈现出显著的沿道路分布特征,交通越便利,越能吸引游客,良好的交通可达性是影响乡村旅游点空间分布的重要驱动力。

3. 地形条件分析

河南省地势呈西高东低特征,东西差异显著,从东到西依次从平原到丘陵,再从低山过渡到中山。利用 ArcGIS 软件将河南省 DEM 数据重分类为平原(<200 m)、丘陵(200~500 m)、低山(500~1 000 m)、中山(1 000~2 400 m)四类,通过值提取至点工具统计出各类地形的乡村旅游点数量(见图 6-35),58.44%的乡村旅游点分布在海拔 200 m 以下的平原地区,仅 1.5%的乡村旅游点分布在海拔 1 000 m 以上的中山地区,表现出明显的“近平原”特征。

图 6-34　乡村旅游点与道路缓冲区叠加图

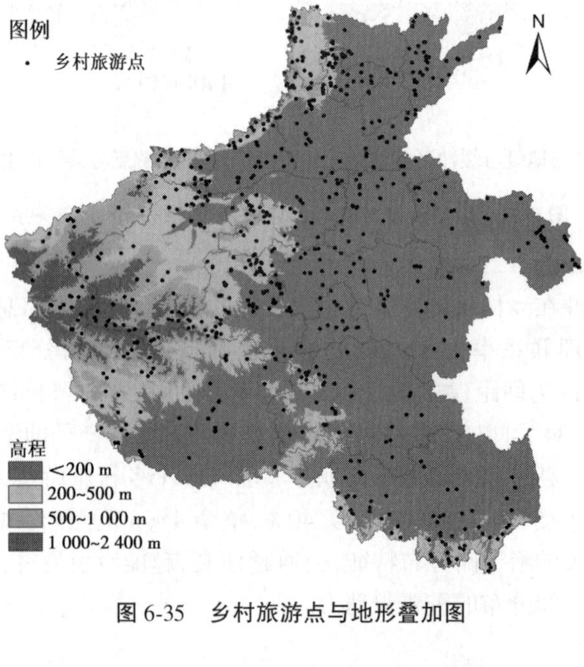

图 6-35　乡村旅游点与地形叠加图

6.6　职业技能应用实践

【导入】

本单元职业技能应用实践主要包括四个方面的内容：一是讲述多种空间数据查询的方法；二是通过叠加分析方法实现土地利用变化分析；三是通过缓冲区分析方法分析灾害影响的潜在范围；四是基于 DEM 数据进行坡度、坡向计算、剖面分析和水文分析。

6.6.1　空间数据查询

6.6.1.1　实践背景

空间查询是地理信息系统的基本功能之一,也是 GIS 进行其他空间分析的基础。空间查询的方法有很多类型,如基于空间特征的查询、基于属性特征的查询、基于空间位置的查询、基于空间关系的查询等。

6.6.1.2　实践目的

(1)了解不同空间查询方法的特点,掌握空间查询的常用方法。

(2)能使用 ArcGIS 提供的空间查询工具,从提供的数据中查询相关要素和信息。

6.6.1.3　实践数据

职业技能应用实践数据如表 6-1 所示,数据存放在"data6.6.1"文件夹中。

表 6-1　职业技能应用实践数据

名称	格式	坐标系	说明
Districts	Shapefile 面要素	China_Lambert_Conformal_Conic	用于查询的行政区面数据
Lakes	Shapefile 面要素	China_Lambert_Conformal_Conic	用于查询的湖泊面数据
Rails	Shapefile 线要素	China_Lambert_Conformal_Conic	用于查询的铁路面数据

6.6.1.4　实践方法

(1)使用【识别】工具,进行基于空间特征的查询。

(2)使用【打开属性表】对话框,进行基于属性特征的查询。

(3)使用菜单中的【按图形选择】,进行基于空间位置的查询。

(4)使用菜单中的【按位置选择】,进行基于空间关系的查询(见表 6-2)。

表 6-2　工具名称及位置

工具名称		工具位置
Identify	识别	【工具条】→【识别】
Open Attribute Table	打开属性表	【打开属性表】→【按属性选择】
Selection By Graphics	按图形选择	【菜单】→【选择】→【按图形选择】
Select By Location	按位置选择	【菜单】→【选择】→【按位置选择】

6.6.1.5　实践过程

第一步,基于空间特征的查询。

打开 ArcMap,加载数据 Districts,先点击工具条上的【识别】按钮,然后点击某个多边形或拉选多个多边形,则弹出的【识别】对话框中将列出所选多边形的各项属性信息。也可以直接在某多边形要素上点击右键,在弹出的菜单中选择"识别"即可查询属性。

第二步,基于属性特征的查询。

(1)简单查询:右键点击 Districts 图层,选择【打开属性表】,点击满足条件的属性所在行的表头,即可选择该要素,该行高亮度显示,使用“Ctrl”键可以多选,被选中的空间要素在显示区中也会高亮度地显示出来。点击属性表上方的【清除所选要素】(或工具条上的清除所选要素)按钮,可取消对所选要素的选择。

(2)利用 SQL 查询:打开 Districts 图层的属性表,点击【按属性选择】按钮,在弹出的对话框中输入“GDP2000”>3000,点击【应用】,即可查询“2000 年 GDP 超过 3000 万”的省份。浏览查询到的省份,完成后点击【清除所选要素】按钮取消选择。

第三步,基于空间位置的查询。

在 ArcMap 中右键点击任意工具条,选择【绘图】,打开绘图工具条,使用此工具条在显示区绘制任意多边形(也可以是点、线),并选中绘制的图形,依次点击菜单【选择】→【按图形选择】,则所绘图形所在位置的所有要素将会被选中。浏览查询到的要素,完成后删除所绘图形并关闭【绘图】工具条,点击【清除所选要素】按钮取消选择。

第四步,基于空间关系的查询。

(1)邻接查询:利用工具条上的【选择要素】按钮选中黄河流域九省区任意一个省份(如河南省)所在多边形,依次点击菜单【选择】→【按位置选择】,在【选择方法】中选择【从以下图层中选择要素】,将【目标图层】选择图层【Districts】,在【源图层】中选择【Districts】,在【目标图层要素的空间选择方法】中选择【接触源图层要素的边界】,点击【应用】,即可查询到所有与河南省接壤的行政区。浏览查询到的要素,完成后点击【清除所选要素】按钮取消选择。

(2)包含查询:加载数据 Lakes 并置于 Districts 图层上方。利用【选择要素】按钮选中青海省所在多边形,打开【按位置选择】对话框,将【目标图层】改为图层“Lakes”,“源图层”(Districts 图层)保持不变,勾选【使用所选要素】,在查询方法下拉框中选择【完全位于源图层要素范围内】,点击【应用】即可查询到青海省范围内的湖泊。浏览查询到的湖泊,完成后取消选择。

(3)相交查询:加载数据 Rails 并置于 Districts 图层上方,关闭 Lakes 图层和 Districts 图层的显示,利用【选择要素】按钮选中任意一条较长的铁路线(或利用 Shift 键选中几条连续的铁路线),打开【按位置选择】对话框,将“目标图层”改为 Districts 图层,将【源图层】改为 Rails 图层,勾选【使用所选要素】,在查询方法下拉框中选择【与源图层要素相交】,点击【应用】并打开 Districts 图层的显示,即可查询到选中铁路线经过的行政区。浏览查询到的结果,完成后取消选择。

(4)落入查询:打开 Lakes 图层,关闭 Districts 图层和 Rails 图层的显示,利用【选择要素】按钮选中任意一个湖泊,打开【按位置选择】对话框,将【目标图层】设置为“Districts”,将【源图层】设置为“Lakes”,勾选【使用所选要素】,在查询方法下拉框中选择【完全包含源图层要素】,点击【应用】并打开 Districts 图层的显示,即可查询到选中湖泊所在的行政区。浏览查询到的结果完成后取消选择。

6.6.2 叠加分析

6.6.2.1 实践背景

对城市土地利用情况进行分析时,需要考虑不同时期土地利用图层在空间上的差异性,如农用地转建筑用地的空间变化。通过对两个时期的土地利用图层进行叠加标识,可以分析土地利用变化的空间范围,从而确定土地利用的变化情况。

6.6.2.2 实践目的

(1)理解叠加分析的功能。

(2)掌握对多图层进行变化分析的方法。

6.6.2.3 实践数据

职业技能应用实践数据如表 6-3 所示,数据存放在“data6.6.2”文件夹中。

表 6-3 职业技能应用实践数据

图层名称	格式	坐标系	说明
2015	Shapefile 面要素	Krasovsky_1940_Albers	用于叠加标识的数据
2020	Shapefile 面要素	Krasovsky_1940_Albers	用于叠加标识的数据

6.6.2.4 实践方法

(1)使用【标识】工具,输入标识要素,生成标识结果数据。

(2)使用【按属性选择】工具,设置查询参数,提取出土地利用变化的区域数据。

(3)使用【导出数据】工具,导出叠加查询的结果数据(见表 6-4)。

表 6-4 工具名称及位置

工具名称		工具位置
Identity	标识	【ArcToolbox】→【分析工具】→【叠加分析】→【标识】
Select by Attributes	按属性选择	【属性表】→【表】→【按属性选择】
Export Date	导出数据	【右键菜单】→【数据】→【导出数据】

6.6.2.5 实践过程

第一步,执行标识操作。

在 ArcToolbox 中,打开【分析工具】→【叠加分析】→【标识】对话框,【输入要素】设置为“2015”,【标识要素】设置为“2020”,【连接属性】设置为“ALL”。此处选择“ALL”后,两个图层中土地利用的字段会被保留,便于后期提取土地利用变化使用。

第二步,提取土地利用变化的区域。

2015 年的土地利用字段为“LANDP_ID”,2020 年的土地利用字段为“LAND80_ID”;打开标识结果属性表,点击【表】选项按钮,选择【按属性选择】工具;输入表达式:“LANDP_ID”<>“LAND80_ID”,即两个字段不相等的记录为变化的区域;右击“result”数据,选择【数据】→【导出数据】,打开【导出数据】对话框;设置存储文件名“land_change”,得到变化区域提取结果。

6.6.3 缓冲区分析

6.6.3.1 实践背景

滑坡等灾害对人们的生命财产和日常生活具有巨大的影响和破坏,如山区滑坡对道路的危害巨大,影响道路上来往的车辆与行人,以山区道路为对象,通过缓冲区分析方法分析其受滑坡影响的潜在范围。

6.6.3.2　实践目的

(1)学会基于缓冲区计算滑坡影响范围。

(2)掌握多图层叠加分析的方法。

6.6.3.3　实践数据

职业技能应用实践数据如表 6-5 所示,数据存放在“data6.6.3”文件夹中。

表 6-5　职业技能应用实践数据

名称	格式	坐标系	说明
road	Shapefile 线要素	Unknown	受灾害影响的道路数据
area	Shapefile 面要素	Unknown	灾害范围数据

6.6.3.4　实践方法

(1)使用【多环缓冲区】工具,设置距离条件,生成灾害影响的范围数据。

(2)使用【标识】工具,输入道路数据,生成各影响区内的道路数据(见表 6-6)。

表 6-6　工具名称及位置

工具名称		工具位置
Multiple Ring Buffer	多环缓冲区	【ArcToolbox】→【分析工具】→【邻域分析】→【多环缓冲区】
Identity	标识	【ArcToolbox】→【分析工具】→【叠加分析】→【标识】

6.6.3.5　实践过程

第一步,计算潜在影响范围数据。

在 ArcToolbox 中,打开【分析工具】→【邻域分析】→【多环缓冲区】对话框,【输入要素】设置为“area”,【输出要素类】设置为“buffer”,【距离】分别设置为“100、200、300 和 400”,其余参数默认;点击【确定】,得到各影响范围数据。注意:本实践中潜在影响范围设定为以上 4 个距离范围;由于本例中数据坐标系为“Unknown”,因此缓冲区单位选择“Default”;若实际操作时数据具有坐标系单位,请务必选择该坐标系下的距离单位,否则无法生成。

第二步,叠加分析各影响区内的道路。

打开【分析工具】→【叠加分析】→【标识】对话框,【输入要素】设置为“road”,【标识要素】设置为“buffer”,【输出要素类】设置为“buffer_affect”,其余参数默认;点击【确定】,得到各影响区内的道路数据。

第三步,符号化显示不同影响下的道路。

双击 buffer_affect 图层,打开【图层属性】对话框;选择【符号系统】选项卡,【显示】方法选择【类别】,【值字段】设置为“distance”;点击【添加所有值】按钮后,列出了当前 4 个不同的影响级别(0 表示未受影响,使用细线表示)。为了突出显示不同影响级别,按照线符号粗细来表示受影响程度,得到显示结果。

6.6.4 DEM分析

6.6.4.1 实践背景

DEM分析是空间分析的重要分析方式,利用DEM可进行坡度、坡向计算和绘制地形剖面图,亦可进行水文分析等。DEM分析在工程领域具有广泛的应用。

6.6.4.2 实践目的

(1)能进行坡度、坡向计算。

(2)理解剖面图绘制的基本原理,并绘制地图剖面图。

(3)能进行填洼处理,并进行流向分析。

6.6.4.3 实践数据

职业技能应用实践数据如表6-7所示,数据存放在"data6.6.4"文件夹中。

表6-7 职业技能应用实践数据

名称	格式	坐标系	说明
dem	GRID栅格	Krasovsky_1940_Transverse_Mercator	用于地形分析的栅格数据

6.6.4.4 实践方法

技能训练的实施方法如下:

(1)使用【表面分析】工具,进行坡度、坡向计算。

(2)使用【线插值】工具,绘制剖面线。

(3)使用【创建剖面图】工具,完成剖面图的绘制。

(4)使用【填洼】工具,输入高程栅格,得到去洼地后的高程栅格数据。

(5)使用【流向】工具,输入去洼地的高程栅格,提取水流流向数据。

工具名称及位置见6-8。

表6-8 工具名称及位置

工具名称		工具位置
Slope	坡度	【ArcToolbox】→【Spatial Analyst 工具】→【表面分析】→【坡度】
Aspect	坡向	【ArcToolbox】→【Spatial Analyst 工具】→【表面分析】→【坡向】
Interpolate Line	线插值	【菜单栏】→【自定义】→【工具条】→【3D Analyst】
Create Profile Graphy	创建剖面图	【菜单栏】→【自定义】→【工具条】→【3D Analyst】
Fill	填洼	【Arctoolbox】→【Spatial Analyst 工具】→【水文分析】→【填洼】
Flow Direction	流向	【ArcToolbox】→【Spatial Analyst 工具】→【水文分析】→【流向】

6.6.4.5 实践过程

第一步,计算坡度、坡向数据。

打开【Spatial Analyst 工具】→【表面分析】→【坡度】对话框,【输入栅格】设置为"dem",【输出栅格】设置为"slope";点击【确定】,得到坡度数据。

打开【Spatial Analyst 工具】→【表面分析】→【坡向】对话框,【输入栅格】设置为"dem",【输出栅格】设置为"aspect";点击【确定】,得到坡向数据。

第二步,剖面分析。

(1)添加三维分析工具条。打开【菜单栏】→【自定义】→【工具条】,加载【3D Analyst】工具条,【线插值】工具和【创建剖面图】工具均位于该工具条内。

(2)设置剖面图相关参数。选择【3DAnalyst】工具条下拉菜单中【选项】菜单,打开【3DAnalyst 选项】对话框,选择【图形数据】选项卡,设置剖面图数据保存位置为"GIS";选择【插入】选项卡,可以设置生成剖面图所使用的插值方法、剖面图的采样方法等数。本例中以默认参数进行设置。

(3)绘制剖面线。选择【3DAnalyst】工具条中的【插入线】工具,在栅格数据上方选择合适的位置,绘制一条直线或者折线,即需要获得剖面图的位置。

(4)生成剖面图。生成剖面图前,必须选中一条剖面线;选中剖面线后,点击【3D Analyst】工具条中的【创建剖面图】工具,即可获得当前剖面线所形成的纵剖面图,同时,由该剖面线采样、插值生成的采样点数据也被保存至"data6. 6. 4"文件夹下,名字为"PG1. shp";加载该文件并打开采样点图层的属性表,可以查看每个样点的高程值。

第三步,水文分析。

(1)填洼处理。在 ArcToolbox 中,打开【Spatial Analyst 工具】→【水文分析】→【填洼】对话框,【输入表面栅格数据】设置为"dem",【输出表面栅格数据】设置为"fill";点击【确定】,得到填洼后的 DEM 数据。注意:是否执行填洼操作需要根据具体情况来确定,如 DEM 中存在洼地等。

(2)计算流向。打开【Spatial Analyst 工具】→【水文分析】→【流向】对话框,【输入表面栅格数据】设置为"fill",【输出流向栅格数据】设置为"dir";点击【确定】,得到流向数据。

应用能力测试

一、单选题

1. 解决点、线、面之间是否存在直接联系的分析方法是(　　)。
   A. 包含分析　　B. 统计分析　　C. 多边形叠置分析　　D. 网络分析
2. 将较复杂的类别转换为较简单的类别使用的方法是(　　)。
   A. 空间聚类　　B. 空间聚合　　C. 类型叠置　　D. 形状化简
3. 解决道路拓宽中拆迁指标的计算问题,可应用的空间分析方法是(　　)。
   A. 最短路径分析　　B. 包含分析　　C. 网络分析　　D. 缓冲区分析

4. 利用GIS进行土地适宜性评价可采用的方法是(　　)。

A. 统计叠置　B. 空间聚类　C. 空间聚合　D. 类型叠置

5. 多边形的重叠和消除是将同一地区哪种形式的几种多边形要素的数据文件进行重叠处理,从而产生许多新的多边形?(　　)

A. 同一比例尺　B. 同一时间　C. 同一内容　D. 不同格式

6. 确定城市的噪声污染源所影响的一定空间范围所用到的分析方法主要为(　　)。

A. 包含分析法　B. 缓冲区分析方法

C. 叠置分析法　D. 网络分析法

7. (　　)是线要素图层,具有拓扑属性和用于对象流(如交通)的适当属性。

A. 网络　B. 空间　C. 联系　D. 图表

8. 三维分析测量面积和体积,要基于(　　)数据进行。

A. DEM　B. Grid　C. Statistics　D. TIN

9. (　　)是网络中一个弧段到另一个弧段的过渡。

A. 转弯　B. 转弯表　C. 链路　D. 阻抗

10. 空间分析赖以进行的基础是(　　)。

A. 地理空间数据库　B. 地理分析数据库

C. 地理信息系统数据库　D. 地理挖掘数据库

11. 下列选项中哪一个不属于GIS网络分析的功能?(　　)

A. 流分析　B. 动态分段　C. 资源分配　D. 路径分析

12. 查询某个节点由哪些线相交而成属于(　　)。

A. 线点查询　B. 点线查询　C. 线线查询　D. 点面查询

13. 下列哪个是矢量数据的分析方法?(　　)

A. 坡向分析　B. 坡度分析

C. 网络分析　D. 地形剖面分析

14. 查询某条道路上有哪些桥梁属于(　　)。

A. 线点查询　B. 点线查询　C. 线线查询　D. 点面查询

15. 给定一个点或几何图形,检索出该图形范围内的空间对象以及相应的属性,是(　　)。

A. 缓冲区查询　B. 空间定位查询　C. 几何参数查询　D. 落入查询

16. 下列空间分析中使用矢量数据结构较为方便的是(　　)。

A. 最短路径分析　B. 地形表面分析　C. 径流分析　D. 以上都是

17. 在进行网络最短路径分析时,计算最短路径时权重一般可以设置为(　　)。

A. 从起点到终点的时间　B. 从起点到终点的费用

C. 两个节点的实际距离　D. 从起点到终点的线段数

18. 数字地面模型的本质共性是(　　)地理空间定位和数字描述。

A. 一维　B. 二维　C. 三维　D. 多维

19. DEM在遥感中主要用于卫星影像的哪些方面?(　　)。

A. 收集和整理　B. 检测和提取　C. 控制和细化　D. 处理与分析

20. 有关 DEM 叙述错误的是(　　)。

A. DEM 是构成 DTM 的基础

B. 三角网可生成 DEM

C. DTM 的质量决定 DEM 的精确性

D. 等高线数字化法是普遍采用的生成 DEM 的方法

二、简答题

1. 什么是空间数据查询?
2. 查询种类有哪些? 实现方式如何?
3. 什么是空间信息量算? 具体量算的方法有哪些?
4. 什么是叠加分析? 矢量数据的叠加有什么作用?
5. 栅格数据的叠加与矢量数据的叠加有什么不同?
6. 什么是缓冲区分析? 请举例说明它有什么用途。
7. 常用的网络分析有哪些? 请举几个例子说明其对 GIS 应用有何价值。
8. 数字地形分析有哪几种形式?

单元7　GIS数据可视化

【项目概述】

地理空间数据及其分析和处理的结果,必须以各种形式展现给用户,以便在生产、研究、规划和管理等方面使用。通过地理信息符号、专题地图、地形数据、场景形式等对GIS数据进行表达是地理信息可视化的有效展现方式。本单元主要从地理信息符号的可视化、专题地图的可视化、地形数据的可视化和场景形式的可视化等方面进行介绍。

【学习目标】

(1)知识目标:①了解地理信息点状符号、线状符号、面状符号的可视化表示方法;②掌握专题地图可视化以及地图布局与输出的方法;③了解地形数据可视化、场景形式可视化的表现形式。

(2)技能目标:①能制作地理信息点、线、面符号;②能制作专题地图,并进行图面配置与输出;③能利用DEM数据实现地形的三维立体显示。

(3)思政目标:①培养GIS数据可视化的创新思维;②弘扬地图文化,规范地图设计,遵守职业标准;③通过红色地图的可视化表示,传承红色精神,践行爱国主义教育。

7.1　地理信息符号可视化

【导入】

人类用地理信息表达对客观世界的认知,其核心是对地理事物时空特征、属性特征的多层次概况与抽象。地球表面各种现象的空间状态,在不同观察尺度下可以分别呈现为点、线、面的地理信息符号,其作为地理信息图示表达的基本要素,有特定的语义、语法和语用规则。

7.1.1　地理信息可视化概述

7.1.1.1　可视化

在信息时代,大量种类繁多的信息源不断产生数据,其数据量远远超出了人脑的分析解释能力。由于缺乏海量复杂数据的有效解译和分析手段,数据被大量浪费。可视化技术是一种使海量、复杂数据能够容易且快速被人理解的有效手段。

可视化(visualization)是运用计算机图形学与图像处理技术,将数据转化为图形或图像后再通过一定的媒介显示出来,并能与之进行交互处理和操作的理论、方法和技术。实际上,将任何信息以图形化的方式表示出来都可以称为可视化。地图是地理信息的有效表达方法,是地理信息的可视化方法。用符号化的方式抽象表示地理信息至少有几千年的历史。因此,可视化可以粗略地定义为:以图形为表现形式,进行信息传递、表达的过程。

7.1.1.2　信息可视化

信息可视化(information visualization)是可视化技术在非空间数据领域的应用,可以增强数据呈现效果,让用户以直观交互的方式实现对数据的观察和浏览,从而发现数据中隐藏的特征关系和模式。信息可视化实际上是人和信息之间的一种可视化界面,因此交互技术在这里显得尤为重要,传统的人机交互技术几乎都可以得到应用。可以说,信息可视化是研究人、计算机表示的信息,以及它们相互影响的技术。

在短短的几十年内,科学计算可视化已经发展成为一个十分活跃的研究领域,新的研究分支不断涌现,如出现了用以表示海量数据不同类型及其逻辑关系的信息可视化技术,以及将可视化与分析相结合的可视分析学研究方向。

7.1.1.3　地理信息可视化

地理信息可视化是运用图形学、计算机图形学和图像处理技术,将地学信息输入、处理、查询、分析及预测的结果和数据以图形符号、图标、文字、表格、视频等可视化形式显示并进行交互的理论、方法和技术。地理信息可视化是地理信息系统的重要组成部分。其中,基于地图的地理信息可视化是最为核心的内容。

我们身处三维空间中,来自现实世界的数据常常包含空间位置信息,这些带有位置的数据就是通常所说的空间数据。空间数据的特点决定了可视化在 GIS 中的地位,并且促使它成为 GIS 必须解决的理论和技术问题。由于可视化能够迅速、形象地表达空间信息,在 GIS 的发展过程中,从一开始就十分重视利用计算机技术实现空间数据的图形显示和分析问题。

地理信息的可视化经历了最初的文字、纸质地图和计算机制图等阶段,发展到现在,主要有以下几个特点:①可视化过程的多样性;②信息表达的动态性;③信息表达载体的多维性。

7.1.2　地理信息点状符号可视化

7.1.2.1　点状特征的符号化

人类对地物空间形态的认知与表达很大程度上取决于观察的尺度。从视觉感受上可以被认定为无限小或几何空间的点,所呈现的视觉维度即可被认为是 0 维。如测量控制点、一所学校、科学试验站等,如图 7-1 所示。按比例尺缩小的一座城市甚至一个国家,其形态或属性特征在相应尺度上也可以被概括为 0 维的定位点。因此,利用某种具有明确图面定位和多项视觉变量组合的独立个体符号,形成地理信息在地图上的点状显示,这种符号配置方式被称为定位符号法。

定位符号法以明确的图面定位、轮廓清晰的个体图形及其尺寸的差异变化,表达了地物的空间分布状况。个体符号的几何中心成为定位的基准,符号的视觉变量组合表达了地物多重属性的特征。

7.1.2.2　定位符号法表达质量信息

地图上可视为 0 维的点状地物,其属性特征具有重要的意义。它常采用定名量表表达地物性质上的差异,以个体符号的形状变量、颜色变量及其组合作为主要的表示方法,而结构(网纹)和方向变量作为次一级的辅助手段(见图 7-2)。

个体符号的形状在区别地物的性质上有最直观的视觉差异效果,其基本变化包括三种类型:几何、文字和象形。其中,几何和象形符号应用较为普遍(见图 7-3)。

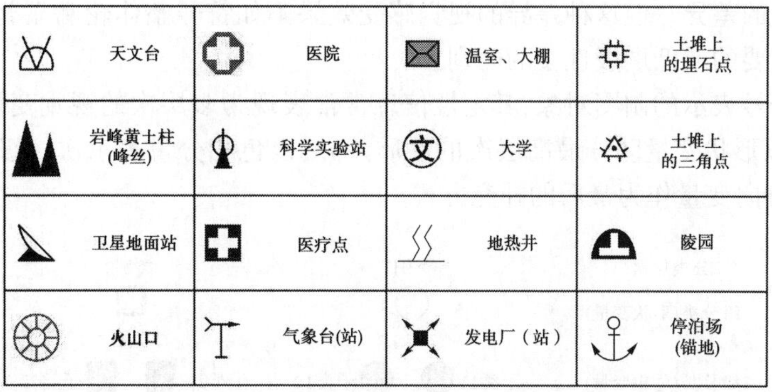

图7-1 点状符号示例

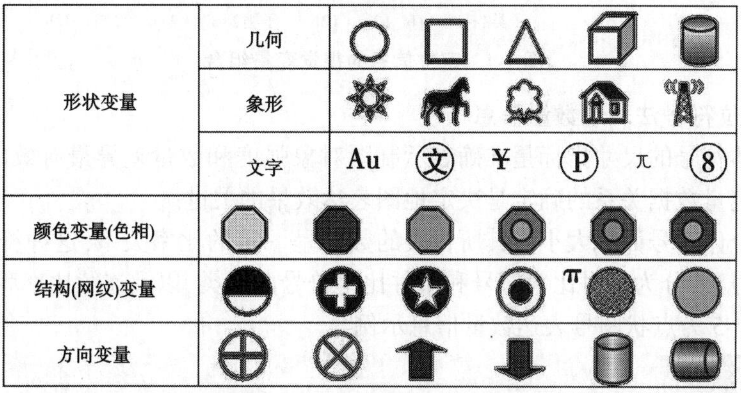

图7-2 个体符号的视觉变量

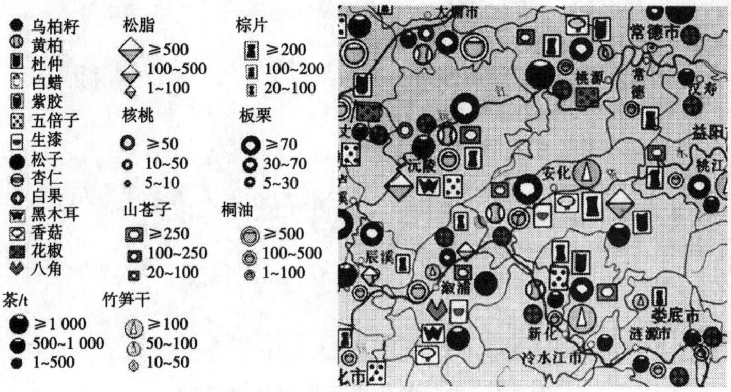

图7-3 几何符号构成的定位符号法

几何符号简洁规范、定位清晰、视觉均衡、差异明确、绘制简便，点状组合符号则是通过简单形状的叠加，形成制图对象构成因素内在联系的直观显示。

点状符号的颜色变量包括色相、亮度和彩度（饱和度）三个分量，其中色相分量的变化呈现为整体差异的视觉跳跃，对事物间性质差异的表达具有显著视觉效果。

结构（网纹）和方向变量的调整，可以改变个体符号图形的内部特征和外部状态，形成符号含义上的差异。但这种差异的视觉感受效果不如符号整体轮廓显著,常用于表示属性类别中次要的或低层级性质的区别。

以点状符号表示的制图对象,其定性信息常常表现为多层次的视觉变量的分级组合(见图 7-4),以形状变量区分最高层次的性质差异,以色相分量表示次一级分类体系,结构(网纹)或方向变量作为最后的补充方式。

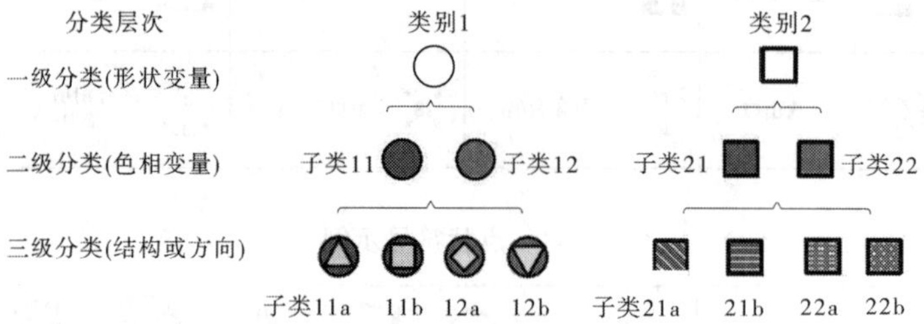

图 7-4　定位信息的视觉变量组合

7.1.2.3　定位符号法表达数量信息

点状个体符号的尺寸指标是准确表示制图对象强度和数量差异最有效的视觉变量,符号尺寸与定量数据关系的确定是决定地图表达效果的关键。

通常使个体符号面积大小与其所代表的数量呈一定的比率关系,这种符号组合称为定位比率符号法,分为绝对比率符号和条件比率符号两大类,以及连续比率和分级比率两种方法。图 7-5 为点状图号表达数量信息示例。

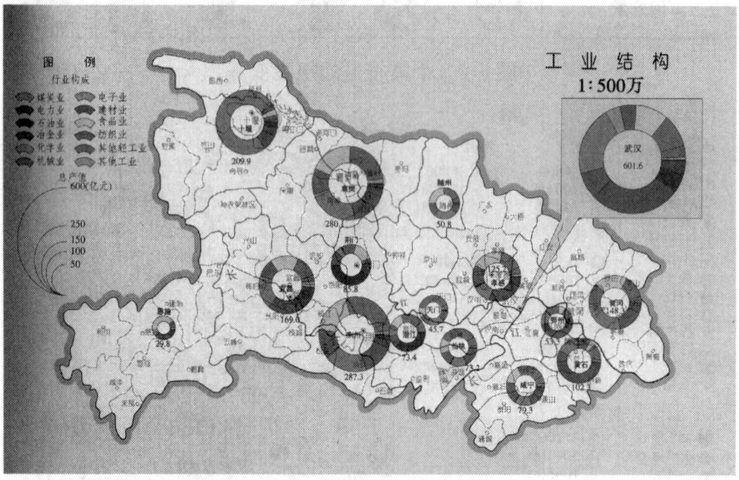

图 7-5　点状图号表达数量信息示例

7.1.2.4　点状符号的定位处理

点状符号在普通地图和专题地图中都有广泛的应用,其定位可分为精确定位与概略定位两种状况。以地形图为代表的普通地图,多数遵循严格的制图标准与规范,像控制点、居民点和独立地物等大都有准确的点位坐标。采用统一、规范的点状个体符号,使符号的中心、重心或底点与地物的地理位置(经纬度或直角坐标)相重合,并设定严格、明确的误差标准(如移位不应超出 0.1~0.3 mm),可见,地形图这种处理办法属于精确定位。

在专题地图中，点状符号并非都可以放置在数据中心位置上。因为：

(1)专题符号一般都比较大，若数据中心是居民点，会影响地理底图的显示。

(2)专题数据虽然以一个点状符号出现，但它大多占有较大的制图范围。

(3)专题符号由于地理位置的接近，经常叠置在一起，适当移动是允许的。

因此，专题现象的点状符号有时只是概略定位，即只要求符号位置合理(见图7-6)。若位移过远，应以箭头指向所代表的数据源位置。

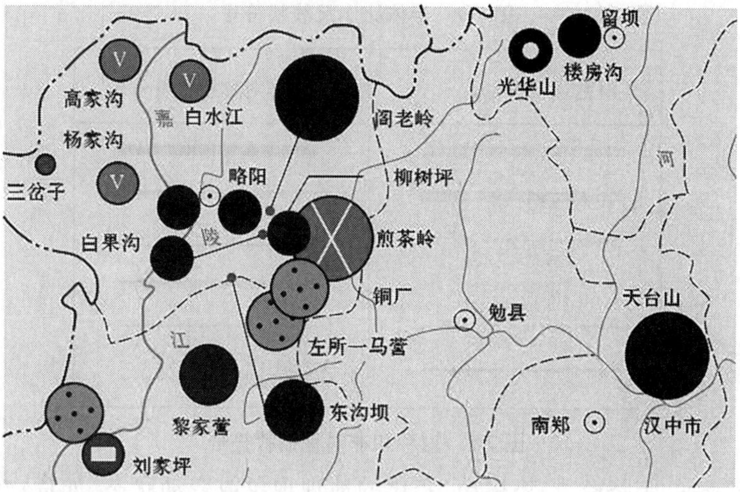

图7-6 点状符号的位移表示

7.1.3 地理信息线状符号可视化

7.1.3.1 线状特征的符号化

在地理环境中，空间形态呈现为线状或带状延伸的地物，如河流、海岸线、路网和境界线等称为地理信息的一维线状数据。不同空间点位或区域间的相互联系，物质、能量信息的迁移、转化状态与途径，如两地航线、货物流通、人口迁移、洋流等，均可概括为按一定方向延伸的路径，也可用一维线状符号表示。

被视为线状的地理现象，实际上还存在位置和状态两方面的空间差异。按定位特征可分为精确定位和概略定位。按状态特征又可分为静态和动态两种。

(1)精确定位：具有明确且稳定空间路径的线状现象，可依据准确的空间坐标严格定位。如境界线、铁路、线性构造等。在地图上表示为以中心线或轴线定位的半依比例尺线状符号(见图7-7)。符号的宽度不代表其实际的宽度。按图形特征又可分为对称和非对称两类符号(见图7-8)。

(2)概略定位：在一定范围内呈动态变化的线状现象或不易明确路径的移动现象，可依其变化范围的平均位置或延伸趋势概略定位。如洋流、台风路径、人口迁徙等。其线状符号的图形带有示意性，地图上位置不具有量测意义。

(3)静态：相对稳定或静止的线状事物，如常年河、道路、地质构造等。通常是以线状符号的形状和颜色表示其质量特征，以中心线或轴线表示空间定位，也可以符号宽度表达数量特征。这种符号组合配置方法，称为线状符号法。

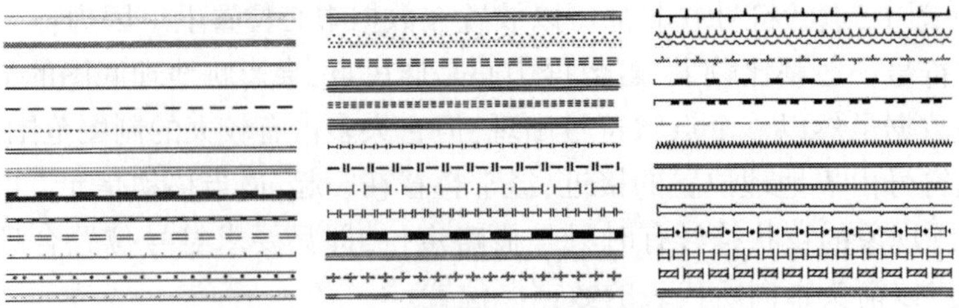

图 7-7　半依比例尺线状符号

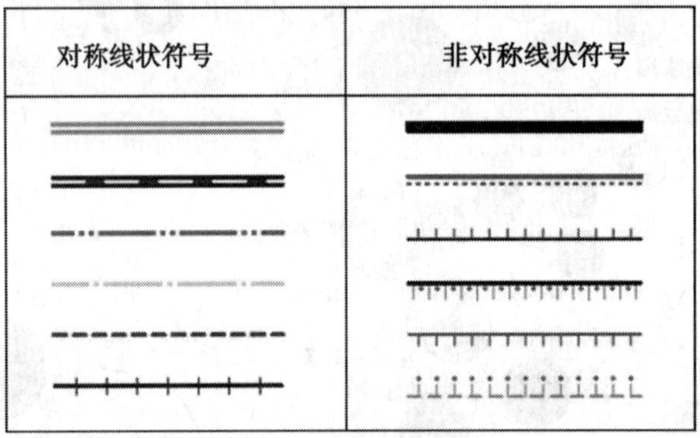

图 7-8　对称和非对称线状符号

(4)动态:沿一定路径、趋势移动、变化的地理现象或变动状态,如货物流通、动物迁徙、大气运动等。在地图上显示通常是以具有指向性的线状符号为典型特征,带方向箭头,如图 7-9 所示。以线状符号的定位和指向表达事物变动的路径和方向,以形状和颜色表示质量特征,以符号宽度表达定量特征。这种符号的向量组合配置,称为动线符号法。

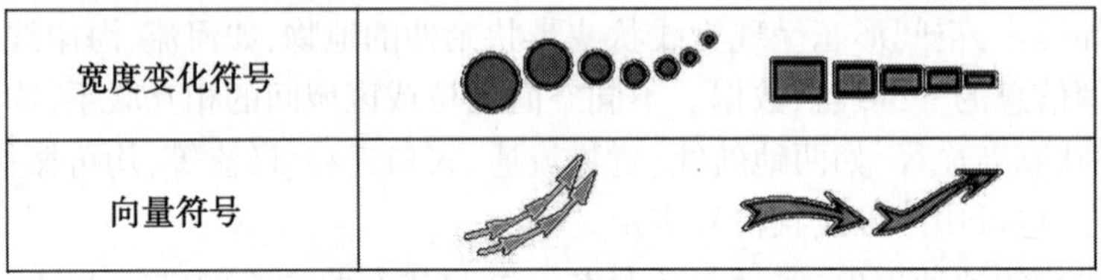

图 7-9　概略定位的动态线状符号

7.1.3.2　线状符号表达质量信息

地图上可视为线状的地物,其属性特征中符合定名量表的数据,体现了事物质量特征或性质上的差异,它的图形通常以视觉变量中形状、颜色变量及其组合作为主要的表示手段(见图 7-10)。这是线状符号法的基本应用形式。

线状符号的形状变量表现形式包括单线、平行双线、实线、虚线、渐变线、指向线、对称线和非对称线等。其中,虚线常常用于表示不稳固、未完成、临时性的地物,如在建公路、时令河等;而指向线、非对称性线往往对线状地物的状态具有特定的含义,如指明气流的流向、锋面的移动方向等(见图 7-11)。

颜色变量主要以色相分量变化体现在线状符号的定性显示中。色相分量与形状变量同样具有区别质量特征的显著差异效果。同时,往往以两者的结合,形成区别多种质量特

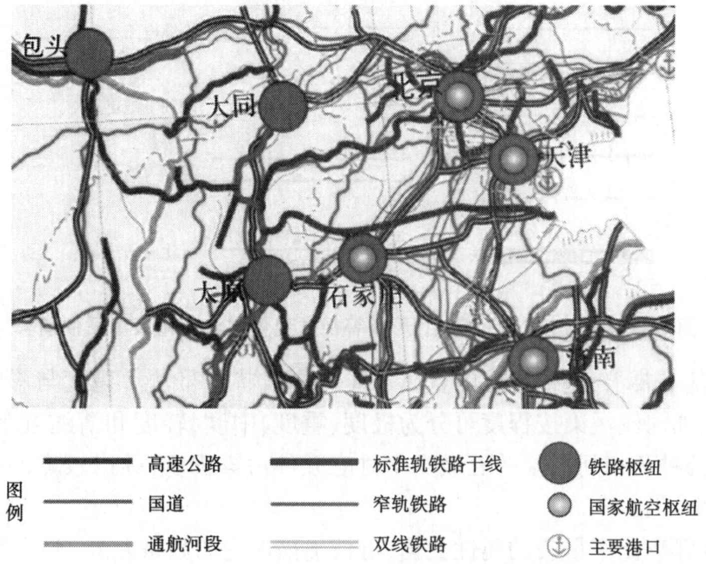

图 7-10　线状符号表达质量信息

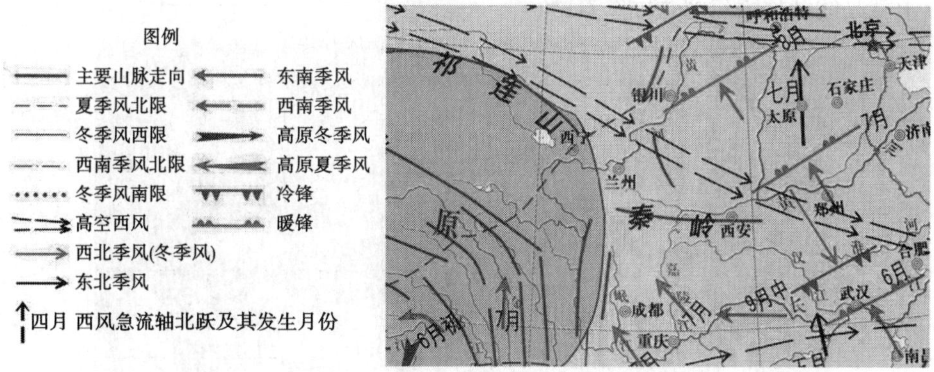

图 7-11　指示移动方向的线状符号

征的组合。例如在普通地图中，常以蓝色实线、虚线与渐变线表示各种水系，以黑色点画线、虚线表示不同的行政界线等。因比例尺不同，线状符号宽度有所变化，为达到要求的视觉分辨程度，色相分量与形状变量在区别质量特征时，应位居不同的层次。线画较粗时，常以色相分量为主，形状变量次之；线画较细时，则相反。

线状符号宽度变化也可体现制图数据的质量差异。如以渐变线表示流量和河床渐宽河流，配合形状及色相不同的符号分别表示铁路、公路、大车路及小路等（见图 7-12）。

7.1.3.3　线状符号表达数量信息

以线状表示的制图对象，其属性特征中符合顺序量表、间隔/比率量表的数据，通常以线状符号的尺寸变量（宽度）和颜色变量中的亮度与彩度分量表示。

符合顺序量表的数据，等级次序往往以线状符号的宽度作为主要的视觉差异表达。例如，点画线以宽度变化表示了行政边界的行政等级特征。在宽度差异设计上，只需考虑具体图幅的比例尺及地图上其他相关符号的尺寸，不需建立数值比率关系，以足够产生视

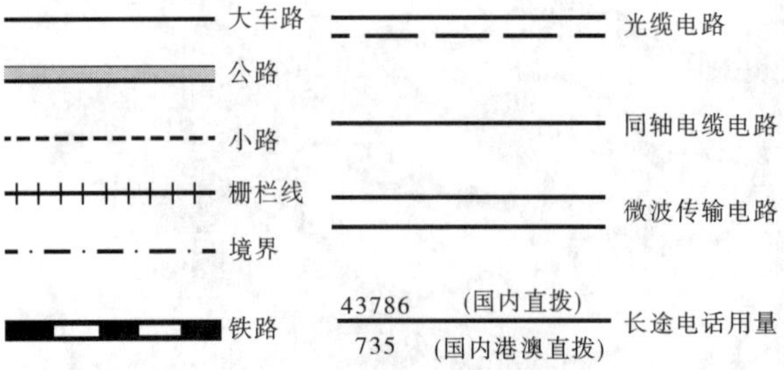

图 7-12　**尺寸(宽度)、色相、形状等视觉变量组合变化表示质的差异**

觉差异感受为基本要求,这种组合配置属于非比率线状符号法。亮度与彩度分量更适宜表示强度差异,如河流污染按程度可分为极度、重度、中度、轻度和清洁五个级别,在专题地图上通常以两种色相间彩度的五级变化对应五种污染程度,并以较宽的带状符号表示在相应的河段上。

线状符号间隔/比率量表的属性数据,可精确描述它的数量差异,在地图上,同样也是通过线状符号的宽度和彩度形成视觉差异的显示。当符号的宽度构成比率量表的关系,实际上就是线状比率符号(见图 7-13)。

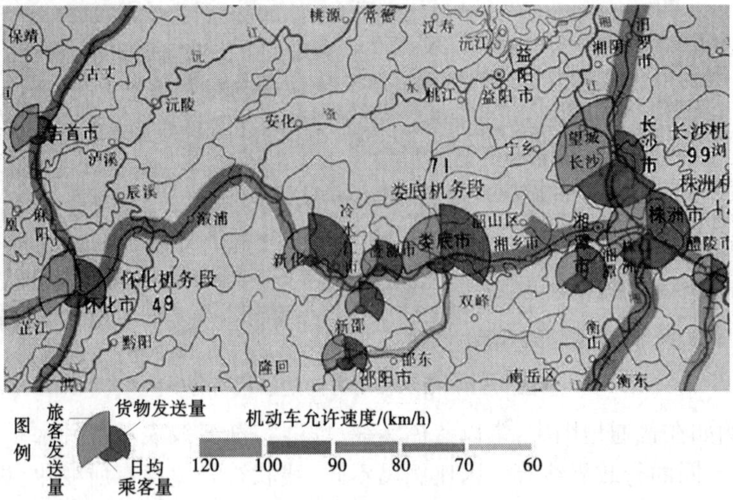

图 7-13　**线状比率符号**

7.1.4　地理信息面状符号可视化

7.1.4.1　**面状特征的符号化**

面状符号的空间分布形式多样,它涉及从定名量表到比率量表、由定性到定量的四种数据类型,在符号结构上形成复杂多变的视觉变量组合。

1. 面状现象的空间分布形态

呈现为面状的地理现象,其空间分布形态存在两方面的特征:一方面呈现为从离散到连续的不同结构,另一方面存在从渐变到突变的不同变化,这两方面特征的组合,构成了四种典型类型,即连续渐变、连续突变、离散渐变、离散突变。面状连续分布是指连续无间断地布满整个制图区域的分布现象。但在连续分布现象中,部分现象总体上呈现为连续渐变的特征,如地貌、气温、气压等偏向于自然及定量信息的现象。连续渐变现象的表示方法主要有等值线法、分层设色法及定位图表法。另一些现象则表现为连续突变:空间上连续、属性特征变差明显,其中包括质量与数量两方面的差异,如地质构造、行政区划、综合自然区划等各种由人为构造的空间划分。连续突变现象的表示方法主要有质底法、量底法、等值区域图法。

在人类社会中,存在大量空间区域的观测统计数据,属于定量信息,可视为二维空间对象的第三维 z 值,而 z 值的空间分布变化,可以被拟合成一个连续的三维统计面。它既可以是实际存在的,也可以是虚拟的;既有渐变,也有突变。如数字地形模型 DTM、大气 PM2.5 分布、各地区人口密度等。统计面是地图学中最重要的概念,是很多连续分布现象可视化表达的最佳方式。它可通过点、线、面、体不同维度的符号组合体现,当将其概括为二维面状时,表示方法可有等值线法、分层设色法、定位图表法、分区统计图法和等值区域图法。

面状离散分布是指在一定尺度下制图对象,如人口、动植物分布、矿产资源分布、城镇分布等相互集聚但又彼此间隔、相对独立存在的现象。离散分布现象的空间变化也存在渐变与突变两种不同状况,离散渐变的情况是,从密集核心区到稀疏边缘区,再到完全空白区,其分布往往是一个逐渐递变的空间,表示方法主要采用点值法、范围法。离散突变现象如湖泊水库、洪水淹没区、冰川分布、作物种植区等分布界限明显,相对于周边环境是一种质或量的突变,以范围法应用居多。

2. 精确定域和概略定域

面状地理现象的分布界线还有精确与概略之分。有详尽的制图数据,可以用清晰的实线准确地表示其分布范围,这种表达方法称为精确定域。相反,在空间上呈现为渐变、动态,分布范围模糊、不易确定的现象,如动物分布、震区范围等,可以用虚线或没有边界的形状变量、网纹排列分量等方式概略示意其分布范围,称为概略定域。但在地图编制实践中,对某些本身属于概略定域的现象,为了便于地图显示和实际应用,仍可采用精确定域的表达方式,如土壤类型、植被类型、各种区划图等均以细实线或明确的图斑差异表示分布界线。

7.1.4.2 面状特征定性信息的表达

面状特征定性信息属于定名量表的定性数据,反映了事物质量特征在空间上的变化,通常使用不同的色彩、图案、网纹填绘于相应的区域内,形成定性特征的面状符号,涉及色彩、网纹两个基本变量。对于符号的具体应用,因制图对象空间分布形态上存在连续与离散两种结构,相对应的符号组合配置方法主要是质底法和范围法。

1. 质底法

质底法是以充满全制图区的不同颜色或图案的图斑来区别面状连续分布现象质量特征的表现方法。在应用质底法的地图中,两大类地图最为常见。一是类型图,是基于专题分类规则分类分布表示的地图,如地质图、气候类型图、土地利用图等,如图 7-14 所示。在类型图中,分类强调类型特征的均一性,并以特征来命名。同类图斑可重复出现在不同的空间位置,图斑可能较为细碎。二是区划图,是表达较大空间尺度上若干类型的组合,或多因素相互作用形成不同综合特征的空间分布的地图，如气候区划图、行政区划图、主体功能区划图等。区划图强调特定空间区划的独特性以及区划间的差异性，常以空间位置、地名或主导因素排列来命名。质底法表示的是连续分布现象的性质差异，因此制图区内既不能有空白区，也不能存在相互重叠，多数情况下，其分布界线呈现为精确定域方式。

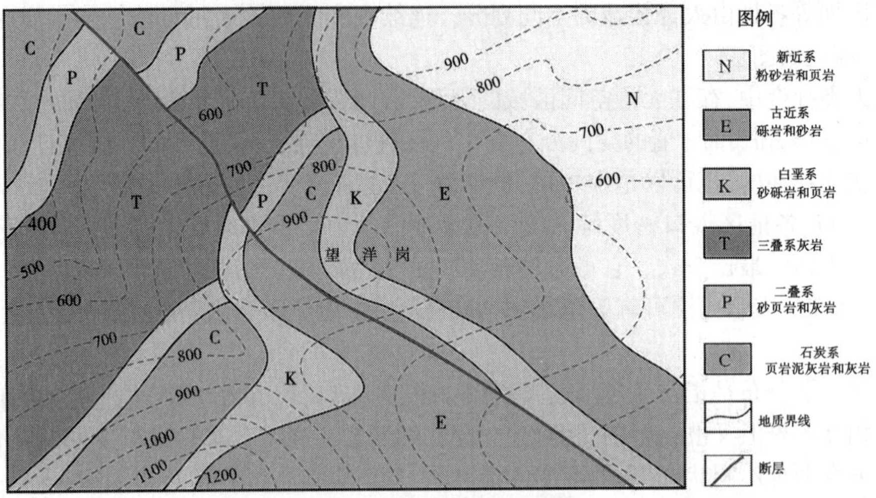

图 7-14　质底法表示的地质图

2. 范围法

范围法是通过轮廓线、颜色或网纹图案表示面状离散分布现象真实或隐含的分布范围的方法。根据制图对象自身的空间特征、比例尺、地图用途及资料状况，范围法表示的分布界线常有精确定域和概略定域之分。通常，离散突变现象符合精确定域方式，多采用精确范围法。相反，离散渐变现象则多是采用概略范围法。但在应用范围法编制地图过程中，采用精确定域还是概略定域，既取决于制图现象本身的分布特征、制图信息详细程度及比例尺，也需考虑制图的目的与用途。图 7-15 中(a)～(h)的 8 幅图，以不同的符号配置方式显示了同一地物不同的表示形式。

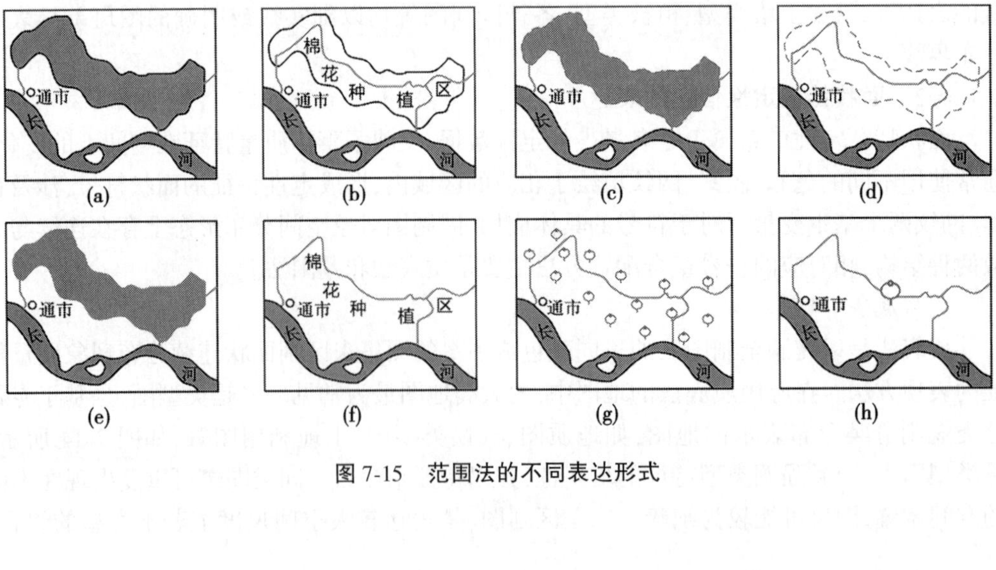

图 7-15　范围法的不同表达形式

7.1.4.3　面状特征定量信息的表达

1. 以点状符号构成面状分布的定量方法

(1)点值法:用形状相同、大小与其代表的数字成固定比率的圆点符号表达离散现象分布特征的方法。在点值法制图过程中,需要确定点的直径、点值和布点方式。

(2)分区统计图法:实质上是对二维空间(统计分区)制图对象绝对数量的一种点状概括,以点状符号的大小差异和区位配置(非精确定位)概略表达空间分布特征。

(3)定位图表法:实际上是定位符号法中由坐标统计图代替点状符号的一种特殊形式。

2. 以线状符号构成面状分布的定量方法

(1)等值线法:等值线来源于三维空间的离散点值,由它计算出具实际点位意义的等值点构成等值线。

(2)分层设色法:为了使连续渐变面状现象的空间分布规律在等值线图上显示得更清晰、更具立体视觉效果,在不同等值线间按一定的递变规律填绘深浅、色调不同的色带或灰阶,从而明确区别不同的等值间距带。

3. 以面状符号及立体符号构成面状分布的定量方法

(1)分级等值区域法:以面状符号表示区域单元的相对数量指标,通过填绘的颜色或图案体现区域间的差异,如图 7-16 所示。

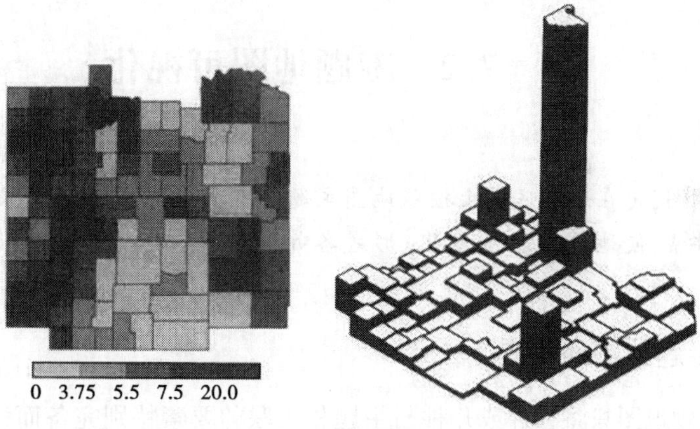

(a)　(b)

图 7-16　等值区域图

(2)网格法。按特定的网格形状(矩形、非矩形,等大、非等大)将制图区域划分成多个制图单元,以不同色彩或网纹图案表达制图对象质量或数量的空间分布特征,这种面状符号组合方法称为网格法。当用其表示事物的质量特征时,实际是一种更细致的质底法;当用其表示数量特征时(见图 7-17),实际是一种更精细的等值区域法。无论是哪种,都是为了获得更详细的制图信息,这种方法在数字制图时代、在自然现象及与自然环境密切相关现象的表达中得到了广泛应用。

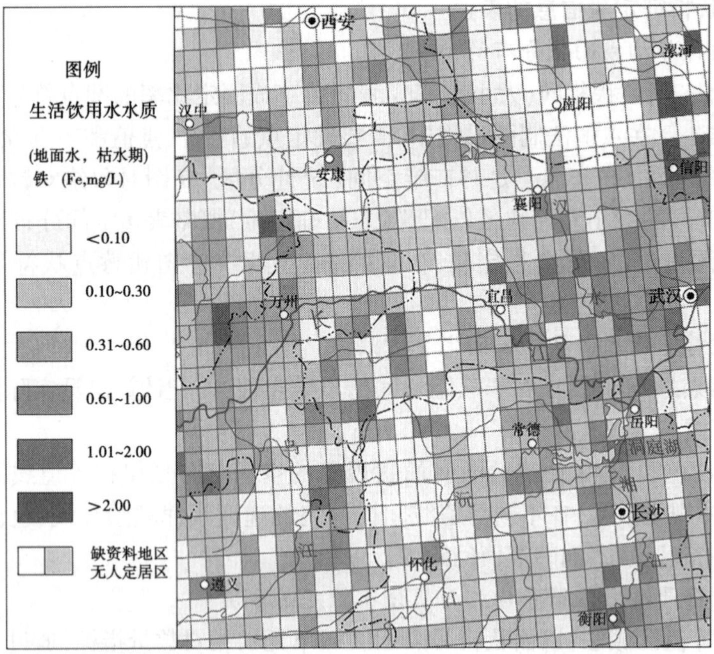

图 7-17　网格法

7.2　专题地图可视化

【导入】

专题地图，是在地理底图上按照地图主题的要求，突出而完善地表示与主题相关的一种或几种要素，使地图内容专题化、形式各异、用途专门化的地图。其可视化形式丰富多样。

7.2.1　专题地图的特点

(1)专题地图只将一种或几种与主题相关联的要素特别完备而详细地显示，而其他要素的显示则较为概略，甚至不予显示。

(2)专题地图的内容广泛，主题多样，在自然界与人类社会中，除那些在地表上能见到的和能进行测量的自然现象或人文现象外，还有那些往往不能见到的或不能直接测量的自然现象或人文现象均可以作为专题地图的内容。

(3)专题地图不仅可以表示现象的现状及其分布，而且能表示现象的动态变化和发展规律。

7.2.2　专题地图的形式

专题地图按照表现方式可以分为单值专题地图、多值专题地图、连续值专题地图、分级专题地图、比例专题地图、点密度专题地图、统计图表地图等形式。

7.2.2.1　**单值专题地图**

单值专题地图通过使用统一的单类型色彩渲染地图(见图 7-18)。可以适用于点、线、面和体等元素。单值专题地图主要用于表现地图的空间位置、空间要素关系和空间要素形态特征。

7.2.2.2　**多值专题地图**

多值专题地图通常使用颜色视觉变量标度要素之间某种属性值的差异。一般用于标度类型值而非数量值。例如,制作行政区划图时,根据省份的编号,生成不同颜色的多值行政专题地图(见图 7-19)。其他的形式如四色专题图也属于多值专题地图。

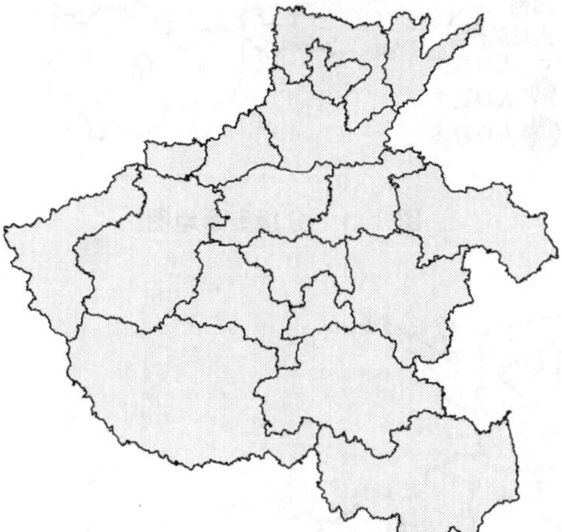

图 7-18　单值专题地图

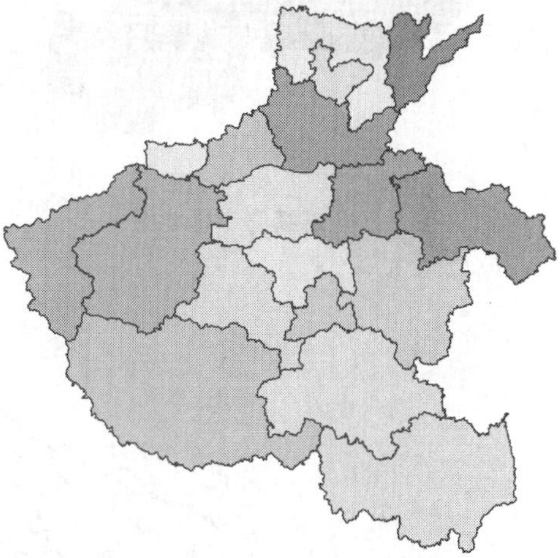

图 7-19　多值专题地图

7.2.2.3　**连续值专题地图**

连续值专题地图具有数量特征的属性变量,通常使用连续值专题地图表达(见图 7-20)。例如,含有人口或 GDP 属性变量时可以通过颜色的深浅表示数量的多少(大小)。

7.2.2.4　**分级专题地图**

分级专题地图要素的某个属性值具有数量特征值的分布比较离散时,希望将这些离散值进行分级并按照级别进行专题化地图表达,可以采用分级专题地图表示(见图 7-21)。在制作分级专题地图之前,首先要按照一定的原则对数据进行等级划分。点要素宜采用尺寸视觉变量实现,线要素一般通过线的粗细表达,而面要素则可以使用颜色视觉变量表达。

7.2.2.5　**比例专题地图**

比例专题地图与分级专题地图的应用类似,不同之处在于,比例专题地图并不需要对属性变量进行等级划分,符号的大小是由属性值决定的(见图 7-22)。符号的尺寸与属性值的大小成一定比例。点、线和面要素的视觉变量选用原则与分级专题地图类似。

如图 7-21 和图 7-22 所示分别为人口分级专题地图和人口比例专题地图。

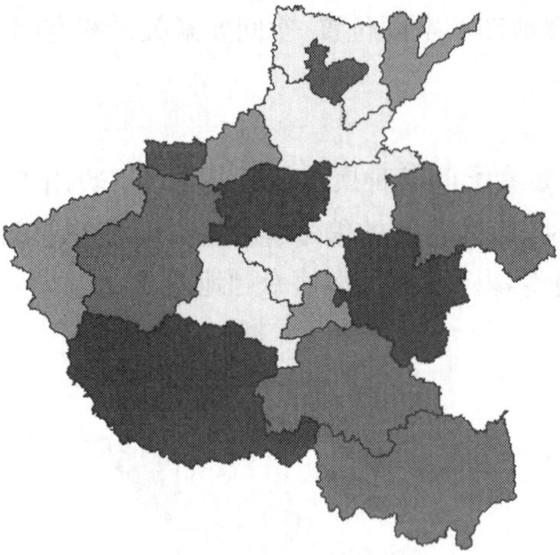

图 7-20　连续值专题地图

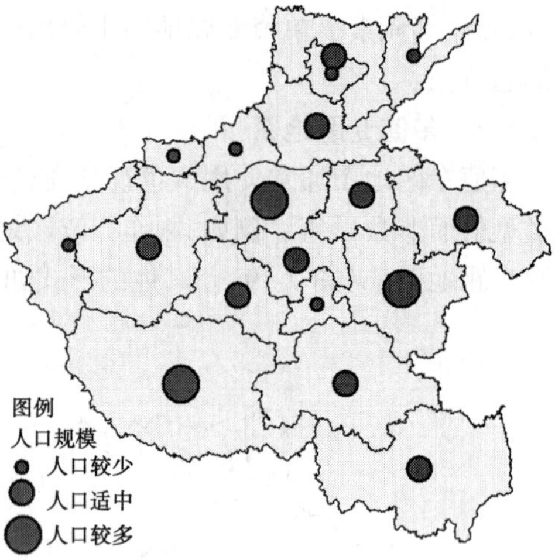

图 7-21　分级专题地图

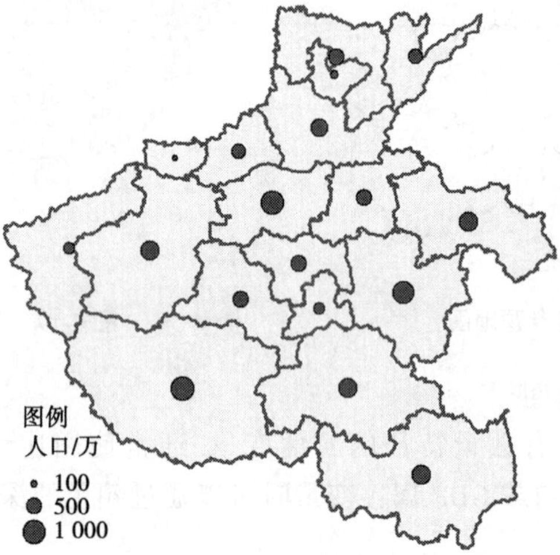

图 7-22　比例专题地图

7.2.2.6　点密度专题地图

点密度专题地图在一定大小的区域内,点的数量越多,密度就越大(见图 7-23)。不同大小的区域内,相同数量的点,区域越小,则密度越大。这便是点密度专题地图的主要特征。点密度专题地图通常用于可视化区域内某种具有数量特征的属性值的空间密度特征。点密度专题地图适用于面要素数量属性值的表达。

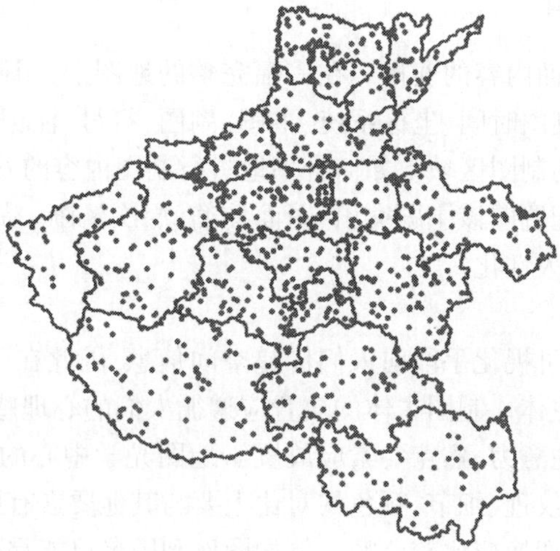

图 7-23　点密度专题地图

7.2.2.7　统计图表地图

将要素的一个或多个属性值以常规统计图表(如柱状图、饼状图等)的形式表达并嵌入地图的专题地图称为统计图表地图(见图 7-24)。此类专题地图既充分利用了传统图表的优势,又将其定位到具体的空间位置或空间区域中,是非空间数据可视化方式同空间数据可视化方式融合的典型应用。由于专题要素表达的需要,在实际应用中,都是将多种形式的单图层专题地图进行叠加显示,从而达到能够全面系统地显示某类专题信息的目的。常见的专题地图如人口地图、交通地图、旅游地图等。

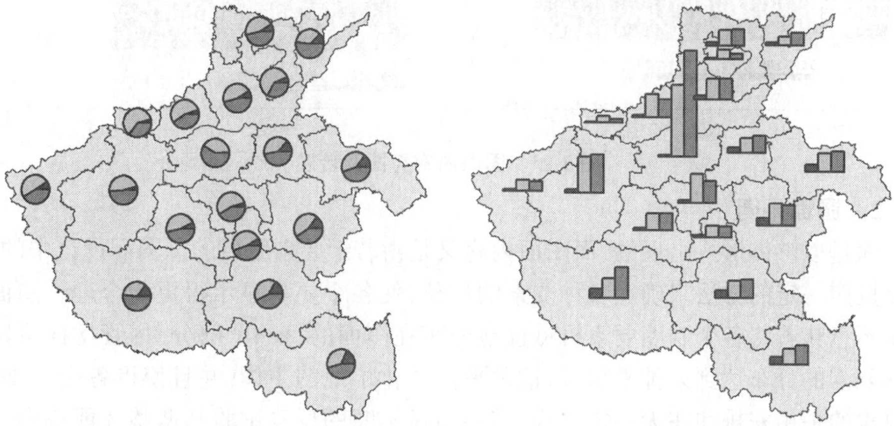

(a)饼状图　(b)柱状图

图 7-24　统计图表地图

7.2.3　地图图面配置

图面配置是指对图面内容的安排。在一幅完整的地图上,图面内容包括图廓、图名、图例、比例尺、指北针、制图时间、坐标系统、主图、副图、符号、注记、颜色、背景等内容,内容丰富而繁杂,在有限的制图区域上如何合理地进行制图内容的安排,并不是一件轻松的事。一般情况下,图面配置应该主题突出、图面均衡、层次清晰、易于阅读,以求美观和逻辑的协调统一而又不失人性化。

7.2.3.1　主题突出

制图的目的是通过可视化手段向人们传递空间信息,因此在整个图面上应该突出所要传递的内容,即地图主体。制图主体的放置应遵循人们的心理感受和习惯,必须有清晰的焦点,为吸引读者的注意力,焦点要素应放置于地图光学中心的附近,即图面几何中心偏上一点,同时在线划、纹理、细节、颜色的对比上要与其他要素有所区别。

图面内容的转移和切换应比较流畅。例如图例和图名可能是随制图主体之后要看到的内容,因此应将其清楚地摆放在图面上,甚至可以将其用方框或加粗字体突出,以吸引读者的注意力(见图 7-25)。

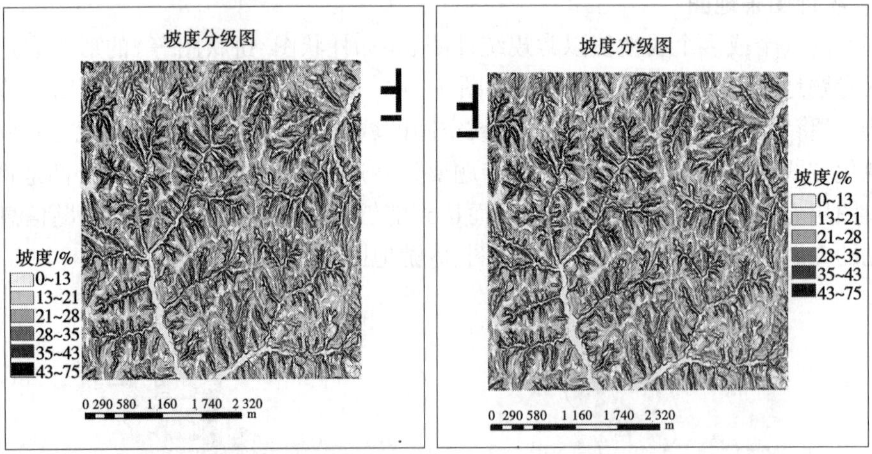

图 7-25　图面内容与图例转换

7.2.3.2　图面平衡

图面是以整体形式出现的,而图面内容又是由若干要素组成的。图面设计中的平衡,就是要按照一定的方法来确定各种要素的地位,使各个要素显示得更为合理。图面布置得平衡不意味着将各个制图要素机械性地分布在图面的每一个部分,尽管这样可以使各种地图要素的分布达到某种平衡,但这种平衡淡化了地图主体,并且使得各个要素无序。图面要素的平衡安排往往无一定之规,需要通过不断的反复试验和调整才能确定。一般不要出现过亮或过暗、偏大或偏小、太长或太短、与图廓太紧等现象,如图 7-26 所示。

7.2.3.3　图形-背景

图形在视觉上更重要一些,距读者更近一些,有形状、令人深刻的颜色和具体的含义。背景是图形背景,以衬托和突出图形。合理地利用背景可以突出主体,增加视觉上的影响

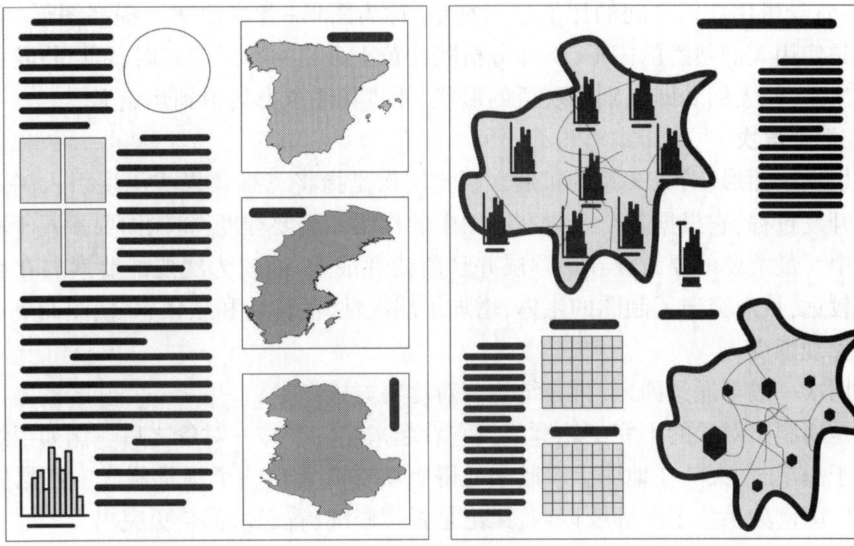

图 7-26　视觉的平衡

和对比度,但背景太多会减弱主体的重要性。图形-背景并不是简单地决定应该有多少对象和多少背景,而是要将读者的注意力集中在图面的主体上。例如,如果在图面的内部填充的是和背景一样的颜色,则读者就会分不清陆地和水体(见图 7-27)。

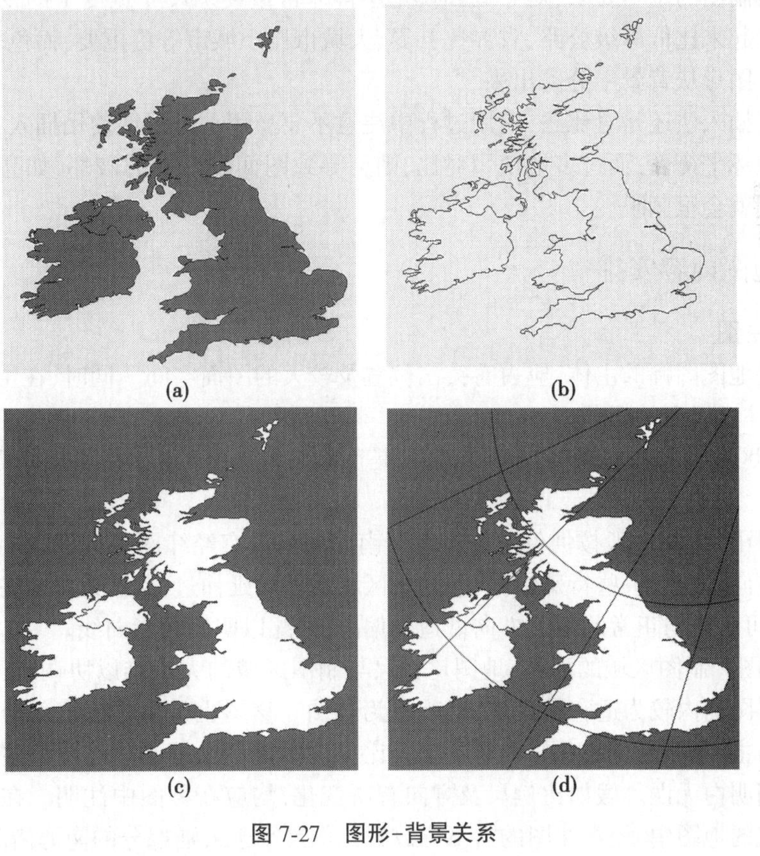

图 7-27　图形-背景关系

图形-背景可用它们之间的比值进行衡量,称为图形-背景比率。提高图形-背景比率的方法是使用人们熟悉的图形,例如分析陕北黄土高原的地形特点时,可以将陕西从整体中分离出来,使人们立即识别出陕西的形状,并将其注意力集中到焦点上。

7.2.3.4 视觉层次

视觉层次是图形-背景关系的扩展。视觉层次是指将三维效果或深度引入制图的视觉设计与开发过程,它根据各个要素在制图中的作用和重要程度,将制图要素置于不同的视觉层次中。最重要的要素放在最顶层并且离读者最近,而较为次要的要素放在底层且距读者比较远,从而突出了制图的主体,增加了层次性、易读性和立体感,使图面更符合人们的视觉生理感受。

视觉层次一般可通过插入、再分结构和对比等方式产生。

插入是用制图对象的不完整轮廓线使它看起来像位于另一对象之后。例如当经线和纬线相交于海岸时,大陆在地图上看起来显得更重要或者在整个视觉层次中占据更高的层次,图名、图例如果位于图廓线以内,无论是否带修饰,看起来都会更突出。

再分结构是根据视觉层次的原理,将制图符号分为初级符号和二级符号,每个初级符号赋予不同的颜色,而二级符号之间的区分则基于图案。例如在土壤类型利用图上,不同土壤类型用不同的颜色表达,而同一类型下的不同结构成分则可通过点或线对图案进行区分。再分结构在气候、地质、植被等制图中经常用到。

对比是制图的基本要求,对布局和视觉层都非常重要。尺寸宽度上的变化可以使高等级公路看起来比低等级公路、省界比县界、大城市比小城市等更重要,而色彩、纹理的对比则可以将图形从背景中分离出来。

不论是插入法还是对比法,应用过程中注意不要滥用。过多地使用插入,将导致图面的费解而破坏平衡性;而过多地使用对比,则会导致图面和谐性的破坏,如亮红色和亮绿色并排使用就会很刺眼。

7.2.4 地图内容安排

7.2.4.1 主图

主图是地图图幅的主体,应占有突出位置及较大的图面空间。同时,在主图的图面配置中,还应注意以下的问题:

(1)在区域空间上,要突出主区与邻区是图形与背景的关系,增强主图区域的视觉对比度。

(2)主图的方向一般按惯例定为上北下南。如果没有经纬网格标示,左、右图廓线即指示南北方向。但在一些特殊情况下,如果区域的外形延伸过长,难以配置在正常的制图区域内,就可考虑与正常的南北方向做适当偏离,并配以明确的指向线。

(3)移图。制图区域的形状、地图比例尺与制图区域的大小难以协调时,可将主图的一部分移到图廓内较为适宜的区域,这就称为移图。移图也是主图的一部分。移图的比例尺可以与主图的比例尺相同,但经常也会比主图的比例尺缩小。移图与主图区域关系的表示应当明白无误。假如比例尺及方向有所变化,均应在移图中注明。在一些表示我国完整疆域的地图中,经常在图的右下方放置比例尺小于大陆部分的南海诸岛,就是一种常见的移图形式。

(4)重要地区扩大图。对于主图中专题要素密度过高,难以正常显示专题信息的重要区域,可适当采取扩大图的形式处理。扩大图的表示方法应与主图一致,可根据实际情况适当增加图形数量。扩大图一般不必标注方向及比例尺。

7.2.4.2 副图

副图是补充说明主图内容不足的地图,如主图位置示意图、内容补充图等。一些区域范围较小的单幅地图,用图者难以明白该区域所处的地理位置,需要在主图的适当位置配上主图位置示意图,它所占幅面不大,但却能简明、突出地表现主图在更大区域范围内的区位状况。内容补充图是把主图上没有表示但却又是相关或需要的内容,以副图形式表达,如地貌类型图上配一幅比例尺较小的地势图,地震震中及震级分布图上配一幅区域活动性地质构造图等。

7.2.4.3 图名

图名的主要功能是为读图者提供地图的区域和主题的信息。表示统计内容的地图,还必须提供清晰的时间概念。图名要尽可能简练、确切。组成图名的三个要素(区域、主题、时间)如已经以其他形式做了明确表示,则可以酌情省略其中的某一部分。例如在区域性地图集中,具体图幅的区域名可以不用。图名是展示地图主题最直观的形式,应当突出、醒目。它作为图面整体设计的组成部分,还可看成是一种图形,可以帮助取得更好的整体平衡。一般可放在图廓外的北上方,或图廓内以横排或竖排的形式放在左上、右上的位置。图廓内的图名,可以是嵌入式的,也可以直接压盖在图面上,这时应处理好与下层注记或图形符号的关系(见图7-28)。

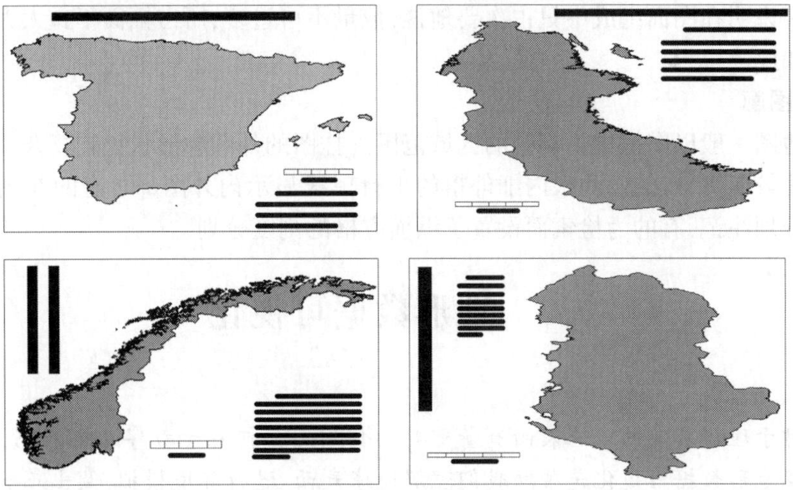

图7-28 图名位置的安排

7.2.4.4 图例

图例应尽可能集中在一起。虽然经常都被置于图面中不显著的某一角,但这并不降低图例的重要性。为避免图例内容与图面内容的混淆,被图例压盖的主图应当镂空。只有当图例符号的数量很大,集中安置会影响主图的表示及整体效果时,才可将图例分成几部分,并按读图习惯,从左到右有序排列。对图例的位置、大小、图例符号的排列方式、密度、注记字体等的调节,还会对图面配置的合理与平衡起重要作用(见图 7-29)。

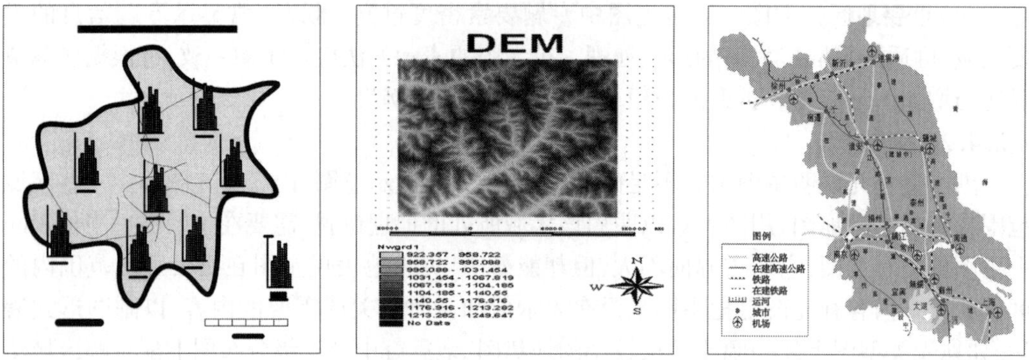

图 7-29　图例位置的安排

7.2.4.5　比例尺

地图的比例尺一般被安置在图名或图例的下方。地图上的比例尺,以直线比例尺的形式最为有效、实用。但在一些区域范围大、实际的比例尺已经很小的情况下,如一些表示世界或全国的专题地图,甚至可以将比例尺省略。因为,这时地图所要表达的主要是专题要素的宏观分布规律,各地域的实际距离等已经没有多少价值,更不需要进行什么距离方面的量算。放置了比例尺,反而有可能会得出不切实际的结论。

7.2.4.6　统计图表与文字说明

统计图表与文字说明是对主题的概括与补充比较有效的形式。由于其形式(包括外形、大小、色彩)多样,能充实地图主题、活跃版面,因此有利于增强视觉平衡效果。统计图表与文字说明在图面组成中只占次要地位,数量不可过多,所占幅面不宜太大。对单幅地图更应如此。

7.2.4.7　图廓

单幅地图一般以图框作为制图的区域范围。挂图的外图廓形状比较复杂。桌面用图的图廓都比较简练,有的以两根内细外粗的平行黑线显示内外图廓。有的在图廓上表示有经纬度分划注记,有的为检索而设置了纵横方格的刻度分划。

7.3　地形数据可视化

【导入】

地形对于理解真实的地球表面有着重要的作用。如何基于数字地形数据,在计算机环境中实现地形数据可视化是帮助我们理解地球表面、进行环境模拟、做出正确空间决策的重要依据。针对不同类型的地形数据,可实现地形数据的多类型可视化。

7.3.1　等值线显示

等值线又称等量线,表示在相当范围内连续分布而且数量逐渐变化的现象的数量特征。用连接各等值点的平滑曲线来表示制图对象的数量差异,如等高线、等深线、等温线、等磁线等。等高线是表示地面起伏形态的一种等值线。它是把地面上高程相等的各相邻点相连所形成的闭合曲线垂直投影在平面上的图形。一组等高线可以显示地面的高低起伏形态和实际高度,根据等高线的疏密和图形,可以判断地形特征和斜坡坡度。

用等高线法表示地形,总体来说立体感还是比较差的,因此对等高线图形的立体显示方法的研究一直在不断地展开,明暗等高线法是其中的一种。明暗等高线法是使每一条等高线因受光位置不同而绘以黑色或白色,以加强其立体感。还有粗细等高线法,它是将背光面的等高线加粗,向光面绘成细线,以增强其立体效果。如图 7-30 所示为常见的等高线表达形式。

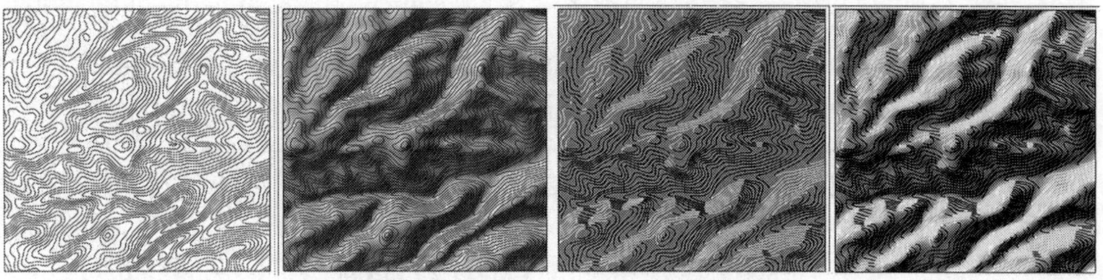

(a)常规等高线地图　(b)晕渲的等高线地图　(c)明暗等高线地图　(d)晕渲的明暗等高线地图

图 7-30　常见的等高线表达形式

等值线的应用相当广泛,除常见的等高线、等温线外,还可表示制图现象在一定时间内数值变化的等数值变化线(如年磁偏角变化线、地下水位变化线)、等速度变化线,表示现象位置移动的等位移线(如气团位移、海底抬升或下降),表示现象起止时间的等时间线(如霜期、植物开花期)等。

7.3.2　剖面显示

剖面是指地面沿某一方向的垂直截面(或断面),它包含地形剖面图和地质剖面图等。地形剖面图是为了直观地表示地面沿某一方向地势的起伏和坡度的陡缓,以等高线地形图为基础转绘成的。它沿等高线地形图某条线下切而显露出地形垂直剖面(见图 7-31),从地形剖面图上可以直观地看出地面高低起伏状况。利用等高线绘制垂直剖面线的步骤包括:①在等高线地形图上画一条剖面线;②标记等高线与剖面线的每个交叉点,并记录其高程;③提高每个交叉点的高程比例;④连接交叉点,绘制成垂直剖面图。

地质剖面图是用来显示地质构造的一种特殊地形图(见图 7-32)。

7.3.3　地形晕渲显示

晕渲法也叫阴影法,是用深浅不同的色调表示地形起伏形态,如图 7-33 所示。按光源的位置可分为直照晕渲、斜照晕渲和综合光照晕渲;按色调可分为墨渲和彩色晕渲。

晕渲法的基本思想是:一切物体只有在光的作用下才能产生阴影,才显现得更清楚,才有立体感。由于光源位置不同,照射到物体上所产生的阴影也不同,其立体效果也就不同。晕渲法通常假定把光源固定在两个方向上,一为西北方向俯角 45°,一为正上方与地面垂直。前者称为斜照晕渲,后者称为直照晕渲。当山脉走向恰与光源照射方向一致时,或其他不利于显示山形立体效果时,则适当地调整光源位置,这种称为综合光照晕渲。它们的光影特点如图 7-34 所示。

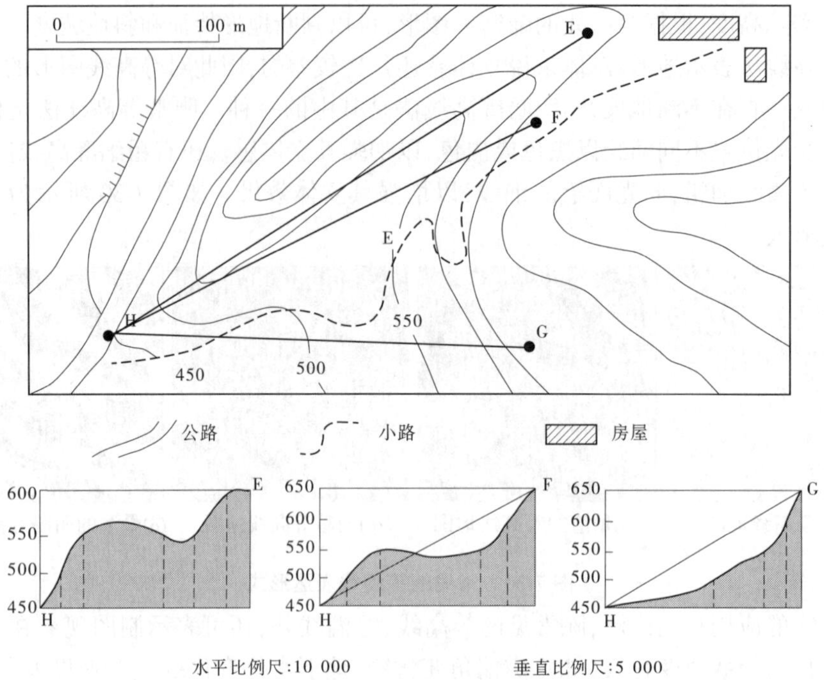

图 7-31　地形垂直剖面图

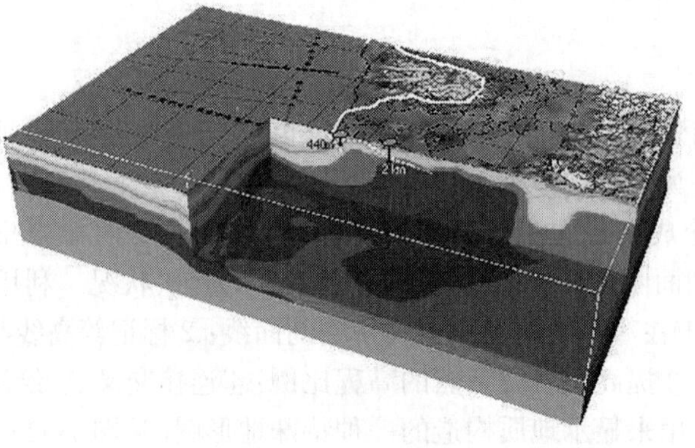

图 7-32　地质剖面图

斜照晕渲的立体感很强,明暗对比明显,与日常生活中自然光和灯光照射到物体上所形成的阴影相似。光的斜照使地形各部位分为迎光面、背光面和地平面三部分。

斜照光下,每一地点的明暗又因其坡度与坡向而有所不同,且山体的阴影又互相影响,改变其原有的明暗程度,使阴影有浓淡强弱之分。斜照晕渲的光影变化十分复杂,但也有一定的规律,即迎光面愈陡愈明,背光面愈陡愈暗,明暗随坡向而改变,平地也有淡影三分。斜照光下,物体的阴影随其主体与细部不同而不同。主体阴影十分重要,它可以突出山体总的形态和基本走向,使之脉络分明,有利于增强立体效果。

斜照晕渲立体感强,山形结构明显,所以多为各种地图采用。其缺点是无法对比坡度,背光面阴影较重,影响图上其他要素的表示。

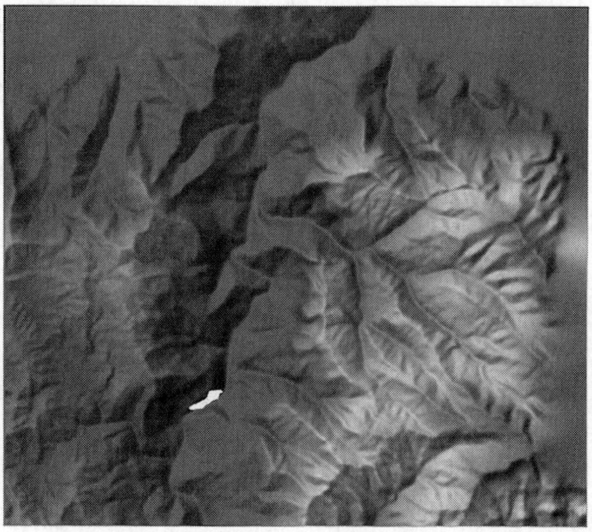

图 7-33　由 DEM 产生的地面晕渲图(图中亮处为湖泊)

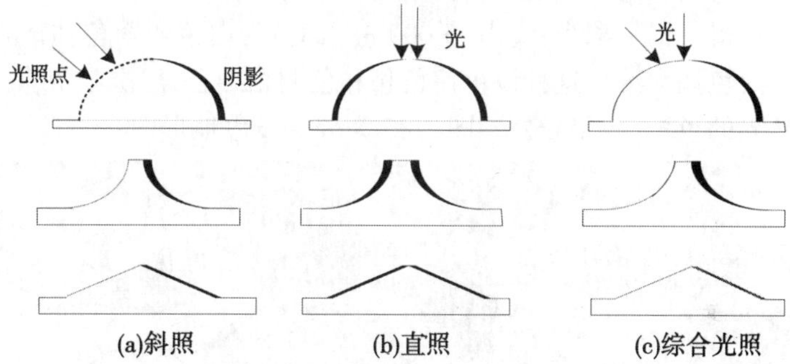

图 7-34　三种不同光源的光影

直照晕渲又叫坡度晕渲。光线垂直照射地面后,地表的明暗随坡度不同而改变。平地受光量最大,因而最明亮。直照晕渲能明显地反映出地面坡度的变化。其缺点是立体感较差,只适合于表示起伏不大的丘陵地区。

综合光照晕渲是斜照晕渲与直照晕渲的综合运用,或以斜照晕渲为主,或以直照晕渲为主,另一种来补充。它具备了两种晕渲的优点,弥补了两者的不足。

墨渲是用墨色的浓淡变化来反映光影的明暗。由于墨色层次丰富,复制效果好,应用广泛。印刷时用单一的黑色做晕渲色的很少,印成青灰、棕灰、绿灰者居多。

彩色晕渲又分为双色晕渲、自然色晕渲等。双色晕渲常见的有阳坡面用明色或暖色系、阴坡面用暗色或寒色系,高地用暖色、低地用寒色,或制图主区用近感色、邻区用远感色等。主要是利用冷暖色对比加强立体感或突出主题。这种方法效果好,常被用于一些精致的地图上。自然色晕渲是模仿大自然表面的色调变化,结合阴影的明暗绘成晕渲图。这种方法主要是把地面色谱的规律与晕渲法的光照规律结合起来,用各种颜色及它们的不同亮度来显示地面起伏。如用绿色调为主晕染开发的平原,以棕黄色调为主晕染高原和荒漠,山区则有黄、棕、青、灰等色的变化,再加以明暗的区别,可构成色彩十分丰富的图面。

7.3.4　分层设色显示

分层设色法是在等高线的基础上根据地图的用途、比例尺和区域特征，将等高线划分一些层级，并在每一层级的面积内绘上不同颜色，以色相、色调的差异表示地势高低的方法。这种方法加强了高程分布的直观印象，更容易判读地势状况，特别是有了色彩的正确配合，使地图具有了一定的立体感。

设色有单色和多色两种。单色是利用色调变化表示地形的高低，现在已经很少采用。多色是利用不同色相和色调深浅表示地形的高低。设色时要考虑地形表示的直观性、连续性以及自然感等原则。要求每一色层准确地代表一个高程带，各色层之间要有差别，但变化不能过于突然和跳跃，以便反映地表形态的整体感和连续感。选色尽量和地面自然色彩相接近，各色层的颜色组合应能产生一定程度的立体感。色相变化视觉效果显著，用以表示不同的地形类别，每类地形中再以色调的变化来显示内部差异。如平原用绿色，丘陵用黄色，山地用褐色；在平原中又以深绿、绿和浅绿等三种浓淡不同的绿色调显示平原上的高度变化。色相变化也采用相邻色，以避免造成高度突然变化的感觉。

目前普遍采用的色层是绿褐色系。陆地部分由平原到山地为：深绿—绿—浅绿—浅黄—黄—深黄—浅褐—褐—深褐；高山（5 000 m 以上）为白色或紫色；海洋部分采用浅蓝到深蓝，海水愈深，色调愈浓。这种设色使色相和色调相结合，层次丰富，具有一定象征性意义和符合自然界的色彩，效果较好。图 7-35 为分层设色地形图。

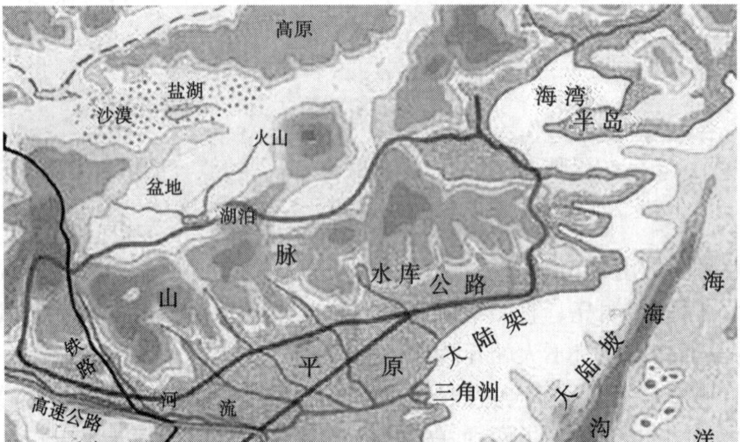

图 7-35　分层设色地形图

7.3.5　立体透视显示

GIS 的立体透视显示可以实现多种地形的三维表达，常用的包括立体等高线图、线框透视图、立体透视图以及各种地形模型与图像数据叠加而形成的地形景观等。

7.3.5.1　立体等高线模型

平面等高线图在二维平面上实现了三维地形的表达，但地形起伏需要进行判读，虽具有量测性但不直观。借助于计算机技术，可以实现平面等高线构成的空间图形在平面上的立体体现,即将等高线作为空间直角坐标系中的函数 $H=f(x,y)$ 的空间图形,投影到平面上所获得的立体效果图(见图 7-36)。

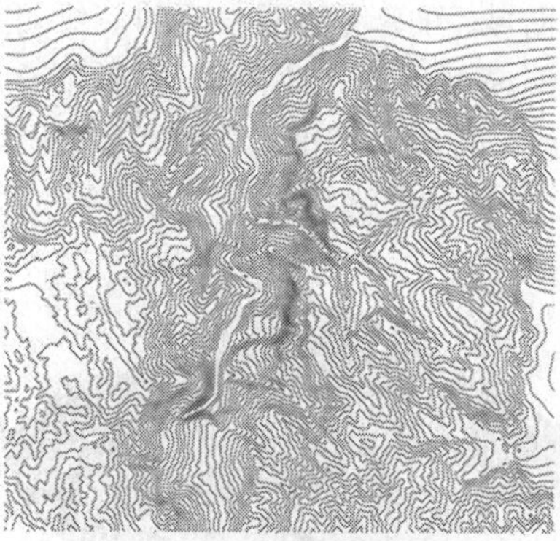

(a)平面等值线

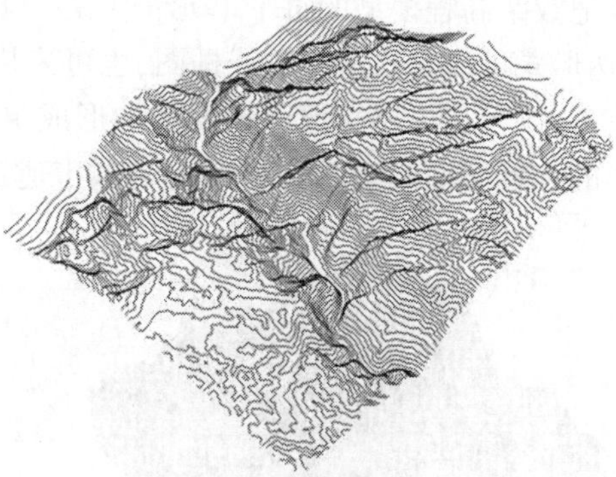

(b)立体等值线

图 7-36　基于平面等值线生成的立体等值线效果

7.3.5.2　三维线框透视模型

线框透视图或线框模型是计算机图形学和 CAD/CAM 领域中较早用来表示三维对象的模型,至今仍广为运用,流行的 CAD 软件、GIS 软件等都支持三维对象的线框透视图建立。线框模型是三维对象的轮廓描述,用顶点和邻边来表示三维对象,其优点是结构简单、易于理解、数据量少、建模速度快;缺点是线框模型没有面和体的特征,表面轮廓线将随着视线方向的变化而变化,由于不是连续的几何信息因而不能明确地定义给定点与对象之间的关系(如点在形体内、外等),如图 7-37 所示。

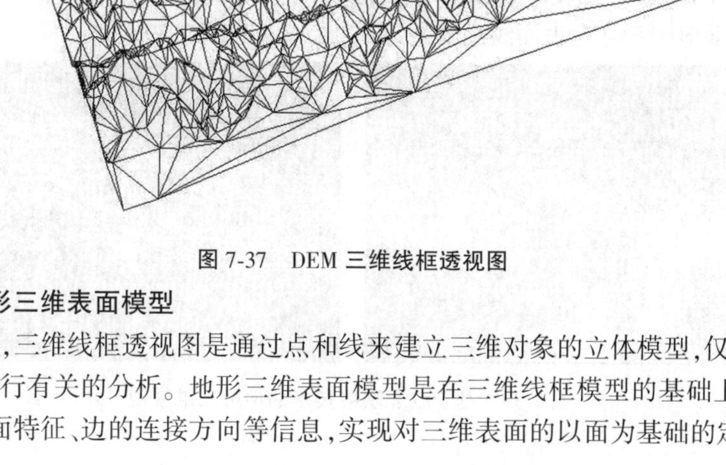

图 7-37　DEM 三维线框透视图

7.3.5.3　地形三维表面模型

如前所述,三维线框透视图是通过点和线来建立三维对象的立体模型,仅提供可视化效果而无法进行有关的分析。地形三维表面模型是在三维线框模型的基础上,通过增加有关的面、表面特征、边的连接方向等信息,实现对三维表面的以面为基础的定义和描述,从而可满足面面求交、线面消除、明暗色彩图等应用的需求。简而言之,三维表面模型是用有向边所围成的面域来定义形体表面,由面的集合来定义形体。

若把数字高程模型的每个单元看作是一个个面域,可实现地形表面的三维可视化表达,表达形式可以是不渲染的线框图,也可采用光照模型进行光照模拟,同时可叠加各种地物信息,以及与遥感影像等数据叠加形成更加逼真的地形三维景观模型。图 7-38(a)为地形的三维表面模型,图 7-38(b)为城市建筑三维表面模型。

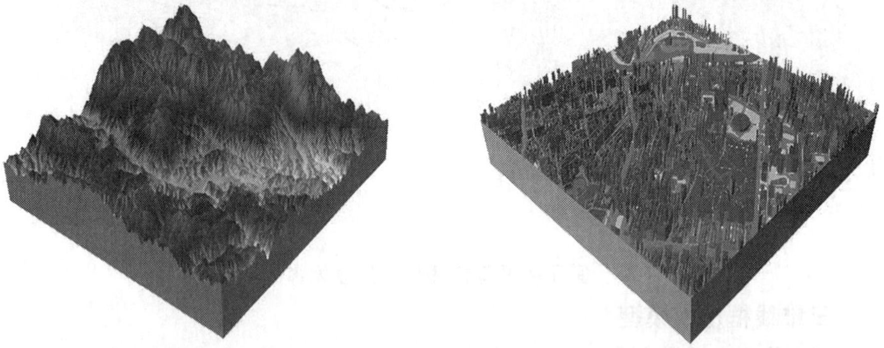

(a)地形的三维表面模型　　(b)城市建筑三维表面模型

图 7-38　三维表面模型

7.3.6　三维景观显示

7.3.6.1　基于纹理映射技术的地形三维景观

真实地物表面存在着丰富的纹理细节,人们正是依据这些纹理细节来区别各种具有相同形状的景物。因此,景物表面纹理细节的模拟在真实感图形生成技术中起着非常重要的作用,一般将景物表面纹理细节的模拟称为纹理映射技术。

纹理映射技术的本质是:选择与 DEM 同样地区的纹理影像数据,将该纹理"贴"在通过 DEM 所建立的三维地形模型上,从而形成既具有立体感又具有真实性、信息含量丰富的三维立体景观。以扫描数字化地形图作为纹理图像,依据地形图和 DEM 数据建立纹理空间、景物空间和图像空间三者之间的映射关系,可以依据真实感图形绘制的基本理论生成以地形要素地图符号为表面纹理的地形三维景观(见图 7-39)。

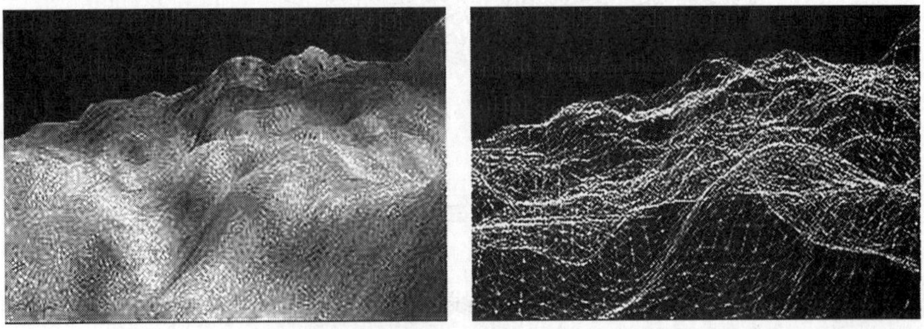

图 7-39　基于纹理映射技术的地形三维景观

7.3.6.2 基于遥感影像的地形三维景观

各类遥感影像数据(航空、航天、雷达等)记录了地形表面丰富的地物信息,是建立地形景观模型主要的纹理库。

基于航摄相片生成地形三维景观图的基本原理是:在获取区域内的 DEM 的基础上,在数字化航摄图像上按一定的点位分布要求选取一定数量(通常大于 6 个)的明显特征点,量测其影像坐标的精确值以及在地面的精确位置,据此按航摄像片的成像原理和有关公式确定数字航摄图像和相应地面之间的映射关系,解算出变换参数。同时利用生成的三维地形图的透视变换原理,确定纹理图像(航摄像片)与地形立体图之间的映射关系。DEM 数据细分后的每一地面点可依透视变换参数确定其在航摄相片图像中的位置,经重采样后获得其影像灰度,最后经透视变换、消隐、灰度转换等处理,将结果显示在计算机屏幕上,生成一幅以真实影像纹理构成的三维地形景观,如图 7-40 所示。

图 7-40 (航空)正射影像+DEM

基于航天数据的处理方法与航摄相片的方法基本相同,如图 7-41 所示。不同的是由于不同遥感影像数据获取的传感器不同,其构像方程、内外方位元素也各异,需要针对相应的遥感图像建立相应的投影映射关系。

图 7-41 (遥感)正射影像+DEM

需要说明的是,对大多数工程而言,用于建立地形逼真显示的影像数据只有航空影像最合适,因为一般地面摄影由于各种地物的相互遮挡,影像信息不全,地面重建受视点的严格限制;而卫星影像由于比例尺太小,各种微小起伏和较小的地物影像不清楚,仅适合于小比例尺的地面重建。航空影像具有精度均匀、信息完备、分辨率适中等特点,因而特别适合于一般大比例尺的地面重建。

7.3.6.3　基于地物叠加的地形三维景观

将图像的纹理叠加在地形的表面,虽然可以增加地形显示的真实性,但若是能够在 DEM 模型上叠加地形表面的各种人工和自然地物,如公路、河流、桥梁、地面建筑等,则更能逼真地反映地表的实际情况,而且这样生成的地形环境还能进行空间信息查询和管理。

对于这些复杂的人工和自然地物的三维造型,可利用现有的许多商用地形可视化系统(如 MultiGen)开发的专门进行三维造型的生成器 Creator,可先由该三维造型生成器生成各种地物,然后贴在地形的表面;另外,还可利用现有的三维造型工具(如 3DMax)来塑造三维实体地物,然后导入到地形可视化系统中;对于简单的建筑物,可以将其多边形先用三角剖分方法进行剖分,然后将其拉伸到一定的高度,就形成三维实体;而对于河流、道路、湖泊等地表地物,由于存在多边形的拓扑关系,如湖中有岛,这时的三角形剖分就要复杂得多,但约束 Delaunay 三角形可以保证在三角形剖分过程中,将河流或湖泊中的岛保留,同时还能保留多边形的边界线,以及保证剖分后的三角形具有良好的数学性质(不出现狭长的三角形)。

7.4　场景形式可视化

【导入】

传统的地图主要是一种基于平行视线的图形展示,而场景展示是以视点为中心的放射状视线的图形展示技术,它包括真实场景和虚拟场景。真实场景可通过实景地图、三维动态漫游显示;虚拟场景的可视化技术有虚拟现实、增强现实等。

7.4.1　实景地图

实景地图即可以看到真实景观的地图,它是三维实景与电子地图的结合。实景地图是基于实物拍摄、数据抽象采集技术实现的,通常是利用卫星或激光技术直接扫描建筑物的高度和宽度,最终形成三维地图数据文件。

7.4.1.1　实景地图概念

实景地图主要指 360°全景地图、全景环视地图,它把三维图片模拟成真实物体的三维效果地图,浏览者可以拖拽地图,从不同的角度浏览真实物体的效果。运用数码相机对现有场景进行多角度环视拍摄之后,再利用计算机进行后期缝合,并加载播放程序来完成三维虚拟展示。全景图通过广角的表现手段以及绘画、像片、视频、三维模型等形式,尽可能多地表现出周围的环境(见图 7-42)。

图 7-42　全景地图示例

7.4.1.2　实景地图服务

实景地图服务是提供实景地图的一种网络服务,典型的有街景地图。实景地图为用户提供城市、街道或其他环境的360°全景图像,用户可以通过该服务获得身临其境的地图浏览体验。通过街景,只要坐在电脑前就可以真实地看到街道上的高清景象(就像在旅游)。街景地图实现了"人视角"的地图浏览体验,为用户提供更加真实准确、更富画面细节的地图服务。街景开创了一种全新的地图阅读方式,也开启了一个实景地图体验模式。

实景地图具有如下优势:避免了一般平面效果图视角单一,不能带来全方位感受的缺憾,本机播放时画面效果与一般效果图是完全一样的;互动性强,可以由客户互动操纵,从任意一个角度观察场景,这一点也不同于缺少互动性的三维动画。

7.4.2　三维动态漫游

三维景观的显示属于静态可视化范畴,在实际工作中,对于一个较大的区域或者一条较长的路线,有时既需要把握局部地形的详细特征,又需要观察较大的范围,以获取地形的全貌。一个较好的解决方案就是使用计算机动画技术,使观察者能够畅游于地形环境中,从而从整体和局部两个方面了解地形环境。

二维码 21　校园三维动态漫游

三维动态漫游让项目呈现更为生动,这一种富有视觉冲击的动画,不但改进了动画自身的表达形式,更是将许多复杂化的事物变得简单,因而被广泛地应用在多个领域,很大程度上提高了人们对其理解程度。

为了形成动画,就要事先生成一组连续的图形序列,并将图像存储于计算机中(见图 7-43)。将事先生成的一系列图像存储在一个隔离缓冲区,通过翻页技术建立动画;图形阵列动画即组块传送,每幅画面只是全屏幕图像的一个矩形块,显示每幅画面只操作一小部分屏幕,这样较节省内存,可获得较快的运行时间性能。

7.4.3　虚拟现实

虚拟现实(virtual reality,VR)是计算机产生的集视觉、听觉、触觉等为一体的三维虚拟环境,用户借助特定装备(如数据手套、头盔等),以自然方式与虚拟环境交互作用、相

图7-43　三维校园(四帧图像)

互影响,从而获得与真实世界等同的感受,以及在现实世界中难以经历的体验。随着三维信息能够被获取和计算机图形学技术的发展,地理信息三维表示不仅追求普通屏幕上通过透视投影展示的真实感图形,而且具有强烈沉浸感的虚拟现实真立体展示日益成为其主流技术之一(见图7-44)。

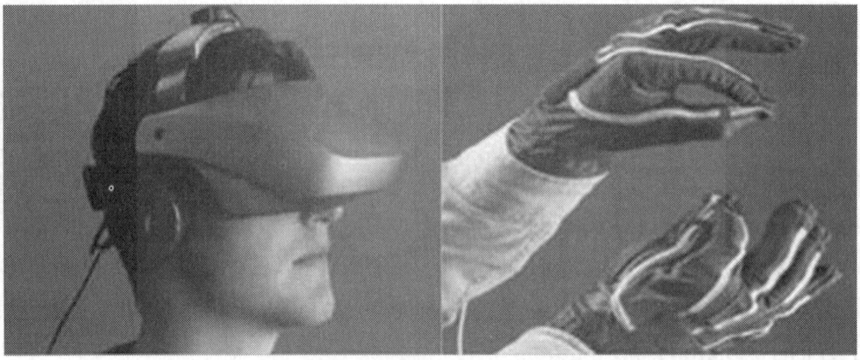

图7-44　虚拟现实技术工具

VR基本特征包括多感知性(multi-perception)、自主性(autonomy)、交互性(interaction)和临场性(presentation)。自主性指VR中的物体应具备根据物理定律动作的能力,如受重力作用的物体下落;交互性指对VR内物体的互操作程度和从中得到反馈的程度。用户与虚拟环境相互作用、相互影响,当人的手抓住物体时,人的手有握住物体的感觉并可感受到物体的重量,而物体应能随着手的移动而移动。现在一般把交互性(interaction)、沉浸感(immersion)和想象力(imagination)"3I"作为一个虚拟现实系统的基本特征。

生成VR的方法技术简称VR技术。VR技术强调身临其境感或沉浸感,其实质在于强调VR系统对介入者的刺激在物理上和认知上符合人长期生活所积累的体验和理解。

VR 技术正日益成为三维空间数据可视化通用的工具。VR 系统把地理空间数据组织成一组有结构、有组织的具有三维几何空间的有序数据，使得 VR 世界成为一个有坐标、有地方、有三维空间的世界，从而与现实世界中可感知、可触摸的三维世界相对应。VR 建立了真三维景观描述、可实时交互作用、能进行空间信息分析的空间信息系统。用户可以在三维环境里穿行，观察新规划的建筑物并领会其在地形景观中的变化。VR 技术通过营造拟人化的多维空间，使用户更有效、更充分地运用 GIS 来分析地理信息，开发更高层的 GIS 功能。

虚拟现实技术与多维海量空间数据库管理系统结合起来，直接对多维、多源、多尺度的海量空间数据进行虚拟显示，建立具有真三维景观描述的、可实时交互设计、能进行空间分析和查询的虚拟现实系统，是今后虚拟现实系统的一个重要发展方向。虚拟场景与真实场景的真实感融合技术–增强现实技术（augmented reality）也正在日益成为 GIS 与 VR 集成的重要方向。基于 GIS 信息融合技术、GNSS 动态定位技术，以及其他实时图像获取与处理技术，便可以有机地将眼前看到的实景与计算机中的虚景融合起来，这将使空间数据的更新方式和服务方式发生革命性的变化。

7.4.4　增强现实技术

增强现实技术（augmented reality，AR）于 1990 年被提出，是一种实时计算摄影机影像的位置及角度并加上相应图像、视频、3D 模型的技术，其目标是在屏幕上把虚拟世界套在现实世界上并进行互动。

增强现实技术是一种将真实世界信息和虚拟世界信息“无缝”集成的新技术，实现了在同一个画面或空间中真实的环境和虚拟的物体的实时叠加。其基本原理是把原本在现实世界的一定时间、空间范围内很难体验到的实体信息（视觉信息、声音、味道、触觉等），通过电脑等科学技术模拟仿真后所形成的虚拟信息再叠加应用到真实世界，以被人类感官所感知，从而达到超越现实的感官体验（见图 7-45）。

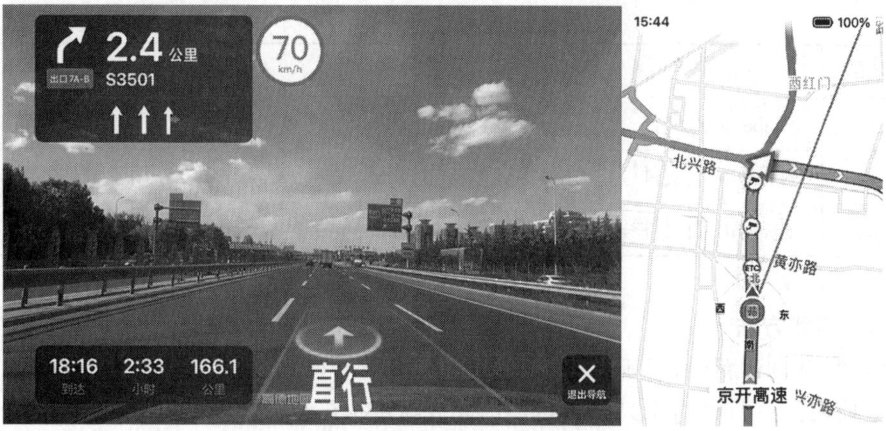

图 7-45　地图中的 AR 展示

增强现实技术不仅展现了真实世界的信息，而且将虚拟的信息同时显示出来，两种信息相互补充、叠加。在视觉化的增强现实中，用户利用头盔显示器，把真实世界与电脑图形多重合成在一起,便可以看到真实的世界围绕着它。增强现实技术包含了多媒体、三维建模、实时视频显示及控制、多传感器融合、实时跟踪及注册、场景融合等新技术与新手段。

AR 系统具有三个突出的特点:真实世界和虚拟信息的集成;具有实时交互性;在三维尺度空间中增添定位虚拟物体。作为用户对现实世界感知的新技术,AR 技术一般被认为源于 VR 技术的发展,但二者存在明显的差别。传统 VR 技术给予用户一种在虚拟世界中完全沉浸的效果,是另外创造一个世界;而 AR 技术则把计算机带入用户的真实世界中,通过听、看、摸、闻虚拟信息,来增强对现实世界的感知,实现了从"人去适应机器"到技术"以人为本"的转变。

7.5 职业技能应用实践

【导入】

本单元职业技能应用实践主要包括两个方面的内容:一是讲述点、线、面符号的设计与创建方法;二是通过对专题要素进行符号化制作专题地图,并进行地图布局设计与输出。

7.5.1 创建点、线、面状符号

7.5.1.1 实践背景

对地理数据进行符号化表达,需要对不同的地物对象使用与其含义对应的图形符号。而常用的符号库所涵盖的符号类型有限,无法涵盖所有专业性的符号,需要自行创建符号。

7.5.1.2 实践目的

(1)理解符号的组成形式。

(2)能根据地物特点进行符号化设计与创建。

7.5.1.3 实践数据

职业技能应用实践数据如表 7-1 所示,数据存放在"data7. 5. 1"文件夹中。

表 7-1 技能应用实践数据

图层名称	格式	坐标系	说明
point	Shapefile 点文件	Krasovsky_1940_Transverse_Mercator	用于创建点状符号
polyline	Shapefile 线文件	Krasovsky_1940_Transverse_Mercator	用于创建线状符号
polygon	Shapefile 面文件	Krasovsky_1940_Transverse_Mercator	用于创建面状符号

7.5.1.4 实践方法

(1)使用【创建新样式】工具,创建新的自定义符号库。

(2)使用【标记符号】工具,编辑符号,完成新点状符号。

(3)使用【线符号】工具,编辑符号,完成新线状符号。

(4)使用【填充符号】工具,编辑符号,完成新面状符号。

(5)使用新建的点、线、面状符号对各图层进行符号化表达(见表 7-2)。

表 7-2　工具名称及位置

工具名称		工具位置
Create New Style	创建新样式	【菜单栏】→【自定义】→【样式管理器】→【样式】→【样式引用】→【创建新样式】
Marker Symbol	标记符号	【菜单栏】→【自定义】→【样式管理器】→【新建】→【标记符号】
Line Symbol	线符号	【菜单栏】→【自定义】→【样式管理器】→【新建】→【线符号】
Fill Symbol	填充符号	【菜单栏】→【自定义】→【样式管理器】→【新建】→【填充符号】

7.5.1.5　实践过程

第一步，查看现有符号样式库。

打开【菜单栏】→【自定义】→【样式管理器】对话框，可以查看到现有两个符号样式库；每个符号样式库中具有不同类别的符号集，如 ESRI. style 下是 ArcGIS 自带的符号库。

第二步，新建自定义样式。

点击【样式】按钮，打开【样式引用】对话框；默认勾选【ESRI】，选择【创建新样式】工具，保存符号样式库为“Ex. style”；点击【确定】，得到新建的符号库。

第三步，新建点符号。

选中【标记符号】；在右侧空白处右击，选择【新建】→【标记符号】工具，打开【符号属性编辑器】工具界面。注意：初始为单层、点状的简单标记符号。

第四步，设计自定义点符号。

在【符号属性编辑器】→【图层】框内选择【添加图层】工具，选中第二个符号图层，设置【简单标记】→【样式】参数为“方形”，【颜色】参数为“无色”，【大小】设置为“12”，勾选【使用轮廓】，【轮廓颜色】设置为“黑色”；选中第一个符号，设置【简单标记】→【样式】参数为“十字形”，【颜色】参数为“红色”，【大小】设置为“10”；点击【确定】，完成新点符号设置。

第五步，新建并设计线符号。

选中【线符号】；在右侧空白处右击，选择【新建】→【线符号】工具，打开【符号属性编辑器】对话框；选中顶层符号图层，设置【颜色】为“黑色”，【样式】为“虚线”；添加新符号图层并选中，使用【下移】工具将新图层下移至底层；设置【颜色】为“黄色”，【样式】为“实线”，【宽度】设置为“8”；点击【确定】，得到新线符号。

第六步，新建并设计面符号。

选中【填充符号】；在右侧空白处右击，选择【新建】→【填充符号】工具，打开【符号属性编辑器】对话框；设置【属性】→【类型】为“标记填充符号”，点击【标记】按钮，打开【符号选择器】对话框；选择【标记】符号为新建的点符号，【大小】设置为“6”；点击【确定】，得到新建的面符号。

第七步,符号化表达数据。

分别使用新建的点、线、面状符号对各图层进行符号化表达。

7.5.2 专题地图制作与输出

7.5.2.1 实践背景

专题地图突出反映一种或几种主题要素或现象。专题地图由图形要素、数学要素和辅助要素等构成,而图形要素包括地理底图要素和专题要素两大类。制作过程包括专题要素符号化,地图整饰,最后输出专题地图。

7.5.2.2 实践目的

(1)了解专题地图的组成要素。

(2)掌握专题电子地图的制作方法。

7.5.2.3 实践数据

职业技能应用实践数据如表 7-3 所示,数据存放在“data7. 5. 2”文件夹中。

表 7-3 职业技能应用实践数据

名称	格式	坐标系	说明
henan	Shapefile 面要素	Unknow	用于制作专题地图的地图要素
city	Shapefile 点要素	Unknow	用于显示的辅助基础要素

7.5.2.4 实践方法

(1)使用【符号系统】标签,进行人口数据和城市数据的符号化。

(2)使用【标注】标签,标注城市名称。

(3)使用【布局视图】,进行地图布局与整饰。

(4)通过【文件】菜单,进行地图保存与输出(见表 7-4)。

表 7-4 工具名称及位置

工具名称		工具位置
Symbology	符号系统	【显示】→【数量】→【分级色彩】
Symbology	符号系统	【显示】→【类别】→【唯一值】
Lables	标注	【标注】→【标注字段】
Lavout View	布局视图	【菜单】→【文件】→【页面和打印设置】
Lavout View	布局视图	【菜单】→【插入】→【标题】/【图例】/【比例尺】
Export Map	输出地图	【菜单】→【文件】→【导出地图】

7.5.2.5　实践过程

第一步,人口数据符号化。

右击 henan 图层,选择【属性】,打开【属性】对话框,点击【符号系统】标签,在【显示】列表框中选择【数量】→【分级色彩】,然后在“值”下拉列表框中选择【人口_万】字段,在【归一化】下拉列表框中选择“无”,将【分类】设置为【自然间断点分级法】,在【色带】下拉框中选择适当的颜色(建议采用某种由浅到深的单一色),最后点击【确定】,完成人口分级色彩专题图的制作。

第二步,加载基础地理要素。

加载 city 数据,对 city 图层进行符号化,在【图层属性】对话框的【符号系统】标签,选择按唯一值分类显示【类别】→【唯一值】,字段选择城市名称【Name】,点击【添加值】,选择【郑州市】并点击【确定】后,双击【郑州市】前的符号,将其修改为双圆环状的省会城市符号,双击【其他所有值】前的符号,将其修改为单圆环状符号,并将它们的“标注”分别修改为【省会】和【地级市】,点击【确定】完成设置。

第三步,添加标注。

右击 henan 图层,选择【属性】,打开【属性】对话框,点击【标注】标签,选中【标注此图层中的要素】复选框,在“标注字段”中选择“市名称”字段,设置文本符号的参数(字体、字号、颜色等),然后点击【确定】,则各省份的名称将标注到图上。用同样的方法将 city 图层中各个城市的名称也作为标签标注到图中,其字体字号应与省份名称的有所区别。

第四步,地图布局与整饰。

将显示区从“数据视图”切换至“布局视图”,观察窗口的布局情况,完成以下操作:

(1)页面设置:点击菜单【文件】→【页面和打印设置】,设置页面大小为“A4”,根据数据的纵横比例,设置页面方向为纵向,其他参数保留默认值。

(2)调整数据框的大小和位置,以适应页面布局的需要。

(3)插入图名、图例、比例尺:点击菜单【插入】→【标题】/【图例】/【比例尺】,调整其参数设置,将其置于图中的适当位置。

第五步,保存地图。

(1)点击菜单【文件】→【地图文档属性】,在打开的对话框中勾选“路径名”后的复选框,选中【存储数据源的相对路径名】,点击【确定】,使地图在下次保存时按相对路径保存。

(2)点击菜单【文件】→【保存】或工具条上的【保存】按钮,将地图文档保存到“data 7.5.2”文件夹中,并以“河南人口专题图.mxd”命名。

第六步,地图输出。

点击菜单【文件】→【导出地图】,设置输出路径为“data7.5.2”,文件名可采用默认的“河南人口专题图”,文件格式采用 JPEG。点击左下角【常规】按钮,将分辨率设置为 300 dpi,点击【保存】输出地图。也可以将地图按 PDF 格式输出。

应用能力测试

一、单选题

1. (　　)是空间信息可视化的最主要和最常用的形式。

A. 数据　B. 图形　C. 地图　D. 信息

2. 地理信息可视化的主要特点不包括(　　)。

A. 可视化过程的多样性　B. 信息表达的动态性

C. 信息表达载体的多维性　D. 信息表达的时态性

3. 下面不属于地理信息系统输出产品的是(　　)。

A. 元数据　B. 地图　C. 图像　D. 统计图表

4. 以下哪项不是可视化的技术方法?(　　)

A. 虚拟现实技术　B. Internet 网络技术

C. 多媒体技术　D. 测绘技术

5. 电子地图的生成一般要经过的三个步骤是(　　)。

A. 数据采集、数据处理和符号化　B. 数据采集、空间分析和符号化

C. 数据采集、数据处理和空间分析　D. 地图数字化、地图编辑和地图分析

6. 利用三基色彩色合成原理可以得到所有的其他颜色,试指出下列哪种颜色不属于三基色的范畴?(　　)

A. 红色　B. 黄色　C. 绿色　D. 蓝色

7. 为了增加丘陵和山地地区描述高差起伏的视觉效果而发展的技术为(　　)。

A. 三维方块图　B. 视线图　C. 地貌晕渲图　D. 剖面图

8. 天气预测图、旅游图、交通图与地铁线路图属于(　　)。

A. 一般地图　B. 专题地图　C. 专业地图　D. 综合地图

9. (　　)是计算机屏幕上表现空间数据的数字地图或数字图像。

A. 表格　B. 视图　C. 图表　D. 图版

10. 反映自然条件的专题地图是(　　)。

A. 地质图　B. 交通图　C. 工业图　D. 农业图

11. 以下各地图反映经济条件的专题地图有(　　)。

A. 太阳能分布图　B. 风能分布图　C. 林业图　D. 地质图

12. 虚拟现实系统的基本特征不包括(　　)。

A. 交互性(interaction)　B. 沉浸感(immersion)

C. 想象力(imagination)　D. 主动性(initiative)

二、简答题

1. 什么是地理信息可视化?

2. 专题地图具有什么特点? 其表现形式有哪些?

3. 地形数据可视化的表现形式有哪些?

4. 简述地图图面配置的方法与内容。

5. 什么是实景地图? 与传统地图相比其优势有哪些?

6. 结合实例,谈谈可视化的应用发展。

单元 8 GIS 技术应用

【单元概述】

地理信息系统应用是其发展的动力。人口、资源、环境和灾害是当今人类社会可持续发展所面临的四大问题。GIS 为人类社会的持续发展提供了信息技术手段,被广泛应用于国民经济的众多领域,如城市规划、资源环境管理、生态环境监测与保护、灾害监测防治等,成为信息产业的重要支柱,越来越受到人们的重视。本单元主要介绍 GIS 技术在不同行业的应用以及 GIS 新技术应用相关的内容。

【学习目标】

(1)知识目标:①了解 GIS 在自然资源、城市规划管理中的应用;②了解 GIS 在交通信息、水利信息管理中的应用;③了解 GIS 在环境保护中的应用;④了解人工智能 GIS、大数据 GIS、BIM+GIS、新一代三维 GIS、云 GIS 等新技术应用。

(2)技能目标:①能举例说明 GIS 在不同行业应用中发挥的作用;②能举例说明 GIS 新技术的应用领域。

(3)思政目标:①培养 GIS 技术应用的综合能力、可持续发展能力;②通过 GIS 新技术学习,激发学生的创新兴趣,提高学生的创新能力;③培养学生理论联系实践,探索 GIS 技术发展的时代意义,树立可持续发展的观念。

8.1 GIS 技术行业应用

【导入】

人口、资源、环境和灾害是当今人类社会可持续发展所面临的四大问题。GIS 为人类社会的持续发展提供了信息技术手段,被广泛应用于国民经济的众多领域,如资源、城市、交通、水利、环境等方面,成为信息产业的重要支柱,越来越受到人们的重视。

8.1.1 GIS 在自然资源管理中的应用

8.1.1.1 土地资源管理

土地是指地球表层的陆地部分及其以上、以下一定幅度空间范围内的全部环境要素,以及人类社会生产生活活动作用于空间的某些结果所组成的自然、经济综合体。在土地管理过程中,要求能够快速获取土地的数量、质量、权属、利用状况等信息。而 GIS 正是对土地进行管理的最有效工具。

1. 土地利用调查

土地利用调查是对土地的权属、利用类型、面积、质量及分布等进行的调查。它是针对土地的自然属性(面积、位置、形状、适应性条件等)和社会属性(权属、价格、等级、其他经济关系和法律关系等)及其变化情况和趋势的调查,并将其合理组织和表达,为土地管理和资源配置服务的一种活动。同时,土地利用调查也是在各种社会经济活动中对利用和管理土地资源的状况进行综合考察的一项基础性工作,是进行土地管理工作的基本手段。土地利用调查是土地管理中最基础的环节,是一个极其复杂的工作,需要处理大量数据,提高调查数据的效率和质量,对土地管理信息化建设十分重要。图 8-1 为某市智慧国土辅助分析系统,可以查看市内的土地利用现状、总体规划、耕地质量、生态红线、矿产资源、地质、不动产登记单元、历年遥感影像以及城市总体规划等各方面的信息。

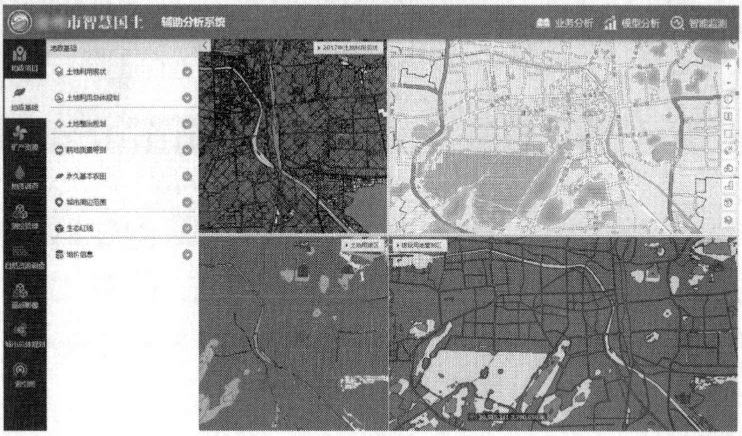

图 8-1 智慧国土辅助分析系统

2. 地籍管理

地籍管理信息系统是以宗地(或图斑)为核心实体,实现地籍信息的输入、储存、检索编辑、统计、综合分析、辅助决策及成果输出的信息系统。图 8-2 为某市地籍图查询系统,包括宗地空间定位、属性信息显示、面积和长度信息图上测量、地图切换、比例尺缩放、宗地属性数据导出等功能。

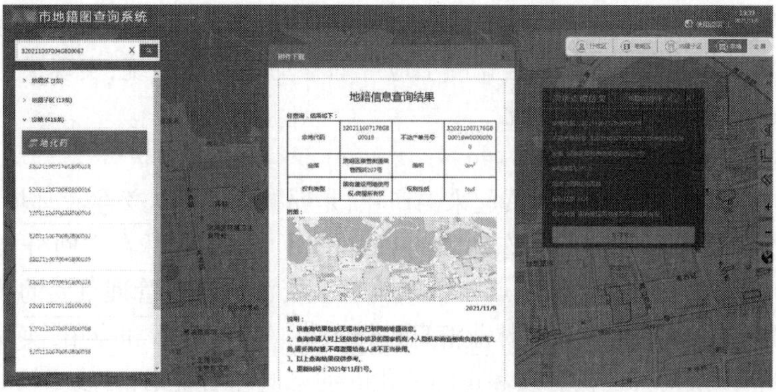

图 8-2 地籍图查询系统

3. 土地定级估价

自我国从计划经济模式转向市场经济模式以来,土地交易市场从无到有逐渐形成,土地交易体系不断完善,地产市场交易逐渐规范。土地定级估价已经作为土地行业的一门基础性工作,依托于土地定级估价信息系统,从根本上改变了过去传统的手工操作方式,提高了运算速度及精度,减少了人为干预程度,使土地定级估价信息的生产及交流与市场接轨。

图 8-3 为某市土地出让比价系统,地价估算模块除了包括容积率修正模型和综合因素修正体系,还可以对自定义的区域进行地价估算。此系统促进了政府合理确定土地使用权出让价格和对土地二级市场的有效管理,推动了土地市场的健康发展。

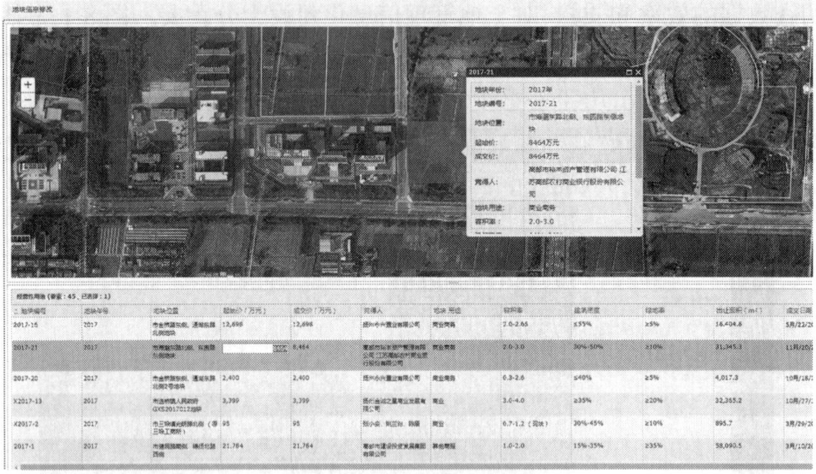

图 8-3　土地出让比价系统

4. 土地利用规划

土地利用规划又称土地规划,是指在土地利用的过程中,为达到一定的目标,对各类用地的结构和布局进行调整或配置的长期计划。土地利用规划信息系统就是根据工作的具体特点,利用计算机及 GIS 技术结合土地利用规划管理工作业务,建立的集 GIS 和办公自动化于一体的专业化信息系统。基于土地利用规划管理信息系统,实现土地利用规划数据采集、处理、分析、存储、查询、输出和传输的数字化与网络化,为土地利用计划管理、建设用地预审、土地开发整理项目审查等提供技术支持。

图 8-4 为某县土地规划移动一张图,充分整合利用了各类基础测绘信息和规划信息资源,建立的高效、实用、透明、人性化的土地规划移动一张图系统,实现了土地规划工作的规范化、数字化、网络化和智能化。

8.1.1.2　林业资源管理

林业是在森林资源开发中发展起来的产业,是保护和改善人类生存环境的重要支柱,具有促进社会经济发展和调节生态环境的双重作用。由于森林在空间分布上具有辽阔性、在时间分布上具有动态性等特点,GIS 成为林业资源经营与管理重要的技术手段。将 GIS 技术应用于林业资源管理,对林业信息进行采集、处理、分析和应用,实现了林业信息的存储与分析,以及对林业资源质和量的变化的动态监测与规划,可改变长期以来林业资源粗放经营管理的局面。

林业生产领域的管理决策人员面对各种数据,如林地使用状况、植被分布特征、立地条件、社会经济等,这些数据既有空间数据又有属性数据,对这些数据进行综合分析并及时找出解决问题的合理方案,借用传统方法不是一件容易的事,而利用 GIS 方法却轻松自如。林业 GIS 就是将林业生产管理的方式和特点融入 GIS 之中形成一套为林业生产管理服务的信息系统。

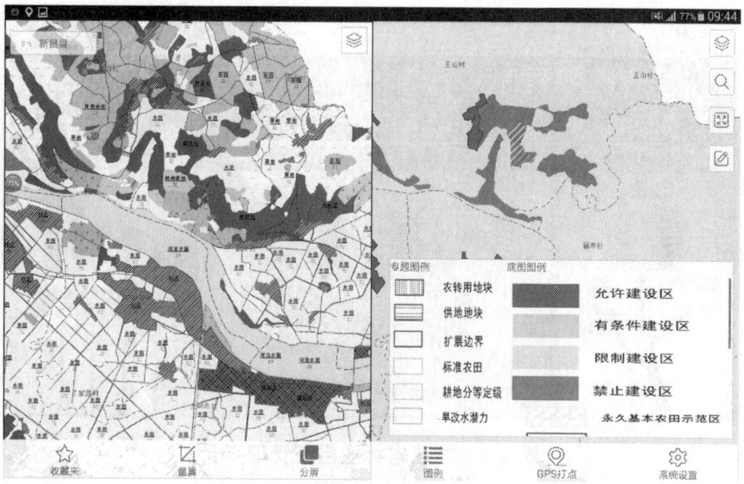

图 8-4　土地规划移动一张图

1. 林业资源管理与动态监测

林业资源中森林的面积、蓄积、类型、林种、树种的结构和分布及变动情况等信息，过去只能从森林资源档案中的文字表格上获得，缺乏直观的空间数据，所以难以分析其变化及空间分布规律。GIS 以有效的数据组织形式进行数据库管理、更新、维护、检索查询，做到了图上的动态管理和监测，并以多种方式输出决策所需的信息。

林地面积、蓄积、地类、林分状态等林业资源总是处于不断的动态变化中，及时了解和掌握这类资源的现状和变化过程，就能有针对性地制订林业的生产方案、林业的方针和政策等。在传统的管理数据库中，这些变化仅从数量上反映出来，缺乏直观的空间数据反映，难以分析空间变化规律，也难以预测随时间变化的趋势，这给快捷、准确地做出决策带来困难，GIS 的应用正好解决了这一难题。森林资源动态监测系统采用了先进的经营管理模式，用 RS、GNSS 与 GIS 技术手段来共同完成林业资源的动态监测。RS 为地理信息系统动态地提供和更新各种数据，而 GNSS 可为 GIS 及时采集、更新和修正数据，实现了资源数据不断更新、经营管理的动态化和现代化。图 8-5 为浙江省林业空间管理平台，为森林资源管理、监测、监督提供基础，整合了全省林地图斑数据、林地专题数据、森林资源调查数据等数据资源，为林地资源管理与监测提供了技术支撑平台。

2. 森林经营与林业工程规划

在 GIS 的支持下，可对森林进行分类经营区划，实现森林分类经营区划的自动化、可视化及图形化。利用 GIS 进行科学、定量的退耕还林规划，将工程实施落实到可操作的山头地块，为县级退耕还林提供科学依据。森林工程上 GIS 的应用，通常是把森林工程信息通过数据输入、处理、编辑和转换等建立森林工程地理信息系统基本图库和属性库。应用叠加和缓冲区生成技术，形成专题图；利用 GIS 的空间分析功能，结合数学模型和算法，解决木材运输最佳运行线路、木材合理流向。在伐区调查设计上应用 GIS 的叠加、缓冲区、裁剪等空间分析功能，制订解决多种空间约束下的伐区采伐顺序、采伐面积形状与大小、木材流向划分等问题的最优决策，以确保森林生态系统综合功能的发挥。

图 8-5　浙江省林业空间管理平台

3. 森林灾害监测与管理

病虫害是林业生产中极具破坏性的生物自然灾害，它们的发生和影响总是与一定的地理空间相关。因此，需要对调查所获得的病虫害发生及生态因子等数据进行分析和管理，以便对林业病虫害的控制管理活动做出正确的决策。利用 GIS 结合生物地理统计学可以进行害虫空间分布和空间相关分析，对害虫发生动态的时空进行模拟并做大尺度数据库的管理。例如，利用 GIS 对马尾松毛虫、棉铃虫等分别进行了比较深入的研究，组建了综合管理信息系统或专门的地理信息系统，建立了森林病虫害防治信息系统。

森林火灾是林业生产的重大灾害之一，及时的火险预警在林业生产中具有重要的意义。基于“3S”与通信技术集成应用，设计和开发了森林防火地理信息指挥系统，使之具有火点定位、火险预报、林火行为预报、林火信息发布等功能，为森林火灾指挥决策提供了先进的技术手段。

4. 其他方面应用

林业是与自然环境息息相关的产业，林业中的许多问题都涉及空间关系。例如，在 GIS 技术支持下，绘出森林资源瞰图，将森林生态系统和 GIS 技术结合，建立自然保护区亚洲象栖息地质量评价和生境监测技术系统，预测亚洲象的栖息范围及其相应变化等。在森林景观研究方面，利用 GIS 技术快捷准确地显示森林景观的动态变化，模拟不同管理措施和经营方案的效果，预测灾害因子对森林景观的影响，为管理者提供决策方案。此外，GIS 还在野生动物管理、森林生态效益、林区综合开发管理、林政管理、林区人口管理及林区建设管理等方面发挥着重要作用。

8.1.1.3　农业资源管理

农业是人类衣食之源、生存之本。农业生产的对象是动植物，需要热量、光照、水、地形、土壤等自然条件。不同的生物，生长发育要求的自然条件不同，农业生产具有明显的地域性。GIS 应用于农业领域，从最初的国土资源管理、农业资源信息管理、区域农业规划农作物估产研究、区域农业可持续发展研究、农业生态环境监测、农业生产潜力研究到现在的精确农业等方面。

20 世纪 80 年代中期，我国开始将 GIS 应用于农业领域，从最初的国土资源决策管理、农业资源信息管理、区域农业规划到现在的农作物估产研究、区域农业可持续发展研究、农业生态环境监测、农业生产潜力研究、精确农业等。

1. 农业资源调查与管理

农业资源是人们从事农业生产或农业经济活动所利用的各种物质与能量。农业资源调查就是针对农业资源的属性进行清查。GIS 建立这些属性的空间和统计数据库，信息来源于土壤图、气候图、各种统计报表等。GIS 将图形与数据库有机结合，可实现农业资源档案的计算机一体化，为农业资源自动化管理服务。利用 GIS 建成的信息系统较传统的数据库管理系统查询更科学、空间数据更新更及时，农业资源统计表和图形的同时输出使得信息更直观。图 8-6 为农业资源采集与调查系统，集成遥感、手持终端等调查技术，为农业资源采集提供实用、便捷的采集调查和信息录入工具，实现农田地块、农户信息、灾情信息及各类专题数据快速采集，大大节省工作时间，从而提高农业部门管理效率。

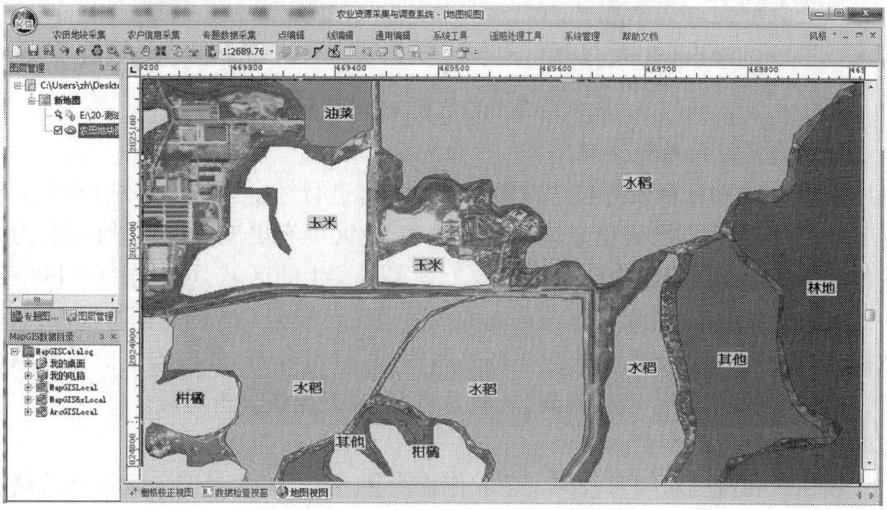

图 8-6　农业资源采集与调查系统

2. 进行农业区划

利用 GIS 进行农业区划，可以将现在的自然资源、社会经济数据库与 GIS 结合，快速形成各种农业区划统计图件，也可将 RS 技术与 GIS 相结合，利用 RS 的遥感结果，借助 GIS 的先进功能对不同区划方案进行动态模拟与评价，编绘出各种综合评价图、区划图等，直观、定量地显示区划结果。

3. 开展农业土地适宜性评价

农业土地适宜性评价是通过对农用土地自然属性的综合鉴定，将农用土地按质量差异分级，以阐明在一定科学技术水平下，农用土地在各种利用方式中的优劣及对农作物的相对适宜程度，这是农业土地利用决策的一项重要基础性工作。利用 GIS 进行土壤适宜性评价就是将土壤类型、质地、有机质含量、氮磷钾含量等土地空间和属性数据进行整合，依据各个因素对作物生长的重要性赋予权重，在 GIS 中分析运算，生成土壤适宜性评价图，也可根据实际情况建立数学模型，进行农业土地适宜性的单因素评价和多因素综合评价，实现土地适宜性的分级。图 8-7 为农作物适宜性分析专题图。

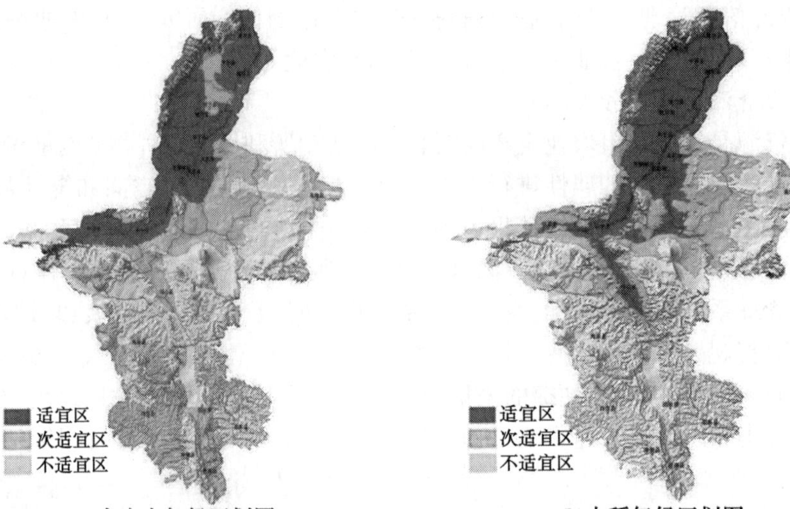

(a)春小麦气候区划图　　　　(b)水稻气候区划图

图 8-7　农作物适宜性分析专题图

4. 进行农业灾害预测与控制

利用遥感、GIS 和计算机等技术对重大农业灾害进行综合测评，为政府和有关机构提供及时有效、准确可靠的决策信息，使减灾、防灾、救灾等有更充分的科学依据，为农业生产和农村经济稳定发展提供有力保证。对于有灾害发生的区域，可以根据 GIS 空间信息计算出的大致受灾面积，进而估算该区域的经济损失。根据 GIS 的空间特性，对某一区域历史数据演变分析，对区域内灾害发生的基本规律、时空分布、危害程度等进行综合评价和模拟，并对灾害发展趋势进行预测，从而为防灾、减灾提供分析对策。

5. 进行农作物估产和监测

农作物估产和监测对国家及时了解农作物产量，制定粮食进出口政策和价格至为重要，其内容主要包括两方面：估算作物种植面积，由单产模型、长势遥感监测来确定估产模式；科学、准确地估产，提供数字化、图像化的农情，对政府进行科学、正确的决策具有重要意义。目前，由 RS、GIS、GNSS 构成的“3S”技术体系已被许多国家用来进行农情监测。其在我国的应用现已发展到对小麦、水稻、玉米和牧草等多种农作物进行遥感估产。图 8-8 为 MODIS 数据估测小麦产量图。

6. 在精确农业中的应用

精确农业是指运用遥感、遥测（如气温、土壤温度等的遥测）、GNSS、计算机网络 GIS 等信息技术、土壤快速分析技术、自动滴灌技术、自动耕作与收获技术、保存技术等定位到中、小尺度的农田，在微观尺度上直接与农业生产活动和管理相结合的高新技术系统。GIS 在精确农业中的应用主要包括以下几个方面：①GIS 是精确农业整个系统的承载动作平台和基础，各种农业资源数据的流入、流出及对信息的决策、管理都要经过 GIS 来执行；②GIS 作为精确农业的核心组件，将 RS、GNSS、专家系统、决策支持系统等组合起来起到“容器”的作用；③在精确农业中，GIS 还用于各种农田土地数据，如土壤、自然条件作物苗情、产量等的管理与查询，也能采集、编辑、统计、分析不同类型的空间数据；④作物产量分布图等农业专题地图的绘制和分析也都由 GIS 来完成。

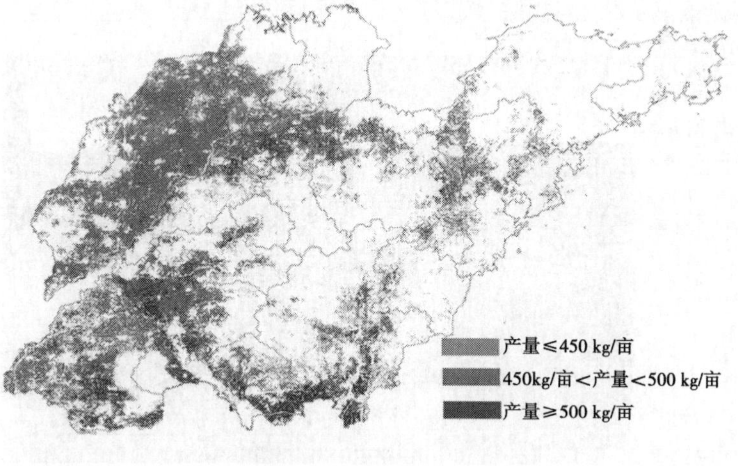

图 8-8 小麦产量估计

8.1.2 GIS 在城市规划管理中的应用

城市发展与建设离不开科学规划。城市规划涉及的因素非常多,如开发新城要征用土地,改建旧城要拆迁安置,同时需要基础设施、公共服务设施的配套。如何利用现代科学技术使城市规划管理更加科学、更加合理和更加符合现实并最大限度地满足未来形势变化的需要是目前城市决策者们面临并需要解决的问题。由于城市规划本身的特性(收集、处理、分析展示大量的与规划区地表空间位置相关的空间和属性信息),城市规划历史上就与信息系统密不可分。采用 GIS 对各种信息进行管理,并基于此进行分析和辅助决策,可以辅助规划师更好地通过对规划方案的模拟、选择和评估等进行规划决策。

随着计算机技术的发展和 GIS 技术的逐步完善,GIS 在城市规划中得到广泛深入的应用,城市规划管理与 GIS 结合的产物——城市规划地理信息系统(urban planning GIS, UPGIS)也是在此背景下产生并得以快速发展的。

8.1.2.1 城市规划地理信息系统

UPGIS 是在引入 GIS 和办公自动化技术(office automation, OA)手段的基础上,构建的基于网络图文一体化的地理信息系统,是以 GIS 为核心技术,以规划业务工作为管理对象,实现城市规划管理相关信息的输入、存储、更新、查询检索和统计分析,并为城市规划管理决策提供技术支持的信息系统。UPGIS 是 GIS 应用的一个重要分支。图 8-9 展示了城市规划应用示范平台。

UPGIS 作为 GIS 的一个应用分支,具有 GIS 通用的六种功能:数据获取、转换和编辑,数据集成,数据结构重组与数据转移,查询检索,空间分析,空间显示与成果输出。但从用户使用 UPGIS 对城市进行规划、管理和建设的角度看,UPGIS 应具有以下功能:

(1)管理功能。通过建立 UPGIS,实现各种信息的数字化、标准化和计算机化,从而达到统一管理、数据共享和促进办公自动化,实现信息的快速查询检索,实时交换及可视化表达和输出,逐步形成一个以计算机为核心的城市动态管理系统,对城市实行现代化管理。

图 8-9　城市规划应用示范平台

(2)评价分析功能。通过建立不同的分析模型和辅助决策支持系统,对城市单一或综合性问题,如交通网络、投资环境、规划管理、企业选址或工程效益等,进行综合评价分析提出方案,供主管部门决策参考;也包括应对一些突发性事件,如城市洪水、火灾等灾害也可通过相关的分析评价,做出快速反应。

(3)规划预测功能。这是根据城市现状、发展趋势和潜在能力等因素,通过不同预测模型展现可能的前景,供中长期规划和宏观调控参考。目前,UPGIS 着力探索的正是可用于城市可持续发展建设的功能。

8.1.2.2　城市规划地理信息系统应用

UPGIS 在城市规划中某些方面的应用比较成熟,某些方面相对薄弱,归纳起来主要有以下 6 个方面:

(1)公共设施的分布规划。公共设施的种类是多样的,大到服务于全市的市政府、博物馆、影剧院等,小到局限于某一居住小区的粮油店、幼儿园、托儿所等,因此需要考虑多方面的因素。利用 GIS 的基础地理信息综合地质、水文、人口、社会经济、地区条件等确定公共设施的合理位置、服务半径、规模大小,为规划提供科学依据,并对已有规划方案进行分析评价,指导方案修改。

(2)交通规划。国内在这一方面的应用较少,而是应用其他的技术手段和模型进行交通问题分析,其应用主要集中在与城市总体规划相结合的交通分析、综合性的城市交通规划、大型建设项目的前期研究等三个方面,将交通规划模型和 GIS 相结合的很少,并没有产生专门的交通 GIS 应用软件,这一点与国外有较大差距。国外已成功将 GIS 应用于交通网络的设计和管理交通需求分析与预测、流量控制、交通意外分析、道路适应性鉴定、行车路径选择等方面,并把一些交通分析模型与 GIS 功能相结合,强化成专门的交通地理信息系统(geographic information system for transportation,GIS-T)。

(3)土地利用规划。利用 GIS 基础数据可以很容易获得工业、居住、商业、文化娱乐、公共绿地等用地的利用现状,比较土地利用所发生的变化,分析其存在的问题,变化发生的背景原因,提出相应的解决对策。综合地质、水文、土壤、地貌、植被、人口分布、交通等多方面因素，建立适当的应用模型，确定城市土地利用的规模、发展方向，提供可供选择的土地利用方案。

(4)城市建设项目的申请与审批，即城市规划管理部门“一书三证”的发放，是GIS在城市规划中应用最多，也是应用较为成熟的一方面。目前，全国各大、中城市基本都建立了城市规划管理信息系统，根据各单位的不同情况各有侧重，基本实现了对历史项目的科学管理、对已批项目的登记发证、对待批项目提供辅助决策，可进行数据、图形的双向查询，以及案卷跟踪管理。但现在大多停留在办公自动化水平，缺少辅助分析决策功能，系统的通用性较差，难以推广，造成各地重复投资建设。除规划管理机构设置的原因外，更重要的是系统的标准不统一。

(5)工程信息管理。市政工程是城市正常运作必不可少的保证，其信息管理有重要意义。目前，许多城市正在进行市政工程信息系统的建设，如地下管网信息系统、电力电信信息系统、供水管网信息系统等，以便于进行快速统计、查询、定位，及时维修管理，对突发事故应急处理，保证各部门之间的协调合作，避免“拉链路面”的产生和不必要的经济损失，维持市政设施的最佳运行状态。但大多数城市的市政工程信息系统仅局限于一些基本功能的实现，处于办公自动化低水平的应用上，缺乏深层次功能的扩充开发，能够进行空间分析，提供辅助决策支持的系统很少。已建成的广州市地下管线信息系统做出了很好的榜样，除了办公自动化的基本功能，还提供了管线工程规划综合、辅助设计、地图综合等功能模块，获得了良好的经济效益和社会效益。

(6)城市问题分析。城市不仅要遭受自然灾害的影响，如地震、洪水、台风等，而且随着城市化进程的加快，大量人口涌入城市，产生了各种社会问题，如交通拥挤、住房紧张、噪声、大气污染、地表下沉、酸雾酸雨等，城市生活质量下降。利用GIS可对这些问题进行预测、报警、救援，分析这些问题产生的原因，判断其影响的广度和深度，模拟预测可能产生的后果，以提供最佳解决方案。GIS在这一方面有广阔的应用前景，国内已有许多成功的应用。但在城市人口研究、城市发展模式和结构，以及相应模型建立方面的应用还不多，有待于进一步探索。

8.1.3 GIS在交通信息管理中的应用

交通是人类社会生产、生活及经济发展的必要环节。交通地理信息系统(GIS-T)是GIS技术在交通领域的延伸，是收集存储管理、综合分析和处理空间信息及交通信息的计算机软硬件系统，是GIS与多种交通信息分析和处理技术的集成。交通信息除了具有信息量大、动态、不确定、复杂、非线性、时变等特征，还具有明显的地理特征，这就决定了研究交通问题离不开GIS。把GIS应用于交通，即把道路信息、交通信息及交通事故等与地图结合在一起，可以直观地为决策人员提供有关信息和分析结果。

8.1.3.1 交通规划、建设与综合管理

交通规划是对区域和城市交通系统的预测与优化研究，GIS技术可用在交通规划中的路网选线，网络交通量预测、交通量分布、交通量分配等方面。公路网规划和路线选择是GIS-T应用发展的重点领域之一。目前，基于GIS-T的交通规划模型软件已经开发成功并进入商业化应用阶段，这些软件包括全部的GIS软件功能，其应用模型与GIS集成为

一体,它使交通规划的手段更加强大。因为应用 GIS-T 能够更好地考虑和评估公路对环境的影响,所以在公路路线的选择和初步设计中 GIS-T 将得到广泛应用。公路建设的走向布设受多方面因素的影响,GIS-T 本身所提供的最佳路径分析功能,包括最短路径分析及最小造价路径分析等,为公路规划提供了一定的借鉴和参考。在交通规划中 GIS 很好地解决了交通建设涉及的环境分析、公路选址等问题。

8.1.3.2　城市交通控制与监管

红绿灯智能集群优化可以根据城市交通高峰期车流量的情况,进行智能的调度。结合 GIS 的技术可以对智能优化进行辅助决策分析,通过空间可视化方式综合比较各交叉路口的集中流量情况,结合优化模型实现智能的优化,缓解城市智能流量,降低繁忙路口的拥堵情况,为调度中心提供直观、可视化的操控窗口(见图 8-10)。交通指挥调度与监控工作及空间位置密不可分,通过 GIS 指挥人员可以随时了解各类对象的位置变化,掌握交通管理要素的空间分布规律和演进趋势,进行决策管理。

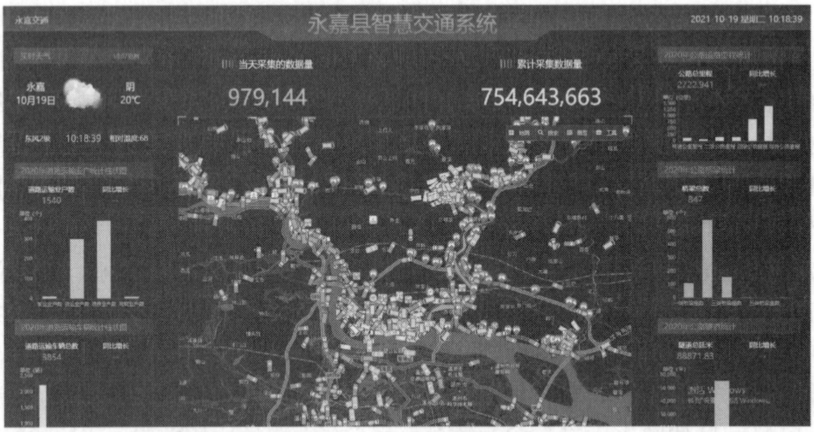

图 8-10　智慧交通系统

城市交通管理的核心在于交通的安全与事故处理能力。将交通事故数据与 GIS-T 集成为一个整体,在 GIS-T 的基础上开发出事故定位系统:形象直观地报告事故地点、性质和起因,找出事故多发地段,分析可能引起事故的道路条件的缺陷;结合现有道路条件,进行事故发生情况的预测等。通过 GIS 可以分析城市交通的事故多发路段并对事故发生原因进行分析,提供快速、有效的事故解决办法,提高道路交通的安全性。利用 GIS-T 再现事故,为事故鉴定提供有效的手段(见图 8-11)。

8.1.3.3　交通诱导

交通诱导是实现道路交通监控指挥的重要环节,由诱导控制计算机、通信系统(交通广播电台、互联网、短消息等多种公众平台、智能多用户通信卡)、数据光端机收发装置和视频、音频信号矩阵装置、LED 显示屏等组成(见图 8-12)。它是一个可变的信息系统,通常利用交通流量检测系统、交通信号控制系统、治安卡口系统、事故处理系统、GIS 系统发来的信息,结合道路堵塞程度、事故发生地点、警卫路线等具体情况,最终由指挥中心通过人工或自动方式,发送信息至室外信息提示屏幕,显示交通信息和路况等。

结合交通视频监控和交通诱导系统的车辆诱导 GIS 系统,基于地图实现交通流量的

图 8-11　交通安全分析

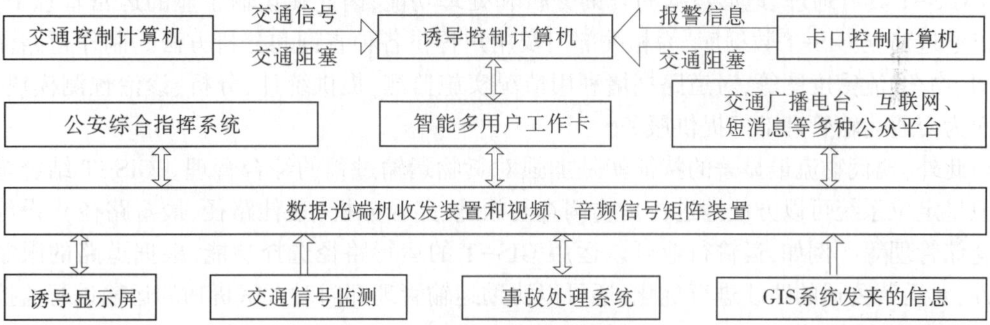

图 8-12　交通诱导系统

动态监控和交通事故的及时管理。停车诱导系统，以空间可视化方式，实时查询各停车场的剩余车位数或客满信息，减少城市交通盲目寻找车位而造成的车流量增加。以 GIS 为支撑的车辆诱导系统可大大提高车速，降低交通堵塞程度（见图 8-13）。

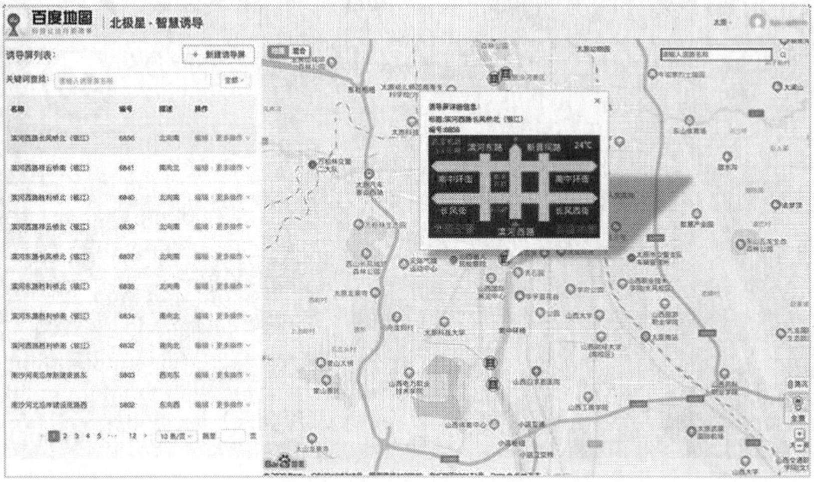

图 8-13　交通诱导平台

8.1.3.4　道路设施管理

交通设施维护对交通道路、轨道及相关附属设施情况、周边环境情况等进行检测，及时进行资产管理和维护，保证了交通设施路况的安全。基于 GIS 可视化方式对交通设施进行维护和管理。GIS 技术可以直观地反映道路设施的基本状况，反映道路的空间分布，公路 GIS 系统、公路规费征稽系统等也得到了很好应用。路面养护管理与评价系统、桥梁养护与评价系统已在多个省、自治区、直辖市推广应用，高速公路通信、监控、收费系统成为高速公路运营管理的重要手段。

8.1.3.5　运输企业管理

电子商务、现代物流理念逐步渗透，计算机联网售票，车站、港口、车辆、船舶的计算机管理系统已经普遍应用，工作效率大大提高。大中型港口和大型航运企业(集团)积极开展企业信息化建设，围绕运营管理、调度指挥、运输过程控制和企业内部事务处理等业务需求，开发了企业内部管理方面的信息系统，并通过互联网开展用户服务。

GIS-T 具有地理、地形数据的查询分析和处理功能，因此在运输企业的运营管理中，可以通过建立 GIS-T 数据库，为相关部门及用户提供各种查询和分析方法。制作道路流通图、物/客流密度图等，对道路拥堵利用情况实施监测，提供统计、分析、诊治预测模块，从而为交通运输管理部门提供服务。

此外，现代物流最显著的特征就是加强对货物运输过程的综合管理。GIS-T 结合全球卫星定位系统可以方便地进行货物调查与派遣、路径分析(最佳路径、最短路径)、设施和仓储管理等。例如，运输行业可以运用 GIS-T 的运行路径选择功能，根据道路的限制条件，对运营公司的路线进行优化，还可以协助运输管理部门对大宗货物的运输进行监控与管理。

8.1.3.6　交通信息服务

利用 GIS 技术，通过网络电子地图向相关部门或公众用户发布交通路况信息，为公众提供车载智能导航和路径动态规划等(见图 8-14 和图 8-15)。

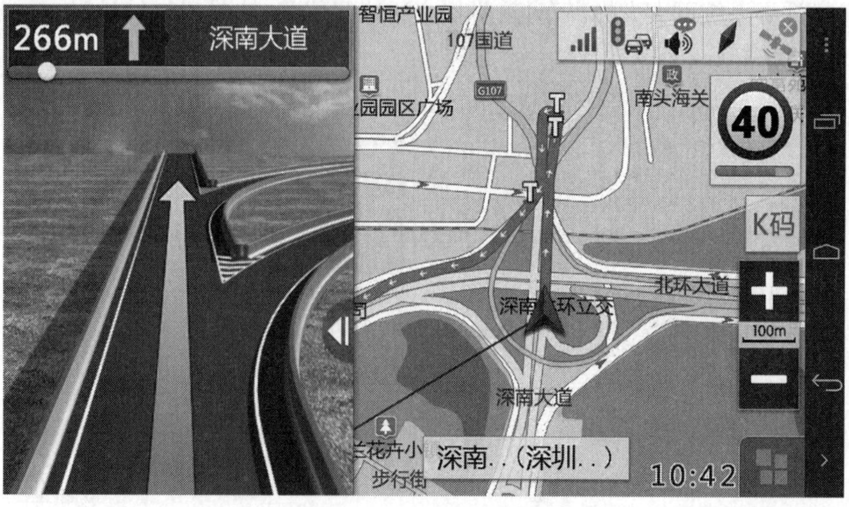

图 8-14　车载智能导航

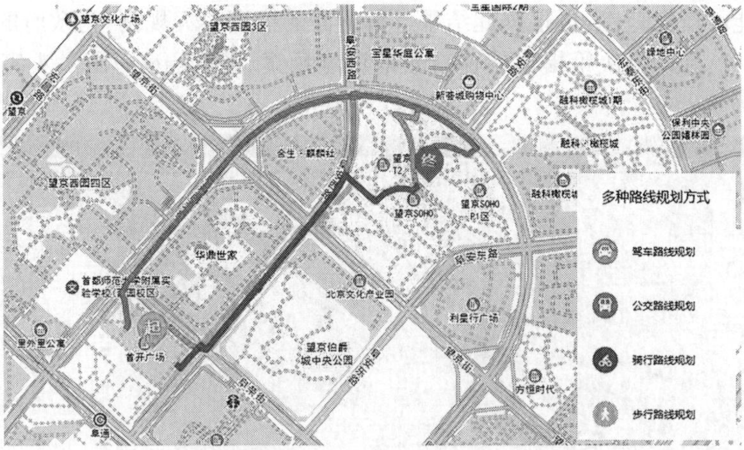

图 8-15　多种路线规划

8.1.4　GIS 在水利信息管理中的应用

水利信息系统是一个以空间信息为基础,融合各种水文模型和水利业务的专业化系统平台,是由各种信息的数据采集、传输、存储、模拟和决策等子系统构成的庞大系统,是对真实水文水利过程的数字化重现,它把水活动的演变搬进了实验室和计算机,成为真实水利的虚拟对照体。水利信息系统能够为防洪抗旱、流域内水量调度、水土流失监测、水质评价等提供决策支持服务;能够为水利工程运行、水利政务和水利勘测规划设计等提供信息服务;能够为人口、资源、生态环境和社会的可持续发展提供决策支持;能够为人居环境、社区规划、社会生活等提供全面的信息服务。

水利管理是指运用、保护和经营已开发的水源、水域和水利工程设施的工作。水利管理的目标是:保护水源、水域和水利工程,合理使用,确保安全,消除水害,增加水利效益验证水利设施的正确性。要实现这一目标,需在工作中采取各种技术、经济、行政、法律措施。随着水利事业的发展和科学技术的进步,水利管理已逐步采用先进的科学技术和现代化管理手段。

GIS 能够用于承担表现水利各方面信息的工作,如数据存储、管理、分类、查询、分析结果输出和制作专题图等,也可进行一些如洪水动态模拟或统计分析等的一些操作,最终为使用者(水利部门)提供预测预报、动态监测及决策支持等。

8.1.4.1　实时有效的防洪减灾

可利用 GIS 技术进行洪灾的灾前监测预测、灾害发生时的紧急预警救援方案制订、灾害发生中的实时监测和灾害发生后的损失评估、灾后重建规划方案制订。利用洪涝灾害的各项数据与历史洪灾数据建立灾害灾情数据库,再与灾害发生地的背景数据相关联,进行灾害灾情预测、监测、预警、分析评估等功能的数学模型的建立。然后利用这些数学模型结合当地的专题数据、数字高程模型等信息,实现区域灾害的灾前监测预测、预警和灾情的评估。GIS 技术在抗洪救灾中也能起到重要作用。利用 GIS 强有力的空间分析模块,可以模拟建立洪灾流域内的地表数字化模型,再结合预测和实测的水雨情信息及地表渗透等信息,通过运用产汇流模型,模拟不同级别洪水灾害一切可能的演进过程,直观地显示各种可能的淹没范围,再根据此结果进行全面的抗洪救灾规划,为政府的救灾提供科学、具体的意见,为防洪决策提供快速有效的调度预案。图 8-16 为山洪灾害监测预警系统的一个示例。

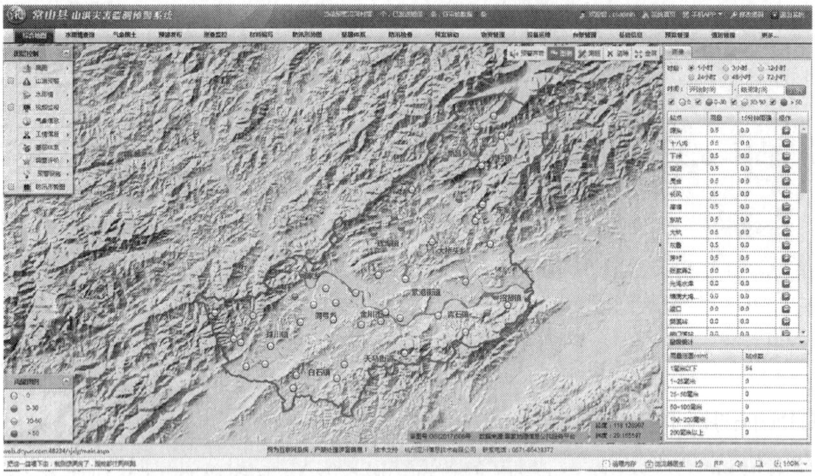

图 8-16　山洪灾害监测预警系统

8.1.4.2　水资源动态监测和实时管理

在 GIS 技术的支持下进行地表及地下水资源量的估算,并结合估算出的水资源的供求量等一些信息,通过流域演进和调度模型,演示水流演进的自然过程,模拟不同的调度方案为水资源开发利用、管理提供决策依据。

8.1.4.3　水利工程设计规划及管理

在水利工程的勘察设计中 GIS 技术也得到了充分运用。例如,在 DEM 影像图的基础上分析地质情况,再结合 GIS 中的有关地质环境数据对水利工程建设规划进行合理的分析。运用 GNSS 和 GIS 技术对水利工程进行观察、监测和管理,对其日常维护管理提供依据,并建立水利工程管理系统,有助于对水利工程和防洪工程的管理监测与维护。

8.1.5　GIS 在环境保护中的应用

随着全球性环境的日益恶化,环境保护在实现人类可持续发展战略过程中扮演着越来越重要的角色。环境问题与地理因素紧密相关,通常带有很强的地理或地理分布特征。随着我国环境信息化的快速发展和计算机新技术在环境保护领域的广泛应用,环境地理信息系统在环境保护管理和决策工作中发挥着越来越重要的作用。

环境信息系统是以遥感、GIS 和全球导航卫星系统为手段,进行环境空间信息的获取分析、处理、存储和表达,并为环境保护工作提供环境空间信息支持和管理决策依据的计算机系统。

根据环境管理和应用的实际需要,环境地理信息系统的建设必须紧密结合环境保护重点工作,为环境管理、环境监测、环境规划、环境预测、污染事故应急、建设项目管理、排污申报和收费、城市环境综合治理、环境污染总量控制、环境评价、环境监理等提供 GIS 功能,包括空间查询、空间数据编辑、空间数据发布、空间分析、专题制图、模型应用等。

8.1.5.1　污染控制应用

污染源分布情况,排污企业基本情况,排污口、废水(废气)及污染物排放情况,固体废物产生及处置情况,企业的污染治理进度等情况的 GIS 表达与处理能通过地图的抓取或选择方法汇总分析区域或流域内企业的排污总量,使用户可以动态查询辖区内或流域内纳污状况。

8.1.5.2　环境监测应用

环境质量监测点(断面)分布和环境监测质量信息的 GIS 表达与处理:在 GIS 技术支持下收集并管理环境监测信息,为环境监测点(断面)的选取和调整提供分析手段和依据,通过监测点的历年数据、现状数据、环境监测目标等数据的比较分析,反映各类监测点(包括国控,省控,一般及省、市际交界断面)水、大气、噪声等环境变化状况和目标趋势,科学地掌握监测点绝对或相对污染情况,提供监测对象的污染程度分析和专题地图(见图 8-17)。

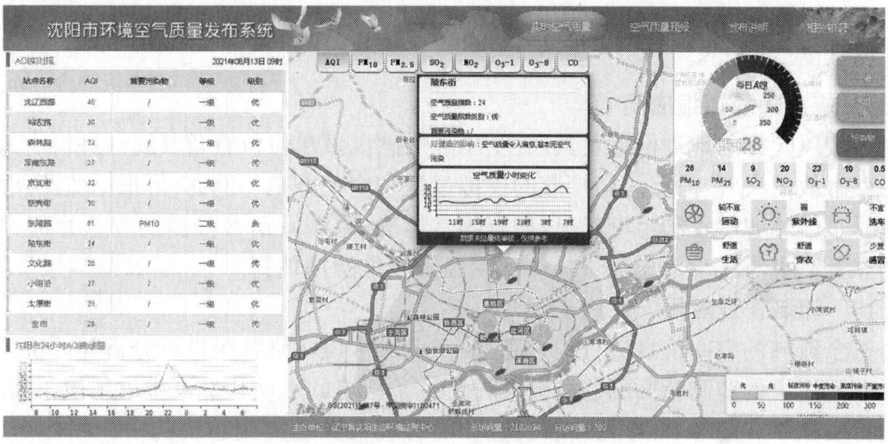

图 8-17　环境空气质量发布系统

8.1.5.3　建设项目管理应用

建设项目管理应用包括建设项目的地理位置、排污去向、地下排水管道、所纳污水的河流污染量的影响、周围空气环境质量改变情况等空间信息的查询和管理;辅助进行建设项目审核和环境污染控制、确定建设项目影响范围、寻找废物处理最短路径、审核工业污染源达标排放等。

8.1.5.4　环境规划应用

通过 GIS 空间数据编辑、数据查询、专题制图等功能编辑和修改各种综合规划、区域规划、行业规划、流域规划、生态示范规划、水环境规划及自然保护区规划等,为环境规划的制订提供技术手段。

8.1.5.5　污染源、环境质量远程监控应用

收集“环保黑匣子”所测数据并进行识别、计算。反映监控污染源的实时污染指标信息,对实施监控的污染源进行跟踪表述,制作监控点污染指标日报表、月报表、年报表及比较分析图,动态直观地显示监控污染源的实时状态和污染物排放情况,使重点污染源的远程监控可视化。

8.1.5.6　环境质量现状评价应用

在区域环境质量现状评价工作中,利用环境地理信息系统有助于对整个区域的环境

质量(水环境质量、大气环境质量、噪声等)进行客观、全面的评价,直观反映出区域中受污染的程度及空间分布情况。例如,通过叠加分析可以提取行政区域内噪声网格图、噪声分布图及大气污染分布图;缓冲区分析可用来对多种图上要素进行包含或邻近分析,如显示污染源影响范围;路径分析可以分析废水排放去向等。

8.1.5.7　自然生态现状与变化调查分析应用

在环境地理信息系统帮助下,可方便地进行自然和生态环境现状与变化的调查分析,如对土地利用/土地覆盖、自然生态景观格局、水土流失、沙漠化、草场退化、森林砍伐等进行分类解析、面积计算和信息查询、专题制图等。

8.1.5.8　城市定量考核应用

城市定量考核应用指城市环境综合整治定量考核中的环境质量、污染控制和城市建设三部分指标的信息查询和专题制图,如制作地面水质监测状况、大气环境质量、区域环境噪声、主要交通干道交通噪声、饮用水源水质状况、城市绿地、工业污染源分布、烟囱分布等专题地图。

8.1.5.9　应急预警预报应用

对事故风险源的地理位置及其属性、事故敏感区域单位位置及其属性进行有效管理。提供污染事故的大气、河流污染扩散的模拟过程和应急方案。例如,可根据监测网络监测数据及时了解流域洪水和污染状况,如有异常情况,系统发出警报提供应急处理方法(如打开闸坝等),并根据建立的经济模型提供经济损失费用估算。

8.1.5.10　流域管理应用

对整个流域的空间信息进行综合管理,对流域水质污染状况进行分析与评价,特别是根据某条河流上的监测断面的监测数据评价整条河流的水质状况及排放到该条河流的工业污染源贡献率。图 8-18 为流域水生态环境管理大数据应用系统的一个示例。通过构建面向流域水生态与水环境质量动态监测和数据管理与应用服务体系,全面、精准地掌握污染源环境违法和环境建设相关行为,支撑环境水污染源头靶向治理和精准施策,支撑对流域水生态、水环境、水资源、水安全等方面精细化管理与科学分析,为流域治理与跟踪评价提供技术支持及高效服务。

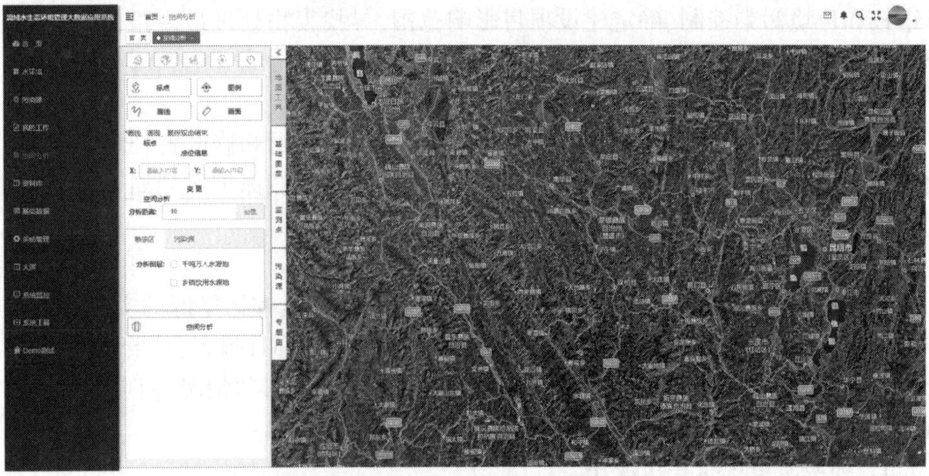

图 8-18　流域水生态环境管理大数据应用系统

8.2 GIS 新技术应用

【导入】

随着 GIS 理论体系的丰富和完善,特别是融合了大量先进的 IT 技术之后,GIS 得到了快速发展,新技术、新概念层出不穷。人工智能 GIS 技术、大数据 GIS 技术、BIM+GIS 技术、新一代三维 GIS 技术、云 GIS 技术的出现拓展了 GIS 的应用,能够切实满足用户多样化的空间信息需求。

8.2.1 人工智能 GIS 技术应用

二维码 22 GIS AI 标牌文字识别

随着计算能力的提升,机器学习、深度学习等算法得到了进一步发展和应用,人工智能(artificial intelligence,AI)也日渐成为新一轮科技革命和产业变革的核心驱动力,基于人工智能的 GIS 技术体系(简称为人工智能 GIS 技术)成为新一代 GIS 技术的重要发展方向。数据量、计算能力、算法模型和应用场景是人工智能的主要驱动力,对于人工智能 GIS 技术体系,可相应地自下而上划分为数据层、领域库、框架层和功能层四大部分,如图 8-19 所示。最底层为数据层,既包括遥感影像这样的文件型数据,也包括关系型数据以及大数据场景下使用较多的 NoSQL 数据。数据层之上为领域库,是指聚焦于地理空间信息领域,面向 AI 技术中较为基础和重要的样本和模型两个方面开展建设,不断丰富各类地理空间数据样本和模型。举例来说,面向基于深度学习的遥感影像分析任务,可以细分为场景分类、目标检测、分割等几类功能,针对不同功能开展相关样本收集积累和模型训练,不断迭代更新完善。在框架层中,需要通过合理的抽象和封装兼容多种 AI 框架,既可以避免重复性研发工作,又可以高效地与最新算法和模型研究成果进行融合。最上面的功能层即具体提供出来的人工智能 GIS 技术能力,是人工智能 GIS 技术体系的主体,包括三大核心内容:GeoAI(人工智能 GIS 算子)、AI 赋能 GIS(AI for GIS)和 GIS 赋能 AI(GIS for AI)。

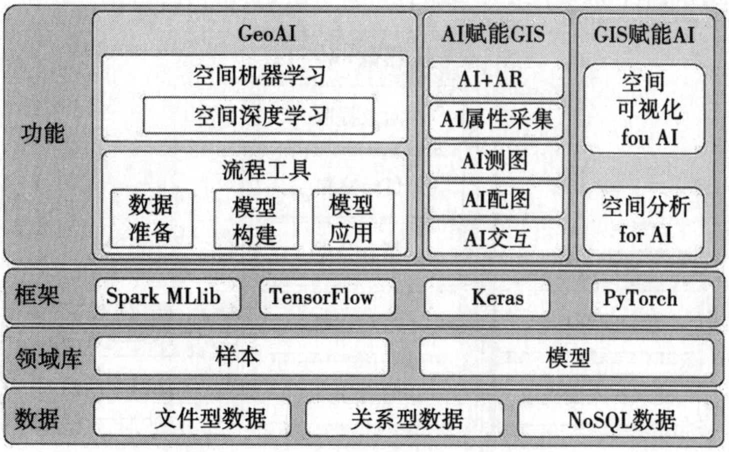

图 8-19 人工智能 GIS 技术体系架构

8.2.1.1　GeoAI

GeoAI 算子以数据准备、模型训练和模型应用的完整流程工具为基础实现。当前 AI 技术已经完成了从统计学向机器学习的进化,并不断向深度学习推进,因此 GeoAI 算子主要包含空间机器学习和空间深度学习两个部分。空间机器学习包含聚类、分类和回归等多种分析,形成了包括空间热点、空间密度聚类、决策树分类、决策树回归、基于森林的回归等一系列空间机器学习算子(见图 8-20),在城市治理、土地利用和生态恢复等场景中得到了广泛应用。

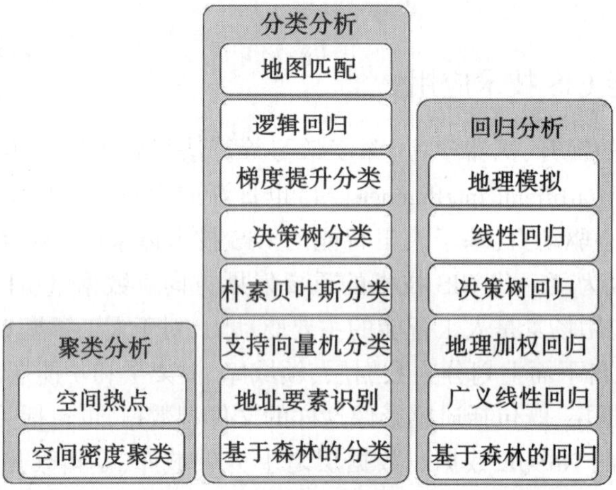

图 8-20　部分空间机器学习算子

空间深度学习则以卷积神经网络(convolutional neural network, CNN)和图神经网络(graph neural network, GNN)为代表,对 GIS 中图片数据、影像数据、时空数据和三维数据等进行处理,实现了包括建筑物底面提取、地物分类、二元分类、场景分类、目标检测、对象提取、图时空回归等空间深度学习算子(见图 8-21),广泛应用于遥感影像分析、道路和建筑物提取、气象建模、交通流预测等场景。随着语义分割、实例分割等新技术的持续融入,空间深度学习的效率和准确性正不断提高。

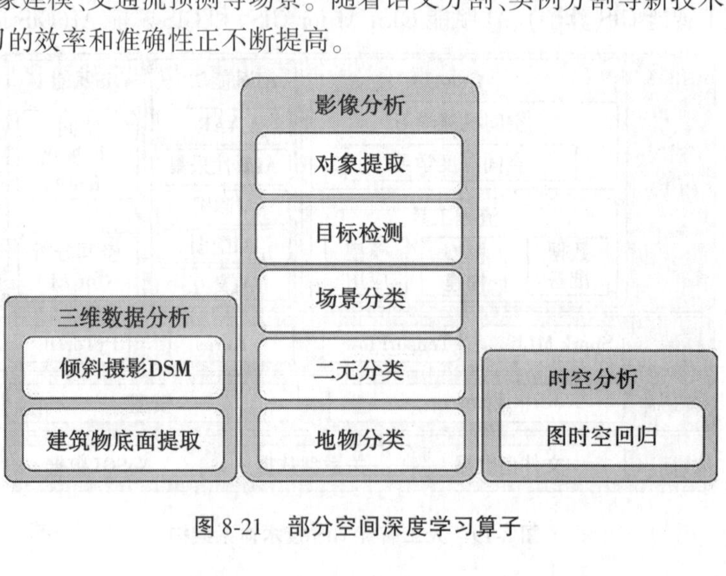

图 8-21　部分空间深度学习算子

8.2.1.2 AI赋能GIS

AI赋能GIS即基于AI技术，增强和优化GIS软件功能和用户体验，体现在融合AI的增强现实（augmented reality，AR）、属性采集、测图、配图、交互等方面。随着GIS的全空间化、泛在化和空天地一体化的发展趋势，空间信息的来源已经从传统的遥感测绘逐渐发展到多种多样的形式，对GIS的数据处理能力提出挑战。通过深度学习等人工智能技术的非结构化信息感知与提取能力，能够补充GIS在各种场景下处理新型数据源的能力，提高GIS在数据获取、处理和制图，以及与用户交互的效率。例如，AI技术可以降低GIS数据采集和测图成本，也可以简化GIS制图和软件交互流程。

1. AI属性采集

在城市管理执法中，需要频繁录入现场执法案件属性信息。基于AI的图像目标检测和分类技术可以有效提高属性采集效率，如在违章停车案件中，可以快速识别车牌编号、车身颜色、车辆类型等信息，并自动完成填报。其他执法场景如暴露垃圾、乱堆物料、非法广告、城市部件等均可以通过AI进行识别并自动填报（见图8-22）。类似的AI图像识别应用，可以大幅减少手工录入工作量，提高属性采集工作效率。

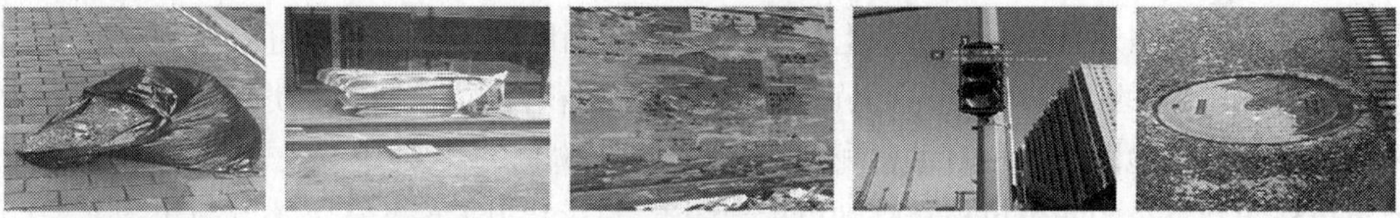

图8-22 基于图像分类技术的执法案件上报

2. AI测图

GIS中的测图技术正在逐渐从室外走向室内，而测量精度和测量成本是室内测图的两个关键要素。基于激光雷达技术的室内测图方式，测量精度较高但测量成本也相对较大，且整体流程较为复杂。为解决该问题，可将惯性测量单元（IMU）和计算机视觉技术相结合显著降低室内测图成本。该方法首先需要获取连续拍摄的室内图片，基于计算机视觉算法对连续图片进行特征点匹配，并通过特征点匹配结果还原真实空间位置，最后可以将位置信息通过坐标转换的方式映射到地图中，实现整个AI测图过程。目前，在移动端GIS软件可以实现基于IMU和计算机视觉的AI测图功能，用户可以在某些应用中用普通的手机设备部分替代较为昂贵的室内测图设备，降低测图成本。

同时，基于SLAM框架和IMU融合技术的视觉惯性系统（visual-inertial system，VINS）可以在没有卫星定位信号的室内环境中实现定位，进而实现基于AI+AR的室内导航，并可进行非专业测绘要求的室内测图（见图8-23），其直接测图精度在小范围最高可达厘米级，通过控制点等辅助方式可实现大范围厘米级精度测图，对测图硬件设备要求也较低（一部支持AR技术的手机即可），可应用于商城、地铁、停车场、办公楼、地下空间等环境的快速室内测图，降低室内测图成本。

3. AI配图

地图配图是GIS的基础能力，传统手工配图要对众多地图内容要素反复搭配与调整，较为复杂和耗时。图像风格迁移是在保留目标图片内容的基础上，将风格图片的色彩构成、色

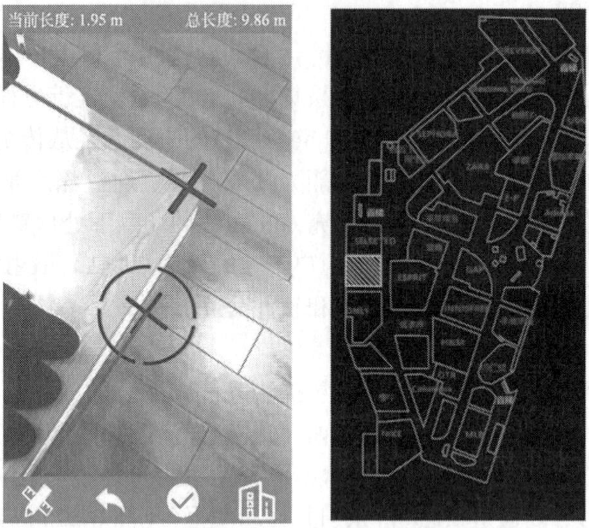

图 8-23　基于 AI+AR 的室内测图

彩分布等整体风格迁移到目标图片上的技术。AI 配图即基于图像风格迁移思想,使用机器学习算法,对输入的图片风格进行识别和学习,结合面积权重、目标对象类型等信息,将图像风格迁移到目标地图的一种自动化配图的技术。桌面端 GIS 软件中嵌入 AI 配图功能,能快速将风格图片复杂的颜色风格迁移到目标地图上,显著提升 GIS 配图效率和效果。

AI 配图的主要流程包括:①提取风格图片关键色。首先输入选定的自定义地图模板风格图片,基于 K-means 聚类算法提取图片特征,得到风格图片中的关键色。②提取当前地图关键色。主要对原始地图进行关键色提取。③面积排序匹配。提取关键色后,需要对提取的图片关键色和地图关键色进行匹配,选择面积匹配算法,按照面积权重将图片的颜色自动匹配至原始地图。

4. AI 交互

在 GIS 软件当中,经常需要进行地图和场景的交互操作,通过交互操作对空间数据进行查询、浏览和使用。现有的 GIS 系统,如 SuperMap,可借助 AI 中的语音识别、手势识别、人体关键点检测等技术实现智能化的 GIS 软件交互。如图 8-24 和图 8-25 所示,基于手势识别,可以对二维地图和三维场景进行平移、缩放、旋转等交互操作,也可以将手势识别扩展为人体姿态的识别,通过对人体动作关键点的捕捉,识别姿态动作进行二、三维地图操控。

图 8-24　基于手势识别的隔空地图操作

图 8-25　基于人体姿态识别的隔空地图操作

8.2.1.3　GIS 赋能 AI

GIS 赋能 AI 即基于 GIS 技术，将 AI 分析结果进行空间可视化和进一步空间分析，让 AI 技术发挥更大的作用。

1. 空间可视化赋能 AI

空间可视化技术是 GIS 的核心能力之一，GIS 提供了多样化的地图展现手段，对各种应用数据的空间分布特征和趋势进行有效表达。可以将属性值汇总到行政区划图斑中，在地图中展现不同区域的差异变化，也可以通过规则格网进行属性值聚合，发现高值聚集区域，或者使用热力图对空间整体的热点分布状况进行直观表达。举例来说，视频与 GIS 的集成应用已经成为当前的一个研究热点，借助 AI 技术，可以实现摄像头视频的目标检测与追踪，也可以进行智能化的人群感知，但如果不借助 GIS，很难对遍布整个区域的视频识别结果进行全局展示和综合分析。因此，可以基于空间可视化技术，将视频识别结果在地图中进行热力图、聚合图等多种可视化效果的展示，如图 8-26 所示。辅助管理人员掌握整体空间趋势，探查空间异常情况，进一步挖掘视频数据的深层隐含信息。

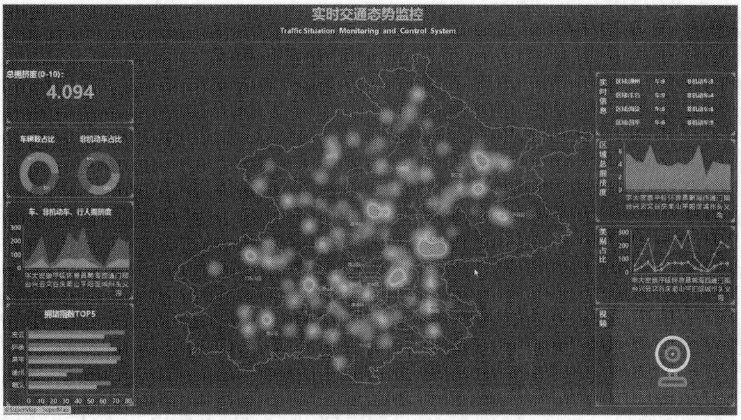

图 8-26　交通流量监控可视化

2. 空间分析赋能 AI

空间可视化技术可以辅助从整体上认识数据的分布特征，而空间分析技术可以对 AI 提取结果进行深入处理与挖掘，即将空间计算过程加入到 AI 识别结果的进一步分析过程当中。例如，通过 AI 技术可以识别出视频数据中的各类关键目标，例如行人、机动车、公交车等，通过建立视频空间和真实地理空间的映射。如图 8-27 所示，可以将公交专用车道占用这样的应用问题转化为地理围栏分析，对视频内目标进行空间关系计算，发现进入公交车道的行人和机动车等违章情况。另外，可以基于交通监控摄像头的 AI 识别获取目标车辆经过的多个位置以及相应时间，基于这些信息，可以结合交通路网数据进行 GIS 最佳路径分析，还原目标车辆的真实运行轨迹，服务于目标车辆的追踪应用。

随着人工智能技术的飞速发展，GIS 与人工智能从数据、模型到应用等多个方面进行了融合：人工智能为 GIS 注入智能化基因，提高了效率，降低了成本；GIS 则为人工智能提供了可视化窗口和空间分析能力。二者相互赋能，在自然资源、智慧城市、农林、水利、交通、环保等方面已经得到了应用。在人工智能技术不断深入和完善过程中，人工智能 GIS

图 8-27　地理围栏实时告警系统

技术也将为 GIS 产业创造更大价值。

8.2.2　大数据 GIS 技术应用

随着互联网、物联网和云计算等技术的快速发展与普及,21 世纪以来,全球数据呈指数级增长,各式各样的数据如洪水般涌来,冲击着社会发展的方方面面,大数据时代也随之到来。大数据从规模(volume)、速度(velocity)、种类(variety)、真实(veracity)和价值(value)5 个方面被归纳为具有“5V”特征的数据。同时,大数据在具备空间地理位置属性(location)后就成为空间大数据,并可用“L+5V”来表示其特征。

根据产生方式,常见的空间大数据可分为互联网大数据、移动互联网大数据、物联网大数据和新型测绘大数据。这些空间大数据普遍存在体量大、种类多、变化快、价值密度低等特点。处理这些数据的技术和方法,已经超出了狭义 GIS 的范围,需要面向多源异构数据的广义 GIS,以接纳地理空间大数据,进而形成了面向空间大数据的 GIS 技术体系。大数据 GIS 技术包括空间大数据存储管理、空间大数据分析处理、空间大数据可视化等核心技术(见图 8-28)。

8.2.2.1　空间大数据存储管理

在空间大数据时代,传统关系型数据库已经不能满足空间大数据的存储和管理需求,需要对传统空间数据引擎进行升级与扩展。基于分布式文件系统、分布式数据库发展的分布式空间数据库,可以有效提升对空间大数据的存储和管理能力。代表性的分布式数据存储技术有 Elasticsearch、HDFS、MongoDB、HBase 等。其中,基于 Elasticsearch 的空间数据引擎可以实现对亿级以上的位置空间数据的存储支持;基于 HDFS 的空间数据引擎(分布式空间文件引擎,Distributed Spatial File,DSF)则适用于亿级记录的静态空间数据的存储与分析;基于 MongoDB 的空间数据引擎可以实现亿级记录地图瓦片存储;基于 HBase 的空间数据引擎可以用于亿级空间数据的存储、管理、分析、可视化等综合应用。

8.2.2.2　空间大数据分析处理

空间大数据分析是大数据 GIS 技术的核心功能,主要用于研究大数据的空间位置、空间分布、空间关系、空间行为、空间过程等。丰富的算子和强大的算力是空间大数据分析

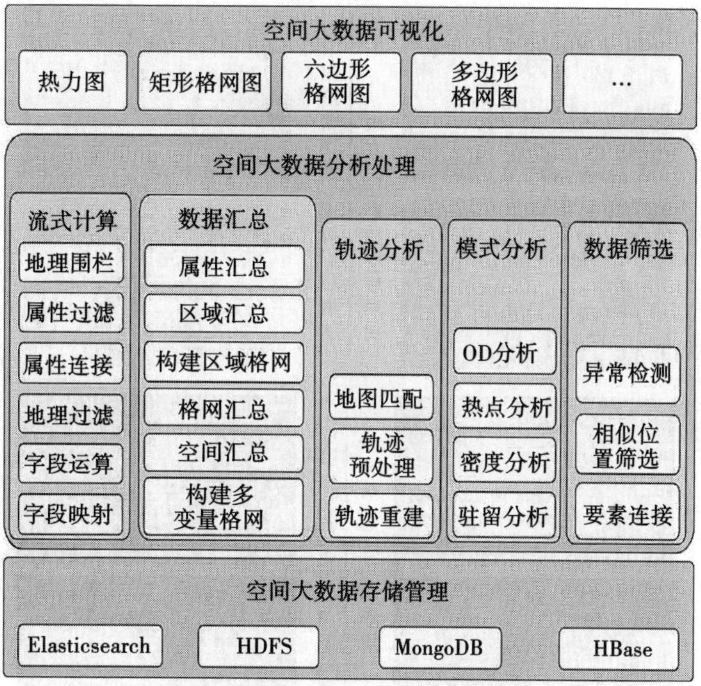

图 8-28　大数据 GIS 技术体系架构

的支撑。空间大数据分析算子包括流式计算、数据汇总、轨迹分析、模式分析、数据筛选等,以满足不同场景的需求。面对超大体量的空间大数据,采用 Spark 等分布式计算框架,可以有效提升空间大数据分析算子的数据挖掘能力。多样化的空间分析算子结合强劲的空间大数据分析性能可以帮助 GIS 用户多个维度认知大数据,挖掘更多有价值的信息。

8.2.2.3　空间大数据可视化

空间大数据可视化也是空间大数据技术非常重要的内容,是将计算机可视化技术、二维 GIS 可视化技术、三维 GIS 可视化技术等相结合,实现对多源、异构、海量、动态数据的可视化表达。空间大数据可视化形式包括热力图、矩形格网图(矢量、栅格)、六边形格网图(蜂巢图)、多边形格网图、连线图(直线 OD 图、弧线 OD 图)、轨迹图等(见图 8-29)。这些可视化形式既能以静态图的方式展现,也能以动态的方式展现;既可以在二维方式下展示,也可以在三维方式下展示,以满足对不同可视化形式的要求。

大数据 GIS 技术实现了空间大数据的存储、分析和可视化,形成了一套完整的针对空间大数据应用的解决方案。大数据 GIS 技术除了需要 IT 大数据技术,还需要跨平台 GIS 和分布式 GIS 技术作为支撑,跨平台 GIS 技术让大数据 GIS 技术能够运行于 Linux、UNIX 操作系统,使得大数据 GIS 的性能得以充分发挥。分布式 GIS 技术为大数据 GIS 技术提供了弹性可扩展的计算和存储资源,支持高效能的流数据处理、实时分析、价值发现等任务。未来大数据 GIS 技术将不断突破系统硬件资源的限制,结合人工智能 GIS 等技术,进一步提高空间大数据存储、管理和分析能力,同时融合更丰富的可视化技术,形成一套高效的空间大数据,实现其从采集、治理、整合到存储、分析、发布等一体化的全流程管理与应用。

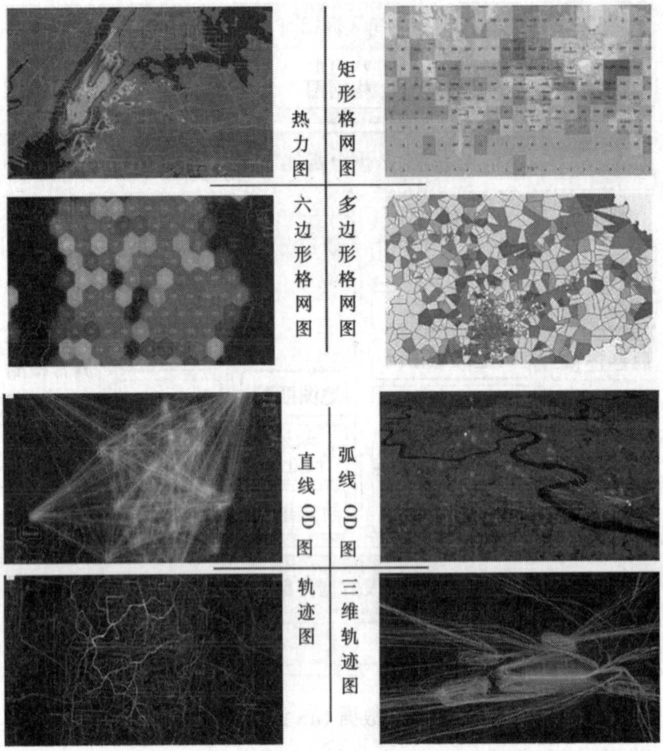

图 8-29　空间大数据可视化示意

8.2.3　BIM+GIS 技术应用

BIM(building information model),即建筑信息模型,是将项目的整个生命周期内的所有信息集合在一个模型中,包含施工进度、建造过程、运营维护等全部过程,并集合了所有几何信息、功能要求和构件性能。

8.2.3.1　BIM 和 GIS 的特点与融合

BIM 技术具有三大特点:①BIM 是一个由三维模型形成的数据库,该数据库存储了建筑物从设计、施工到建成后运营的全过程信息。②该三维建筑模型所包含的信息之间是相互关联的,对其中一个信息的任何更改,都会引起关联信息的改变。③基于开放的数据标准——IFC(industry foundation classes)标准,BIM 模型有效地支持建筑行业内各个应用系统之间的数据交换和建筑物全生命周期的数据管理。

GIS 技术具有四大特点:①数据管理,是 GIS 中最核心的组成部分,通过统一的平台实现关系型的图形与属性数据的统一管理、浏览、查询。②空间定位,具有统一空间参考的 GIS 数据具有空间位置信息,可实现空间定位功能。③空间分析,具有强大的空间分析功能,可提供拓扑分析、缓冲区分析、空间插值等空间分析功能。④多元展示,GIS 技术不仅实现了二维数据的展示、浏览,也可对二维数据进行加工建模,以三维模型展示空间数据。

BIM 技术侧重于建筑物内部信息的管理,GIS 则侧重于与建筑物相关的室外地理空间数据分析。近几年,随着各地"智慧城市"建设步伐的加快,将海量的建筑数据应用于城市地理信息的管理,提升城市精细化管理水平,BIM 和 GIS 的融合已经大势所趋。

首先,BIM 在整个建筑物生命周期都是精细化的单体建模,但如果脱离了与周围地理环境的联系,只能是空中楼阁。而 GIS 研究宏观地理世界,有强大的空间查询和分析能力,可以为 BIM 模型的信息管理提供决策支持,可以更好地协助 BIM。同时,BIM 大量的建筑信息又是 GIS 重要的数据源,可以让 GIS 由宏观走向微观,实现精细的组织管理,BIM 和 GIS 的融合真正实现了室外到室内的一体化管理。

其次,BIM 数据结构包括空间图形数据(三维模型)和属性数据(建筑参数),这与 GIS 数据构成类似。GIS 包含了 BIM 的数据结构(空间数据+属性数据),但 BIM 主要针对建筑数据,而 GIS 包含除建筑数据外广阔的地理数据,二者都有信息管理、空间分析等功能重叠,因此两者有融合的可能性。

8.2.3.2　BIM 和 GIS 融合的关键技术

1. BIM 的轻量化处理技术

BIM 模型对于建筑物和其内部构件的表达是极其精细的,对于构件的细节表达很细致,且记录了丰富的几何语义信息和属性信息,这意味着庞大的数据量。而 GIS 更多的是分析管理功能,比如一面墙在 BIM 中可能有 5 层:外层、面层、气层、核心层、内层等,在 GIS 中我们可能不关心这 5 层,我们更关心墙体的长、宽、体积,5 层墙会被抽象成 1 层墙体。

在 BIM 数据导入 GIS 系统时,需要进行不同程度的轻量化处理,即将模型的某些骨架进行删除或者简化。不同的领域,BIM 数据的精细程度也不尽相同。对于 GIS 应用来说,根据项目实际需求,将 BIM 数据导入三维 GIS 平台需要进行不同程度的轻量化操作。不同的开发平台提供了不同的轻量化功能,如在 SuperMap 产品中提供了多种 BIM 轻量化和三角网的操作,包括提取外壳(外壳和内部分离)、三角网简化、子对象简化(删除)、删除重复顶点、计算(删除)法线、模型拆分、模型合并等诸多实用功能。

2. 三维模型数据的转换技术

三维模型结构大体分线框模型一类、表面模型一类、实体模型一类。BIM 建模主要是实体建模,如采用几何实体创建法(constructive solid geometry,CSG)。一般复杂的空间实体经过简单的实体元素如圆锥、圆柱、三角锥、长方体、正方体、球体一系列布尔运算组合、求交集、求差集等构建。BIM 中的每个模型都是一个实体,因此可以对每个室内构件进行实体查询。

大部分 GIS 模型是表面模型,这区别于 BIM 的实体模型,它主要用边界表示法表示。边界表示法 B-rep 指的是 GIS 模型进行建模时通过三角网形成三角面或者曲面,然后将这些表面进行黏合,形成封闭的空间区域,表层记载了大量点、线、面几何信息与属性信息。这些模型对三维空间关系和拓扑关系的表达不足,无法支持三维的空间分析与计算,难以实现有效的三维城市建模。

技术实现方面有两种方案:一种方案是基于 B-rep 与 CSG 的转换算法对三维图形数据进行转换,过程中需要进行不同 BIM 数据格式到标准 IFC 格式的数据转换;另一种方案是直接在 GIS 系统建立三维实体数据模型,可以实现 BIM 主流数据的无损接入以及 BIM 数据到 GIS 平台的精准匹配。BIM 和 GIS 数据融合流程见图 8-30。

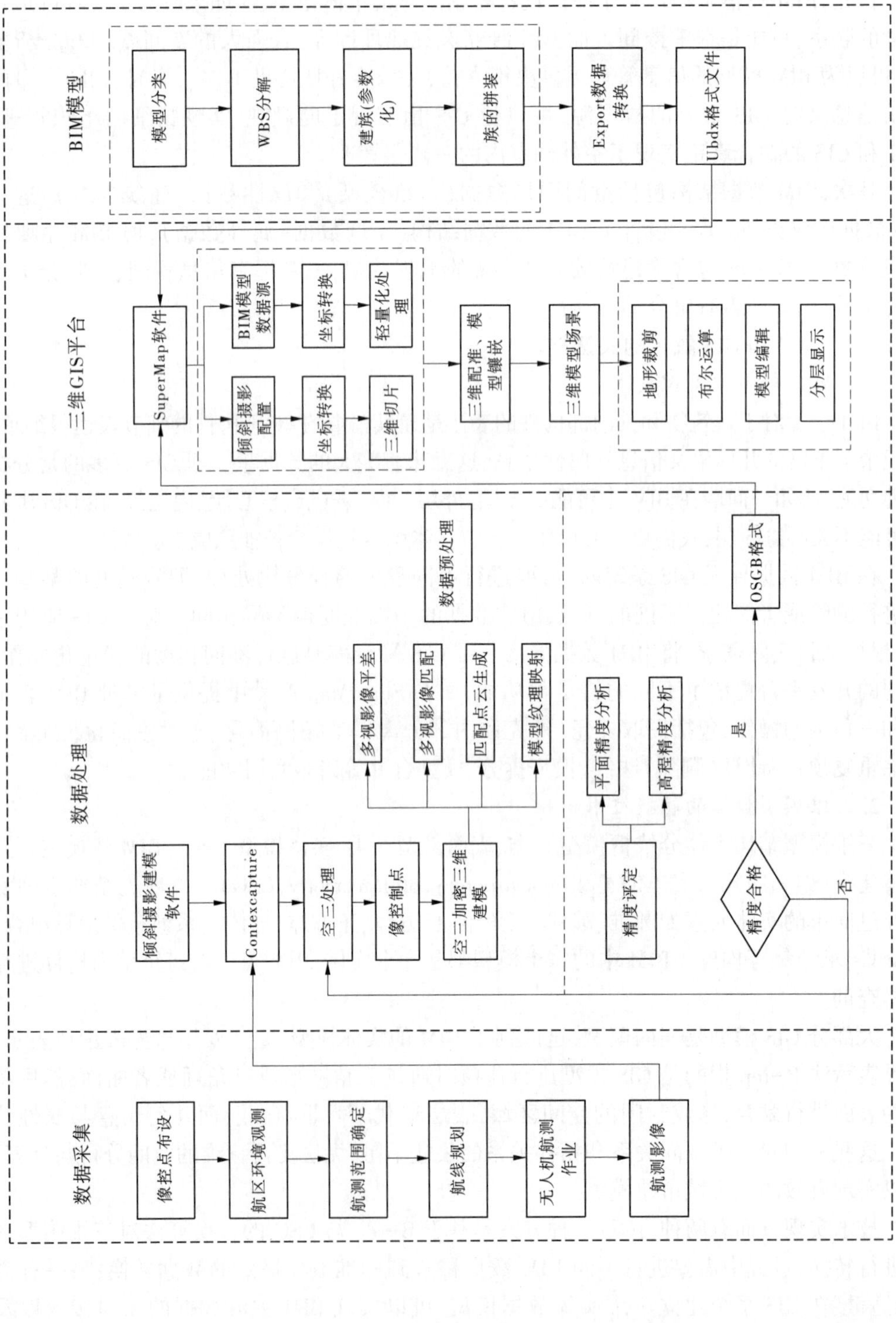

图 8-30　BIM+GIS 数据融合流程

8.2.3.3 BIM+GIS 的冬奥场馆智能化管理

针对高山滑雪赛时赛后场地场馆智能化管理服务平台,结合场馆精细化 BIM+GIS 融合模型和多源传感技术,将实现森林防火监控、设备设施智能化管理、安防分析与管理以及场馆智能引导,并支持与医疗、电商、旅游、应急救援等第三方平台的数据对接。智能化管理平台的总体功能架构如图 8-31 所示。

图 8-31 智能化管理平台的总体功能架构

1. BIM 场馆展示

将三维 GIS 和场馆精细化 BIM 模型进行融合展示,构建高山滑雪赛时赛后场地场馆智能化管理服务平台,并结合场馆设备设施管理功能模块实现对设备智能化监测和管理。通过设备列表能快速准确地找到对应设备的位置以及运行情况。

2. 场馆室内导航

通过场馆和设备的 BIM 及获取到的用户实时坐标数据,实现场馆的智能化导航功能。

3. 设备设施管理

平台总共统计 11 类设备的状态参数,针对每类设备,点击该左侧列表设备类别,在 BIM 模型中显示该类设备在模型中的位置,并在下方显示设备监测参数的各种统计,不同种类的设备具有不同的监测数据及数据展示方式,如图 8-32 所示。

4. BIM+GIS 的水利工程建设管理

如何在水利工程全生命周期建设管理中实现数字化场景展示、提高信息化水平成为目前研究的热点。随着 BIM 的快速发展,以其可视化、协调性、优化性、参数化等特点,已经广泛地应用于水利水电工程的数字建设中,取得了很好的成果。但是随着工程数字化的深入发展,BIM 的局限性被逐渐放大,水利工程是一个由很多单体工程组成的综合体工

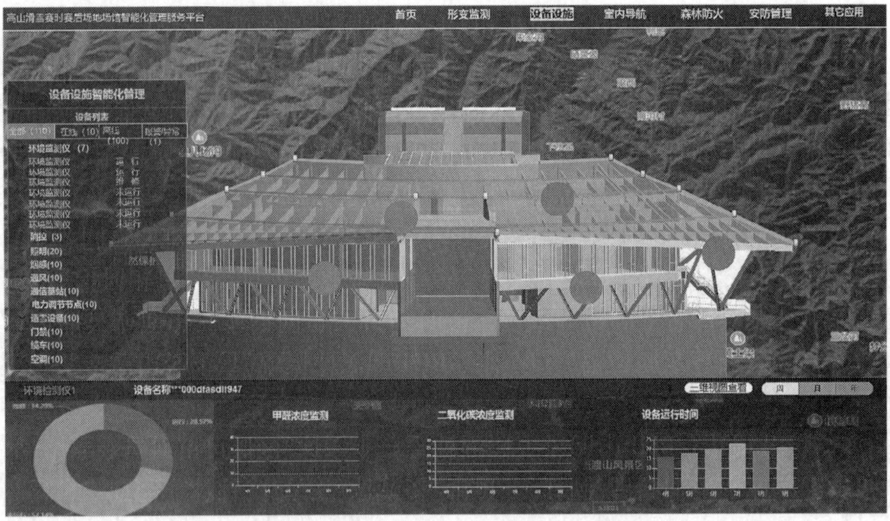

图 8-32　高山滑雪赛时赛后场地场馆智能化管理服务平台

程，水工建筑物选址困难，水文条件、地形复杂，施工难度大、工期长，而 BIM 技术主要应用于单体工程，其应用特点是三维模型单体精确化，而不具有外部环境信息，模型与现实割裂开来，工程之间缺少联系，协同效率低下，单体的 BIM 三维模型应用已经不能很好地解决大型水利水电工程建设管理问题。而 GIS 技术具有宏观的地理场景信息，可以为 BIM 模型提供地形信息和空间分析。

采用 BIM 技术建立精细化模型，GIS 提供真实的三维地形场景信息，将 BIM 模型、倾斜摄影数据等多源数据融合接入到三维 GIS 平台上进行集成，实现微观与宏观、虚拟与现实结合的多层次、多维度的信息融合，构建三维可视化的交互环境。图 8-33 为某抽水蓄能电站 BIM+GIS 模型融合管理平台，应用于水利工程的规划、设计、施工、运维等阶段，实现进度、成本、质量、安全等项目信息的精准协同化表达，为大型水利工程的全生命周期管理应用提供了一种新的思路，提高了水利工程数字化建设水平。

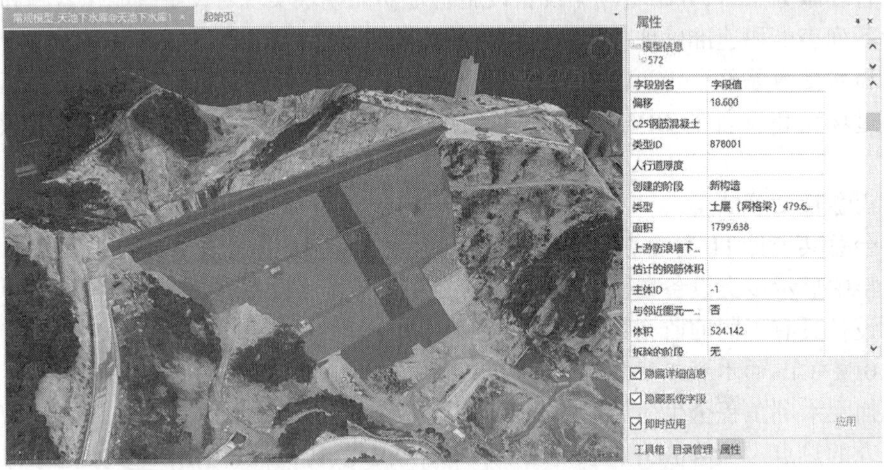

图 8-33　某抽水蓄能电站 BIM+GIS 模型融合管理平台

8.2.4　新一代三维 GIS 技术应用

自 2004 年 Google Earth 发布以来,三维 GIS 得到业界广泛关注。随后,业界出现了大量基于开源三维渲染引擎的三维 GIS 软件,但随着该技术的推广,潜在弊端也逐渐显现,即该类型产品侧重于三维可视化,无法满足 GIS 行业的深度应用。2009 年,北京超图软件股份有限公司推出了国内外首款二三维一体化 GIS 平台软件,将二维和三维在数据模型、数据存储与管理、可视化与空间分析、软件形态等层面实现了一体化,以解决三维 GIS 系统不实用的问题。自 2009 年起,经过十余年发展,新一代三维 GIS 技术推出了更丰富的三维数据模型,并结合先进的 IT 技术不断丰富其内涵,产生了由二三维一体化数据模型、二三维一体化 GIS 技术、多源三维数据融合技术、三维空间数据标准和三维交互与输出技术组成的新一代三维 GIS 技术体系,如图 8-34 所示。

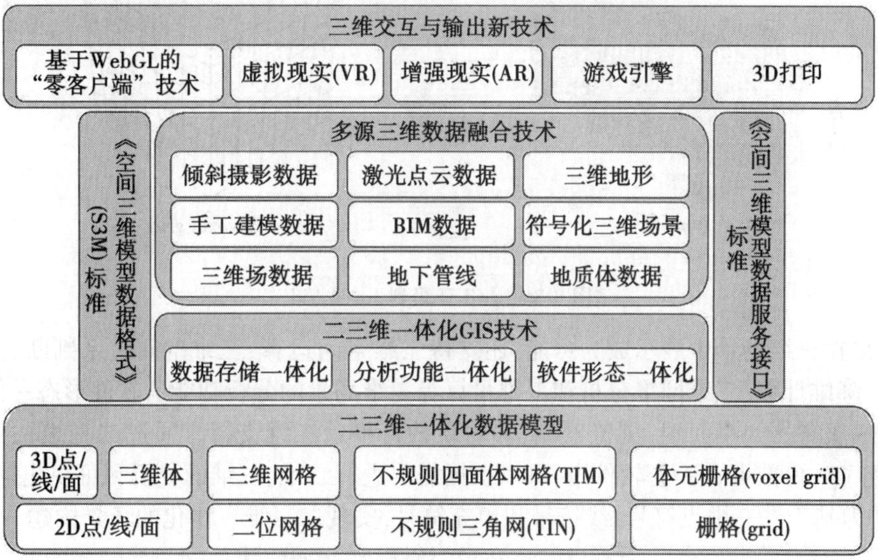

图 8-34　新一代三维 GIS 技术体系架构

8.2.4.1　二三维一体化数据模型

二三维一体化数据模型有效解决了三维空间表达和分析的难题,完成了从二维点、线、面到三维体;从二维网络到三维网络;从不规则三角网(triangulated irregular network, TIN)到不规则四面体网格(tetrahedralized irregular mesh, TIM)(见图 8-35);从栅格(grid)到体元栅格(voxel grid)的升级与拓展(见图 8-36)。2018 年超图软件率先在 SuperMap GIS 基础软件中提出并实现了 TIM 和体元栅格,最终完成了空间数据模型从二维到三维全面升维,形成了涵盖离散对象、连续空间、链接网络的完整的空间数据模型体系,使得新一代三维 GIS 技术具有对现实世界全空间表达的能力。

8.2.4.2　二三维一体化 GIS 技术

二三维一体化 GIS 技术主要是指数据存储一体化、分析功能一体化和软件形态一体化等关键技术。其中一体化的空间数据存储与管理解决了二维数据、三维数据分别存储的问题,实现一份数据既可供二维使用,也可供三维使用。分析功能一体化不仅让二维分

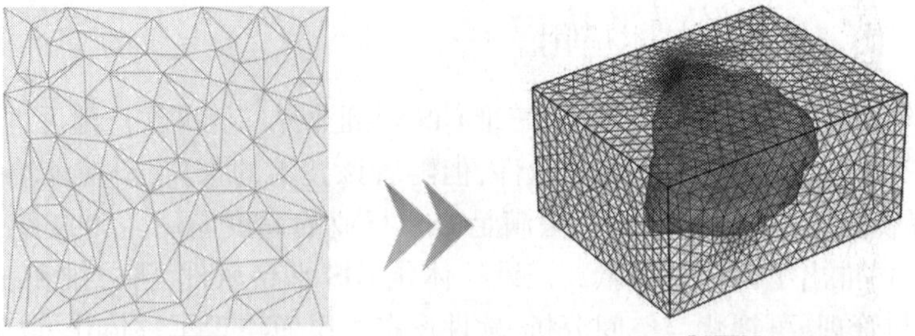

图 8-35　TIN 升级到 TIM

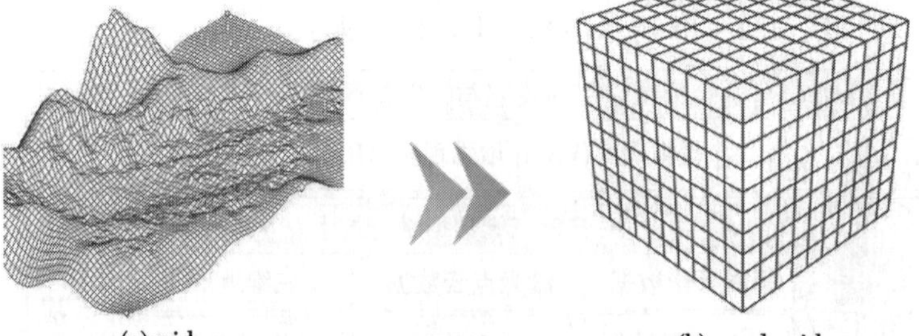

图 8-36　grid 升级到 voxel grid

析的结果在三维场景中展示成为可能，还支持三维空间运算、三维空间关系判断、三维空间分析、降维计算、三维网络分析和三维量算等三维场景的分析功能。软件形态一体化则指从 GIS 服务器到桌面端、浏览器端、移动端的跨平台三维支持。通过二三维一体化技术，实现了一份数据在一套软件中，可以根据需要进行二维、三维的分析和可视化等能力。图 8-37 为基于二三维点符号、线符号和填充符号，实现二三维一体化的场景构建。

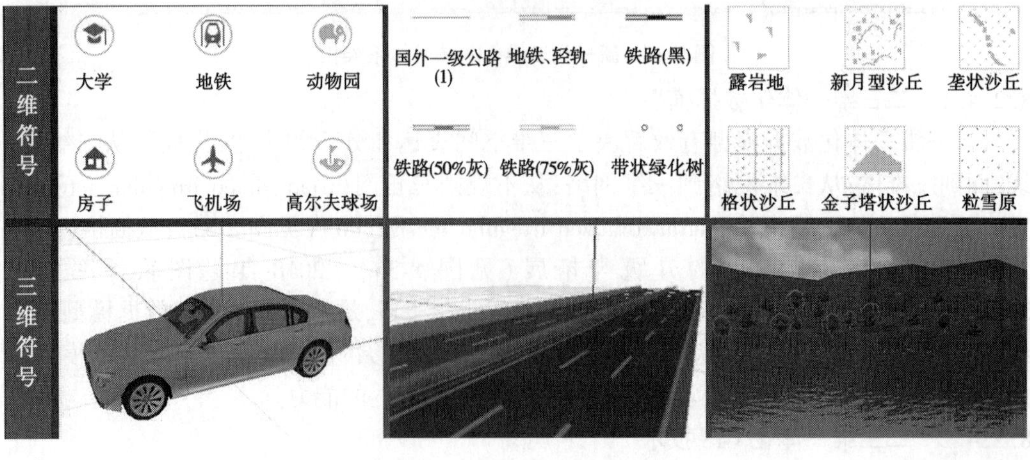

图 8-37　二三维一体化的场景构建

8.2.4.3　多源三维数据融合技术

随着数据采集技术的迅速发展,不同来源、不同类型的空间三维数据的高效融合成为一大挑战。对新兴的倾斜摄影模型、BIM、激光点云、三维场等三维数据与传统的影像、矢量、地形、精模、地下管线等多源数据的无缝融合是新一代三维 GIS 技术的关键技术之一,如融合倾斜摄影和激光点云,大幅提升了三维 GIS 数据采集与生产效率,增强并提高了三维场景的真实感与精度;融合 BIM 实现了室内外一体化的无缝衔接等。多源数据的融合匹配可以有效降低 GIS 应用系统的建设成本、提高空间数据的使用效率。

8.2.4.4　三维空间数据标准

随着三维 GIS 的广泛应用,提供统一的三维数据标准及规范,对三维数据共享和互操作的支持成为广大三维 GIS 用户日益迫切的需求。目前,新一代三维 GIS 技术在国家《地理空间数据库访问接口标准》(Open Geospatial Database Connectivity,OGDC)的基础上已经实现了三维数据读写访问接口的扩展,为多源异构三维数据提供了统一的入口;同时,随着《空间三维模型数据格式》(Spatial 3D Model,S3M)以及《空间三维模型数据服务接口》等标准的发布,将更进一步推动倾斜摄影模型、激光点云、BIM、三维场等多源异构的三维数据融合以及多种软硬件环境的兼容,打通数据隔阂,实现三维地理空间数据的共享和深入应用。

8.2.4.5　三维交互与输出新技术

新一代三维 GIS 技术集成了 WebGL、VR、AR、AI、3D 打印等 IT 新技术,为用户带来更便捷、更真实的三维体验。其中,游戏引擎与 GIS 的跨界融合,一方面可以赋能游戏开发者,可使用真实的地理空间数据开发游戏;另一方面可在数字孪生城市等三维 GIS 应用场景中,采用 GIS 软件提供后台数据与空间分析服务,游戏引擎在前端提供可视化与交互能力,大幅提升三维 GIS 应用的可视化效果。

新一代三维 GIS 技术实现了数据模型、场景构建、空间分析和软件形态的二三维一体化,更全面地融合倾斜摄影模型、激光点云、BIM、三维场等多源异构数据,基于分布式的处理工具实现实景三维数据的高效全流程管理,并集成 IT 新技术带来更友好、更便捷的三维体验。在新型智慧城市、数字孪生建设等需求的推动下,新一代三维 GIS 技术将在标准化建设,海量数据加载、处理以及可视化等方面取得长足的发展。

8.2.5　云 GIS 技术应用

云计算是一种新的分布式计算模式,是当今 IT 界研究热点。云计算是一种可使服务提供者只需进行少量配置和交互操作即可快速发布共享池中的可配置计算资源,并使用户可通过网络便利地以按需方式访问这些资源的计算模式。云计算具有超大规模、虚拟化、高可靠性、通用性和高可伸缩性、按需服务、极其廉价的特征。云 GIS 是基于云计算的理论、方法和技术,扩展 GIS 的基本功能,从而进一步改进传统 GIS 的结构体系,以实现海量空间数据的高性能存取与处理操作,使其更好地提供高效的计算能力和数据处理能力,解决地理信息科学领域中计算密集型和数据密集型的各种问题。其实质是将 GIS 的平台、软件和地理空间信息能够方便、高效地部署到以云计算为支撑的“云”基础设施之上,能够以弹性的、按需获取的方式提供最广泛的基于 Web 的服务。

8.2.5.1　云 GIS 服务平台技术特征

为顺应“智慧地球”“物联网”“云计算”等新兴技术的发展和应用潮流，满足政府部门、企业单位、社会公众对 GIS 应用在专业化方向深入、社会化方向拓展的需要，云 GIS 的发展呈现以下五个方面的趋势：

（1）数据管理方面。遥感数据的获取能力不断提高，来自传感器网络的位置数据不断增加，下一代互联网和物联网中地理相关数据不断丰富，使得传统 GIS 中“点-线-面”数据模型及其管理体系已经无法满足对全球尺度、动态变化地理世界的描述。时空大数据、三维地理对象、时态对象与时态场、时空关联数据等对传统 GIS 数据管理技术和模式提出了不可回避的巨大挑战。因此，云 GIS 系统必须将数据管理范畴扩展到包含动态遥感数据在内的时空大数据等新型数据类型的广域多重空间上去，探索新的数据管理方法，研发新的数据管理软件来支撑系统和应用的发展。

（2）地理计算方面。空间数据处理、空间分析和复杂系统模拟等问题的规模不断增大，传统的地理计算范式已经不能满足问题求解的性能要求，需要探索提出面向时空大数据分析处理的新型地理计算范式。因此，需要结合高性能计算、分布式计算和云计算的技术进展，发展新一代高性能地学计算范式，研发以服务为导向的、运算高效的地理计算支撑软件。

（3）地理信息制图与终端服务方面。面向下一代互联网的云服务模式给传统地理信息制图与交互技术带来了巨大冲击。原有的主要基于客户端能力的制图与交互方式在云服务模式下将变得难以施行，同时，普适化应用环境中的高并发问题也是一个新的挑战。因此，需要重点研究面向地理信息服务的时空大数据动态制图与高性能可视化技术，研发大规模复杂地理数据可视化引擎，更好地建立“现实世界-地理世界-虚拟世界”之间的联系，为用户提供一体化、操作透明、高度真实和个性化的地理信息终端服务新模式。

（4）GIS 专题应用系统构建方面。国内外研究人员均需要充分吸纳最新的计算机技术和信息技术，加强 GIS 的集成创新，在新型计算硬件架构的支撑下，改造或研发新型 GIS 软件平台。在底层构建高性能地理计算和存储环境，在上层打造广域而多重的地理信息服务体系，为应用提供“数据-计算-服务”于一体的整体性解决方案。

（5）GIS 网络应用与服务模式方面。在云计算技术的支持下，用户可以实现按需使用 GIS。用户不需要知道数据、软件来自何处，可随时、随地获得计算能力（资源、信息、服务、知识）。用户可以把各种资源（如地理数据、应用软件、硬件设备）都放在云计算平台进行统一管理，进一步强化地理分析、处理能力。同时，云计算服务可靠、安全，每个地理信息应用部署都与物理平台无关，通过虚拟平台进行管理，并对地理信息应用进行扩展、迁移和备份等各种操作。

8.2.5.2　云 GIS 平台技术结构设计

云 GIS 平台需要对国产高分辨率遥感数据综合处理工厂生产出的空间上碎片化、时间上序列化的海量遥感数据产品，低空航空倾斜摄影测量获取、生产的真实场景三维模型数据，多区域、多行业应用生成的多样化空间信息产品，以及传感网、移动互联网等产生的时空数据流信息进行统一管理；解决 GIS 时空大数据的自动化、规模化接入方法，构建多类型数据的大规模管理体系，对“总-分”结构的管理与服务模式进行创新，建立面向多层次需求、多种专题、多样化应用的空间大数据管理与服务平台,为高性能 GIS 服务提供基础支持。

在大数据时代下,新一代云 GIS 相对于传统 GIS 在资源服务、数据服务、计算服务和地图、服务五个方面,都发生了很大的转变:①资源方面,从单一的大型主机转变为由廉价计算机搭建的分布式集群平台;②数据方面,从以相对静态的量测数据为主体转化为以时空密集、动态、非(半)结构化的大数据为主体;③计算方面,从组件式的功能计算转化为高性能环境支持下的相对独立、按需组装的工具计算;④地图制图方面,从预生成的地图瓦片服务模式转变为实时交互的地图服务;⑤服务方面,从根据应用需求进行软件开发模式转化为庞大的地理信息服务网络及个性化服务模式。基于"存储-计算-服务"一体化的云 GIS 平台技术架构如图 8-38 所示。整体上,新一代云 GIS 由空间大数据引擎、云服务 API 和应用终端三层结构组成。空间大数据引擎作为平台的内核,实现了大数据的高性能存储、计算、可视化等底层功能;云服务 API 对底层功能进行封装,以标准 WebAPI 的形式为客户端提供服务,并进行权限、安全、流程等的控制;各类应用终端则基于云服务 API 搭建桌面、网页、移动等不同形式,在线、离线同步等不同应用模式的应用系统产品。

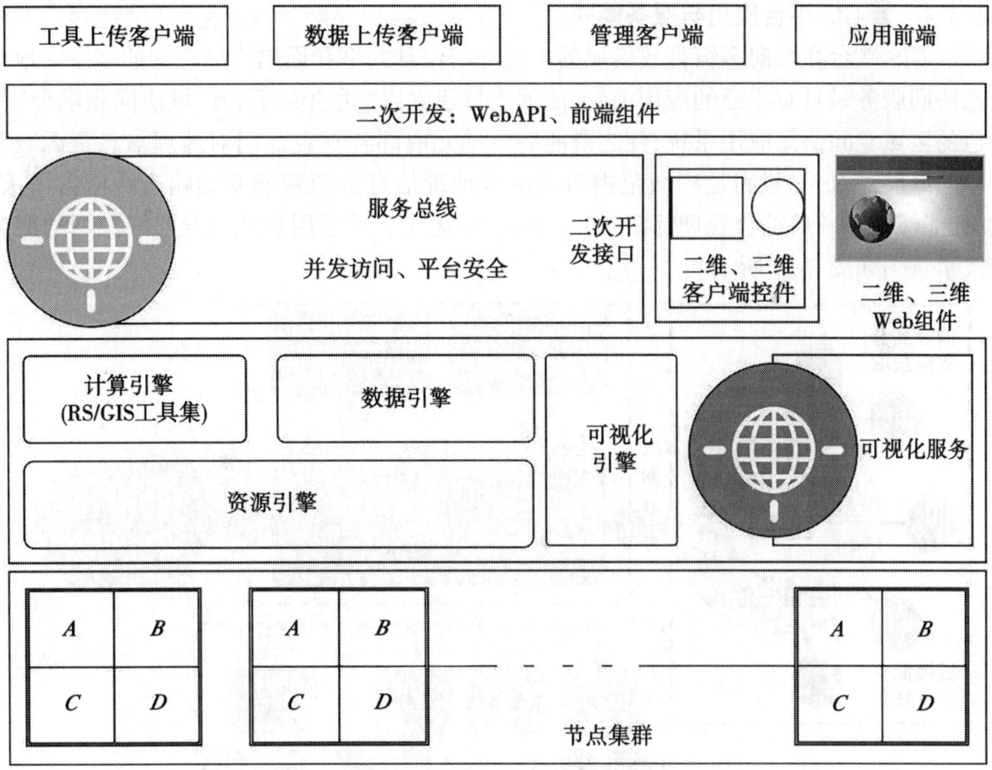

图 8-38　云 GIS 平台的整体结构

(1)空间大数据引擎。云 GIS 平台底层软硬件架构针对空间大数据而构建,具有高性能、可扩展、资源化等特点;资源、数据、计算、可视化四大引擎逐步递进,互相独立又紧密耦合,组成了平台的内核;资源引擎负责将高性能节点的硬件资源进行聚合和虚拟化,使底层节点资源的修复、扩展等操作对上层透明;数据引擎在时空大数据的模型的基础上搭建数据管理框架,负责具备 PB 级以上数据量的一体化在线管理与计算;计算引擎是时空大数据计算工具和计算模型的容器,负责存算一体的计算工具管理、计算资源管理、计算任务调度等功能,提供计算模型中间件的注入、管理、调度接口;可视化引擎负责调度节点的计算资源进行可视化渲染与缓存维护,提供实时、动态的空间数据可视化功能。

(2)云服务 API。云服务 API 由服务总线进行封装提供,通过服务总线将底层四大引擎的功能进行封装,以标准的 REST 风格提供 WebAPI,一方面以引擎单一功能的形式提供细粒度功能服务,另一方面组合各引擎功能以提供综合性服务 API;同时,服务总线完成平台的访问权限、安全闸等系统性任务。

(3)多模式应用终端。首先通过云服务 API 封装二维、三维可视化控件,分别以桌面、Web、移动终端 APP 的形式提供给开发者使用,完成地图浏览、地图操作、地图统计等基本功能;进一步结合平台提供的服务 API 进行二次开发,形成桌面形式的平台管理终端、Web 与移动 APP 形式的数据产品服务终端、桌面与 Web 三维形式的数据产品展示应用终端三大类型终端产品;再面向中小企业、大客户、科教用户、公众等几类特定用户开发各类应用,形成云 GIS 平台的应用生态系统。

8.2.5.3　云 GIS 平台应用与服务模式

云 GIS 平台在面向多级行政区域的垂直部门信息共享和面向广域范围的多层次地理信息协同服务时具有广泛的应用前景,能够支持建立以“垂直共享和广域协同相耦合”为特色的区域空间信息应用系统,使之既能满足单元内部各垂直部门对地理信息资源服务共享的纵向需求,又能满足广域范围对跨区域地理信息资源智能联动响应的横向需求。同时,能够支持政府综合管理部门、中小企业、公众等多种应用模式。云 GIS 应用与服务模式示意图如图 8-39 所示。

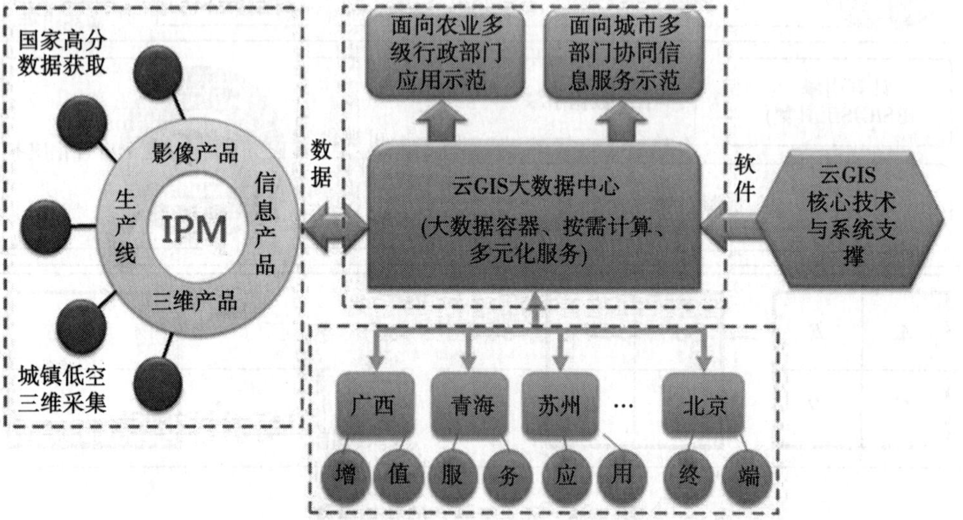

图 8-39　云 GIS 应用与服务模式

(1)全国性总中心和区域性分中心相结合的地理信息产品生产与网络服务。

面对全国国产遥感卫星地理信息产品的多元化应用服务需求,以“总中心-区域分中心”的系统构建模式,基于云 GIS 能够构建全国地理信息产品生产与服务网络,通过纵横联动、数据推送、信息回馈,形成基于国产卫星体系的地理信息产品高效生产,智能化、按需服务的综合能力。

(2)区域性、行业性空间信息产品应用解决方案。

以全国地理信息产品生产与网络服务区域节点为基础,面向农情遥感监测、生态安全遥感监测与评估、城镇化遥感监测与土地监察,形成多样化的区域性、行业性空间信息产品解决方案与应用终端,为各类用户提供部门私有云系统、计算机桌面系统、移动智能设备等多样化、个性化的地理信息应用服务。

(3)面向专题性应用服务终端开发。

面向野外科学考察、城镇化土地监察、公共安全检查、国土资源普查等专题应用需求,研发并形成多样化的区域性、行业性、专题性的空间信息产品应用终端,为各类用户提供基于笔记本电脑、手机、移动智能设备等多样化、个性化的专题地理信息应用服务。

(4)真三维、大场景展示应用。

面向精细化智慧城市三维场景构建、企事业单位三维展示厅建设等需求,集成航空遥感、无人机飞行等倾斜摄影测量数据产品与模型构建,通过云 GIS 平台提供的空间信息可视化服务所研制的三维展示前端,开发栅格、矢量、三维模型、倾斜摄影城市模型等多种数据服务的访问以及交互可视化功能,实现虚拟地理演示厅、个人终端、桌面 PC 等终端进行真三维、大场景展示应用部署使用。

(5)基于互联网面向中小企业、公众等提供多种应用模式。

通过云 GIS 平台开发的地理信息产品服务门户及移动终端应用程序,基于互联网面向中小企业、公众等提供信息加载、信息更新、信息交换、增值信息产品在线交易等多种应用模式,实现地理信息产品的在线运营、交互式搜索和增值信息产品销售等服务功能。

知识延伸:实景三维中国建设

当前国家大力推动数字化发展,推进数字经济、数字社会、数字政府建设,驱动生产、生活和治理方式的全面深入变革,对基础测绘产品与服务提出了更高的要求。2022 年,自然资源部办公厅发出通知,要求全面推进实景三维中国建设,研发能真实、立体、时序化反映生产、生活和生态空间的实景三维信息产品,实现数字空间与现实空间的实时互联互通。

实景三维是指多维动态现实世界体结构与表观的数字化描述与表达,具有立体化、真实化、实体化三大基本特征。实景三维中国建设则是针对这三大特征,采用立体化重构、实体化建模、真实化描述等专门技术手段,将国土空间范畴内的有关地理空间实体数字化,研发多尺度、时序化、关联化的实景三维信息产品,构建实景三维数字空间,实现“人机兼容、物联感知、泛在服务”,支撑数字中国建设与应用。从技术的角度看,这是一项涉及因素复杂、技术难度极大的时空信息工程。要做好全面建设与深入应用,需深化科学认知,厘清技术逻辑,明确基本定位,回答好“建什么”“谁使用”“怎么建”“谁去建”和“怎么用”5 个基本问题,如图 8-40 所示。

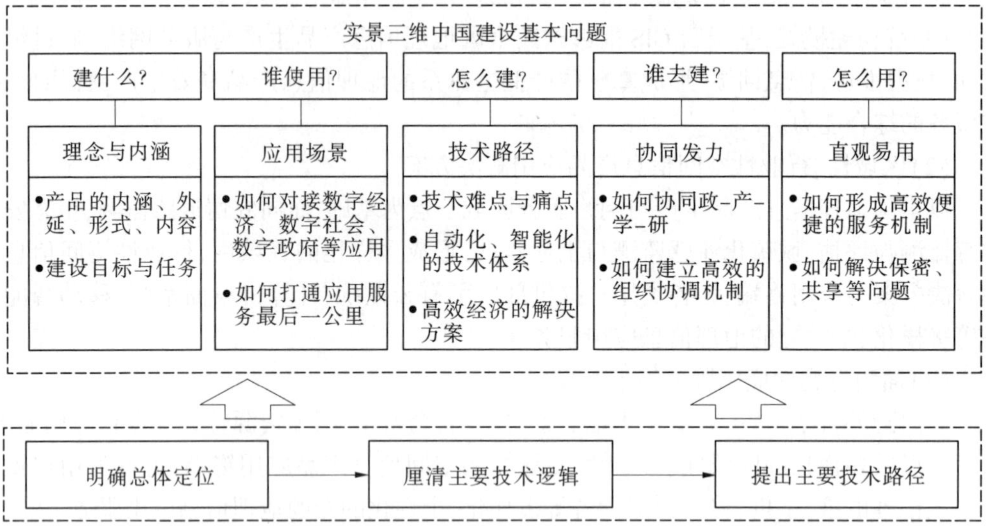

图 8-40　实景三维中国建设的基本问题

1. 关于"建什么"的问题

"建什么"是指要科学定义实景三维信息产品的内涵、外延、形式与内容,明确其建设的目标与任务。与传统 4D 数据产品不同的是,实景三维信息产品具有鲜明的实体化、立体化、真实化等特征。实体化是指按照客观存在性、可相互区分性等要求,将现实世界的要素、事物或现象划分成具有不同类型和粒度的地理空间实体,赋予唯一的标识,对其空间分布、属性、相互关系、生命周期等进行数字化描述与表达;立体化特征是指要描述和反映地理空间实体的立体形态,各类实体的地上、地下、室内、室外等三维结构及时空关系;而真实化是指要通过天空地感知等技术手段,获取地理空间实体的表观纹理、物理材质等,确保实景三维信息产品与现实世界保持一致,形成高度逼真的场景。

2. 关于"谁使用"的问题

要对接数字经济、数字社会、数字政府重要应用领域,摸清实景三维的主体需求,构建丰富多彩的应用场景,打通应用服务的最后一公里,解决"谁使用"的问题,做到既好看又好用。由于人们生活在真实的三维空间,今后将有越来越多的数字经济、数字社会、数字政府活动需要在三维数字空间中进行,在三维数字空间观察、量测、分析、研判,是数字化发展的必然趋势。实际上,实景三维中国就是构建统一的三维时空信息框架,为各行各业的数字化发展与应用提供时空基底,使广大用户能够便捷地关联和整合各类社会、经济和行业专题信息,更好地开展时空演变、知识挖掘等高层次时空分析,有效地支撑赋能业务管理、科学决策。此外,由于国土范围广袤、地域差异较大,实景三维的立体化、真实化、实体化往往要因地而异,表现出显著的多尺度、时序化、关联化等特性,直接影响着实景三维中国的分级建设内容、技术实现路径、产品形式与服务方式。

3. 关于"怎么建"的问题

"怎么建"是指要厘清实景三维中国建设、更新、服务等方面的技术难点与痛点,发展智能化技术手段,提高自动化水平,形成以立体化重构、真实化描述、实体化建模为核心的实景三维技术体系,提供经济高效的解决方案。

4. 关于"谁去建"的问题

"谁去建"是指要设计建立高效协同的共建机制,充分发挥政府、事业单位、科研院所和企业的作用与积极性,有效整合各方资源,协同推进国家和地方的实景三维建设。

5. 关于"怎么用"的问题

"怎么用"是指要解决产品服务、数据共享、安全保密等问题,构建形成新一代的国家基础地理信息系统,提供软件和平台化模式、信息和知识化内容的新服务,形成高效便捷的服务机制与模式,将实景三维中国打造成数字中国的新型时空信息基础设施、数字经济的重要战略性数字资源和生产要素,使之在国家和地方的数字化发展与高质量发展中发挥不可或缺的重要支撑作用。

8.3 职业技能应用实践

【导入】

本单元职业技能应用实践主要包括两个方面的内容:一是讲述 GIS 在土地利用变化分析中的应用,根据基期土地利用数据和期内的变更图斑,分析土地利用类型的数量和结构变化,计算土地利用动态度,并制作土地利用转移矩阵;二是讲述 GIS 在三维爆炸分析中的应用,通过模拟城市建筑群发生爆炸事故,分析爆炸所影响的建筑物。

8.3.1 GIS 在土地利用变化分析中的应用

8.3.1.1 实践背景

土地利用动态变化的实质就是将前后两个时期的土地利用多边形数据进行叠加,通过比较叠加生成的多边形中前后土地类型的组合情况,判断出该地块是否发生用途的变化及怎样变化,进而合理利用土地资源,充分发挥土地资源的生产潜力。

8.3.1.2 实践目的

(1)了解土地利用变更与动态变化分析的基本原理。

(2)掌握土地利用动态变化分析的基本方法。

(3)能结合叠加分析、统计分析等方法开展区域土地利用变化分析。

8.3.1.3 实践数据

职业技能应用实践数据如表 8-1 所示,数据存放在"data8.3.1"文件夹中。

表 8-1 职业技能应用实践数据

图层名称	格式	坐标系	说明
landuse2009	gdb 数据库要素	Xian_1980_3_Degree_GK_Zone_36	土地利用数据
bgtb2014	gdb 数据库要素	Xian_1980_3_Degree_GK_Zone_36	土地利用变更图斑

8.3.1.4 实践方法

(1)使用【字段计算器】工具,提取一级编码。

(2)使用【标识】工具,进行数据叠加。

(3)使用【按属性选择】对话框,进行属性补充。

(4)使用【频数】工具,进行数据汇总(见表 8-2)。

表 8-2　工具名称及位置

工具名称		工具位置
Field Calculator	字段计算器	【打开属性表】→【添加字段】→【字段计算器】
Identity	标识	【ArcToolbox】→【分析工具】→【叠加分析】→【标识】
Select By Attributes	按属性选择	【打开属性表】→【按属性选择】→【字段计算器】
Frequency	频数	【ArcToolbox】→【分析工具】→【统计分析】→【频数】

8.3.1.5　实践过程

第一步,认识土地分类体系。

在“data8.3.1”文件夹中打开“土地利用现状分类标准.pdf”文件,认识全国土地利用的分类体系,了解土地的类型划分、各类土地的内涵及编码。打开“统计表.xls”和“矩阵表.xls”,了解分析结果的需求。

第二步,加载并浏览土地数据。

打开 ArcMap,加载 2009 年土地利用数据 landuse2009、2009—2014 土地利用变更图斑 bgtb2014。打开其属性表,浏览数据,认识和了解数据中的土地类型代码和名称,要注意表中的代码和名称均为二级地类,而分析目标中的统计表和矩阵表均为一级地类,从代码上看,只需要原代码的前两位,因此需要在后续操作中进行一级代码的提取。

第三步,设置分析环境。

打开 ArcToolbox,将其分析环境中的临时工作空间设置为“data8.3.1”文件夹下的 Landuse 数据库。

第四步,提取一级编码。

打开 landuse2009 的属性表,添加一个长度为 5 的文本型(text)字段 YJBM2009,用于存储一级类型代码。右键点击该字段标题,选择字段计算器,在字段计算器下方的文本框中输入 Left([DLBM_2009],2),点击【确定】,提取原代码的前两位作为一级地类代码。对比原代码,检查新代码的提取是否正确。用同样的方法为 bgtb2014 属性表添加一个相同类型和长度的字段 YJBM_BG,计算其新的代码(原代码前两位)。

第五步,数据叠加。

打开标识叠加工具(【ArcToolbox】→【分析工具】→【叠加分析】→【标识】),以 landuse2009 作为输入要素,以 bgtb2014 为识别要素,输出数据命名为“landuse2014”,其余采用默认值,点击【确定】完成叠加。

第六步,属性补充。

观察 landuse2014 的属性表,可以发现 FID_bgtb2014 字段属性中有值为“-1”并伴随 DLBM_BG、DLMC_BG、YJBM_BG 三个字段属性为空值的情况,这些是未发生变更的图斑。表中这些图斑三个字段中的属性值需要从 landuse2009 中的相应字段中去复制过来。具体操作如下:①选中要素。采用【按属性选择】工具,选中 landuse2014 属性表中 FID_bgtb2014 字段值为-1 的地类图斑。②右键点击 landuse2014 属性表中的“YJBM_BG”字段的标题,选择字段计算器,在字段计算器下方的文本框中输入[YJBM_2009],点击【确定】,将原一级代码复制过来。点击工具条上的【取消选择】按钮,取消图斑的选中状态。

第七步,汇总数据。

打开频数统计工具(【ArcToolbox】→【分析工具】→【统计分析】→【频数】),以 Fre2009. dbf 为输出表格名称,并且直接存放于“data8. 3. 1”文件夹之中,以 2009 年一级土地利用类型编码(YJBM_2009)作为频数字段,以面积(Shape_Area)作为汇总字段进行面积的分类汇总,得到 2009 年各类土地面积统计表(dbf 格式)。打开并浏览该表,理解表中各字段的含义。用同样的方法汇总 2014 年的各类土地面积(频数字段 YJBM_BG 输出表名为“Fre2014. dbf”)。

第八步,土地利用动态度计算。

先打开土地利用变化情况统计表(统计表. xls);然后在 Excel 中分别打开第七步生成的两个表格(打开时的文件类型选择“所有文件”),将面积从平方米换算成公顷后把数据复制到统计表中的相应位置;最后依次计算总变化量、年变化量和年均土地利用动态度,分析研究区土地利用变化特点。

第九步,土地利用转移矩阵的制作。

(1)建立类型转换字段并计算。打开 landuse2014 的属性表,新建一个长度为 10 的文本型字段(Trans),右键点击该字段标题,选择字段计算器,在其下方的文本框中输入[YJBM_2009]&“-”[&YJBM_BG],点击【确定】即可生成前后地类代码连接值。该值反映图斑在变更前后的土地类型,以及不同土地类型之间的转移关系。

(2)统计转换情况。利用频数统计工具 Frequency,对 landuse2014 进行分类统计,以 Trans 字段作为频数字段、以面积字段(Shape_Area)作为汇总字段,输出数据以 LandTrans. dbf 命名并直接存放于“data8. 3. 1”文件夹之中,点击【确定】,计算得到 2009—2014 年土地转移情况统计表。

(3)转移矩阵的制作。先打开土地利用转移矩阵表(矩阵表. xls);然后在 Excel 中打开上一步生成的转移情况统计表 LandTrans. dbf(打开时的文件类型选择“所有文件”),将面积从平方米换算成公顷后把数据复制到矩阵表中的相应位置;最后依次计算减少量、增加量、净增减,以及 2009 年和 2014 年各类土地的总量数据。

第十步,土地转移分析。

根据汇总结果,可以发现 2009—2014 年土地利用转移呈以下特点:①减少的耕地和草地去向为交通运输用地和城镇村及工矿用地,减少的林地全部去向为交通运输用地。②新增的耕地源自城镇村及工矿用地(废弃农村居民点或工矿的复垦);新增的交通运输用地主要来自耕地和林地;新增的城镇村及工矿用地全部来自耕地、林地和少量的水域及水利设施用地。

8.3.2 GIS 在三维爆炸分析中的应用

8.3.2.1 实践背景

对三维空间数据的分析逐渐成为 GIS 应用的重要方面,尤其对于城市规划来说,对城市建筑物的三维分析具有重要的意义,如爆炸分析等。以三维体数据来模拟城市建筑群,假设某地发生爆炸事故,运用 GIS 的三维分析工具,对爆炸范围进行三维可视化表达,并分析出爆炸所影响的建筑物。

8.3.2.2 实践目的

(1)能够创建爆炸点三维数据。

(2)能够提取受爆炸影响的建筑物。

8.3.2.3 实践数据

职业技能应用实践数据如表 8-3 所示,数据存放在"data8. 3. 2"文件夹中。

表 8-3 职业技能应用实践数据

图层名称	格式	坐标系	说明
buildings_3d	Multipatch 多面体	British_National_Grid	三维建筑体数据
views	Shapefile 点要素	British_National_Grid	爆炸点数据

8.3.2.4 实践方法

(1)使用【依据属性实现要素转 3D】工具,输入高度字段,得到三维点要素。

(2)使用【符号属性编辑器】工具,设置爆炸球体参数,三维符号化爆炸范围。

(3)使用【3D 图层转要素类】工具,输入三维爆炸范围符号,得到三维爆炸体数据。

(4)使用【3D 相交】工具,输入参与相交的图层,得到爆炸影响区数据。

(5)使用【按位置选择】工具,设置选择参数,得到爆炸影响的建筑物数据(见表 8-4)。

表 8-4 工具名称及位置

工具名称		工具位置
Feature to 3D By Attribute	依据属性实现要素转 3D	【Arctoolbox】→【3DAnalyst 工具】→【3D 要素】→【依据属性实现要素转 3D】
Symbol Property Editor	符号属性编辑器	【图层属性】→【符号系统】→【符号选择器】→【符号属性编辑器】
Layer 3D to Feature Class	3D 图层转要素类	【Arctoolbox】→【3DAnalyst 工具】→【转换】→【3D 图层转要素类】
Intersect 3D	3D 相交	【Arctoolbox】→【3DAnalyst 工具】→【3D 要素】→【3D 相交】
Select By Location	按位置选择	【菜单栏】→【选择】→【按位置选择】

8.3.2.5　**实践过程**

第一步,创建爆炸点三维数据。

打开 ArcScene 软件,加载爆炸点二维数据“views”。在 ArcToolbox 中,打开【3D Analyst 工具】→【3D 要素】→【依据属性实现要素转 3D】对话框,【输入要素】设置为 views,【输出要素类】设置为“views. 3D”,【高度字段】指定为“height”字段。点击【确定】,得到三维爆炸点数据。

第二步,三维符号化爆炸的影响范围。

根据爆炸的直接影响范围为 100 m,创建半径为 100 m 球体符号。右击图层 views,打开【图层属性】对话框,选择【符号系统】选项卡,选择【符号】按钮,打开【符号选择器】,选择【编辑符号】按钮打开【符号属性编辑器】,【类型】选择“3D 简单标记符号”,【样式】选择“球体”,【宽度】和【深度】都设置为“100”:点击【确定】,将爆炸点三维符号化显示:在图层属性对话框【显示】选项卡中,设置【透明度】为“50%”,点击【确定】,完成三维符号化设置。注意:宽度和深度单位与地图单位一致,此例中地图单位为米。

第三步,创建爆炸范围体数据。

打开【3DAnalyst 工具】→【转换】→【3D 图层转要素类】对话框,设置【输入要素图层】为已三维符号化的“views. 3D”,【输出要素类】设置为“explosion”;点击【确定】,生成爆炸范围体数据,将【透明度】设置为“30%”。

第四步,提取爆炸直接影响的建筑体数据。

打开【3DAnalyst 工具】→【3D 要素】→【3D 相交】对话框,设置【输入多面体要素】为“buildings_3D”,另一多面体为“explosion”,【输出要素类】设置为“buildings_affected”;点击【确定】,得到爆炸直接影响的建筑体数据。

第五步,提取受爆炸影响的建筑物

打开【菜单栏】→【选择】→【按位置选择】对话框,设置【目标图层】为“buildings_3D”,【源图层】为“buildings_affected”,【空间选择方法】默认“目标图层要素与源图层要素相交(3D)”;点击【确定】,得到受爆炸影响的建筑物。

应用能力测试

一、单选题

1. 土地利用调查是对土地的权属、利用类型、(　　)、质量及分布等进行的调查。

A. 性质　　B. 使用　　C. 面积　　D. 大小

2. 智慧国土辅助分析系统通常可查看多种信息,以下哪项不是其查看的信息?(　　)

A. 土地利用现状　　B. 总体规划　　C. 耕地质量　　D. 地价

3. GIS 在环境保护中得到了广泛应用,以下哪项不是其应用方面?(　　)

A. 环境监测　　B. 环境规划　　C. 环境质量提升　　D. 应急预报

4. 空间大数据可视化实现对多源、异构、海量、(　　)的可视化表达。

A. 动态数据　B. 栅格数据　C. 静态数据　D. 矢量数据

5. 二三维一体化 GIS 技术不包括(　　)。

A. 数据存储一体化　B. 分析功能一体化

C. 软件形态一体化　D. 标准一体化

6. 在人们日常生活中,GIS 潜移默化地改变着人们的日常生活方式,以下不能体现 GIS 大众化特性的是(　　)。

A. 车载导航服务　B. 手机地图

C. 山体隧道开挖模拟　D. LBS

7. 下面关于 GIS 在预防突发事件中的应用描述不恰当的是(　　)。

A. 犯罪分子逃逸后,可利用 GIS 技术辅助制订围堵方案

B. 可以非常有效地利用 GIS 预防突发事情的发生

C. 若有突发疫情,可以借助 GIS 分析疫情的分布规律及传播趋势

D. 可以利用 GIS 更合理地调配现有的警力

8. GIS 在商业网点选择中的应用描述不恰当的是(　　)。

A. 需要考虑其他商场的分布、待建区周围居民区的分布等因素

B. 商业网点的选址需要人工参与给出选址的制约因素、条件等

C. 在商业网点的选择中,主要应用的是 GIS 路径分析的功能

D. 详细有效的数据,是合理选址的前提

9. 用 GIS 来辅助管理校园的消费设施,不可以做到(　　)。

A. 当火灾发生时,可以及时查询离火灾发生点最近的消防栓的位置

B. 通过 GIS 系统,可以以三维的视觉看到火灾周边的消防通道

C. 及时知道火灾地点,以及火灾可能蔓延的方向

D. 及时了解火灾周边建筑设置,分析确定火灾发生的原因

10. 关于 GIS 在农业、林业、水利等多个领域的应用,以下说明错误的是(　　)。

A. 将不同专题要素地图叠加在一起,可以分析出土地上各种限制因子对作物的相互作用与相互影响

B. 利用 GIS 技术可以建立起以土壤、作物信息等数据为基础的技术分析系统

C. 网格化的气候资料数据是精细农业的基础

D. 精细农业并未采用 GIS 相关技术

二、简答题

1. GIS 在精确农业中的应用主要包括哪几个方面?
2. 城市规划地理信息系统主要应用在哪几个方面?
3. 水利 GIS 可以提供哪些服务?
4. 阐述人工智能 GIS 的技术应用。
5. 举例说明 GIS 与 BIM 技术融合应用。
6. 简述云 GIS 的发展与应用。

参考文献

[1] 陈述彭. 地理信息系统导论[M]. 北京:科学出版社,1999.
[2] 崔铁军. 地理信息系统应用概论[M]. 北京:科学出版社,2017.
[3] 董钧祥,李光祥,郑毅. 实用地理信息系统教程[M]. 北京:中国科学技术出版社,2007.
[4] 董廷旭. 地理信息系统实习教程[M]. 成都:西南财经大学出版社,2006.
[5] 高松峰,刘贵明. 地理信息系统原理及应用[M]. 2 版. 北京:科学出版社,2017.
[6] 龚健雅. 地理信息系统基础[M]. 北京:科学出版社,2001.
[7] 何必,李海涛,孙更新. 地理信息系统原理教程[M]. 北京:清华大学出版社,2010.
[8] 胡鹏,黄杏元,华一新. 地理信息系统教程[M]. 武汉:武汉大学出版社,2002.
[9] 胡祥培. 地理信息系统原理及应用[M]. 北京:电子工业出版社,2011.
[10] 华一新,张毅,成毅,等. 地理信息系统原理[M]. 2 版. 北京:科学出版社,2019.
[11] 黄瑞. 地理信息系统[M]. 北京:测绘出版社,2010.
[12] 黄杏元,马劲松,汤勤. 地理信息系统概论[M]. 北京:高等教育出版社,2001.
[13] 李建松. 地理信息系统原理[M]. 武汉:武汉大学出版社,2006
[14] 李霖. 地理信息系统原理[M]. 北京:科学出版社,2021.
[15] 刘贵明. 地理信息系统原理及应用[M]. 北京:科学出版社,2008.
[16] 刘茂华. 地理信息系统原理[M]. 北京:清华大学出版社,2015.
[17] 刘亚静,姚纪明,任永强,等. GIS 软件应用实验教程[M]. 武汉:武汉大学出版社,2021.
[18] 陆守义,陈飞翔. 地理信息系统[M]. 2 版. 北京:高等教育出版社,2019.
[19] 毛赞猷,朱良,周占鳌,等. 新编地图学教程[M]. 3 版. 北京:高等教育出版社,2017.
[20] 秦昆. GIS 空间分析的理论与方法[M]. 武汉:武汉大学出版社,2010.
[21] 汤国安. 地理信息系统教程[M]. 2 版. 北京:高等教育出版社,2019.
[22] 汤国安,钱柯健,熊礼阳,等. 地理信息系统基础实验操作 100 例[M]. 北京:科学出版社,2017.
[23] 汤国安,赵牡丹,杨昕,等. 地理信息系统[M]. 北京:科学出版社,2010.
[24] 田永中,张佳会,佘晓君,等. 地理信息系统实验教程[M]. 北京:科学出版社,2018.
[25] 田永中,盛耀彬,吴文戬,等. GIS 空间分析实验教程[M]. 北京:科学出版社,2018.
[26] 王庆光. GIS 应用技术[M]. 北京:中国水利水电出版社,2012.
[27] 王亚民,赵捧未. 地理信息系统及其应用[M]. 西安:西安电子科技大学出版社,2006.
[28] 邬伦,刘瑜. 地理信息系统——原理、方法和应用[M]. 北京:科学出版社,2001.
[29] 吴信才. 地理信息系统原理与方法[M]. 北京:电子工业出版社,2002.
[30] 徐敬海,张云鹏,董有福. 地理信息系统原理[M]. 北京:科学出版社,2016.
[31] 余明,艾廷华. 地理信息系统导论[M]. 北京:清华大学出版社,2009.
[32] 张东明,吕翠华. 地理信息系统技术应用[M]. 北京:测绘出版社,2011.
[33] 张书亮,戴强,辛宇,等. GIS 综合实验教材[M]. 北京:科学出版社,2020.
[34] 张新长,辛秦川,郭泰圣,等. 地理信息系统概论[M]. 北京:高等教育出版社,2017.
[35] 郑贵洲,晁怡. 地理信息系统分析与应用[M]. 北京:电子工业出版社,2010.
[36] 周艳,何彬彬. 空间信息导论[M]. 北京:电子工业出版社,2010.

[37] 朱光,赵西安,靖常峰. 地理信息系统原理与应用[M]. 北京:科学出版社,2010.
[38] 陈军,刘建军,田海波. 实景三维中国建设的基本定位与技术路径[J]. 武汉大学学报(信息科学版),2022,47(10):1568-1575.
[39] 马继炜. 农村地籍和房屋调查数据库建库技术研究[J]. 城市勘测,2022(6):49-52.
[40] 宋关福,陈勇,罗强,等. GIS 基础软件技术体系发展及展望[J]. 地球信息科学学报,2021,23(1):2-15.
[41] 宋关福,卢浩,王晨亮,等. 人工智能 GIS 软件技术体系初探[J]. 地球信息科学学报,2020,22(1):76-87.
[42] 孙少楠,宋宜昌. 基于 BIM+GIS 的水利工程全生命周期建设管理研究[J]. 中国农村水利水电,2022(10):131-137,142.
[43] 张晓燕,姚勇. BIM+GIS 技术在冬奥场馆智能化管理平台中的应用[J]. 中国信息化,2020(6):56-59.
[44] 张新,胡晓东,魏嘉伟. 基于云计算的地理信息服务技术[J]. 计算机科学,2019,46(S1):532-536.